Kohlhammer

Dr. Dominic Gißler

Einsätze wirksam führen

Eine universale Führungstheorie
für die Gefahrenabwehr und das
Krisenmanagement

Verlag W. Kohlhammer

Dieses Werk einschließlich aller seiner Teile ist urheberrechtlich geschützt. Jede Verwendung außerhalb der engen Grenzen des Urheberrechts ist ohne Zustimmung des Verlags unzulässig und strafbar. Das gilt insbesondere für Vervielfältigungen, Übersetzungen, Mikroverfilmungen und für die Einspeicherung und Verarbeitung in elektronischen Systemen.

Die Wiedergabe von Warenbezeichnungen, Handelsnamen und sonstigen Kennzeichen in diesem Buch berechtigt nicht zu der Annahme, dass diese von jedermann frei benutzt werden dürfen. Vielmehr kann es sich auch dann um eingetragene Warenzeichen oder sonstige geschützte Kennzeichen handeln, wenn sie nicht eigens als solche gekennzeichnet sind.

Der Kompass auf dem Titelbild ist ein Werkzeug eines Steuermannes. Er ist ein Symbol der Kybernetik, die diesem Buch als Theorie zugrunde liegt. Als universales Werkzeug kann man sich mit ihm in nahezu jeder Situation im Großen wie im Kleinen orientieren. Der Kompass steht damit auch als Anspruch an eine universale Einsatzführungstheorie. Die Bilder stammen – sofern nicht anders angegeben – vom Autor.

1. Auflage 2021

Alle Rechte vorbehalten
© W. Kohlhammer GmbH, Stuttgart
Umschlagbild: Adobe Stock, 224916057, peterschreiber.media
Gesamtherstellung: W. Kohlhammer GmbH, Stuttgart

Print:
ISBN 978-3-17-039068-3

E-Book-Formate:
pdf: ISBN 978-3-17-039070-6
epub: ISBN 978-3-17-039071-3

Für den Inhalt abgedruckter oder verlinkter Websites ist ausschließlich der jeweilige Betreiber verantwortlich. Die W. Kohlhammer GmbH hat keinen Einfluss auf die verknüpften Seiten und übernimmt hierfür keinerlei Haftung.

Präambel

Mit diesem Buch wird eine universale Theorie zur Führung von Einsätzen in Gefahrenabwehr und Krisenmanagement vorgestellt. Im Fokus steht das Herbeiführen von Wirkungen und die dazugehörigen Tätigkeiten der Führungsperson. Dabei geht es nicht um das Berufsbild des Einsatzleiters oder eine neue Variation der Personalführung. Es wird auch nicht bloß die gelebte Praxis beschrieben (»Theorie über Führung«). Vielmehr wird der Fokus geweitet und zusätzlich zum Führungsakt auch das Führungssystem und das Zielsystem mit betrachtet (»Einsatz-führungstheorie«). Dabei geht es um die Ausrichtung der Führungsarbeit auf die Einsatzresultate. Dazu wird mit der Kybernetik ein systemorientierter Ansatz herangezogen, der an allgemeine Gesellschaftstheorien und Praktiken der Gefahrenabwehr anschließt. Das Buch verfolgt zwei Intentionen: Erstens sollen Führungspersonen jeder Profession und Professionalisierungsgrades praktikable Instrumente für den Einsatz zur Verfügung gestellt bekommen. Zweitens soll ein suffizienter, also ausreichend leistungsfähiger, Führungsakt ermöglicht werden. Summa summarum sollen mit der Einsatzführungstheorie die *Voraussetzungen für das richtige Ausführen der richtigen Führungstätigkeiten* geschaffen werden. Die Führungstätigkeiten im gegenwärtigen Einsatz stehen im Mittelpunkt des Buches. Dabei geht es darum, Steuerungsimpulse zu setzen, um den Ereignisverlauf zu beeinflussen. Führung im Alltag im Sinne eines strategischen Managements dient eher der vorbereitenden Herstellung der Rahmenbedingungen, um im Einsatz führen zu können. Diese Art der Führung wird nur am Rande betrachtet.

Dieses Buch will den Anstoß geben, um eine Leerstelle innerhalb der Organisations- und Sicherheitswissenschaften zu füllen, um zu einer widerstandsfähigen Gesellschaft beizutragen. Eventuell ist es zu weit gegriffen, von *Einsatzführungswissenschaften* zu sprechen. Der Begriff würde der Interdisziplinarität der Fragestellung allerdings gerecht werden. So würde der Wissensbereich dadurch in der Sicherheitstechnik als eigene Unterdisziplin ausgewiesen. Gleichzeitig würde er innerhalb der Führungswissenschaften der Organisationspsychologie und Betriebswirtschaftslehre als eigenes Themenfeld, zumindest aber als bestimmter Anwendungsfall markiert. Die vorhandenen Überlappungen mit den Militärwissenschaften bleiben ebenso erkennbar. Im Sinne einer interdisziplinären Zusammenarbeit soll dieses Buch eine herzliche Einladung an alle sein, die sich mit Führung und Einsätzen in Gefahrenabwehr und Krisenmanagement beschäftigten, ihre Aktivitäten zu bündeln – vielleicht in der Klammer der Einsatzführungswissenschaften.

Präambel

Die Entwicklung der Einsatzführungstheorie wurde vor der COVID-19-Pandemie begonnen und währenddessen beendet. Rückblickend kann gesagt werden, dass die Pandemiebewältigung die Herausforderungen für die Einsatzführung nur deutlicher hervortreten ließen. Bekannt waren sie schon vorher. Das stimmt nachdenklich. Wagt man den Versuch, eine Schlüsselerkenntnis zu formulieren, dann könnte sie lauten, dass in Einsätzen fehlerhafte Richtungsentscheidungen viel schneller sichtbar werden als bei der strategischen Unternehmenslenkung oder in den langen Perioden der Politik. Einsatzführung ist unmittelbarer und erbarmungsloser als Führung in »normalen« Situationen. Der Ruf nach »strukturiertem Krisenmanagement« ist inhaltsarm, denn niemand arbeitet absichtlich unstrukturiert. Berechtigt ist die Frage, ob die vorgesehenen Strukturen genutzt wurden und ob die Strukturen geeignet waren bzw., ob Anstrengungen unternommen wurden, die Strukturen anzupassen. *Wurde trotz ggf. vorhandener struktureller Unzulänglichkeiten im Rahmen der eigenen Möglichkeiten der Akteure danach gestrebt, möglichst wirksam zu sein (effizient und effektiv)?* Dies zeigt, dass es in jedem Einsatz sowohl auf das System als auch auf den Akteur ankommt. Fehler liegen im System und Führungspersonen können das System umso stärker beeinflussen, desto weiter oben sie stehen (vgl. Reason & Grabowski, 1994). Weil die Führungspersonen den Rahmen setzen (das System designen) und gleichzeitig handelnde Akteure sind, verkörpern sie den Schlüssel für eine »gute Einsatzführung«. Ein Baustein im Streben nach gesellschaftlicher Resilienz ist sicherlich, dass *in den Organisationen der Daseinsfürsorge das Führungshandwerk für Einsätze beherrscht wird*. Das ist nicht die bloße Forderung nach »mehr« Ausbildung, »regelmäßigen« Stabsübungen oder »wieder« Katastrophenschutzübungen. Es ist der Befund, dass Einsatzführung wirksam sein muss: *Wir müssen die Kompetenz vermitteln, das Richtige richtig tun zu können.*

In der Zeit der Schlussredaktion dieses Buches wurde Westdeutschland von einer Unwetterkatastrophe getroffen, deren Bewältigung den Katastrophenschutz an seine Grenzen und darüber hinaus brachte. Es wurde darauf verzichtet, mit der Veröffentlichung die Erkenntnisse aus dieser Katastrophe abzuwarten. Vielmehr möge das Buch bei der Aufarbeitung eine Hilfestellung geben.

Die Einsatzführungstheorie in dieser Form steht am Anfang ihrer Entwicklung. Sie wird überprüft werden, belegt und möglicherweise auch in Teilen widerlegt werden. Träger frischer Ideen werden sich ihrer mit neuen Methoden annehmen und sie neu interpretieren. Künftige Generationen werden das Wissen als selbstverständlich gegeben annehmen und es als Ausgangspunkt für ihre eigene Arbeit nutzen können. Es liegt in der Natur der Sache, dass sich Verfahrensweisen weiterentwickeln müssen, um mit Veränderungen in Gesellschaft, Umwelt und Technologie schritthalten zu können. So stammen die Dienstvorschriften zur Einsatzführung im öffentlichen

Präambel

Bereich aus einer Zeit, die nur einen Bruchteil der heutigen Komplexität aufwies. Eine große Berufsfeuerwehr in Deutschland hat ihren Führungsstab während der Pandemie exemplarisch zu einem »Stab für komplexe Einsatzlagen« weiterentwickelt. Aus der Perspektive der Komplexitätsbewältigung (Malik, 2015) betrachtet kann so mancher Einsatz daher anachronistisch wirken. Es wäre vermessen, die vorliegende Theorie als »fertig« zu bezeichnen. Ihr Reifegrad geht allerdings auch weit über einen bloßen theoretischen Entwurf hinaus. Daher wird entwicklungsoffen von einer ersten Version gesprochen.

Übersicht der Einsatzbeispiele

»Schiefgegangene« Einsätze bieten ein hohes Erkenntnispotenzial und sind daher für Lernen und Weiterentwicklung sehr wichtig. Allerdings sind solche Berichte kaum verfügbar. Wo es zugängliche Dokumentationen gibt, ist die Vollständigkeit manchmal fraglich und die Zusammenhänge sind nicht immer ganz eindeutig nachzuvollziehen. Bei erfolgreichen Einsätzen ist es ähnlich. In diesem Buch werden in unterschiedlicher Tiefe die Fallbeispiele in Tabelle 1 angesprochen. Sie illustrieren an manchen Stellen die vorgestellten Führungstätigkeiten und sind positive bzw. falsifizierende (Teil-)Belege für die entwickelte Einsatzführungstheorie. Weitere Beispiele, die in geringem Umfang eingebracht werden, sind in dieser Übersicht nicht aufgeführt.

Tabelle 1: *Einsatzbeispiele im Buch*

Beschreibung	Seite
Polizeieinsatz in Rostock-Lichtenhagen, 1992	40
Vergebene Zeitvorteile in der Corona-Pandemie, 2020	57
Wintereinbruch in der DDR, 1978	57
Reaktorunglück von Tschernobyl, 1986	57
Antizipationsverhalten von Stäben	64
Krankenhausverteilung kontaminierter Patienten in einer Übung, 2017	65
Moorbrand im Emsland, 2018	70, 212, 249
Polizeieinsatz in Leipzig, 2020	76
Flugbetrieb in der Corona-Pandemie, 2020	84, 280
Gesundheitsämter in der Corona-Pandemie, 2020	86
Herunterfahren des Flugbetriebs einer Airline, 2020	121, 280
Simulierte IT-Großstörung bei einer Fluggesellschaft, 2017	124
G20-Gipfel in Hamburg, 2017	152
Waldbrandkatastrophe in Niedersachsen, 1975	163
Krisenkommunikation in der Corona-Pandemie, 2020	168

Übersicht der Einsatzbeispiele

Tabelle 1: *Einsatzbeispiele im Buch – Fortsetzung*

Beschreibung	Seite
Geiselnahme in einer Übung, 2019	189
Abreisechaos von Ischgl in der Corona-Pandemie, 2020	304

Über ein Dutzend weitere Beispiele sind im Online-Zusatzmaterial zu finden.

Hinweis zum Online-Zusatzmaterial:
Das Online-Zusatzmaterial kann unter folgendem Link abgerufen werden: https://dl.kohlhammer.de/978-3-17-039068-3

Inhaltsverzeichnis

Präambel 5

Übersicht der Einsatzbeispiele 9

1 Einleitung **15**
    1.1 Problemzugang über den Führungsbegriff 16
    1.2 Begriff der Einsatzführung 18
    1.3 Fokussierung der Tätigkeit und Zentrierung der Wirkung als Lösungsansatz 24
    1.4 Aufbau, Intention und Leitfragen dieses Buches 34

2 Erfolg der Stabsarbeit **38**
    2.1 Führungsleistungen 39
    2.2 Einsatzresultate 45
    2.3 Beurteilung des Erfolgs 48
    2.4 Zeitvorteile als zentrale Führungsleistung 55

3 Wirkung der Führungsarbeit **68**
    3.1 Einsätze als komplex-adaptive Systeme 71
    3.2 Einsatzführung als kybernetische Regelung 80
    3.3 Einsatzschwere 83
    3.4 Wirksamkeit von Führungsarbeit 89
    3.5 Führungstätigkeiten als Mittel zur Wirkungszentrierung . 92
    3.6 Nutzen für die Führungsperson 96

4 Die Einsatzführungstheorie **101**
    4.1 Wirkungsmatrix 107
    4.2 Einsatzführungsalgorithmus 113

5 Realisierungstätigkeiten Orientieren, Organisieren, Koordinieren ... **116**
    5.1 Orientieren – Chaos in Ordnung überführen 118
    5.2 Funktionierende Führungssysteme organisieren 127
    5.2.1 Organisieren nach den Grundsätzen lebensfähiger Systeme 127

Inhaltsverzeichnis

5.2.2	Probleme in Einsatzführungssystemen und deren organisatorische Ursachen	133
5.2.3	Zielbild eines wirksamen, beweglichen und selbstorganisierenden Einsatzführungssystems	135
5.3	Organisieren von Elementen	143
5.4	Komplexität des Einsatzes beherrschen	147
5.5	Permanentes Reorganisieren mittels Stellschrauben für die Leistungsfähigkeit	174
5.5.1	Konstitutive Prinzipien	176
5.5.2	Skalierbarkeit	177
5.5.3	Reduzierung von Zeitnachteilen	179
5.5.4	Anschlussfähigkeit und Zusammenarbeit zwischen AAO und BAO	181
5.5.5	Segmentierung des Führungsvorgangs	184
5.5.6	Innere Zirkel und Mehrfachspitzen	187
5.5.7	Strukturelle Voraussetzungen aus dem Aufbau	194
5.5.8	Verantwortlichkeit	200
5.6	Abläufe koordinieren	205
5.6.1	Koordinieren als aktives Regeln innerhalb der Führungsunit	206
5.6.2	Verbinden von Organisationen und Keyplayern	210
5.6.3	Verfahrensspielräume als Führungsräume nutzen	214
5.6.4	Durch den Führungsrhythmus die Zeit organisieren	217
5.6.5	Remote-Einsatzführung in virtuellen Räumen	224
6	**Kerntätigkeit Entscheiden**	**232**
6.1	Schwierigkeiten beim rationalen Entscheiden	233
6.2	Wie Stäbe in der Praxis wirklich entscheiden	239
6.3	Begrenzt rationales Entscheiden in der Einsatzführung	251
6.3.1	Erfahrungsgeleitete Einsatzführung	260
6.3.1.1	Teil 1: Steuerungsmodell	260
6.3.1.2	Teil 2: Diagnose	267
6.3.1.3	Teil 3: Zustandsbehandlung	269
6.3.2	Prüf- und Übergangsphase	270
6.3.3	Analysegeleitete Einsatzführung	277
6.3.3.1	Teil 1: Herleitung des Wirkpfades	278
6.3.3.2	Teil 2: Herbeiführen von Entscheidungen	280

Inhaltsverzeichnis

7 Schlussbetrachtung **304**
    7.1 Gesamtbeleg 304
    7.2 Sicherstellung der künftigen Führungsfähigkeit 310
    7.3 Praktischer Nutzen 312
    7.4 Kritik der Genese 314
    7.5 Das Maß für gute Einsatzführung 317

Epilog **319**

Literaturverzeichnis **321**

1 Einleitung

Gefahrenabwehr und Krisenmanagement stehen im Dienst unserer Gesellschaft. Polizei, Feuerwehr, Rettungs- und Hilfsdienste sowie Betreiber kritischer Infrastrukturen leisten unverzichtbare Beiträge für das Gemeinwesen. Tragende Rollen kommen auch Ministerien, Verwaltung und Militär zu. Wirtschaftsorganisationen jeder Art sind um betriebliche Kontinuität bemüht. Der (Mehr-)Wert von Einsätzen kann nur schwer monetarisiert werden. So versagt die finanzielle Perspektive ein stückweit, wo es um ideelle Güter (Reputation), um das Überleben des Unternehmens, um nicht annähernd zu greifende Gemeinkosten oder verfassungsgemäß geschützte Güter geht (Gißler, 2019 a). Weil die Ereignisursachen potenziell den Fortbestand der Gesellschaft oder der Organisation bedrohen können, leistet die Einsatzführung eine Art *daseinsmäßigen Beitrag* und trägt über den Bevölkerungsschutz zu einem *resilienten Gemeinwesen* bei. Aus- und Weiterbildungsinstitute in diesem Bereich haben eine Schlüsselstellung, weil sie Führungspersonen und Führungsorgane auf Ernstfälle vorbereiten sowie Wissen zur Entwicklung und unterjährigen Unterhaltung von Einsatzführungssystemen vermitteln (Managementsystem).

Stäbe haben eine besondere Bedeutung. Sie bilden in der Regel die höchste Instanz von Führungssystemen. Nach ihnen gibt es kaum mehr eine Eskalationsmöglichkeit. Daraus resultiert der Anspruch, jegliche Situationen bewältigen zu können. Es ist nicht übertrieben zu sagen: *Stäbe sind das letzte und ultimative (Führungs-)Mittel, um Gefahren abzuwehren und Sicherheit und Kontinuität zu gewährleisten. Es ist daher geboten, jegliche vernünftige Möglichkeit zur Stärkung der Führungsfähigkeit wahrzunehmen.* Stäbe haben eine gewisse Strahlkraft. Sie geben kleineren Führungsorganen Orientierung und setzen Maßstäbe. Aus ihrer herausragenden Stellung ergibt sich eine besondere Verantwortung in vielerlei Hinsicht. Stäbe sind deswegen der Ausgangs- und Fluchtpunkt dieses Buches. An wenigen Stellen werden speziell Stäbe angesprochen, was dann aber explizit deutlich gemacht wird. Wo von Einsatzführung, Führungssystemen oder Führungsorganen gesprochen wird, sind explizit jegliche Führungsunits gemeint.

Der Bedarf einer Einsatzführungstheorie ergibt sich im Wesentlichen aus drei Gründen. *Erstens braucht es einen widerspruchsfreien Satz von zusammenhängenden Erklärungen.* So ist aktuell das Begriffsgefüge zwischen Einsatz und Führung nicht überall kohärent. Dazu zählen die Definitionen dieser beiden Begriffe selbst wie auch der Bedeutungen von Führungsleistung und Einsatzschwere. Zudem bedarf es

1 Einleitung

der Klärung, was eigentlich das Zielsystem des Einsatzes ist, auf das sich die Mission bezieht. Eine Theorie über Führung »allein« ist nicht anschlussfähig. Sie wird sich immer ein stückweit um sich selbst drehen. *Zweitens gibt keine aktuelle und universale Einsatzführungstheorie.* Wie im Buch deutlich wird, ist Einsatzführung bei den unterschiedlichen Organisationen von Gefahrenabwehr und Krisenmanagement vergleichbar, auch wenn es kulturelle Unterschiede gibt. Zudem bedarf es der kontinuierlichen Weiterentwicklung der Einsatzführung genauso wie sich die Einsätze weiterentwickeln. *Drittens bedarf es einer Fokussierung der Ergebnisse der Einsatzführungsarbeit.* Es ist problematisch, wenn in der Praxis lange über die Führungsperson (vermeintlich notwendige Voraussetzungen, Auftreten und Stil) oder das Informationsmanagement (wer wann was wissen müsste oder gerne wissen würde) gesprochen wird. Nicht selten rücken Human Factors vor lauter Softwareanwendungen (die vermeintlich alle Probleme lösen) in den Hintergrund und über die Lagedarstellung oder was man nun tun müsste wird ausgiebig diskutiert (gesagt ist aber noch nicht gemacht). Dabei wird dem, was herbeigeführt werden soll, aber kaum Beachtung geschenkt.

Eine Einsatzführungstheorie muss in Einsätzen zum Erfolg führen. Dieser Anspruch ist hoch, weswegen ihre Entwicklung ebenso hohen Ansprüchen unterliegt. Hierzu bedarf es eines Vorgehens, das für Dritte nachvollziehbar ist. Die dazugehörigen Grundüberlegungen werden in diesem Kapitel erläutert.

1.1 Problemzugang über den Führungsbegriff

Der Begriff der Führung wird in der Fach- und Alltagssprache vielfach und in unterschiedlichsten Ausprägungen verwendet: Eine Übersichtsarbeit listet über 130 relevante Definitionen aus nur minder wenigen Bereichen auf. Führung greift auf unterschiedliche Ansätze zurück, worüber folgende Auswahl einen Überblick gibt (Neuberger, 2002):

1. Bei der Person und somit bei deren *Eigenschaften* ansetzend: Grundannahme ist, dass für Führungsaufgaben bestimmte Charaktermerkmale förderlich sind. Diagnostiziert werden diese z. B. mit den sog. Big Five. Diese Ansätze benötigen Auswahlsysteme wie Assesment-Center.
2. Fokussierung der *Interaktion zwischen Führendem und Geführten*: So leben charismatische Führer überzeugend und mitreißend vor, wofür es zu arbeiten und zu leben gilt. Sie wecken höhere Motive und herausfordernde Ziele. Sie vertrauen den Geführten, wodurch deren Selbstachtung

1.1 Problemzugang über den Führungsbegriff

und Vertrauen gesteigert wird – was wiederum zu erhöhter Motivation führt.
3. *Stilkonzepte*: Bekannt ist vor allem das eindimensionale Kontinuum »autoritär-kooperativ«.
4. Mittels *Motivationstheorien*: Dabei werden neben Bedürfnissen, Trieben und Motiven intrapsychische Beweggründe angesprochen, die Qualität, Richtung, Intensität und Dauer von Handlungen bestimmen.
5. *Systemische Führung*: Zugrunde liegt die Vorstellung, dass die Führungskraft in komplexen Systemen operiert, in denen niemand alles weiß und das Ganze kennt. Zusammenhänge sind nicht linear determiniert, sondern ein stückweit unvorhersehbar.

Die ersten vier Ansätze beziehen sich im weitesten Sinne auf die *Akteure* und dabei auch zumeist auf den Führenden. Es stehen also die Menschen und damit ihre *Interaktionen* im Fokus. Wie die meisten Theorien über Führung gehen sie von linearen Zusammenhängen zwischen Führungsaktionen und Reaktionen aus. Der systemische Ansatz unterscheidet sich davon, weil er vom System ausgeht, in dem operiert wird und angenommen wird, dass die Wechselwirkungen von Führung nicht vollständig abgesehen werden können. Ein Stückweit bedingt das Erkenntnisinteresse den zu wählenden Ansatz. Schon allein wegen des enormen Wissensumfangs erscheint eine isolierte Theorie nicht sinnvoll. Ein einzelner Erklärungsansatz wird immer Erklärungsdefizite produzieren.

Eine Einigung auf eine universale Bedeutung des Führungsbegriffs kann als unmöglich bezeichnet werden. Zu unterschiedlich scheint die Verwendung in Disziplinen, Sprachräumen, Situationen und Kontexten (Neuberger, 2002). Einer der wenigen Gemeinsamkeiten im Begriffsspektrum ist das Verständnis von *Führung als Konstrukt*: Sie ist ein soziales Phänomen, das nicht unabhängig existiert, sondern fortwährend unter sich ändernden Umständen neu erschaffen wird. Das wird deutlich, wenn man sich klar macht, dass *Führung gleichzeitig Produkt und Produzent des Redens über das Führen* ist (Neuberger, 2002). Der Begriff ist an sich also selbstreferenziell. Zwei wesentliche Perspektiven können unterschieden werden: Aus institutioneller Sicht blickt Führung auf Organe und Instanzen, die sich mit Führung beschäftigen. Als Institution kann Führung anhand der Verantwortung von Leitung abgegrenzt werden. Damit wird die oberste Ebene bzw. die verantwortliche Instanz bezeichnet. Aus funktionaler Sicht betrachtet und beschreibt Führung eine *Tätigkeit*.

Für eine Einsatzführungstheorie haben diese grundlegenden Feststellungen drei Konsequenzen. Erstens muss von Entwicklern, Anwendern und deren Communitys akzeptiert werden, dass das Ideal einer Fachdefinition, und sowieso das einer Einheitsdefinition, sehr wahrscheinlich nicht erreicht werden kann. Zweitens ist Einsatzführung ein Konstrukt genauso wie Führung auch. *Eine Einsatzführungstheorie ist deswegen konstruktivistisch. Sie legt eine Bedeutung fest, die Verhalten erzeugt. Das Verhalten wiederum kann beobachtet und gedeutet werden. Einsatzführung nach dieser Theorie ist deswegen Erzeuger und Ergebnis zugleich.* Drittens muss die Collage des allgemeinen Führungsbegriffs sowohl auf den konkreten Anwendungskontext bezogen als auch auf möglichst wenige Perspektiven verengt werden.

1.2 Begriff der Einsatzführung

Der Begriff der Einsatzführung erweitert die Bedeutung von der reinen Führung als *Vorgang* auf den Kontext als *Zielraum*. Der Begriff der Einsatzführung ist deswegen präziser als der bloße Führungsbegriff. Weil er mehrere Wissensbereiche vereint, verlangt er eine *Multiperspektive*.

Einsatzführung geht über den Bezug auf Menschen und Interaktionen hinaus. Die menschliche Perspektive ist unverzichtbar wichtig, gerade weil der Mensch das (derzeit) einzige intelligente, zur Konation fähige Element im Führungssystem ist. Allerdings stößt diese Perspektive aus systemischer Sicht rasch an Erklärungsgrenzen: Was ist, wenn alle Stabsmitglieder das passende mentale Modell haben, sämtliche Human Factors beachtet werden und Entscheidungen methodisch sauber getroffen werden? Vom Mensch aus gesehen ist Führung dann wohl »gut« – aber gilt das auch, wenn im Einsatz ein hoher Kollateralschaden entsteht, unverhältnismäßig gehandelt wird, das Vertrauen der Bürger schwindet und die operativen Mitarbeitenden chaotische Zustände beklagen? *Einsatzführung muss schon allein vom Begriff her gesehen mehr umfassen als nur die menschliche Perspektive.*

Einsatzführung bezieht sich auf Einsätze in Gefahrenabwehr und Krisenmanagement. Aus diesem Anwendungsbereich ergibt sich die Typologie von Einsatz-Organisationen und Einsatz-Situationen (Gißler, 2019 a; Hofinger & Heimann, 2016; Kern, Richter, Müller & Voß, 2020 a). Stabsarbeit ist die etwas unscharfe Bezeichnung für die Einsatzführung mit einem Stab und hat drei Perspektiven: Erstens die der *Führungsperson, die sich eines Stabes bedient (Arbeiten mit einem Stab)*. Zweitens die Perspektive der *Geführten, die im Stab arbeiten*. Drittens das *Arbeiten* des Stabes als Wertschöpfungsprozess im Sinne des Funktionierens. Stabsdienstordnungen intendierten ursprünglich, das Arbeiten in einem Stab zu regeln. Tatsächlich sollten

1.2 Begriff der Einsatzführung

diese Regelungen heute aber viel weiter als Ablauflauforganisation bzw. als *Funktionsbeschreibung des Führungssystems* verstanden werden.

In Gefahrenabwehr und Krisenmanagement gibt es keine belastbare Erklärung dafür, was das Ziel der Einsatzführung ist. So versteht z. B. die FwDV 100 Führung als die »Einflussnahme auf Menschen mit dem Zweck zur Verwirklichung von Zielen« (Innenministerium Nordrhein-Westfalen, 1999). Was jedoch die genauen Führungsaufgaben sind und welche Ziele es im Einsatz als reales, verschachteltes und umweltoffenen System zu verwirklichen gilt, bleibt offen und kann auch nicht aus aktuellen Normen bzw. Normvorhaben (DIN ISO 22320 und DIN EN ISO 22361) reproduzierbar hergeleitet werden.

Im militärischen Bereich bieten sich zwar Erklärungen an, die auf den ersten Blick übertragbar scheinen. So wird Führung als »*richtungsweisendes und steuerndes Einwirken auf Kommandanten, Truppen, Dienststellen und einzelne Soldaten verstanden, um eine Zielvorstellung zu verwirklichen.*« Genauer werden das übergeordnete Ziel (politischer Erfolg), der Hebel bzw. der Wirkpfad (Soldaten zum Einsatz anleiten worüber der Gegner beeinflusst wird) und gewisse Gütekriterien (Zweckmäßigkeit, Ökonomie, Vertrauen) genannt (Meurers, 2004). Problematisch ist allerdings, dass Streitkräfte im Kern *Mehrungsziele* verfolgen, Gefahrenabwehr und Krisenmanagement allerdings *Vermeidungsziele* (Gißler, 2019 a). Zudem scheinen Militäreinsätze in einer Systemsprache eher weniger offen (geschlossener, abgegrenzter) zu sein. Das illustriert ein Polizeieinsatz, bei dem die räumlichen Grenzen bis zum Erreichen einer statischen Lage quasi unbekannt sind. Die gesellschaftlichen Grenzen von Polizeieinsätzen sind weit und diffus, wie das globale Mobilisierungspotenzial von Protestaktionen nicht erst seit der Gründung der Black Lives Matter Bewegung 2013 zeigt. Zudem scheint die Varietät (Zustandsmöglichkeiten) von Gesellschaftssystemen höher als die von Kampfeinsätzen. Humanitäre Einsätze, Wiederaufbau oder Entwicklungshilfe dürften nochmals anders gelagert sein. Weil die Zielrichtungen andere sind und sich die Zielsysteme unterscheiden, wird eine Näherung an die heutige, zivile Einsatzführung aus militärischer Richtung als ungeeignet beurteilt.

Wie zuvor konstatiert ist Einsatzführung Erzeuger und Ergebnis zugleich. Überbegriffe sind *Realisierung* (erzeugen) und *Wirkung* (Resultat). Ohne Zusatz bzw. Einschränkung bezeichnet Einsatzführung beides. Realisierung und Wirkung codieren den Einsatzführungsbegriff binär. Sie sind die stärkste begriffliche Verengung und beschreiben daher die Hauptbedeutungen. Dies ergibt sich aus dem Begriffscluster in Bild 1. Darin werden unterschiedliche, teils überlappende Sichtweisen induktiv zu fünf Hauptperspektiven gruppiert. Die Wirkung ist zugleich Hauptperspektive und Hauptbedeutung.

1 Einleitung

Die Einzelpunkte des Begriffsclusters büßen durch den induktiven Schluss auf die Oberbegriffe keine Bedeutung ein. Die Spezialfälle finden sich also im Allgemeinen wieder. Das untermauert die Gültigkeit von Realisierung und Wirkung als *Hauptbedeutungen*. Davon kann deduktiv mit ausreichender Aussagekraft wieder auf Spezialfälle geschlossen werden. Das belegt die *Gültigkeit der Abstrahierung*.

Im Begriffscluster tauchen personenzentrierende Gesichtspunkte zwar auf, aber sie überwiegen nicht. Es sind einige wenige systematische Aspekte zu erkennen. In allen fünf Hauptperspektiven sind zu mehr oder weniger großen Anteilen *Tätigkeiten* enthalten (kursiv). Sie werden als *realisierendes Mittel* verstanden (schematischer Pfeil). Die Tätigkeit weist der Einsatzführung ihre *Richtung*, indem sie auf Wirkungen abzielt (schematischer Pfeil von der Organisation über die verwirklichende Person mit den zugehörigen Prozessen über die Tangenten zur Wirkung hin). Diese Reihenfolge kann sicherlich auch anders geordnet werden. Die Logik zeigt aber klar an, dass sich Einsatzführung auf Wirkungen *bezieht*. Insgesamt wohnt die Tätigkeit also allen Blickwinkeln auf die Einsatzführung inne, sie ist ein realisierendes und richtungsweisendes Mittel. *Wirkung, Tätigkeit und Realisierung stehen in einem unmittelbaren, zwangsläufigen Zusammenhang*. Einsatzführung ist daher ein Tätigkeitskonstrukt. Die Tätigkeit hat zwischen Realisierung und Wirkung eine hohe Bedeutung als *Zentralstellung*.

Bei Theorien über Einsatzführung muss die logische Zwangsläufigkeit von Realisierung, Tätigkeit und Wirkung beachtet werden. Bleibt dies aus, ist die Integration der Multiperspektiven unzureichend. *Ansätze, in denen die Logik aus Realisierung, Tätigkeit und Wirkung nicht ausreichend zu erkennen sind, müssen in ihrer Allgemeingültigkeit angezweifelt werden*. Daraus ergeben sich Zweifel an der Eignung isolierter Erklärungen für die Einsatzführung, die kein ausreichendes Integral erkennen lassen (z. B. eigenschaftsorientierter oder motivationaler Ansatz, Zugang über Interaktion und Stil). In diesem Buch wird deswegen deduktiv von den beiden Hauptbedeutungen aus auf die konkreten Inhalte geschlossen, um darüber die verschiedenen Ansätze zu integrieren.

Management
Der Managementbegriff überschneidet sich mit dem Führungsbegriff und ist ähnlich vielfältig belegt. Management ist eher nicht-personell und strukturell (Neuberger, 2002). Es kann als Art Rahmen verstanden werden, in dem Führung stattfindet (Interaktion). Funktional gesehen umfasst Management *Prozesse und Funktionen* wie Planung, Organisation, Führung und Kontrolle, woraus sich ein Verständnis als *Gestaltung, Lenkung und Entwicklung von soziotechnischen Systemen* ergibt

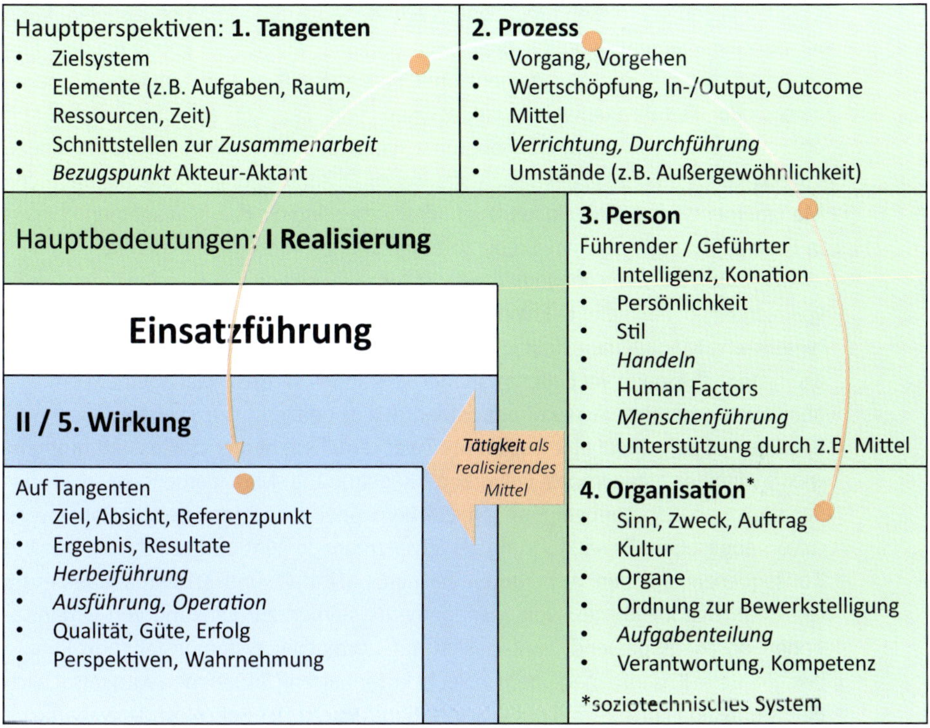

1.2 Begriff der Einsatzführung

Hauptperspektiven: **1. Tangenten** • Zielsystem • Elemente (z.B. Aufgaben, Raum, Ressourcen, Zeit) • Schnittstellen zur *Zusammenarbeit* • *Bezugspunkt* Akteur-Aktant	**2. Prozess** • Vorgang, Vorgehen • Wertschöpfung, In-/Output, Outcome • Mittel • *Verrichtung, Durchführung* • Umstände (z.B. Außergewöhnlichkeit)
Hauptbedeutungen: **I Realisierung** **Einsatzführung** **II / 5. Wirkung** Auf Tangenten • Ziel, Absicht, Referenzpunkt • Ergebnis, Resultate • *Herbeiführung* • *Ausführung, Operation* • Qualität, Güte, Erfolg • Perspektiven, Wahrnehmung	**3. Person** Führender / Geführter • Intelligenz, Konation • Persönlichkeit • Stil • *Handeln* • Human Factors • *Menschenführung* • Unterstützung durch z.B. Mittel **4. Organisation*** • Sinn, Zweck, Auftrag • Kultur • Organe • Ordnung zur Bewerkstelligung • *Aufgabenteilung* • Verantwortung, Kompetenz *soziotechnisches System

Tätigkeit als realisierendes Mittel

Bild 1: *Induktive Ableitung der Hauptbedeutungen der Einsatzführung aus ihrem Begriffscluster*

(Kirchhof, 2003). Diese funktionale Sicht erlaubt es nur teilweise, Einsatzführung als Management zu bezeichnen. Zwar umfasst Einsatzführung das Planen, Organisieren, Führen, Kontrollieren sowie die Lenkung. Die Systemgestaltung und -Entwicklung als wesentliche Teile sind allerdings eher keine Einsatzfunktionen. Malik (2014/2018) versteht Management als Beruf des Resultate-Erzielens oder Resultate-Erwirkens: Aufgaben sei es, für Ziele zu sorgen, zu organisieren, zu entscheiden, zu kontrollieren und Menschen zu entwickeln. Es gehe darum, die richtigen Dinge (Aufgaben) richtig zu tun wofür es Werkzeuge gebe. Mit dieser berufsständischen Sicht kann Einsatzführung gut als Management erklärt werden, wobei die Personalentwicklung eher nicht zutrifft.

In großen Organisationen gibt es i. d. R. drei Managementebenen (Topmanagement, mittleres und unteres Management (Springer Gabler Verlag, 2018b), die als normativ, strategisch und operativ bezeichnet werden können (Kirchhof, 2003).

1 Einleitung

Einsätze lassen sich diesen drei Ebenen nicht genau zuordnen. Weit ausgelegt kann »Krisenmanagement« von der operativen bis zur strategischen Ebene reichen. Eng ausgelegt wäre Krisenmanagement eher Sache des Top- und Mittleren Managements. Bei Gefahrenabwehrorganisationen sind Einsätze auf strategische und operative (taktische) Aufgaben begrenzt. Einsätze haben keine normative Ebene im engeren Sinn. Es ist deswegen schwierig, Einsatzführung in das hierarchische Managementverständnis einzuordnen. Wohl aber sind die drei Managementebenen in Einsatzführungssystemen wiederzufinden wie im Verlauf gezeigt wird.

Insgesamt ist der Managementbegriff für die Funktion der Einsatzführung nicht voll zutreffend. Zwar gibt es Entsprechungen und als Lenkung ist Einsatzführung eine wesentliche Managementfunktion. Daher könnte eine Führungsperson institutionell als strategisch-operativer Einsatzmanager verstanden werden. Management umfasst aber auch normative Aspekte und ist langfristig gedacht. Die »Lebensdauer« von Einsätzen ist jedoch auf eine bestimmte Zweckerfüllung begrenzt. Einsatzführung ist relativ direktes, steuerndes Einwirken (Regeln) und Management ist eher das Schaffen von Rahmenbedingungen (Steuern über eine Metaebene). Daher wird davon abgesehen, Einsatzführung als Einsatzmanagement zu bezeichnen. Das hat Konsequenzen für den verbreiteten Terminus »Notfall- und Krisenmanagement.« Der Begriff ist im Kontext von Managementsystemen zur Lenkung von Organisationen durchaus passend, weil er sich auf normative, systemgestaltende Punkte bezieht. Beim Krisenmanagement in »echt krisenhaften« Situationen wird tatsächlich der langfristige Fortbestand der Organisation forciert. Der Begriff ist deswegen eine Spezifizierung der Einsatzführung bei gewisser Einsatzschwere. Notfälle und Einsätze umfassen aber allgemein eine eher kurze Frist. Deswegen ist der Begriff »Notfall- und Krisenmanagement« teilweise ungenau und wird in diesem Buch nicht verwendet.

Organisieren
Führung wird oft in Verbindung mit Organisieren genannt. Diese Tätigkeit bezeichnet allgemein das *systematische Aufbauen* von etwas (Dudenredaktion, o. J.d). Ziel ist es, *eine institutionelle Organisation als System zu erschaffen*. Damit dieses System seine vorgesehene Funktion erfüllt, muss eine funktionale Organisation als Architektur oder Struktur aufgebaut werden und zum Funktionieren gebracht werden. Der Wissensbereich der Organisationstheorie blickt aus psychologischer, betriebswirtschaftlicher, systemtheoretischer (hier wird Organisieren als das Schaffen von *Ordnung* [Malik, 2015] verstanden) oder auch politischer Perspektive auf das Organisieren. *Führung als Aufbauen eines funktionierenden Einsatzes kann als Organisationsarbeit erklärt werden.*

1.2 Begriff der Einsatzführung

Die Organisation als Funktion ist das formale »Regelwerk eines arbeitsteiligen Systems« und hat zwei Zielrichtungen (Springer Gabler Verlag, 2018 f). Organisieren ist auf der einen Seite die Spezialisierung als sinnvolle Zerlegung einer Gesamtaufgabe in Teilaufgaben. Dies wird im Kontext der vorliegenden Einsatzführungstheorie als *Aufbauen und Strukturieren von Elementen* verstanden, dessen Ergebnis die Aufbauorganisation ist. Dieser Vorgang ist eher entwickelnd. Auf der anderen Seite ist Organisieren die Tätigkeit des Koordinierens als effiziente Strukturierung arbeitsteiliger Prozesse. Deren Ergebnis ist die Ablauforganisation als vorbereiteter Plan. Durch Verwirklichung ergibt sich daraus die Funktion. Koordinieren wird daher auf die Funktionen bezogen. Dieser Vorgang ist eher realisierend. In der Einsatzführungstheorie hat das Organisieren mit der Struktur (Aufbau, Tätigkeitsbezeichnung »organisieren«) und der Funktion (Ablauf, Tätigkeitsbezeichnung »koordinieren«) somit zwei Zielrichtungen.

Schlussfolgerung: Zugang zur Begriffsproblematik
Der Führungsbegriff ist allgemein uneindeutig. Seine Bedeutung ergibt sich aus der Verwendung im jeweiligen Kontext. Auch dabei ist der Begriff multiperspektifisch und kann noch Unschärfen haben. Das umreißt die Problemlage: Der Einsatzführungsbegriff bedarf einer integrierten Theorie im konkreten Anwendungskontext. Dabei wird eine funktionale Perspektive eingenommen. *Danach ist Einsatzführung die funktionale Beschreibung der Tätigkeit einer Institution, die sich strategisch oder operativ mit der Führung von Einsätzen von Gefahrenabwehr und Krisenmanagement beschäftigt.*

Eine Einsatzführungstheorie ist konstruktivistisch. Sie legt eine Bedeutung der Führung im Kontext von Einsätzen in Gefahrenabwehr und Krisenmanagement fest, die ein Verhalten erzeugt. Die fünf erkannten Hauptblickrichtungen des Einsatzführungsbegriffs eröffnen jeweils einzelne, spezielle Zugänge. Die beiden Hauptbedeutungen der Einsatzführung (Realisierung, Wirkung) bieten den universellsten Zugang, weil sie den gesamten Begriff abdecken. Weitere Zugänge sind über die Akteure mit ihren Eigenschaften und Interaktionen untereinander (Personenzentrierung) und über Organisationstheorien möglich. Im Verlauf dieses Buches werden zudem System- bzw. Komplexitätstheorien herangezogen.

Die beschriebene Vieldeutigkeit des Führungsbegriffs ist problematisch. Um dem universellen Anspruch gerecht zu werden, muss eine Einsatzführungstheorie bei den Hauptbedeutungen ansetzen. Sie muss zudem der Zwangsläufigkeit von Realisierung, Tätigkeit und Wirkung folgen und der Zentralstellung der Tätigkeit gerecht werden, um sich ins vorhandene Theoriespektrum zu integrieren. Zudem ist klar geworden, dass sich Einsatzführung auf Wirkungen bezieht und eine Theorie darüber

1 Einleitung

ein Konstrukt der Tätigkeiten ist. *Kurz gesagt müssen mindestens Realisierung, Tätigkeit und Wirkung (begriffliche Hauptbedeutungen) der Inhalt einer allgemeinen Theorie über Führung in Einsätzen sein.*

1.3 Fokussierung der Tätigkeit und Zentrierung der Wirkung als Lösungsansatz

Im vorherigen Absatz wurde klar, dass Realisierung, Tätigkeit und Wirkung Inhalte einer Einsatzführungstheorie sein müssen. Die Begriffe stehen in einem zwangsläufigen, logischen Zusammenhang und die Tätigkeit hat eine Zentralstellung inne. Aus dieser sprachlich-theoretischen Sicht resultieren drei Konsequenzen woraus sich der folgende Lösungsansatz für eine Einsatzführungstheorie ergibt.

Die Realisierung vollzieht sich in der Tätigkeit. Die Gestehung der Wirkung liegt im Tun, was der Tätigkeit gleichkommt. Sie umfasst große Teile der Realisierung. Daher deckt sie einen weiten Teil der ersten Hauptbedeutung der Einsatzführung ab. Von der Wirkung als zweite Hauptbedeutung deckt die Tätigkeit einen kleineren semantischen Teil ab. Sie umfasst aber den wichtigen Teil der Gestehung, was so viel bedeutet wie, dass die Wirkung durch das Tun entsteht. Das belegt, dass die Tätigkeit bei der Einsatzführung zentral ist. Die Tätigkeit steht (logisch und sprachlich) als gemeinsamer Nenner in der Mitte zwischen den Hauptbedeutungen. *Daraus folgt für eine Einsatzführungstheorie erstens, dass die Tätigkeit fokussiert werden muss.* Weil die Tätigkeiten den unterschiedlichen Perspektiven (vgl. Bild 1) innewohnen, werden diese Blickwinkel im weitesten Sinne miteinbezogen. Durch die Fokussierung werden Ressourcen in der Gemeinsamkeit aller Aspekte des Führens gebündelt – eben in der Tätigkeit. *Anders ausgedrückt muss eine Theorie das Tun erklären, weil dies das Realisieren von Wirkungen beschreibt.* Das heißt im Umkehrschluss, dass die Fragen nach dem Wer und mit welchen persönlichen Eigenschaften, das Warum, mit welchem Stil, mit welchen Mitteln oder aus welchem Antrieb jeweils in den Hintergrund rücken.

Zweitens muss bei einer Einsatzführungstheorie die Wirkung zentriert werden. Das Realisieren und die Tätigkeiten laufen gezwungenermaßen auf Ergebnisse (herbeigeführte bzw. erwirkte Resultate) hinaus. Jede der unterschiedlichen Perspektiven in Bild 1 hat auch ein Ergebnis. Dieses ist zwar sehr blickwinkelspeziell, aber trotzdem sind die Ergebnisse ein gemeinsames Merkmal aller Perspektiven. Die Wirkungen sind die Richtung, in die es gehen muss. Alle Tätigkeiten müssen sich darauf ausrichten. Letzten Endes bezieht sich Einsatzführung also auf Wirkungen.

1.3 Fokussierung der Tätigkeit und Zentrierung der Wirkung

Dieser Bezugspunkt muss der Fluchtpunkt sein, auf den alles Handeln zuläuft und in dem sich Kräfte und Ressourcen bündeln. Die sprachliche Logik zeigt also an, dass *die Wirkung ins Zentrum des Führens* gestellt werden muss.

Zusammengenommen ergeben die beiden Schlussfolgerungen eine dritte Konsequenz: *Eine Einsatzführungstheorie muss, um der Bedeutung ihrer selbst gerecht zu werden, durch die Fokussierung der Tätigkeiten die zu realisierenden Wirkungen ins Zentrum des Tuns stellen.* Dieser Schluss ist die prinzipielle Grundlage, das Paradigma einer Einsatzführungstheorie. Es ist der *Grundsatz der Theoriekonstruktion über Einsatzführung*. Der Aufbau der Theorie muss also so erfolgen, dass sich die Führungstätigkeiten unmittelbar auf die Ergebnisse des Einsatzes beziehen.

Das Paradigma basiert auf der sprachlich-theoretischen Analyse des Einsatzführungsbegriffs. Es wird durch eine Vielzahl weiterer Punkte gestützt.

Ausschlag für den Einsatzerfolg

Durch die Untersuchung des »Erfolgs der Stabsarbeit« wurde sichtbar gemacht, was als Arbeit und Leistung von Stäben gilt und was eigentlich das Ergebnis von Führungsarbeit ist: Die Erkenntnisse legen es dringend nahe, die Führungsarbeit auf die Wirkungen auszurichten (Gißler, 2019 a). Zudem zeigt die Analyse der künftigen Führungsfähigkeit (vgl. Online-Zusatzmaterial) folgende Gründe auf, weswegen die Wirkung in die Mitte der Führungsarbeit gestellt werden sollte.

1. Führungsleistungen werden künftig wohl schwieriger zu erbringen sein. Worum es am Ende geht, kann am Anfang kaum zu erkennen sein. Es ist deswegen unerlässlich, die notwendigen Führungstätigkeiten (»das Handwerkszeug«) zu beherrschen. Die Wirkungszentrierung leitet auf das Einsatzresultat hin und hilft dabei, effektiver zu arbeiten.
2. Der Umfang der Informationslage hat zugenommen und die Umsatzgeschwindigkeit von Informationen ist deutlich höher geworden. Man kann es sich in Einsätzen schlicht nicht (mehr) erlauben, sich mit zusätzlichen Dingen zu beschäftigen, die über das wirklich Relevante hinausgehen. Wirkungszentrierung führt dazu, Unrelevantes niedriger zu priorisieren und effizienter zu arbeiten.
3. Die Personalsituation ist chronisch knapp. Ressourcen für Ausbildung und Training sind beschränkt. Die Wirkungszentrierung als Fokussierung des wirklich Notwendigen ist deswegen auch ein Mittel, mit ungünstigen Rahmenbedingungen geschickt umzugehen.

1 Einleitung

Zusammengenommen sollten zur *Sicherstellung der künftigen Führungsfähigkeit* in Ausbildung und Einsatz die erwarteten Einsatzergebnisse und die dafür relevanten Tätigkeiten fokussiert werden.

Problematik personenzentrierter Ansätze
Ein gewichtiger Punkt, der für eine stärkere Betrachtung von Tätigkeit und Wirkungen spricht, sind die Schwächen personenzentrierter Ansätze (Annäherung an eine Führungstheorie über die Führungsperson). Im Fokus stehen dabei Persönlichkeit, (soziales) Verhalten sowie menschliche Interaktionen (Handlungs*weise*). Weil sie von einer Korrelation zwischen beobachtbaren Handlungsweisen und bestimmten Persönlichkeitsstrukturen ausgehen, definieren personenzentrierende Theorien gewisse Charaktertypen als »besonders geeignet«. Solche Theorien sind somit *selektiv und normativ*, weil sie bestimmte Handlungsweisen als erwünscht definieren. Die Normierung von Führungspersonen ist allerdings problematisch. So werden nicht selten das Tun und die Person vermischt. Oft wird vom Verhalten der Führungsperson darauf geschlossen, was hinreichend günstig für die Situation sein kann und dieses Tun als notwendig festgelegt (Schluss vom Besonderen auf das Allgemeine). Dabei ist nicht immer klar, was überhaupt betrachtet wird. In einem ersten Problemfeld sind Führungsstile stark vom Charakter abhängig. Der Stil bedingt, wie eine Führungsperson von den Geführten wahrgenommen wird. Gerade bei Führungspersonen, die »gut ankommen,« kann diese Wahrnehmung eine differenzierte Betrachtung ihrer Tätigkeiten verhindern. Führungsstile beschreiben kein konkretes Verhalten, sondern nur eine gewisse Art von Verhalten (Malik, 2015). Der Führungsstil ist zwar ein wichtiger Kohäsionsfaktor für das Team, aber er vermag das Tun für eine erfolgreiche Einsatzführung kaum allgemeingültig zu erklären. Verstärkt wird dies durch selbsterfüllende Prophezeiungen, die das Unterscheiden zwischen Sein und Zuschreibung erschweren. Charismatischen, sympathischen Personen dürfte tendenziell eine bessere Eignung als Führungsperson unterstellt werden. Charisma kann wahrscheinlich durch bestimmte Verhaltensweisen im Rahmen der jeweiligen Umfeldbedingungen bewusst erzeugt werden (Antonakis, d'Adda, Weber & Zehnder, 2019), was für den Umgang mit Geführten positive Wirkungen haben kann. Aus dem Trainingsbereich ist jedoch allgemein bekannt wie schwierig es ist, Verhaltensweisen nachhaltig zu verändern. Insgesamt ist Stil kein Erfolgsgarant.

In einem zweiten Problemfeld werden Handlungen oft mit Erfahrung erklärt. Es ist ein naheliegendes Argument, dass schwierige Einsätze von erfahrenen Experten gut gelöst würden. Allerdings bleibt meist unscharf, ob mit Erfahrung konkrete Prozeduren aus bereits erlebten Ereignissen (Pläne) oder universale generische Methoden (Problemlösen) gemeint sind. Pläne sind Erfahrungswissen und sehr wichtig für

1.3 Fokussierung der Tätigkeit und Zentrierung der Wirkung

schnelle Entscheidungen. Sie haben aber wenig mit den Tätigkeiten der Führungsperson zu tun und stehen nicht für ein »Problemlösetalent«. Erfahrung ist zweifellos ein wichtiger Faktor. Ob eine Führungsperson durch Erfahrung »herausragt« oder nur »durchschnittlich« ist, genügt allerdings nicht als alleinige Erklärung für Einsatzerfolge.

Wo drittens eine Führungsperson in enger Verbindung mit ihrer Handlungsweise gesehen wird, geht es weniger um die Tätigkeit, die erledigt wird (Aufgaben verrichten, Instrumente anwenden, Beschäftigen mit etwas, Wirkung herbeiführen), sondern eben um die Weise, wie es getan wird (Stil, Zuschreibung von Erfolg durch Eigenschaften wie dem Habitus, mit welchem Erfahrungsgrad). Das vordergründige »Wie« lenkt vom Handlungsergebnis ab.

Zusammengefasst ist die Differenzierung zwischen Person und Tätigkeit bzw. zwischen Persönlichkeit und objektiviertem Beitrag zum Einsatz bei personenzentrierten Ansätzen problematisch. Das Empirische hat dabei das grundsätzliche Problem, dass es sicher nur für das Vergangene gilt. Zwar sind empirisch gewonnene, eigenschaftsbasierte Führungstheorien mittlerweile gut gesichert, genießen gewisse Anerkennung und werden in Assesment-Centern verbreitet angewendet. Dennoch bleiben Unsicherheiten, ob sich eine normierte Persönlichkeitsstruktur für die Einsatzführung in Zukunft so auswirkt wie auf Basis der Vergangenheit angenommen. Es führt deswegen in die Irre, wie im nächsten Absatz gezeigt wird, wenn man sich zur Erklärung der Einsatzführung alleinig auf die Führungsperson und ihre Interaktion mit den Geführten konzentriert.

Irreführung durch die Konzentration auf Personen
Führungspersonen oder ganze Stäbe können auf Beobachter stark beschäftigt wirken. Sie entwickeln beispielsweise große Lagekarten, führen lange Besprechungen und scheinen während dieser Handlungen mit sich selbst zufrieden. Am Ende schlägt die Zufriedenheit mit den eigenen Handlungen gelegentlich um – weil Einsatzaufträge nicht richtig verstanden werden, das Communiqué uneindeutig ist oder der Bereitstellungsraum nicht reibungslos funktioniert. Das Erstaunen kann dann groß sein, »weil man doch gut zusammengearbeitet habe.« Diese Indizien deuten auf Handlungen hin, deren Zweck fraglich oder gar unbeabsichtigt ist. Es wird »einfach gehandelt« ohne zu überlegen, was mit der Tätigkeit »bewirkt« werden soll. Dieser Fall beschreibt eine geringe Wirksamkeit (Insuffizienz) und zeigt, was es bedeutet, von der Person auszugehen: *Es ist nie mit letztendlicher Sicherheit zu sagen, ob die Person so handelt wie es die Situation erfordert.*

Das Ausgehen von der Führungsperson ist ein logischer Akt. Schließlich sind die Personen ja tatsächlich »gegeben.« Für die Personalauswahl benötigt man bestimm-

1 Einleitung

te Kriterien: Von dieser Norm muss man annehmen, dass sie »passend« ist – sonst würde man ja am eigenen Auswahlverfahren zweifeln. Zudem ist plausibel, dass gewisse Eigenschaften das Herbeiführen ausreichender Führungsleistungen befördern, weil sie z. B. dem Funktionieren als Team zuträglich sind. Diese Ansicht ist anerkannt, wenngleich eine stichhaltige Beweisführung stets schwerfällt. Der personenzentrierte Ansatz hat also sehr wohl seine Berechtigung. Er hat allerdings auch eine entscheidende Schwäche: *Bei der Fokussierung der Führungsperson und ihren Handlungen läuft man Gefahr, das Zielsystem aus den Augen zu verlieren.* Man kann gut und bequem über Führung sprechen ohne genau sagen zu müssen, was man am Ende eigentlich herbeigeführt haben möchte.

Bei Führung ist ausgerechnet das Kernelement »problematisch«– nämlich der Mensch. Er ist schlicht nicht normierbar und kann aufgrund letzter Unwägbarkeiten nicht als Konstante in eine Theorie eingebaut werden. Wenn man von der Person ausgeht, führt es deswegen in die Irre, lenkt ab von den eigentlichen Wirkungen und bindet Ressourcen durch die Suche nach Antworten, die wenig beitragen. Für eine Einsatzführungstheorie hat das zwei Konsequenzen:

1. *Die Führungsperson kann in einer Einsatzführungstheorie nicht als gegeben angenommen werden.* Die Person kann zwar normiert werden, aber es kann nicht erwartet werden, dass die Normierung eingehalten wird. Ein Ansatz, der sich der Führungsperson normativ nähert, kann deswegen nicht zuverlässig sein.
2. *In Summe hat der personenzentrierte Ansatz entscheidende Schwächen, die ihn als Ausgangspunkt für die Einwicklung einer Einsatzführungstheorie ungeeignet machen.*

Wenn man sich der Einsatzführung wegen der Kontingenz nicht über die Führungsperson nähern kann, muss es einen anderen geeigneten Weg geben. Das führt zu einer weiteren, letztendlichen Konsequenz:

3. *In einer Einsatzführungstheorie müssen diejenigen Tätigkeiten als gegeben angenommen werden, die in Folge zum Führungsergebnis führen.*

Es ist nicht gewährleistet, dass (dieselbe oder andere) Führungspersonen in derselben Situation gleich handeln. Das kann zu Abweichungen vom erwarteten Einsatzresultat führen. In Einsätzen ist ein einheitliches, zumindest aber vergleichbares Arbeiten unbedingt notwendig. Ein universales Instrumentarium, das den Weg in Richtung Einsatzergebnisse weist, kann Unsicherheiten reduzieren, die in der Führungsperson begründet liegen. *Die Tätigkeiten sind die Determinanten der Wirkung.* Das bedeutet, dass bei einer verlässlichen Einsatzführungstheorie zuerst von den Wirkungen her

1.3 Fokussierung der Tätigkeit und Zentrierung der Wirkung

gedacht werden muss. Erst im zweiten Schritt kann die Menschenführung als Teiltheorie intergiert werden.

Zustand der Domäne
Die Domäne bezeichnet das Wissensgebiet der Einsatzführung im weitesten Sinne. In diesem Themenbereich gibt es drei Gründe, die für die Entwicklung einer Einsatzführungstheorie überhaupt sprechen und weswegen dabei die Tätigkeit und Wirkungen in den Blick genommen werden sollten.

1. Um organisationsübergreifend zusammenarbeiten zu können, ist eine in den Kernpunkten übereinstimmende Vorgehensweise erforderlich. Grundsätzlich braucht es erstens einen *gemeinsamen Rahmen für Einsatzorganisationen* (Einsatzführungstheorie), der dieselbe Intention hat (Wirkungen erzeugen). Das sorgt für ein konsistentes Vorgehen.
2. Eine jede Praxis dreht sich ohne theoretische (wissenschaftliche) Impulse ein stückweit im Kreis und Weiterentwicklungen werden langsamer in Gang gesetzt. Gefahrenabwehr, Krisenmanagement und damit auch die Einsatzführung sind eher weniger im Fokus der Wissenschaft. Das Management der Unternehmensführung ist vergleichsweise sehr umfassend untersucht. Eine Einsatzführungstheorie kann vermeiden, dass es zu Wissensdefiziten kommt und *Weiterentwicklungen beschleunigen*.
3. Es ist nicht ausgeschlossen, dass sich Organisationen von sich aus auf neue Anforderungen einstellen (z. B. haben Polizeien die Sozialen Medien in die Einsatzarbeit integriert). Über die gesamte Domäne gesehen scheinen die im Online-Zusatzmaterial umrissenen künftigen Anforderungen jedoch zu mächtig, als dass sich jede Organisation aus eigener Kraft darauf vorbereiten könnte.

Insgesamt müssen die unterschiedlichen Teilbereiche der Domäne im Einsatz gemeinsam funktionieren – auch und gerade unter künftig steigenden Anforderungen. Das macht eine *gemeinsame Vorgehensweise* notwendig.

Schlussfolgerung: Tätigkeit fokussieren und Wirkung zentrieren
Aus den beleuchteten Themenfeldern wurde klar, warum bei der Einsatzführung die Tätigkeiten fokussiert und wie Wirkungen ins Zentrum der Betrachtungen gestellt werden müssen. Im Folgenden werden die Kernpunkte zusammengefasst und daraus die Schlussforderungen für eine Einsatzführungstheorie gezogen.

1 Einleitung

Grundlegend ist es wegen entscheidender Schwächen von personenzentrierten Ansätzen nicht möglich, einen Zugang zur Einsatzführung über die Führungsperson zu schaffen:

- Wenn man die Handlungen betrachtet, ist es schwierig zu differenzieren, was in der Persönlichkeit und was im Tun der Führungsperson begründet liegt.
- Bei der Konzentration auf die Führungsperson besteht die Gefahr, dass die Einsatzergebnisse und das Zielsystem in den Hintergrund rücken.
- Der Mensch ist nicht normierbar und ist deswegen keine Konstante. Eine Führungstheorie kann den Menschen nicht als gegeben annehmen, weil er Unwägbarkeiten hat.

Das bedeutet, dass eine verlässliche Einsatzführungstheorie statt von den Führungspersonen rückwärts von den Wirkungen ausgehen muss. Diese werden wiederum von den Tätigkeiten determiniert. Das stützt das aus sprachlich-theoretischer Sicht erkannte grundlegende Paradigma einer Einsatzführungstheorie: *Eine Einsatzführungstheorie muss, um der Bedeutung ihrer selbst gerecht zu werden, durch die Fokussierung der Tätigkeiten die zu realisierenden Wirkungen ins Zentrum des Tuns stellen.* Dazu kommt, dass die Anforderungen an die heterogene Domäne eine gemeinsame Basis notwendig machen, um im Einsatz zusammen funktionieren zu können. Eine Einsatzführungstheorie nach einem universalen Grundsatz ist dafür eine Lösung.

Praxistipp:
Eine universale Einsatzführungstheorie muss die Tätigkeiten fokussieren und die Wirkungen ins Zentrum stellen.

Die Wirkung vom Ende her denken
Das Denken vom Ende her wird als wirkungszentrierter Ansatz bezeichnet: *Es wird gefragt, welche generischen Tätigkeiten eines Aktors in einer Führungsunit (z. B. Führungsperson) notwendig sind, um die erwünschten Wirkungen herbeizuführen.* Durch diesen Ansatz werden die Tätigkeiten fokussiert und die Wirkungen ins Zentrum gestellt.

Die Wirkungszentrierung ist ein aussagekräftiger Oberbegriff. Die Wirkungen benötigen das Herbeiführen als kreierenden und realisierenden Schritt zwischen Zielsystem und Führungsperson. Zum Herbeiführen werden sämtliche Führungstätigkeiten gezählt. Die Tätigkeiten beschreiben, welche Instrumente angewendet werden, um Maßnahmen entwickeln und veranlassen zu können. Diese Heran-

1.3 Fokussierung der Tätigkeit und Zentrierung der Wirkung

gehensweise ist *deskriptiv* statt normativ. Erst durch Festschreibung in einer Theorie werden die Tätigkeiten im weitesten Sinne genormt. Das ist ein wesentlicher Unterschied zu einer personenzentrierten Herangehensweise, bei der durch die *Fortschreibung des Empirischen in die Zukunft* heraus bereits genormt wird. Bei der Wirkungszentrierung wird nicht gefragt, was die Führungsperson aufgrund ihrer Persönlichkeit dem Ereignis gegenüberstellen kann. Der wirkungszentrierte Ansatz ist daher ein stückweit ein Gegenentwurf zum personenzentrierten Ansatz (Eigenschaften und Interaktion).

Leitgedanke ist die Frage, welche Wirkungen im Zielsystem durch die Führungsunit herbeigeführt werden müssen. Dieses Verständnis unterscheidet sich vom personen- und handlungszentrierten Ansatz, indem vom Resultat über die Tätigkeiten auf die Führungsperson geschlossen wird, statt von der Person auf die Möglichkeiten. *Es wird also das Führungs- bzw. Einsatzresultat als gegeben und die Führungstätigkeit kontingent gesetzt.* Unsicherheiten, die in Person und Persönlichkeit begründet sind, sollen minimiert werden, indem persönlichkeitsgebundenes Handeln in erlernbare Tätigkeiten überführt wird. Dadurch soll die Wahrscheinlichkeit erhöht werden, dass die Führungsperson die notwendige Wirkung herbeiführt. Eine solche Führungstheorie löst sich ein stückweit von der Strahlkraft, von subtiler Einzigartigkeit und Überzeugungskraft von Persönlichkeiten. Wirkungszentrierung geht vom »Verhalten« aus, das die Führungsperson zeigt. Das bedeutet ausdrücklich nicht, dass keine Personalauswahl erfolgen soll. Diese ist (weiterhin) unbedingt notwendig, um Führungspersonen einzusetzen, die gute individuelle Voraussetzungen mitbringen, die in anspruchsvollen Situationen hilfreich sind.

Der wirkungszentrierte Ansatz hat gewisse Grenzen wie andere Ansätze auch. Die Wirkungszentrierung bleibt in manchen Teilen auch eine Idealvorstellung. Auch eine wirkungszentrierte Führungstheorie kommt nicht ohne den Menschen (oder andere Aktoren) aus, was letztlich wieder Unbestimmtheiten bedeutet. So bleiben auch bei vorgegebenen Tätigkeiten Ausführungsspielräume. Insgesamt betrachtet wird die Kontingenz des Führungsakts durch die Forcierung von Tätigkeit und Wirkung jedoch deutlich reduziert als wenn man im Vergleich dazu von Persönlichkeitsmerkmalen ausgeht.

Erklärungsschwäche menschbezogener Aspekte und Vollständigkeit der Führungssysteme
Aspekte zum Menschen sind in normierten Führungssystemen unterrepräsentiert, wie im Folgenden gezeigt wird. Führungssysteme bestehen in der DACH-Region nach gängigem Verständnis aus drei wesentlichen Elementen. Nach der deutschen, zivilen FwDV 100 ist ein Führungssystem die Gesamtheit aus Führungsorganisation

1 Einleitung

(Aufbau), Führungsvorgang (Ablauf) und Führungsmitteln (Ausstattung) (Innenministerium Nordrhein-Westfalen, 1999). Im österreichischen Militär umfasst ein Führungssystem Verfahren, Organisation und Mittel (Meurers, 2004). Die schweizerische, militärische FSO 17, die den zivilen Bereich stark mitprägt, nennt das Führungssystem zwar nicht ausdrücklich, aber gliedert Führung in Führungstätigkeiten, Führungsorganisation, Prozesse, Produkte und Führungsunterstützung (Schweizer Armee, 2014). Sinngemäß haben die Führungssysteme folgende Elemente gemeinsam:

- Aufbauorganisation,
- Ablauforganisation,
- Mittel.

Diese vergleichende Zusammenfassung ist nur grob. So kann beispielsweise der Führungsvorgang nach FwDV 100 nicht ganz genau mit den Verfahren des österreichischen Militärs verglichen werden. Die Übersicht zeigt jedoch, dass der Mensch bzw. die Führungsperson nach gängigem Verständnis zum Führungssystem im engsten Verständnis nicht dazugezählt wird. Diese Feststellung relativiert sich in den drei Vorschriften zwar nahezu gänzlich, weil u. a. deutlich gemacht wird, dass und wie Führende und Geführte miteinander umgehen. Allerdings, und das ist kritisch zu sehen, wird nach dem gängigen Verständnis über *Mensch-Maschine-Umwelt-Systemen (MMU-Systemen)* der Mensch mit zu den grundlegenden Systemelementen gezählt. So kann ein Stabs als sozio-technisches System mit vier bzw. ggf. fünf Elementen dargestellt werden:

1. Selbstgesteuerte menschliche Intelligenz (Kernelement für Initiative und Konation, Inhaltstransmitter),
2. Techniken (Realisierung der Führungsprozesse),
3. Technologien (Transmitter der Inhalte),
4. Inhalte (Informationen als Güter),
5. ggf. Organisation (Aufbau und Ablauf) (Gißler, 2019 a).

Mit diesem Schema können die *Konfiguration* eines Führungssystems und das *Zusammenwirken der Elemente* erklärt werden. Diese Erklärungen sind die Voraussetzung für jegliche weiteren Erklärungen wie zu Arbeit, Leistung und Erfolg. Der Mensch ist an jedem Prozess in einem Führungssystem beteiligt. Das zeigt ein Blick auf das folgende Prozessbündel, das in einer Führungsunit abläuft:

- Entscheidungsprozesse,
- Führungsprozesse,
- Informationsmanagementprozesse,

1.3 Fokussierung der Tätigkeit und Zentrierung der Wirkung

- Kommunikationsprozesse,
- Organisationsprozesse,
- Teamprozesse,
- Wahrnehmungsprozesse,
- Wissens- und Lernprozesse (Gißler, 2019 a).

Es ist ohne weitere Erläuterung zu erkennen, dass aktuell keiner dieser Vorgänge ohne menschliche Beteiligung auskommt. Das widerspricht dem Befund, dass der Mensch in den drei Vorschriften zum Führungssystem im engsten Verständnis nicht dazugezählt wird. Dass sich dies im Verlauf relativiert, kann nicht darüber hinwegführen, dass dem Menschen allgemein in MMU-Systemen wie auch konkret in der Prozesslandschaft einer Führungsunit eine hohe Bedeutung zukommt. *Eine zur Konation fähige Intelligenz, menschlich oder in welcher Form auch immer, kommt nicht in dem Stellenwert vor, wie es die Bedeutung erfordern würde.* Das bedeutet, dass die drei exemplarischen Vorschriften eine Erklärungsschwäche bezüglich mensch- oder (weiter gefasst) intelligenzbezogener Aspekte haben. Fragen zum Führungsakt, an denen der Mensch beteiligt ist, können bei einer stringenten Auslegung damit nicht erklärt werden.

Diese Erklärungsschwäche zeigt sich in der Praxis sehr deutlich. So wird oft konstatiert, dass Human Factors, also menschliche Faktoren, noch viel zu wenig Berücksichtigung finden. Das Wissen über Human Factors ist seit spätestens den 2000er-Jahren in der breiteren Praxis verfügbar. Selbst wenn man diesen Zeitraum »großzügig« zu Clausewitz' Vom Kriege als zeitgenössisches Führungssystem von 1832 ins Verhältnis setzt, fällt es schwer zu argumentieren, dass Human Factors »neu« seien. Ob die mangelnde Berücksichtigung von Human Factors nun im geringeren Stellenwert des Aktors im Führungssystem begründet liegt, kann so oder so gesehen werden. Plausibel scheint es jedenfalls. Genauso logisch scheint die Erklärung, dass der Mensch oft noch idealisiert als rationales Wesen verstanden wird und deswegen rationale Entscheidungsmodelle zugrunde gelegt werden. Zudem wird in den Vorschriften nirgends maßgeblich darauf eingegangen, dass der Aktor als »treibende Kraft« im Führungssystem einmal nicht »wie vorgesehen« funktionieren könnte. Es liegt jedoch auf der Hand, dass der Mensch als Teil eines Führungsorgans größere Beachtung braucht als ein Computer in einer Fabrik. *Der Mensch »fehlt« bislang als Element im Führungssystem, obwohl er systemrelevant ist.*

Generell muss eine Theorie einen Sachverhalt umfassend erklären. Dazu kann sie sich anderer Theorien bedienen (Anschluss), aber wesentliche Punkte sollte sie unbedingt selbst erklären. Im konkreten Fall von Führungssystemen ist ein Element, das implizit oder explizit als notwendig (voraus-)gesetzt wird, systemrelevant.

1 Einleitung

Führungstheorien, die vom Mensch ausgehen, setzen diesen in einer inneren Zwangsläufigkeit als relevant. Ein »vollständiges« Führungssystem bzw. eine »umfassende Theorie« liegt erst dann vor, wenn alle seine Komponenten erklärt sind. Das führt zu einer weiteren Anforderung an eine Einsatzführungstheorie: Entweder sie muss über notwendige Elemente alle Erklärungen mitliefern bzw. darauf verweisen. Das kann zu einer hohen Komplexität führen. Oder sie ist so konstruiert, dass sie mit wenigen notwendigen Elementen auskommt und diese selbst zu erklären vermag. Anders ausgedrückt heißt das, dass eine Führungstheorie entweder ausdrücklich an menschbezogene Punkte anknüpfen muss – oder sie muss so konstruiert sein, dass sie auch alleine eine umfassende Erklärung liefert. In diesem Buch wird überwiegend nach der zweiten Möglichkeit verfahren: Der Führungsakt wird so einfach wie möglich, aber gleichzeitig so umfassend wie möglich beschrieben.

Schlussfolgerung: Wirkungszentrierung als Lösungsansatz
Der sprachlich-theoretische Zugang zum Begriff der Einsatzführung hat aufgezeigt, dass eine Theorie über Einsatzführung die Realisierung, Tätigkeit und Wirkung beinhalten muss. Eine universale Einsatzführungstheorie muss die Tätigkeiten fokussieren und die Wirkungen ins Zentrum stellen. Sie muss das Tun erklären, weil dies das Realisieren von Wirkungen beschreibt. Zur Konstruktion wird das Einsatzergebnis als gegeben gesetzt. Die Wirkungszentrierung ist ein Lösungsansatz bei dem gefragt wird, welche generischen Tätigkeiten eines Aktors in einer Führungsunit notwendig sind, um die erwünschten Wirkungen herbeizuführen. Dieser Ansatz vermeidet Schwächen personenzentrierter Ansätze und integriert Erklärungen u. a. aus den Organisations-, System- und Komplexitätstheorien. Es wurde erkannt, dass eine Einsatzführungstheorie Universalitätsansprüche erfüllen, spezielle Erklärungen aus anderen Theorien integrieren, anschlussfähig an übergeordnete Theorien sein sowie bezüglich systemrelevanter Elemente vollständig sein muss. Diesen Anforderungen kann konstruktiv begegnet werden. *Insgesamt wird die Wirkungszentrierung als geeigneter Lösungsansatz befunden, um eine Einsatzführungstheorie gemäß den erkannten Ansprüchen entwickeln zu können.*

1.4 Aufbau, Intention und Leitfragen dieses Buches

In diesem Fachbuch wechseln sich praktische und theoretische Teile ab. Weil ausdrücklich auch Ausbilder, Trainer, Wissenschaftler und Studierende angesprochen sind, ist es wichtig, Hintergründe sichtbar zu halten. Deswegen ist dieses erste Kapitel wissenschaftlich gehalten. Einleitend wurde der Begriff der Einsatzführung

1.4 Aufbau, Intention und Leitfragen dieses Buches

herausgearbeitet und damit ein theoretischer Zugang geschaffen und daraus im Folgenden eine Fragestellung formuliert, die durch das Buch leitet. Im zweiten Kapitel wird anschaulich dargelegt, was die Leistung von Führung ist und wie deren Güte bemessen werden kann. Durch die Untersuchung des Gestehungsprozesses des Einsatzresultates werden erste Aspekte der Wirkung sichtbar. Das führt zum zentralen Argument – nämlich die Führungsarbeit vom Ergebnis her zu denken. Das dritte Kapitel ist in der ersten Hälfte wissenschaftlich gehalten und liefert für Ausbilder und Trainer die Hintergrundinformationen, um Lerneinheiten und Werkzeuge fundiert aufbauen zu können. Einsätze und die dazugehörige Führungsarbeit werden mit der Systemtheorie und der Kybernetik erklärt. Durch die Untersuchung von Effizienz und Effektivität wird herausgestellt, welche Facetten die Wirksamkeit von Einsatzführung hat. Die zweite Kapitelhälfte schlägt den Bogen zur Praxis. Darin werden Führungsleistung, Wirkung und Wirksamkeit den Führungstätigkeiten gegenübergestellt. Vorschläge zur Implementierung runden das Kapitel ab.

Im vierten Kapitel entsteht die eigentliche Einsatzführungstheorie. Es verbindet die Theorieentwicklung mit der praktischen Anwendung. In der Wirkungsmatrix werden wirksame Instrumente zur Verfügung gestellt. Der Einsatzführungsalgorithmus ist schließlich die größtmögliche Abstraktion der Einsatzführung. Er ist eine Merk- und Erinnerungshilfe für Ausbildung, Training und Einsatz. Die Kapitel fünf und sechs haben zwei Funktionen. Sie erklären konkret, wie die einzelnen Führungstätigkeiten vollzogen werden können und was damit bewirkt werden kann. Zudem liefern sie die Belege für das Theorem auf das im vierten Kapitel vorgegriffen wurde. Im fünften Kapitel steht das Organisieren des Aufbaus und der Abläufe von Führungsunits im Fokus. Im sechsten Kapitel wird das Entscheiden behandelt. Weil diese Tätigkeit so zentral für die Führungsarbeit ist, werden zuerst Schwierigkeiten beim Entscheiden in der Praxis untersucht. Auf dieser Basis wird ein praxisnahes Entscheidungsmodell vorgeschlagen. Im siebten Kapitel wird ein Gesamtbeleg erbracht und aus wissenschaftlicher Sicht der Entstehungsprozess und die Aussagekraft reflektiert. Abschließend wird ein Fazit gezogen. Im Online-Zusatzmaterial werden Herausforderungen für die allgemeine Führungsfähigkeit von Gefahrenabwehr und Krisenmanagement untersucht. Die Ergebnisse dieser Exploration sind in die Theorieentwicklung eingeflossen. Darüber hinaus werden Lösungsansätze aufgezeigt, wie die Leistungsfähigkeit von Führungssystemen sichergestellt werden kann.

1 Einleitung

Intention
Die Einsatzführungstheorie will *Führung in Einsätzen von Gefahrenabwehr und Krisenmanagement universal und widerspruchsfrei erklären*. Dazu zählen folgende Punkte:
- Die Einsatzführungstheorie ist universal. Dazu bleibt sie ein stückweit generisch und stellt Aussagesätze bereit, aus denen individuelle Lösungen abgeleitet werden können.
- Der Ansatz ist ganzheitlich und wird den Multiperspektiven und dem Wissensspektrum gerecht.
- Die Theorie integriert unterschiedliche Perspektiven und Erklärungen, vermeidet ihre eigene Isolation und fügt sich selbst in z. B. übergeordnete Führungstheorien ein (*Integrierbarkeit*).
- Die Theorie schließt an andere Theorien wie z. B. über soziale Systeme an und vermag dadurch die Führungsaufgabe entsprechend dem übergeordneten Sinn des Einsatzes zu erklären (*Anschlussfähigkeit*).
- Ihr Inhalt sind Realisierung, Tätigkeit und Wirkung der Einsatzführung. Der erkannten Zwangsläufigkeit zwischen diesen Punkten sowie der Zentralstellung der Tätigkeit wird damit entsprochen.

Sinn und Zweck
Die Einsatzführungstheorie intendiert, den Führungsakt zu erklären. Ihr eigentlicher Zweck ist die praktische Anwendung. Ihr Sinn liegt darin, die Einsatzergebnisse (beabsichtigte Wirkungen) zu ermöglichen, die dem gestellten Anspruch genügen. Dazu muss sie einen suffizienten Führungsakt ermöglichen. Als Suffizienz der Einsatzführung wird *die Erbringung der notwendigen Führungstätigkeiten in einem Maß verstanden, dass eine ausreichende oder herausragende Führungsleistung ermöglicht wird*. Dieser Punkt wird im Kapitel 3.5 beleuchtet. Zu diesem praktischen Anspruch zählen folgende weiteren Aspekte:
- Die Einsatzführungstheorie ist ein gedankliches Konstrukt, um die gegebene Komplexität der Praxis erfassen zu können. Dazu strebt sie an, den optimalen Punkt zwischen Komplexität und Einfachheit zu treffen – zwischen notwendigem Umfang und größtmöglicher Reduktion, ohne dabei wesentliche Aspekte weg-zu-vereinfachen.
- Die Theorie ist konstruktivistisch und kann dadurch künftige Vorgehensweisen von Führungspersonen durch Ausbildung formen. Sie beabsichtigt, förderliches Verhalten zu erzeugen. Daraus ergibt sich eine besondere Verantwortung.

1.4 Aufbau, Intention und Leitfragen dieses Buches

- Sie ordnet und rahmt unterschiedliche Blickwinkel wie die Organisation, Personen, Mittel, Handeln, tangierte Elemente und Ergebnisse.
- Sie ist aus Anwender- und Beobachtersicht funktional, praktikabel und nachvollziehbar. Sie dient dem Erlernen (Praktiker) und dem Verstehen (Wissenschaftler).
- Sie stellt die passenden Instrumente für die Tätigkeiten der Führungsperson (des Akteurs) bereit, um die Absichten optimal zur Realisierung zu bringen.
- Die Einsatzführungstheorie hat den Anspruch, bei Wiederholung von Einsätzen unter gleichen Bedingungen die gleichen Resultate hervorzubringen (Reproduzierbarkeit).

Letztlich muss die Theorie bei den Anwendern auf Akzeptanz stoßen. Dazu strebt sie nach Verhaltensökonomie und will den Menschen aus sich heraus dazu anleiten sie zu befolgen. Dass verbreitete, rationale Entscheidungsmodelle nicht angewendet werden, dürfte im Wesentlichen auch daran liegen, dass sie bei den Entscheidern unbewusst nicht auf Akzeptanz stoßen. Das liegt sicherlich zu einem gewissen Teil an Ausbildung und Routine, aber bestimmt zu einem Großteil daran, dass der Mensch von Natur aus eben kein rationaler Entscheider ist. Die Theorie will deswegen zum menschlichen Naturell passen. Hierzu soll der Anwender in seiner natürlichen Handlungstendenz unterstützt werden und sein Verhalten geformt und nicht überformt werden.

Leitfrage
Eine leistungsfähige institutionelle Führung sichert den Erfolg von Einsätzen von Gefahrenabwehr und Krisenmanagement. Das Mittel dazu ist eine Einsatzführungstheorie, die bei Führungspersonen förderliches Verhalten erzeugt. Dementsprechend ist es das Ziel eine *Einsatzführungstheorie zu konstruieren, die zu einem suffizienten Führungsakt führt*. Dazu werden drei Leitfragen verfolgt:
- Wie kann die Wirkung eines Einsatzes allgemeingültig erklärt werden? (Kapitel 2 und 3)
- Wie kann der Führungsakt universal, integriert ins Führungstheoriespektrum und anschlussfähig an periphere Theorien erklärt werden? (Kapitel 3.2, 5 und 6)
- Was sind künftige Anforderungen und Bedingungen für Einsätze bzw. Organisationen in Gefahrenabwehr und Krisenmanagement und wie kann diesen begegnet werden? (Online-Zusatzmaterial)

2 Erfolg der Stabsarbeit

Wann ist ein Einsatz eigentlich ein erfolgreicher Einsatz? Und was trägt ein Stab als Führungsorgan genau zu einem Einsatz bei? In einer Forschungsarbeit des Autors wurden diese und weitere Fragestellungen an Stäben aus Gefahrenabwehr und Krisenmanagement untersucht (Gißler, 2019 a). Die darin gewonnenen Erkenntnisse sind der Ausgangs- und Anknüpfungspunkt für eine weitergehende Theorie über die wirksame Führung jeder Art von Führungssystem.

Das Forschungsprojekt
In der Studie wurden 45 Fälle aus Wirtschaft, Polizei, Feuerwehr und Verwaltung aus der Schweiz, Deutschland und Österreich untersucht. Ein militärischer Stab ergänzte das Spektrum. Es wurden Ereignisse analysiert, Experten interviewt und Stäbe bei Übungen und Einsätzen beobachtet. Auf Basis qualitativer Inhaltsanalysen des erhobenen Materials wurde ein Beurteilungsverfahren zum Erfolg der Stabsarbeit entwickelt und dieses einmal an einem zu diesem Zeitpunkt hochaktuellen Fall getestet und als funktionierend bestätigt. Bis dahin gab es dazu weder in der Literatur noch in Vorschriften eine Aussage oder Methode, die einen objektiven Vergleich von Stabsarbeit mit einer allgemeingültigen Referenz erlaubte. Insgesamt wurde die Arbeit als methodisch robust gegen Fehler beurteilt. Sie ergibt einen sehr guten Überblick über die Stabsarbeit. Die Kernaussagen sind auf andere Führungsunits wie Führungsgruppen, Notfallteams oder auch auf Cluster aus mehreren Stäben in Gefahrenabwehr und Krisenmanagement übertragbar.

Kurz zusammengefasst wird als erfolgreiche Stabsarbeit eine Führungsleistung dann befunden, wenn sie ausreichend war. Das bedeutet, dass ein Stab mittels stabstypischer Aufgaben die Voraussetzungen für operative Einheiten geschaffen hat, um für die Situation das bestmögliche Ergebnis herbeizuführen. Eine nicht erfolgreiche Stabsarbeit ist eine *geminderte Führungsleistung* mit Defiziten bei erbrachten stabstypischen Aufgaben, die sich in erfolgskritischem Maß auf das Führungssystem, die operativen Einheiten oder auf die Ergebnisse des Einsatzes hätten auswirken können. Stäbe können auch eine *erhöhte Führungsleistung* erbringen. Als eine besonders erfolgreiche Stabsarbeit gilt die Herbeiführung eines für die Situation herausragenden Ergebnisses mittels stabstypischer Aufgaben, welches das vernünftigerweise zu erwartende Ergebnis in besonderem Maße übertroffen hat. Nach diesem kurzen Abriss der Schlüsselergebnisse der Studie wird im nächsten Abschnitt grundlegend erläutert, was als Führungsleistung gilt.

2.1 Führungsleistungen

Die Führungsleistung des Stabes, die Ausführungsleistung nachgeordneter Einheiten und der schlussendliche Systemzustand als Ergebnis am Ende eines Einsatzes sind jeweils eigene Konstrukte. Die Führungsleistung ist immateriell. Die Ausführungsleistung ist dahingegen materiell. Entlang der Grenze, an der die Wirkung entsteht, können die beiden Leistungsarten voneinander abgegrenzt werden. Vereinfacht ist die Leistung eines Stabes eigentlich nur Kommunikation zur Reproduktion des Sinns im Luhmannschen Sinne. Die Ergebnisse sind die letztendlich erzeugten Wirkungen, die durch Führungs- und Ausführungsleistungen entstehen.

Arbeit und Leistung sind verschiedene Aspekte. Die Arbeit ist der Prozess der Leistungserbringung. Darin realisiert sich das Wirken des Stabes. Die Durchführung stabstypischer Aufgaben (führungstypisch bzw. ggf. fachlich-organisationstypisch) ist das eigentliche, unmittelbare Ziel der Stabsarbeit. Die Wirkung im Zielsystem entsteht erst mittelbar durch Operationalisierung – also bei der Ausführung durch operative Einheiten. Wenn der Stab (idealisiert) eine reine Beratungsaufgabe erbringt, dann entsteht die Bedeutung bei der beratenen Instanz. Die Wirkung bzw. Bedeutung kann auch als Impact bezeichnet werden. Die Führungsleistung des Stabes ist der Beitrag zum Resultat des gesamten Einsatzes als der Weg, wie das Resultat im konkreten Fall herbeigeführt wurde. Dies verdeutlicht die semantische Nähe zwischen den Begriffen »Führung« und »Weg«: Ein »aus-fuhrender« Aktor wird zur Erbringung von Wirkungen »auf den Weg gebracht«.

Der Stab schafft somit die Voraussetzungen für die Ausführungsleistung von operativen Einheiten. Dabei gilt, dass Führungsleistung und Ausführungsleistung hinreichend und notwendig für das Einsatzergebnis sind. Beide Leistungsarten sind erforderlich, um das Resultat zu erwirken. Ein Einsatz funktioniert nicht ohne Führung und auch nicht ohne Ausführung. Die Führungsleistungen eines Stabes (alternativ: Produkt, Outcome) werden vierfach unterschieden:

- Grundlegend als Stab zu funktionieren. Die Funktionen im Innern eines Stabes können mit folgendem Prozessbündel erklärt werden: Entscheidungs-, Führungs-, Informationsmanagement-, Kommunikations-, Organisations-, Team-, Wahrnehmungs-, Wissens- und Lernprozesse. Diese Punkte können größtenteils als nicht-technische Fähigkeiten mittels Verhaltensmarkern aus dem CRM-Bereich sichtbar gemacht werden.
- Einsätze führbar zu machen. Dazu zählen die Organisation der Maßnahmen, Vorbereitung, Anzahl und Kompetenzen der Stabsmitglieder, die Universalität des Führungssystems sowie die Fähigkeit zur Absorption

der Einsatzkomplexität u. a. durch eine geeignete Führungsspanne, durch die Vorhaltung erforderlicher Fachkompetenzen und durch den Einsatz geeigneter Kommunikationsmittel und IT- bzw. Kollaborationssysteme.
- Zeitvorteile gegenüber dem natürlichen Ereignisverlauf zu erarbeiten. Diese hängen von der Leistungsfähigkeit der vor- und nachgeordneten Teile des Führungssystems ab, werden durch die Handlungsspielräume des Stabes sowie von der Vorwärts- und Rückwärtswirkung des Stabsablaufs bedingt. Stabsarbeit ist immer ein Arbeiten gegen die Zeit. Die zu erarbeitenden Zeitvorteile sind daher ein erfolgskritischer Punkt.
- Den Ereignisfortgang zu beeinflussen. Dazu zählen das Informationsmanagement, das Erkennen der Problemstellung, die Entscheidungsarbeit als eigentliche Lenkung des Geschehens, das Erledigen organisationstypischer Aufgaben sowie die inter-/intra-organisationale Zusammenarbeit. Diese vierte Führungsleistung basiert ein stückweit auf den vorhergehenden drei Punkten.

Das (quantitative) Verhältnis der vier Leistungen zueinander kann auf Basis der Befundlage nicht benannt werden. Inwiefern sich eine gute oder schlechte Führungsleistung als Voraussetzung für die Ausführungsleistung auf das Einsatzresultat auswirkt, wurde nicht näher untersucht. Es scheint jedoch grob klar, dass eine gute bzw. schlechte Führungsleistung nicht auch zwangsläufig zu guten bzw. schlechten Einsatzresultaten führt. So ist denkbar, dass ausführenden Einheiten unzureichende Führungsleistungen kompensieren können oder auch selbst von sich aus schlechte Ausführungsleistungen erbringen können. Zu den Forschungsergebnissen kann mittlerweile das Argument ergänzt werden, dass die Ausführung aus der Führungsperspektive jedenfalls kontingent ist. Vereinfacht gesagt spielen gewisse Zufälligkeiten mit, ob die Ausführung so erfolgt wie sie vom Führungsorgan intendiert wurden. In der Praxis kann man sich daher nicht sicher darauf verlassen, dass die beabsichtige Maßnahme genau das Ergebnis hervorbringt, welches man sich vorgestellt hat. Da Stabsarbeit zu einem überwiegenden Teil aus koordinierenden Aufgaben besteht wurde geschlussfolgert, dass die Steuerung eines Einsatzes eher einen koordinierenden Charakter hat.

Einsatzbeispiel: Polizeieinsatz bei den Ausschreitungen in Rostock-Lichtenhagen

In den Jahren nach der Wiedervereinigung wurde in der deutschen Politik und Öffentlichkeit eine teils harsche Asylrechtsdebatte geführt. Seit etwa 1991 kam es im ganzen Land zunehmend zu fremdenfeindlichen Gewaltaktionen. In diese Zeit fiel

2.1 Führungsleistungen

der folgende Polizeieinsatz. Die Analyse verdeutlicht, wie mangelhafte Führungsleistungen entstehen können.

Am 24. August 1992 gipfelten im Rostocker Stadtteil Lichtenhagen (ehemals ostdeutsches Bundesland Mecklenburg-Vorpommern) tagelange ausländerfeindliche Proteste in der Brandstiftung eines Wohnheims für vietnamesische Vertragsarbeiter: Dieses Gebäude (sog. Sonnenblumenhaus) hatte mehrere Aufgänge. In einem Teil befand sich das Wohnheim, direkt angrenzend war die landesweite Zentrale Aufnahmestelle für Asylbewerber (ZAst) untergebracht. Hiergegen richteten sich ursprünglich die Proteste. In den Tagen zuvor versammelten sich hunderte gewaltbereite Störer, die das Gebäude bewarfen und dabei einmal bis in das sechste Obergeschoss des Wohnheims vordrangen. Mehrere Tausend Schaulustige wohnten den Krawallen bei. Es wurden mehrere Polizeifahrzeuge zerstört und über hundert Polizisten verletzt, wobei es zwecks Selbstverteidigung zu mehreren Schussabgaben kam. Am Nachmittag des 24. August wurden die Bewohner der ZAst durch die Stadtverwaltung zu ihrem Schutz evakuiert. Man ging davon aus, dadurch den Protestanlass zu minimieren. Das angrenzende Wohnheim mit über 100 Personen wurde nicht evakuiert. Allerdings versammelten sich bis zum Abend wieder ca. 1.000 Störer und ca. 3.000 Schaulustige. Im Tagesverlauf nahmen die Aggressionen gegen die Polizei und das Gebäude zu. Der Polizeiführer beabsichtige gegen 19:30 Uhr die Ablösung von hamburger Einheiten durch eine schweriner Hundertschaft. Dabei kam es gegen 20:00 Uhr zu einem Verständigungsproblem, woraufhin sich alle uniformierten Einheiten vom Gebäude zurückzogen und dieses schließlich um 21:25 Uhr ohne Polizeischutz war. Um 21.35 Uhr erreichte die Polizei die Information, dass es in den unteren Geschossen brenne. Die Feuerwehr wurde darüber allerdings erst um 21:38 Uhr durch den Notruf einer Anwohnerin informiert. Die Menschenmenge versperrte der Feuerwehr den Weg. Diese forderte per Standleitung mehrfach Unterstützung bei der Polizei an, die um 22:32 Uhr eintraf und bis 22:55 Uhr einen Weg bahnte. Das Feuer war kurz vor Mitternacht gelöscht. Die im Gebäude eingeschlossenen Personen retteten sich durch teils verschlossene Notausgänge über das Dach ins Nebengebäude. Die Ausschreitungen nahmen in den drei folgenden Nächten ab (Landtag Mecklenburg-Vorpommern, 1993b; Jochen Schmidt & Kühnl, 2002).

Die Analyse der Einsatznacht zeigt deutliche Mängel bei den Führungsleistungen, die im Wesentlichen aus den folgenden Punkten resultieren. Der Polizeiführer erstellte am 21. August einen Einsatzbefehl, den er mit der Begründung nicht mehr aktualisierte, dass es sich um eine »permanent-dynamisch entwickelnde Sofortlage« handelte: Zwar kam die Entwicklung in der ersten Einsatznacht am 21. August für den Polizeiführer überraschend, aber ab diesem Zeitpunkt wären Schwerpunkte erkennbar gewesen. Er hatte wohl eine gedankliche Vorstellung von vier Einsatzabschnitten (Aufklärung, Sonnenblumenhaus, qualifizierte Festnahmen sowie Gefangenensammelstelle mit kriminalpolizeilichen Maßnahmen). Allerdings wurden diese nicht befehlsmäßig gefasst, was zusammen mit einer fehlenden eindeutigen Lagebeurteilung die Einweisung der stets wechselnden Einsatzkräfte erschwerte. (Landtag Mecklenburg-Vorpommern, 1993 b). In der Einsatznacht fehlten also eine explizite Aufbauorganisation und ein ausdrücklicher Auftrag. Es kann daher nicht von einem klaren Aufgabenzuschnitt und eindeutigen Zuständigkeiten ausgegangen werden. Für genaue Abläufe (Funktionen) fehlten damit die Strukturen. Eine einheitliche Zielausrichtung ohne schriftlichen Befehl dürfte bei dieser Einsatzgröße schlicht unmöglich gewesen sein. Mittels Befehlstaktik dürfte die Situation nicht steuerbar gewesen sein. Der Einsatz war strenggenommen von Grund auf unstrukturiert, weswegen Geführte bezüglich der Absicht des Polizeiführers nicht orientiert werden konnten.

Der Funkverkehr zwischen BAO (Besonderer Aufbauorganisation) und AAO (Allgemeine Aufbauorganisation) war nicht getrennt, obwohl dafür seit Juli neue zusätzliche Funkfrequenzen (im 4 m- und 2 m-Bereich) zur Verfügung standen: Dadurch kam es mehrmals zu Blockierungen, weswegen Befehle die jeweiligen Einheiten nicht erreichten. Mit der Abwicklung des Funkverkehrs und der Bedienung von drei Telefonen war eine einzige Person betraut. Insgesamt war der polizeiinterne Informationsfluss zumindest stellenweise nicht gewährleistet (Landtag Mecklenburg-Vorpommern, 1993 b). Es wurde also eine verfügbare (neuartige, aber zeitgemäße) Technologie nicht genutzt und ein zentraler Informationsknoten im zentralistischen Informationsmanagementsystem konnte die Informationsmenge nicht verarbeiten. Das Führungssystem konnte die Informationsmenge als zentralen Komplexitätstreiber nicht verarbeiten.

In Verbindung des eingeschränkten Funkverkehrs mit dem fehlenden Einsatzbefehl mussten die Einheitsführer vor Ort teils eigenmächtig entscheiden: Dem Polizeiführer ging dadurch die Kräfteübersicht verloren. Es war kein Agieren mehr möglich, sondern nur noch ein situatives Reagieren. Durch einen Rückzug aller Kräfte zur Polizeiinspektion Lütten-Klein mit anschließender Neuordnung wollte er diesen Zustand beheben, um einen »einigermaßen effektiven Einsatz zu fahren« (Landtag Mecklenburg-Vorpommern, 1993 b). Die operativen Einheiten haben also zu gewissen Teilen aus der Not heraus versucht, mit ihrer Ausführungsleistung mangelnde Führungsleistung zu kompensieren. Allerdings fehlte ein Mindestmaß an zentraler Koordination wenigstens in Form funktionierender Auftragstaktik. Es fehlte die Kohäsion und der Einsatz lief ins Chaos.

Bei der Ablösung der hamburger Einheiten durch die schweriner Hundertschaft kam es zu Verständnisproblemen um einen nicht eindeutigen Funkspruch infolge-

2.1 Führungsleistungen

dessen der Objektschutz am Sonnenblumenhaus aufgegeben wurde: Dabei setzten sich Einheitsführer nicht wie gedacht miteinander ins Benehmen (Landtag Mecklenburg-Vorpommern, 1993 b). Das bedeutet, dass erteilte Aufträge nicht (pro-)aktiv nachgehalten wurden und daher ein Ausführungsfehler nicht erkannt wurde. Schlüsselpersonen wurden nicht wirksam miteinander verbunden. In Verbindung mit den Funkproblemen verstärkt sich das Bild des Koordinationsmangels.

Im Laufe der vorhergehenden Protesttage ist klargeworden, dass das Aggressionsobjekt die Polizei war und nicht die Asylsuchenden: Bei einem Rückzug der Polizei konnte vorhersehbar damit gerechnet werden, dass sich die Aggressionen ersatzweise gegen das Sonnenblumenhaus richten. Allerdings bestand auch die Möglichkeit, dass der Rückzug deeskalierend wirken würde. Was jedoch eintreten würde konnte im Voraus nicht sicher gesagt werden. Es war eine Fehleinschätzung, dass die Vietnamesen im Wohnheim nicht gefährdet seien – gerade auch weil unter den Störern viele Auswärtige waren, die nicht zwischen den verschiedenen Treppenaufgängen unterscheiden konnten. Der Untersuchungsausschuss schließt diesbezüglich, dass der Polizeiführer »seine Entscheidung nicht umfassend bedacht und überlegt getroffen hat, wie es in Anbetracht der Dauer und Härte der Auseinandersetzung pflichtgemäß und angemessen gewesen wäre« (Landtag Mecklenburg-Vorpommern, 1993 b). Die beiden Entwicklungen sind der best- bzw. schlechtmöglichste Fall. Es deutet vieles darauf hin, dass das Denken in Systemen Mängel hatte. Zwar zeigen die Wortprotokolle sehr wohl die abwägenden Überlegungen der Beteiligten (Landtag Mecklenburg-Vorpommern, 1993 a) – aber dennoch wurden offenkundig die falschen Schlüsse gezogen was Antizipationsfehlern (dritte Ebene der Situation Awareness) gleichkommt. Dazu gehört auch, dass die Stadtverwaltung u. a. nicht den Alkoholverkauf durch fliegende Händler unterband, wodurch der makabre Eindruck eines Volksfestes entstand und die Stimmung angeheizt wurde (Landtag Mecklenburg-Vorpommern, 1993 b). In Verbindung mit dem eingeschränkten Informationsfluss und daraus resultierenden Informationsdefiziten musste sich beim Polizeiführer ein mangelhaftes Situationsbewusstsein ergeben, das die wesentlichen Zusammenhänge des Einsatzes nicht (ausreichend) wiedergab. Das wird auch dadurch belegt, dass seine gedankliche Vorstellung in einem wesentlichen Punkt von der Realität abwich. Er ging nämlich bis zum Abend davon aus, dass es sich bei ZAst und Wohnheim um ein Objekt handelte und dachte daher, dass das Gebäude leer sein müsse (Jochen Schmidt & Kühnl, 2002).

Wann die Information über das brennenden Gebäudes und das Unterstützungsersuchen der Feuerwehr den Polizeiführer erreichten stellt sich widersprüchlich dar: Jedenfalls sorgten entstandene Verzögerungen in Verbindung mit dem fehlenden Objektschutz dafür, dass die körperliche Integrität der Vietnamesen im Wohnheim in

Gefahr war. Der Untersuchungsausschuss gewann den Eindruck, dass der Polizeiführer nicht die notwendige Unterstützung seiner Mitarbeiter fand. So berichtete ein Zeuge, der Polizeiführer hätte eine »Ein-Mann-Show« geliefert und die vier bis fünf Kommissare am Tisch seien kein Führungsstab gewesen, wie es für solche Lagen erforderlich gewesen sei (Landtag Mecklenburg-Vorpommern, 1993 b). Der Polizeiführer selbst nahm ein Spannungsverhältnis mit seinen Untergebenen ostdeutscher Herkunft wahr, das er auf seine westdeutsche Herkunft zurückführt (Jochen Schmidt & Kühnl, 2002). Die Führungsunit als solche funktionierte nicht reibungslos (Team-, Informationsmanagement- sowie Wissens- und Wahrnehmungsprozesse). Dadurch sind speziell beim Brand Zeitnachteile entstanden.

Der Polizeiführer gab an, sich politisch alleingelassen gefühlt zu haben; Zudem war er länger als 40 Stunden am Stück im Dienst, wurde durch Medienvertreter in Beschlag genommen und es erfolgte keine räumliche Trennung zwischen Tagesbetrieb und Einsatzleitung (Jochen Schmidt & Kühnl, 2002). Diese Punkte wirkten sich auf die Führbarkeit (Raumsituation) und auf die kognitive Leistungsfähigkeit einer Schlüsselperson (Human Factor) aus. Aus einer übergeordneten Sicht hat das normative Management (Leiter Polizei Rostock) für das strategische Management (Polizeiführer) nicht die erforderlichen Rahmenbedingungen geschaffen.

In der Gesamtschau lief der Einsatz in einem ungünstigen Kontext ab (Asylrechtsdebatte, Aufbau der ehemals ostdeutschen Polizei Rostock durch westdeutsche Partnerbehörden). Trotz dieser Bedingungen ist das Einsatzergebnis als mangelhaft zu bezeichnen (Gefährdung der Menschen im Wohnheim, jegliche verletzte Personen, Signalwirkung der Brandstiftung im übergeordneten Kontext). Dies lässt sich klar auf unzureichende Führungsleistungen vor allem beim Funktionieren der Führungsunit als solche und bei der Führbarkeit zurückführen. Die aufgezeigten Ausgangspunkte für Minderleistungen sind auch heute noch relevant, wenn auch teilweise anders gelagert (z. B. statt Analogfunk E-Mail und Tools zur Medienauswertung). Es gilt, sie konsequent zu minimieren. Allgemein gilt, dass Führungsunit und operative Einheiten keine Antagonisten sind, sondern zwei Elemente desselben Systems. Wo »der Stab« und »die draußen« bzw. »die in der Verwaltung« sich mit Skepsis begegnen, muss am Selbstverständnis aller gearbeitet werden. Der Einsatz stellt sich rückblickend als Ereignis in einer Zeitreihe dar. Solche langlebigen gesellschaftliche Bewegungen bzw. Ansätze dazu können auch in anderen Bereichen gesehen werden (z. B. Anti-Atomkraft in den 1970ern, Black Lives Matter seit 2013, Klimademonstrationen seit etwa 2019, Querdenken seit 2020). Es gilt, allgemein die übergeordneten gesellschaftlichen Phänomene von ihren Mustern her zu kennen, um Potenziale in Einsätzen korrekt einschätzen zu können und die Ereignisse einordnen zu können.

2.2 Einsatzresultate

Führungsleistungen für die Praxis nutzen

Im Positiven erklären die vier Leistungskategorien die Güte der Führungsarbeit. So sind, wenn die Leistungen alle ausreichend erbracht sind, auch die Erwartungen an die Stabsarbeit erfüllt. Im Umkehrschluss bieten die Leistungsarten Erklärungsansätze für Minderleistungen. Ein Einsatzresultat kann daraufhin untersucht werden, ob es hätte besser ausfallen können. Wenn die Ursachen dann nicht in der Ausführungsleistung gesehen werden, sondern im Bereich der Führungsarbeit, kann die Ursache für die Minderleistung anhand der vier Kategorien eingegrenzt werden. Insgesamt ermöglicht Kenntnis der vier Führungsleistungen der Führungsperson, die Tätigkeiten im Stab darauf auszurichten.

> **Merke:**
> Es ist wichtig im Voraus zu wissen, was im Nachhinein von einem erwartet wird. Als Führungsperson muss man deswegen die vier allgemeinen Führungsleistungen kennen, interpretieren und auf den konkreten Fall übertragen und sie mit seinem Stab erbringen können.

2.2 Einsatzresultate

Die Resultate eines Einsatzes werden verstanden als die durch die Führungs- und Ausführungsleistung unter allen Gegebenheiten herbeigeführten letztendlichen Einsatzergebnisse. Die Ergebnisse können auch als erzeugte Wirkungen in Form des veränderten Systemzustandes bezeichnet werden. Die zugrunde gelegte Theorie ist die Kybernetik. Danach hat ein Stab vereinfacht gesagt die Aufgabe, das Zielsystem im bestimmungsgemäßen, stabilen Zustand zu halten, eine weitere Auslenkung zu vermeiden oder das Zielsystem in einen (ggf. neuen) stabilen Zustand zu überführen. Im Abschnitt 3.2 wird dieser theoretische Aspekt vertieft. Wo von den Führungs- und Ausführungsleistungen und den Einsatzergebnisse zusammen gesprochen wird, ist der Gesamtkontext gemeint. Die Studienergebnisse haben gezeigt, dass diese drei Gesichtspunkte stets zusammen betrachtet werden müssen, weil sie ohne die anderen Aspekte teils nicht richtig eingeordnet werden können.

Einsatzergebnisse können allgemein in drei Kategorien bzw. fünf Einzelarten unterschieden werden. Sie sind in folgender Tabelle 2 beschrieben. Die Kriterien sind qualitativ. Die zugrundeliegenden Auslenkungsgrade sind in Tabelle 4 beschrieben.

Tabelle 2: *Kategorien von Einsatzergebnissen mit Beschreibung und Kriterien*

Ergebnisart	Beschreibung des Resultats	Qualitative Kriterien nach systemtheoretischem Verständnis
Stabilisierung des Zustands des Zielsystems	Vermeidung der weiteren Auslenkung eines eher nicht übermäßig ausgelenkten Zielsystems und Rückführung in den bestimmungsgemäßen Zustand.	Beeinflussung von Variablen im Zielsystem in Fällen, in denen das Zielsystem eher nicht übermäßig ausgelenkt war (z. B. weitere Auslenkung verhindert, Auswirkungen geringgehalten, System im ausgelenkten aber stabilen Zustand gehalten, unterbrochenen Prozess in Gang gebracht und dadurch Auswirkungen auf Gesamtsystem verhindert).
Schutzziel Stützen	Bewahrung von Schutzzielen vor unerwünschten Einflüssen in Form von Unterstützung immaterieller Ziele (Bekräftigung).	Bezug auf immaterielle Schutzziele, die wahrscheinlich nicht determiniert, sondern nur stochastisch beeinflusst werden können (einziges Beispiel: Reputation).
Schutzziel Schützen	Bewahrung von Schutzzielen vor unerwünschten Einflüssen in Form von Schutz materieller Ziele (Abwehr).	Bezug auf materielle Schutzziele, die wahrscheinlich direkt beeinflusst werden können (z. B. Sachwerte, Sachschaden, Gründe für Regressansprüche verhindert).
Wiedereinlenkung des Zielsystems	Rückführung in den bestimmungsgemäßen Zustand bzw. Überführung in einen neuen stabilen Zustand eher stark ausgelenkter Zielsysteme.	Beeinflussung von Variablen im Zielsystem in Fällen, in denen das Zielsystem eher stark ausgelenkt war (z. B. Normalbetrieb aufgenommen, unterbrochenen Prozess in Gang gebracht, Wiederanlaufplanung nach maximaler Auslenkung des Zielsystems).
Wahrnahme der organisationalen Souveränität	Verantwortung für das organisationale Handeln übernommen und hierdurch die eigene Souveränität gewahrt.	Als Verursacher oder verantwortliche Organisation die Bewältigung eigenverantwortlich wahrgenommen (z. B. Glaubwürdigkeit in der Öffentlichkeit gewahrt, Zuständigkeit behalten, gesetzlichen oder vertraglichen Auftrag eingehalten).

2.2 Einsatzresultate

Nach allen Erkenntnissen ist eine numerische bzw. diskrete Bewertung nicht sinnvoll, weil durch eine Formalisierung allein wichtige Detailformationen verlorengehen würden und die Allgemeingültigkeit einer solchen Skalierung fraglich scheint. Die drei Ergebniskategorien sind einander nicht gänzlich distinkt und bedürfen in manchen Fällen der genauen Abgrenzung.

Die Wirkungen 1.1 und 1.2 beziehen sich auf Schutzziele und werden pessimistisch als Vermeidungsziele bezeichnet. Bei den Ergebnissen 1 und 2 geht es um die Approximation an einen gewünschten Zustand, weswegen sie optimistisch als Annäherungsziele bezeichnet werden. Die Ergebnisart 3 steht für die Autarkie und das Verantwortungsbewusstsein des Stabes in Stellvertreterfunktion für seine Mutterorganisation. Hierunter wird die Summe der Erwartungen gefasst, die an Organisation gestellt werden, weswegen von Erwartungszielen gesprochen wird. Nach allen Erkenntnissen wird von Einsätzen im Bereich von Gefahrenabwehr und Krisenmanagement nicht die Erreichung von Mehrungszielen erwartet, was im Militärbereich mutmaßlich anders gelagert sein dürfte.

Materielle Schutzziele beziehen sich auf physische, messbare Dinge. Hierauf wirkende unerwünschte Einflüsse können mutmaßlich durch Maßnahmen direkt oder sogar mit einer zu belegenden Korrelation beeinflusst werden. Immaterielle Schutzziele beziehen sich dahingegen auf nicht-physische, geistige oder abstrakte Güter. Mutmaßlich können derartige Schutzziele nicht kausal beeinflusst werden. Ein allgegenwärtiges Beispiel ist der Schutz der Reputation bzw. der Erhalt des guten Rufes. Nach gegenwärtigem Kenntnisstand gibt es zwar praktisch bewährte Methoden wie man Shitstorms, Whistleblowing, Aufmerksamkeit durch Unfälle und Unglücken begegnet. Es gibt auch Messverfahren, um das Image von Organisationen zu beurteilen und Theorien, die den Anteil der Reputation am Unternehmenswert im Bereich von einem Viertel einordnen. Ein robustes Verfahren, mit dem frei von Störeinflüssen der Einfluss von »Krisenkommunikation« auf den »guten Ruf« erfasst werden kann, gibt es allerdings noch nicht. Bis dies klar ist und etwaige Determinanten bekannt sind, sollte von einer eher stochastischen Korrelation zwischen Kommunikation und Reputation statt von eindeutiger Kausalität ausgegangen werden.

Resultate für die Praxis nutzen

Die Kenntnis der allgemeinen Einsatzergebnisse ist für die Praxis in folgenden Punkten wichtig.

1. Bereits im Voraus können Vorgaben wie Management-Policies, Einsatzregeln oder strategische Stoßrichtungen formuliert werden. Die Einsatzergebnisse können darin vom Ende her rückwärts gedacht werden und entsprechende Ziele festgeschrieben werden.

2 Erfolg der Stabsarbeit

2. Nach Einsätzen können die Resultate in den drei Kategorien nach einem nachvollziehbaren und reproduzierbaren Schema erfasst werden. Hierdurch steht ein objektiviertes Maß zur Verfügung, um in einem Folgeschritt den Einsatzerfolg in vergleichbaren Kriterien erfassen zu können.
3. Führungspersonen kann der Anspruch an sie transparent aufgezeigt werden. Dadurch steigert sich plausibler Weise die Qualität der Führungsarbeit. In Ausbildung und Übungen kann der Lerneffekt durch die Transparenz der Erwartungen und die Sichtbarmachung der bis dahin immateriellen, unsichtbaren Führungsleistung verstärkt werden.
4. Erwartungsziele geben die Möglichkeit, Stäbe entsprechend der dafür notwendigen Fähigkeiten zu konstituieren. Als Maßstab gilt dabei, die Einsatzkomplexität absorbieren zu können und darüber die Erwartung erfüllen zu können. Die einzelnen konkreten Erwartungen der interessierten Parteien werden als hinreichende Faktoren verstanden, um der obliegenden Verantwortung souverän gerecht werden zu können. Mit der Kenntnis der einzelnen Erwartungen wird es möglich, die vom Stab zu erbringenden konkreten Leistungen zur Erzielung der gewünschten Resultate prädiktiv zu beschreiben.

Kurz resümiert wurde bis hierher klar, was Führungsleistungen sind und wie diese zu den Resultaten eines Einsatzes führen. Zusammengenommen ermöglicht das Wissen über die Einsatzresultate der Führungsperson, die Führungsarbeit auf die Ergebnisse auszurichten. Anders gesagt kann die Wirkung des Einsatzes fokussiert und die dafür notwendigen Maßnahmen in den Mittelpunkt des Handelns gestellt werden. Mit dieser kurzen wie weitreichenden Schlussfolgerung wurde die empirische Basis für die Wirkungszentrierung der Einsatzführungstheorie gelegt. Darauf aufbauend wird im nächsten Abschnitt ein Verfahren vorgestellt, wie diese beiden Aspekte beurteilt werden können.

2.3 Beurteilung des Erfolgs

Leistung ist eine subjektive, individuelle Kategorie, die sich an der Ausschöpfung der eigenen Möglichkeiten misst. Erfolg dahingehen setzt die eigene Leistung ins Verhältnis zu anderen Leistungen und anderen Bedingungen. Diese Kontextabhängigkeit findet bei der Beurteilung des Erfolgs der Stabsarbeit in drei Schritten Beachtung:

2.3 Beurteilung des Erfolgs

1. Beurteilung der Einsatzresultate,
2. Abgrenzung zwischen Führungsleistung und Ausführungsleistung,
3. Beurteilung der Führungsleistung.

Einsatzresultate können hinsichtlich des Erfolgs anhand der sieben Gesichtspunkte in Tabelle 3 beurteilt werden. Diese Aspekte können vereinfacht als Erfolgskriterien bezeichnet werden. Weil sie allgemein formuliert sind, müssen sie im Einzelfall ausgelegt werden. Die Tabelle kann als Blankoverfahren verwendet werden. An den Einsatz, die Führungs- und Ausführungsleistung wird der gleiche Anspruch gestellt. Dieser Anspruch ist quasi Maßstab und Anforderungslevel an den Stab, unter dessen Führung ein Einsatz steht. Um die Führungsleistung beurteilen zu können, muss sie zunächst separiert werden. Dies erfolgt indem gefragt wird, ob der Stab die Voraussetzungen geschaffen hat (Führungsleistung), damit die Ausführungsleistung erbracht werden konnte.

Zur Erfassung der Einsatzresultate muss der jeweilige Fall umfassend aus möglichst vielen Perspektiven betrachtet werden (Objektivierung). Wichtigste Grundlage ist das Steuerungsmodell des Stabes. Es dient dazu, das konkrete Führungshandeln des Stabes anhand der Fortschreibungen nachzuvollziehen. Weitere Grundlagen sind Stabsprotokolle, Berichte von Entscheidern, Berichte von operativen Einheiten, Ermittlungsergebnisse, Bevölkerungslagebilder aus den Sozialen Medien sowie Medienberichterstattungen. Idealerweise kann (z. B. in Trainings und Übungen) eine Beobachtung der Arbeit des Stabes ergänzt werden. Diese Grundlagen müssen anschließend einer Inhaltsanalyse bezüglich der Punkte aus Tabelle 3 unterzogen werden.

Die herbeigeführten Wirkungen werden am allgemeinen Anspruch an Stäbe gemessen. Diese Erwartungshaltung resultiert aus dem Wesen eines Stabes. Sie kann zusammengefasst werden in der Form, dass der *Stab als Art Generalinstrument* verstanden wird, um das jeweils bestmögliche Resultat herbeizuführen. Der Anspruch scheint insbesondere durch die potenziell große Universalität von Stäben geweckt zu werden. Zudem sind Stäbe in der Regel die höchste Instanz eines Führungssystems, sodass kaum mehr Eskalationspotenzial besteht. Die Bezeichnung als Generalinstrument steht sowohl für die Erwartung an das Generelle (unterschiedsloser Einschluss aller Ereignisse) wie auch für die Bedeutung des Organs für die oberste Instanz einer Organisation (in Anlehnung an den militärischen Rang eines Generals).

Der Anspruch ist hoch, aber nicht grenzenlos, weil die Leistungsfähigkeit von Stäben Grenzen hat (bedingt durch die Skalierbarkeit). Die Außergewöhnlichkeit der Situation, das Neuartige bei einem unbekannten Ereignis oder die Schwierigkeit der Ursachenbekämpfung fließen in die Beurteilung ein. Wichtig ist dabei, dass ein hypothetisch gutes Ergebnis unter anderen Umständen eine niedrige Führungsleistung nicht rechtfertigt. Einsatzergebnisse können auch dann als erfolgreich eingeordnet werden, wenn die Umstände es rückblickend und objektiviert rechtfertigen, dass gewisse Nebenwirkungen in Kauf genommen werden mussten. Einschränkungen von Grundrechten, hohe Ressourcenaufwände für eine Lösungsoption oder der faktische Stillstand einer Großstadt beim Shut-down des öffentlichen Nahverkehrs sind vereinfacht gesagt dann gerechtfertigt, wenn es für die jeweilige Situation die im Verhältnis am besten geeignete Handlungsoption war. Damit wird dem Faktum Rechnung getragen, dass Einsätze unter Führung von Stäben oft unter außergewöhnlichen Umständen stattfinden, Handlungsspielräume eng sein können und gewisse Variablen schlicht nicht zu beeinflussen sind.

Merke:

Ein Stab wird als Generalinstrument verstanden. Der daraus resultierende Anspruch ist der Referenzpunkt für die Beurteilung des Gütegrades der Führungsleistung. Von Stäben von Gefahrenabwehr und Krisenmanagement wird erwartet:
1. Jede Art von Ereignis zumindest für die Bewältigung zu erschließen und dadurch
2. das Nicht-Erzielen eines Ergebnisses abzuwenden, um damit
3. ein für die jeweilige Situation bestes Ergebnis zu erzielen.

Gemessen an den Umständen der Situation (Außergewöhnlichkeit) dürfen die Resultate gewisse Mängel haben im Vergleich zu Resultaten, die unter günstigeren Umständen vernünftigerweise hätten erzielt werden können.

Zur Beurteilung gilt folgender Grundsatz: Einsätze unter der Führung von Stäben gelten dann als erfolgreich, wenn das für die jeweilige Situation rückblickend bestmögliche Resultat herbeigeführt wurde (objektivierte Ergebnisperspektive). Das Resultat entsteht durch die Kombination von Führungsleistung (Stab) und Ausführungsleistung (operative Einheiten), weswegen beide Leistungen in der Beurteilung berücksichtigt werden sollten.

2.3 Beurteilung des Erfolgs

Tabelle 3: *Bestandteile des Beurteilungsverfahrens von Einsatzresultaten*

Semantischer Bestandteil der Beurteilung	Aspekt	Aussagekraft/Erfolgskriterium
Gegenstand	Systemzustand	Einsatzergebnis eines bestimmten Falles, auf welches sich die Beurteilung bezieht
Bezugsrahmen	Gegebenheit	Unter welchen besonderen Bedingungen und Situationszusammenhängen die Resultate erbracht wurden (u. a. Vorbereitungsgrad, ausgelenkter Zustand als Ausgangspunkt, überhaupt Einfluss nehmen zu können, Zeitabhängigkeit von Wissensstand und Fähigkeiten, begünstigende oder ungünstige Faktoren)
	Gesamtkontext	Kombination von Führungs- und Ausführungsleistung
Perspektive	Beobachterurteil	Partei, aus deren Blickwinkel die Beurteilung erfolgt
	Rückblickende Testierung	Zeitlicher Blickwinkel, aus dem die Beobachtung erfolgt
Maßstab	Verhältnismäßigkeit	Verfahrensmäßiger Grundsatz zur Berücksichtigung von Gegebenheiten und der Art und Weise der Herbeiführung der Resultate
	Insbesondere Abmilderung; auch Effizienz, Effektivität, Ökonomie	Gradmesser für die Wirksamkeit
	Art Generalinstrument	Vom Wesen des Stabes ausgehende Erwartungshaltung, das bestmögliche Resultat herbeiführen zu können

Der allgemeine Anspruch schließt auch konkretere Erwartungen mit ein. So wird vom Stab einerseits die Wahrnehmung von Führungsaufgaben erwartet. Weil Stäben meistens aber auch selbst gewisse operative Aufgabenanteile ausführen, wird auch die Durchführung von fachlich-organisationstypischen Aufgaben erwartet. Vom gesamten Einsatz wird die Stabilisierung oder Wiedereinlenkung des Systemzustandes, die Wahrnahme der organisationalen Souveränität und die Erreichung von Vermeidungszielen erwartet.

Verhältnismäßigkeitsprüfung als Verfahren
Ein geeignetes Verfahren zur Beurteilung des Erfolgs der Stabsarbeit ist die Prüfung der Verhältnismäßigkeit. Damit kann allgemein der Außergewöhnlichkeit von Einsätzen Rechnung getragen werden. Im Besonderen können die stets individuell fallspezifischen Bedingungen im Urteil angemessen einfließen. Der Verhältnismäßigkeitsgrundsatz ist ein ungeschriebener Teil des Rechtsstaatsprinzips, der auch als Übermaßverbot bezeichnet wird: Die Prüfung erfolgt in der Juristik üblicherweise in vier Schritten.

1. Legitimität des Zwecks,
2. Geeignetheit der Maßnahme,
3. Erforderlichkeit der Maßnahme,
4. Angemessenheit der Maßnahme.

Dabei gilt: »Die Maßnahme ist angemessen, wenn der beabsichtigte Zweck nicht außer Verhältnis zu der Schwere des Eingriffs steht« (Wienbracke, 2013). Zur Beurteilung des Erfolgs der Stabsarbeit wird lediglich der vierte Schritt als Verhältnismäßigkeitsprüfung im engeren Sinne herangezogen. Dabei gibt es einen wichtigen Unterschied zur Gesetzgebung: Dort wird vereinfacht gesagt im Voraus gefragt, ob ein Mittel allgemein geeignet ist. Im verfassungsrechtlichen Sinne gilt ein Mittel zur Zweckerreichung als geeignet, »wenn mit seiner Hilfe der gewünschte Erfolg gefördert werden kann, wobei die Möglichkeit der Zweckerreichung genügt. Nicht verlangt wird dagegen, dass der Gesetzgeber das jeweils bestmögliche (optimale) Mittel zum Einsatz bringt. Auch muss der erstrebte Erfolg nicht in jedem Einzelfall tatsächlich eintreten« (Wienbracke, 2013). Darin liegt ein entscheidender Unterschied zur Führungsarbeit. Hier wird im Rückblick gefragt, ob die Mittel geeignet waren und es geht um einen konkreten Einzelfall. Im Gegensatz zur Gesetzgebung wird bei der Einsatzführung sehr wohl danach gefragt, ob der erstrebte Erfolg tatsächlich eingetreten ist, weil genau dieser Aspekt bei Einsätzen nämlich im Vordergrund steht. Der Erfolg wird in Form des »bestmöglichen Resultats« abgefragt, was die Abmilderung des Schadensverlaufs meint. Ob das bestmögliche (optimale) Mittel eingesetzt wurde, steht für Einsatzleitungen nicht im Vordergrund, aber ist auch nicht gänzlich unwichtig. Die Wahl des Mittels geht deswegen als »Weg der Herbeiführung« anhand von Gradmessern (Effizienz, Effektivität, Ökonomie) in die Prüfung der Verhältnismäßigkeit ein. Wenn der Nutzen stimmt, sind die Kosten allgemein weniger ein Problem. Wenn der Nutzen allerdings gering ist, sind hohe Aufwände, indirekte Folgen oder Kollateralschäden jedoch fragwürdig.

Die Ex-post-Beurteilung der Führungsarbeit hat dasselbe generelle Problem wie das Beurteilen von Entscheidungen: Man weiß nicht sicher, ob die Alternative besser oder schlechter gewesen wäre. Der Vergleich basiert immer auf einer tatsächlichen und einer hypothetischen Komponente. Dieses Manko gilt es durch Expertise und mit Szenariotechniken ein stückweit auszugleichen. Tunlichst vermeiden sollte man die Redewendung, dass man »hinterher immer schlauer sei.« Der größte Teil daran ist nämlich falsch, weil man die Alternative nie kennenlernen wird. Der korrekte Teil ist viel kleiner: Durch die Entscheidung weiß man hinterher, was man entschieden hat. Diese Auslegung mag streng sein, aber sie verdeutlicht die Wichtigkeit exakter Sprache. Anders gesagt weiß man von einem Flugzeug auch erst wie sicher es war, wenn es abgestürzt ist. Man kann an seinem eigenen Erfolg leiden, dabei weiß man aber nie wieviel Glück im Spiel ist. Gute Einsatzresultate sind auch selbstzerstörende Prophezeiungen, weil sie befürchtete Ereignisverläufe abwenden. Diese Selbstaufhebung wird auch Präventionsparadox genannt.

Gütegrad der Führungsleistung
Die Führungsleistung eines Stabes kann in drei Gütegraden beurteilt werden:
1. Gemindert
2. Erwartungsgemäß
3. Mehr als ausreichend

Als erwartungsgemäße bzw. ausreichende Führungsleistung wird verstanden, wenn durch den Stab mittels stabstypischer Aufgaben (führungstypisch und fachlich-organisationstypisch) die Voraussetzungen für operative Einheiten geschaffen wurden, um für die jeweilige Situation das bestmögliche Ergebnis (Systemzustand) herbeizuführen (kurz: erfolgreiche Stabsarbeit). Das schließt die Erbringung eines angemessenen Rates bei einer Beratungsaufgabe mit ein.

Unter einer geminderten Führungsleistung werden Defizite bei erbrachten stabstypischen Aufgaben verstanden, die sich in einem erfolgskritischen Maß auf das gesamte Führungssystem, die operativen Einheiten oder schlussendlich auf die Einsatzergebnisse bzw. die Bewältigungsmaßnahmen (Systemzustand) hätten auswirken können (gänzlich oder teilweise nicht erfolgreiche Stabsarbeit). Die reine Möglichkeit einer potenziellen Erfolgsgefährdung muss bereits als geminderte Führungsleistung bezeichnet werden, weil die Erkenntnislage die Beurteilung von Mechanismen einer möglichen Selbstkorrektur des Gefahrenabwehr- bzw. Krisenmanagementsystems nicht zulässt. Es kann nicht sicher gesagt werden, inwiefern die operativen Einheiten durch ihre Ausführungsleistung eine mangelhafte Führungsleistung ausgleichen können. Das schließt auch die Erbringung eines Rates bei einer Beratungsaufgabe mit ein.

Als mehr als ausreichende bzw. die Erwartungshaltung an den Erfolgsanspruch übertreffende Führungsleistung wird verstanden, wenn der Stab durch stabstypische Aufgaben die Voraussetzungen für operative Einheiten geschaffen hat, um für die jeweilige Situation ein herausragendes Ergebnis (Systemzustand) herbeizuführen, welches das vernünftigerweise zu erwartende bestmögliche Ergebnis in Bezug auf die Resultate, den Zustand bestimmter kritischer Variablen oder die Erreichung von Vermeidungszielen in besonderem Maße übertrifft (besonders erfolgreiche Stabsarbeit). Das schließt auch die Erbringung eines Rates bei einer Beratungsaufgabe mit ein.

Es ist denkbar, dass eine mehr als ausreichende Führungsleistung gegeben sein kann, auch wenn die Resultate des Einsatzes nur im Rahmen des Erwarteten oder gar darunter lagen. Kurz gesagt kann das Ergebnis des Einsatzes schlecht sein, aber die Stabsarbeit kann trotzdem gut gewesen sein. Der Grund kann sein, dass eine Minderleistung operativer Einheiten ein herausragendes Ergebnis verhindert hat. Dieser Fall ist theoretisch denkbar und wird in der Praxis als durchaus wahrscheinlich eingeschätzt, wenngleich sich in den untersuchten Fällen kein Hinweis dafür fand. Es ist jedoch ausgeschlossen, dass die Stabsarbeit als besonders erfolgreich gelten kann, wenn die besonderen Umstände (z. B. ungünstige Faktoren) trotz einer scheinbar mehr als ausreichenden Führungsleistung und dementsprechender operativer Umsetzung ein herausragendes Ergebnis verhindert haben. Weil sich Führungsleistung stets an diesen Situationszusammenhängen messen lassen muss, gilt in diesem Fall der Gütegrad der Führungsleistung nicht als besonders erfolgreich, da den besonderen Umständen nicht entsprochen wurde. Kurz gesagt rechtfertigt ein hypothetisch gutes Ergebnis unter anderen Umständen nicht die Einwertung als herausragende Führungsleistung.

Als kurzes Zwischenresümee wurde bis hierher klar, was Wirkungen sind und woran die Führungsleistung nach einem Einsatz gemessen und beurteilt werden kann. Insgesamt ist es damit möglich, Einsatzführung auf die Ergebnisse auszurichten. Als wichtiger Zwischenschritt auf dem Weg zur Einsatzführungstheorie wird im nächsten Abschnitt dargelegt, warum das Erarbeiten von Zeitvorteilen eine zentrale Führungsleistung ist.

2.4 Zeitvorteile als zentrale Führungsleistung

Einsatzführung ist ein komplexes Spiel gegen die Zeit. Das wird deutlich, wenn man die Studienergebnisse zum Erfolg der Stabsarbeit um eine Überlegung ergänzt. Das Funktionieren des Stabes als Stab und das Führbarmachen des Einsatzes (Führungsleistungen eins und zwei) sind grundlegende Voraussetzungen auf derselben Ebene. Sie realisieren sich ein stückweit zeitgleich in gleichen oder ähnlichen Verrichtungen. Die Führbarkeit herzustellen ist führungstheoretisch das Organisieren von Aufbau und Ablauf. Das Funktionieren des Stabes als Stab ist das Garantieren der Abläufe in Form des Prozessbündels während der Arbeit. Die beiden Leistungsarten bauen nicht aufeinander auf, sondern bauen sich parallel auf. Sie werden deswegen auf derselben Ebene gesehen. Bild 2 gibt einen schematischen Überblick und stellt die Zentralität der Zeitvorteile heraus.

Aus prüfenden Überlegungen heraus scheinen die Leistungsarten die Steuerung des Einsatzes nicht direkt zu determinieren, sondern eher mittelbar zu begünstigen oder zu erschweren. Es ist sehr wohl vorstellbar, dass Stäbe den Einsatz steuern können, auch wenn sie als Führungsorgan sehr schlecht funktionieren. So wurden Indizien gefunden, dass durch hohen Einsatz einzelner Führungspersonen Minderleistungen des Teams ausgeglichen werden können. Ungünstig aufgebaute Einsätze können ebenso eine Steuerung zulassen, wenn u. a. Ineffizienzen in Kauf genommen werden. Nach dem Prinzip des Zeitvorteils begrenzen die Voraussetzungen des gesamten Führungssystems und die Verantwortlichkeit zwar die Mechanismen zur Erarbeitung von Zeitvorteilen; allerdings nicht deterministisch. Man kann sagen, dass schlechte Voraussetzungen (Führbarkeit und Funktionieren Stab als Stab) eine insgesamt ausreichende Führungsleistung (bestmögliches Einsatzergebnis herbeigeführt) zwar erschweren, aber nicht zwangsläufig verhindern. *Führbarkeit und Funktionieren als Stab sind also keine notwendigen Bedingungen für die Einsatzsteuerung, sondern allenfalls hinreichende und begünstigende Voraussetzungen.* Das Verhältnis von Zeitvorteilen und Wirkungen stellt sich allerdings anders dar.

2 Erfolg der Stabsarbeit

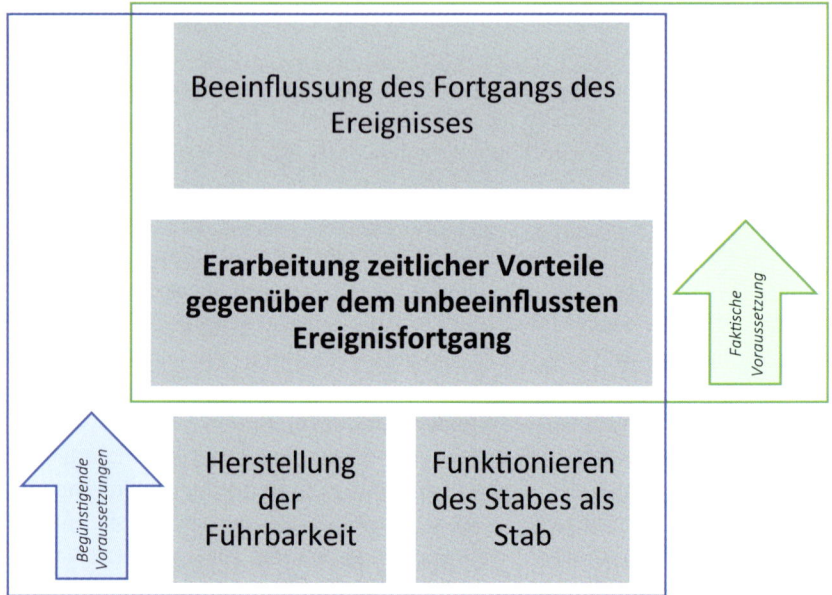

Bild 2: Schematischer Zusammenhang von Führungsleistungen und Zentralität der Erarbeitung von Zeitvorteilen

Zeitvorteile als Bedingung für Wirkungen

Die Einsatzsteuerung setzt sich aus zwei Leistungen zusammen: Aus der Erarbeitung von Zeitvorteilen und der Beeinflussung des Fortgangs des Ereignisses (Führungsleistungen drei und vier). Auf einer Mittelebene zwischen der Führbarkeit und dem Funktionieren des Stabes als Stab bzw. den Wirkungen wird die Erarbeitung von Zeitvorteilen gegenüber dem natürlichen Zeitverlauf gesehen. In Bild 2 wird dies deutlich. Die Erarbeitung von Zeitvorteilen wird umgangssprachlich auch ungenau als »vor die Lage kommen« bezeichnet (dazu im Verlauf mehr). Sie wird bedingt durch die Segmentierung der Führung in Teilaufgaben. In Aufgabenstäben hängt von Anzahl und Punkten der Schnittstellen des Führungsvorgangs (Segmentierung) unmittelbar die Verarbeitungskapazität und die Reaktionsgeschwindigkeit (Zeitnachteil) von Informationsverarbeitung und Entscheidungsarbeit ab. Ein Beispiel ist der Aufgabenzuschnitt zwischen Lagedarstellung, Planung und Ausführung (S2 und S3 nach FwDV 100). Davon hängt mittelbar wiederum die Verarbeitungsqualität ab. Dies gilt in begrenztem Maße auch in Ressortstäben. Ein ungenaues Beispiel ist die Trennung in interne und externe Kommunikation (Wirtschaftsorganisationen) oder

2.4 Zeitvorteile als zentrale Führungsleistung

eine Zentralisierung von Aufgaben wie die Personalplanung in Verwaltungsstäben. Die Reaktionsgeschwindigkeit ist der dritte Punkt dieser Modi Operandi: Sie bedingt den dann erreichbaren Zeitvorteil der Führungsstelle gegenüber dem natürlichen Zeitverlauf. Bei der Analyse von Ereignissen im Forschungsprojekt wurde immer wieder deutlich, dass die Zeit einen kritischen Erfolgsfaktor darstellt. So geht es nicht allein darum, die richtigen Maßnahmen zu finden und zu operationalisieren, sondern die Maßnahmen müssen zur richtigen Zeit ihre Wirkung entfalten, um nicht bereits unwirksam zu sein. Die Parameter Zeitvorteil und Wirkung stehen also nicht in bloßer Koexistenz zueinander. *Vielmehr ist die Erarbeitung von Zeitvorteilen gegenüber dem natürlichen Zeitverlauf eine Bedingung für die Herbeiführung von Wirkungen.* Stark vereinfacht kann man auch sagen, dass der richtige Zeitpunkt eine Voraussetzung für die Wirkungsentstehung ist.

Für Zeitvorteile ins Obligo

Die Weltgeschichte hält einige bekannte Beispiele bereit, in denen vergebene Zeitnachteile die Ausmaße von Ereignissen dramatisch veränderten: Bei der COVID-19-Pandemie (im Verlauf wird zur besseren Lesbarkeit von der Corona-Pandemie gesprochen) warnte der Arzt Li Wenliang bereits im November 2019 vor zahlreichen SARS-ähnlichen Fällen in der chinesischen Stadt Wuhan. Die Warnsignale wurden von den Parteikadern nicht ernst genommen und der Arzt sogar unter Strafandrohung aufgefordert, seine Panikmache einzustellen. Aus den vergebenen Zeitvorteilen gegenüber dem Krankheitserreger wurde eine weltweite Pandemie. Nach dem ähnlichen Muster des Totschweigens reagierten auch Offizielle in der DDR beim Wintereinbruch 1978. Anstelle auf die am 28. Dezember um 30 °C fallenden Temperaturen und massiven Schneefälle zu reagieren, traute sich aus Angst vor Sanktionen niemand, die nötigen Informationen weiterzugeben. Beim Reaktorunglück von Tschernobyl ist ein ähnliches Vorgehen belegt (Erhard, 2020). Im Untersuchungsbericht der WHO erscheint der Februar 2020 als Schlüsselmonat in der Pandemiebekämpfung. »Too many countries took a ›wait and see‹ approach rather than enacting an aggressive containment strategy« (Independent Panel, 2021). Ein an der Untersuchung beteiligter Experte fasst knapp zusammen, dass »schlechte und langsame Entscheidungen« in vielen Ländern im Jahr 2020 zu der weltweiten Pandemie geführt hätten (vgl. Simmank, 2021). Die Beispiele zeigen einerseits, wozu autoritäre Systeme führen können, andererseits machen sie deutlich, dass *das Zeitverständnis des Menschen offenkundig begrenzt* ist. Über Generationen reichende, epochale Veränderungen wie der Klimawandel fallen uns schwer anzunehmen. In diesem Zusammenhang steht das kommunikative Gedächtnis der Menschheit, das auf etwa drei Generationen begrenzt scheint. Das bedeutet einerseits, dass Gesellschaften über Generationen zunehmend Dinge verlernen und sich daher nicht mehr an Fehler oder Erfolgsrezepte aus z. B. vergangenen Pandemien erinnern. Andererseits macht dieser Punkt deutlich, dass Wissen über Einsätze über die Einsatzleitergenerationen zunehmend verloren geht. Auch Entwicklungen, die nur wenige Monate vorausreichen, führen trotz gesicherter Fakten immer wieder nicht zu den notwendigen Handlungen. So wurden bei der Corona-Pandemie in Deutschland die Sommermonate 2020 quasi vergeben, weil sich Politik und Verwaltung offenkundig kaum strategisch auf die höchst wahrscheinlich zu erwartende zweite Welle ausrichteten. Paradoxerweise hätte gerade die als »Naturkatastrophe in Zeitlupe« bezeichnete Pandemie im Gegensatz zu anderen Einsätzen dafür viel Zeit gelassen. Die Gründe hierfür werden im Abschnitt 5.2.3 näher betrachtet.

Die Beispiele sind zwar nicht repräsentativ, aber aufschlussreich für drei Felder. Sie zeigen erstens, dass *die heutigen Krisen und tiefgreifenden Veränderungen die menschliche Gefahrenwahrnehmung nicht triggern*. Es fällt uns trotz bekannter Fakten schwer, reale Auswirkungen wahrzunehmen oder diese zu antizipieren. Das Kollektiv- und Kulturgedächtnis reicht trotz Geschichtsbüchern wohl nur über ein paar wenige Generationen. Ständig neue Informationen aufnehmen zu müssen widerspricht dem menschlichen Bedürfnis, nicht ständig denken zu müssen. Diese Informationsabwehr führt in Verbindung mit linearem Denken, der unkritischen Übernahme von Informationen und der Trägheit großer Organisationen zu selbstzerstörungsähnlichen Effekten. Man kann sagen, dass das Anthropozän unsere Fähigkeit zukunftsgerichteten Agierens zu überfordern scheint. Zweitens weisen die Beispiele auf *kontraproduktive Mechanismen in Führungssystemen* hin. Die Angst vor Sanktionen und eine »schlechte Fehlerkultur« sind Faktoren, die den realistischen Blick auf die Lage verstellen können. Diese Punkte werden den Teamprozessen zugeordnet. Die Aktualität der Fälle spielt keine Rolle – die Mechanismen sind gestern wie heute die gleichen. Drittens sind die Beispiele ein klarer Beleg, wie wichtig das *Nutzen von Zeitvorteilen* ist. In allen Fällen wurden Reaktionsmöglichkeiten vergeben, weil man Zeit verstreichen ließ – was katastrophale Folgen hatte.

Verantwortungsvolle Führungsarbeit bedeutet, manchmal auch ins Obligo zu gehen und zu riskieren, dass man »zu viel« tut. *Bei der Einsatzführung muss man manchmal etwas wagen ohne mit hoher Wahrscheinlichkeit sicher zu wissen, dass man es braucht.* Ob es tatsächlich zu viel oder zu früh ist, lässt sich a) nur hinterher und b) nicht hinreichend sicher sagen, weil der alternative Ereignisverlauf hypothetisch ist. Bei der Entscheidung »Handeln oder Nichthandeln« ergeben sich daraus ganz klar Abgrenzungsprobleme: Was ist verhältnismäßig? Welchen Argumenten wird mehr Gewicht gegeben? Ist die Reaktion auf Basis der Wissenslage gerechtfertigt? Ist ein Abwarten bis zur Verdichtung der Wissensbasis überhaupt möglich?

2.4 Zeitvorteile als zentrale Führungsleistung

Wie weit geht die Verantwortung der jeweiligen Führungsperson? Diese Fragen sind keine Argumente für das Vergeben von Zeitnachteilen, sondern beschreiben Dilemmata der Führungsarbeit die verantwortliches Handeln erfordern.

In unsicheren Situationen können Risiken nicht »vollständig« bzw. nicht »so wie im Alltag gewohnt« minimiert werden. Es ist eine länderspezifische Tugend, Risiken für sich als Entscheider und für die Sache quasi »ausschließen« zu wollen, um sich »der Sache sicher sein« zu können. Diese Tugend kann die Erarbeitung von Zeitvorteilen hemmen. »Sicherheit« und »Risiko« sind aus dieser Sicht also Gegenpole. Wer aus Verantwortungsbewusstsein ins Obligo geht muss akzeptieren, dass der Dank dafür wahrscheinlich ausbleibt und er sich damit in den Dienst der Sache stellt. Deswegen sollten die Unsicherheiten bei Verkündung der Entscheidung benannt werden, um nachträglich eine korrekte Beurteilung zu ermöglichen.

Zeitvorteile als zentrale Führungsleistung
Die Erarbeitung von Zeitvorteilen ist die zentrale Führungsleistung. Die Beeinflussung des Fortgangs des Ereignisses (vierte Führungsleistung) wird nach dem Prinzip der Wirkung (Abschnitt 5.5.1) nämlich davon bedingt, ob die *richtige Entscheidung zum richtigen Zeitpunkt* getroffen wird. Vergebene Zeitvorteile können nicht wieder eingeholt werden, weil Zeit unwiederbringlich verstreicht. Eine Kompensation von Zeitnachteilen ist nur durch andere Maßnahmen möglich, die ein dichteres Wirkungs-Zeit-Verhältnis aufweisen (»wirkungsvoller« sind) oder andere Wirkpfade haben und deswegen möglicherweise unverhältnismäßig sind. Das unterscheidet die Erarbeitung von Zeitvorteilen (dritte Führungsleistung) von der Führbarkeit und dem Funktionieren des Stabes als Stab (erste und zweite Führungsleistungen), die eine insgesamt ausreichende Führungsleistung zwar erschweren, aber nicht zwangsläufig verhindern. Die Führbarkeit und das Funktionieren des Stabes als Stab kann noch jederzeit justiert werden. Wo der richtige Zeitpunkt für die richtige Entscheidung im Ereignisverlauf liegt (bzw. gelegen hat), kann jedoch nur rückblickend gesagt werden. Weil er auch sehr »früh« liegen kann, ist die Erarbeitung des größtmöglichen Zeitvorteils deswegen obligatorisch. *Der Zeitvorteil entscheidet also, ob eine Entscheidung zum richtigen Zeitpunkt getroffen werden kann.* Im rein logischen Sinn begründet dies allerdings keine Notwendigkeit. Der Zeitvorteil ist nur hinreichend für die Beeinflussung des Ereignisfortgangs – denn es können theoretisch wirkungsvollere Maßnahmen angewendet werden, wenn der richtige Zeitpunkt verpasst wurde. Das Ereignisportfolio, die Informationslage, der Anspruch interessierter Parteien und gewissermaßen auch die Entwicklungen bei Informationsmanagementsystemen widerlegen diese theoretische Ansicht allerdings eindeutig: Die Eigenschaften der gesteuerten Zielsysteme erlauben bei der Steuerung von Einsätzen

offenkundig keinen Zeitverzug. Um die Genauigkeit der Aussage zu wahren wird daher im Folgenden nicht von einer logischen Notwendigkeit gesprochen, sondern von einem praktischen Erfordernis.

Schlussfolgerung: Zeitvorteile erarbeiten als zentrale Führungsleistung
Insgesamt haben Einsätze eine *Zeitlichkeit*. Auf Basis sämtlicher Erkenntnisse und Überlegungen sind alle vier Führungsleistungen relevant und unverzichtbar. Keine Führungsleistung ist absolut in der Form, dass sie über allen steht. Allerdings ist das Erarbeiten von Zeitvorteilen für den Einsatzerfolg (für das in der Situation bestmögliche Ergebnis) von so großer Bedeutung, dass es als zentral bezeichnet werden muss. Wenn alle anderen Parameter stimmen und der Zeitvorteil vergeben wird, kommt dies einem K. o.-Kriterium gleich, weil der Zeitverzug dann alleinig über den Einsatzerfolg entscheiden kann. Das Erarbeiten von Zeitvorteilen sticht durch seine Interpendenz heraus. In einem idealen Ablauf gedacht liegt das Erarbeiten von Zeitvorteilen wie in Bild 2 dargestellt zwischen den anderen Führungsleistungen.

Merke:
Die Herstellung der Führbarkeit und das Funktionieren als Stab sind hinreichende und begünstigende Voraussetzungen zur Steuerung des Einsatzes. Sie sind unverzichtbar, aber können zu gewissen Teilen nachjustiert oder kompensiert werden. Der Charakter des Ereignisses erfordert praktisch die Erarbeitung von größtmöglichen Zeitvorteilen, um eine Entscheidung zum richtigen (wahrscheinlich frühen) Zeitpunkt treffen zu können. Die Erarbeitung von Zeitvorteilen ist daher eine faktische Voraussetzung für die Beeinflussung des Ereignisfortgangs. Vergebene Zeitvorteile (Zeitnachteile) können kaum mehr eingeholt werden.

Probleme beim »vor der Lage« sein zu wollen
Einsatzleitungen streben landläufig danach, »vor die Lage kommen« zu wollen. Damit ist grob gemeint, gewisse Entwicklungen vorherzusehen, um proaktiv, weitsichtig und vorbereitend agieren zu können. Im Umkehrschluss ist damit gemeint, nicht von Entwicklungen überrascht zu werden und zu kurzfristigen Reaktionen gezwungen zu sein. Man kann es auch als proaktives Agieren verstehen, um ungünstige Entwicklungen durch gezielte Maßnahmen zu vermeiden oder als das frühzeitige Erkennen notwendig werdender Maßnahmen, um diese vorzubereiten zu können (Gißler, 2019 a). Zusammengefasst bezeichnet es ein Streben nach Proaktion als Selbstanspruch. Das Konstrukt ist allerdings problematisch, wie im Folgenden gezeigt wird, und wird deswegen als ungeeignet befunden.

2.4 Zeitvorteile als zentrale Führungsleistung

Das »vor der Lage zu sein« ist ein hochsubjektiver Zustand. Es ist eigentlich nichts weiter als ein Gefühl. Es dürfte stark damit zusammenhängen, ob die Führungsperson die Situation als geordnet empfindet, ob die Situation nicht mehr chaotisch ist, ob sie glaubt einen Überblick zu haben, ob die Entwicklungen wenig dynamisch sind bzw. an Dynamik verloren haben, oder ob ganz allgemein ein anfänglicher Druck geschwunden ist und keine kurzfristigen Reaktionen notwendig sind. Diese Faktoren sind allesamt typische Kennzeichen für das Fortschreiten eines Einsatzes. Es sind Veränderungen im Vergleich zur »Chaosphase.« Bildlich gesprochen geht durch die »Abarbeitung der Lage« eine »Kurve nach unten.« Die Faktoren haben aber nur sehr wenig damit zu tun, ob die Führungsperson eine gute Leistung erbringt oder nicht. Sie können auch durch eine hervorragende Ausführungsleistung entstehen oder durch externe Entwicklungen zustande gekommen sein. Man ist noch nicht »vor der Lage«, nur weil die Chaosphase vorbei ist.

Das »vor etwas kommen« bezieht sich darauf, dass man bis dahin »hinter etwas war« oder zumindest »gleichauf« mit einer Sache. Beim »vornedran-kommen« kann man etwas gewinnen oder aufholen. Beim »vornebleiben« kann man etwas verspielen – nämlich Zeitvorteile. Das Konstrukt meint eigentlich einen Vorher-Nachher-Vergleich. Das ist ein inhärenter Konstruktionsfehler. Allein schon durch das Fortschreiten der Zeit wird die Erwartungshaltung geweckt, dass man »ja langsam mal vor der Lage sein müsste«. Wenn die Faktoren zur Anfangsphase eine »gefühlte Kurve nach unten« ergeben und dann auf die durch den Zeitverlauf geweckte Erwartungshaltung treffen, dürfte die Schlussfolgerung höchstwahrscheinlich lauten: »Wir sind vor der Lage.« Eigentlich müsste es aber heißen: »Es fühlt sich für mich so an, als ob wir vor der Lage seien.« Es ist nicht ausgeschlossen, ja sogar gewissermaßen wahrscheinlich, dass Wahrnehmungsfehler dazu führen können, dass die Führungsperson gewissermaßen aus Selbstschutz glaubt, »vor der Lage zu sein« – obwohl von außen betrachtet jedoch gerade mögliche Zeitvorteile vergeben werden. Problematisch ist zudem, dass »vor der Lage« ein Moment der Gegenwart ist, die instantan mit dem Zeitfortschritt vergeht. Je nach Kultur des Stabes oder des Ausbildungsinstituts gleicht es einem Mantra, wenn der Spruch ständig wiederholt wird. Die psychologische Hauptursache für die stete Wiederholung dürfte im Schutzbestreben des eigenen Kompetenzempfindens liegen. Ein stückweit ist die Metapher auch ein branchentypischer, allerdings nicht tief hinterfragbarer Codex.

Eine spezielle Problematik mit dem »vor die Lage kommen« ergibt sich im Polizeibereich, wo Aktivitäten nicht zuletzt seit den letzten deutschen Polizeigesetzreformen ins Vorfeld der tatsächlichen Straftat rücken: Seit der zunehmenden Bedrohung durch den internationalen Terrorismus haben sich Ermittlungsaktivitäten zur Prävention nach vorne verlagert. Der polizeiliche Arbeitsbegriff des Gefährders, der noch kein Rechtsbegriff ist, steht dabei metaphorisch für die Potenzialität, für die reine Möglichkeit eines Ereignisses. In der Kriminologie hat sich dafür der weitläufige Begriff der pre-crime-society etabliert. Durch Methoden wie predeictive policing richtet sich die kriminalpolizeiliche Perspektive vor allem darauf, Delikte zu antizipieren und ihnen zuvor zu kommen. Polizeiarbeit dehnt sich also auf abstrakte Gefahrenlagen aus (Kretschmann & Legnaro, 2019). Dabei entsteht die Problematik mit dem »vor die Lage kommen«: Je weiter Polizeiaktivitäten ins Vorfeld rücken, desto eher gibt es gar keine faktisch zu begründende Lage, vor die sich kommen ließe – sondern ausschließlich Eventualitäten. Für die Führungsarbeit bedeutet das eine mehrfache Zunahme der Unbestimmtheit. Man weiß nicht genau vor was, nicht genau wie, kennt keinen Zeithorizont und weiß mit einer noch höheren Potenzialität nicht, ob das Angenommene überhaupt eingetreten wäre. Kurzum schnurrt der Referenzpunkt für den Vergleich auf eine vernünftigerweise nicht erkennbare Größe zusammen. Zusammengenommen wird das Streben nach dem »vor der Lage sein« speziell in der präventiven Polizeiarbeit aufgrund der hypothesenhaften Arbeit zunehmend unbestimmter.

Das »vor die Lage kommen« ist aus einer strengen sprachlich-logischen Sicht eigentlich ein unmögliches Unterfangen. Die »Lage« bezeichnet einen gegenwärtigen oder einen zukünftig hinreichend wahrscheinlich vorzufindenden, statischen Zustand. Der Zustand wiederum meint die Realität. Das bedeutet anders gesagt, dass man »vor der Realität sein« möchte. Das ist schlichtweg unmöglich. Das »vor der Lage sein« ist daher eine Redewendung, der allenfalls eine bildliche Bedeutung zugemessen werden kann.

Bei der Untersuchung des Erfolgs der Stabsarbeit wurde festgestellt, dass es für das »vor die Lage kommen« offenkundig keine geeigneten Messkriterien gibt. Eine prospektive Erfassung vom gegenwärtigen Zeitpunkt aus ist problematisch, weil sie auf Wahrscheinlichkeiten basieren würde. Zur retrospektiven Erfassung müssten die Vorstellungen und Erwartungen des Stabes über die künftige Entwicklung mit dem tatsächlichen Handeln zu gewissen Zeitpunkten erfasst und mit den tatsächlichen Entwickelungen abgeglichen werden (Szenariotechnik). Das wäre zwar möglich, aber sehr schwierig: Vom Aufwand abgesehen wurden schlichtweg keine geeigneten Kriterien gefunden, die eine eindeutige Erfassung ohne verfälschende Zusammenhänge mit anderen Faktoren ermöglichen würden. Zudem stellt sich die Frage nach dem Maß: Reicht eine dichotome Unterscheidung in »ja/nein vor der Lage«? Geht es um das »wie weit vor der Lage«? Was wäre »weit« – eine zeitliche Angabe oder ein Meilenstein in einer Maßnahmenliste? Woher kommen der Vollständigkeitsanspruch bzw. die Referenz auf diese Meilensteine? Nach aktuellem Wissensstand ist das umgangssprachliche »vor die Lage kommen« nicht messbar.

2.4 Zeitvorteile als zentrale Führungsleistung

In Toto wird das Streben nach dem »vor der Lage sein« als ein für Wissenschaft und Praxis ungeeignetes Konstrukt beurteilt. Die »Erarbeitung von Zeitvorteilen« ist stattdessen ein geeigneter Begriff.

Zeitvorteile erarbeiten gegenüber dem »vor die Lage kommen«
Einsatzleitungen arbeiten gegen den natürlichen Zeitverlauf: Erstens, weil die Zeit sowieso unaufhaltsam fortschreitet und zweitens, um der Zeit voraus zu sein und die unbeeinflusste Entwicklung quasi »zu überholen.« Der Zeitaspekt ist hierbei nicht etwa ideologisch gemacht wie in der Politik (»es ist kurz vor zwölf«), sondern naturwissenschaftlich begründet (weil mit der Zeit teils unwiederbringliche Veränderung einhergeht). Den herbeizuführenden Wirkungen stehen durch den natürlichen Zeitverlauf also Gegenwirkungen entgegen. Hierauf bezogen hat das Erarbeiten von Zeitvorteilen gegenüber dem »vor der Lage sein« deutliche Vorteile:

- Zeitvorteile erarbeiten umfasst auch das Minimieren von systemimmanenten Zeitnachteilen und schließt dadurch alle Zeitaspekte (Führungssystem und Zielsystem) ein.
- Es herrscht eine geringere Anfälligkeit für psychologische Fehler, weil man sich Zeitvorteile durch Energieeinsatz »erarbeiten« muss und sich nicht durch das Abklingen der Chaosphase selbst ergeben.
- Zeitvorteile erarbeiten ist prospektiv wie retrospektiv objektivierbar durch den antizipierten bzw. tatsächlichen Ereignisverlauf als Referenzpunkt.
- Der Vorteil kann in Worte gefasst werden, ist qualitativ beschreibbar und somit nominal messbar.

Stellschrauben für systemimmanente Zeitaspekte
Neben dem Arbeiten gegen die Zeit müssen Zeitnachteile bzw. Zeitverzüge ausgeglichen werden, die im gesamten Führungssystem auf gewissermaßen natürliche Weise entstehen. Diese systemimmanenten Zeitaspekte können an mehreren Stellschrauben justiert werden.

1. Das Wirksamwerden eines Stabes wird umso weiter nach hinten verschoben, desto länger die Eskalation auf die entsprechende Ebene dauert. Dadurch wird der Zeitvorteil begrenzt, den man gegenüber dem natürlichen Zeitverlauf überhaupt noch erreichen kann. Dieser Verzug kann durch Festlegungen zur Eskalation optimiert werden (Siehe Abschnitt 5.5.4).
2. Latenzzeiten (Besprechungen, Planungsphasen, Zusammenarbeit mit Schnittstellen) müssen konsequent geringgehalten werden. Hochrelevant ist dies bei dynamischen Einsätzen, die kurze Reaktionszeiten und des-

wegen enge Führungszyklen brauchen. Das Justieren der Stellschrauben kann dabei von der reinen Frequenz der Besprechungen (zyklische Arbeitsweise) bis zur Besetzung mit zwei Funktionen je Sachgebiet reichen, von denen eine an Besprechungen teilnimmt und die andere Reaktionen vollzieht (Siehe Abschnitt 5.5.3).
3. In Aufgabenstäben und begrenzt auch in Ressortstäben hängt von Anzahl und Punkten der Schnittstellen des Führungsvorgangs (Segmentierung) unmittelbar die Verarbeitungskapazität und die Reaktionsgeschwindigkeit ab. Hierdurch werden die erreichbaren Zeitvorteile begrenzt. Die Segmentierung des Führungsvorgangs ist daher eine wichtige Stellschraube (Siehe Abschnitt 5.5.5).
4. Die Verantwortlichkeit der Führungsstelle (Handlungsspielraum) wirkt über Anzahl und Umfang der notwendigen Abstimmungen mit dem Einsatzleiter begrenzend auf die zu erarbeitenden Zeitvorteile. Der Ermächtigungsgrad eines Stabes kann im Rahmen der Vertrauensbeziehung vom reinen Veranlassungs- bzw. Beratungsorgan bis zum quasi bevollmächtigtem Handlungsorgan reichen und ist daher eine wichtige Stellschraube (Siehe Abschnitt 5.5.8).

Schlussfolgerung: Orientieren anhand des Erarbeitens von Zeitvorteilen
Das Erarbeiten von Zeitvorteilen geht deutlich über das »vor die Lage kommen« hinaus. Es ist sprachlich-logisch stichhaltig und deckt die aktuell bekannten, wesentlichen Zeitaspekte zur Führungsleistung ab. Es wird vorgeschlagen, künftig auf die Redewendung »vor die Lage kommen« zu verzichten. Stattdessen sollte vom »*Erarbeiten von Zeitvorteilen gegenüber dem natürlichen Ereignisverlauf*« und ggf. spezifischer vom »Minimieren von Zeitnachteilen im Führungssystem« gesprochen werden. Hierdurch soll nicht die Forderung nach einem Paradigmenwechsel erhoben werden. Es soll auf eine sprach- und sachgenaue Bezeichnung hingewirkt werden. Zudem kann mittelbar die Wirkung des Einsatzes fokussiert werden, indem man sich unmittelbar an der zentralen Führungsleistung orientiert.

Anspruch und Wirklichkeit – das Antizipationsverhalten von Stäben in der Praxis
Das Erarbeiten von Zeitvorteilen ist die zentrale und wichtige Führungsleistung schlechthin. Daraus könnte man schließen, dass Stäbe in der Praxis ihre Arbeit entsprechend ausrichten. Tatsächlich aber bestätigte sich die Annahme, dass Stäbe ein stark ausgeprägtes Antizipationsverhalten zeigen, bei der Untersuchung des Entscheidungsverhaltens nicht wie erwartet: Nur zwei von 18 beobachteten Stäben

2.4 Zeitvorteile als zentrale Führungsleistung

wandten überhaupt Werkzeuge an, mit denen die Zukunft strukturiert wurde (Zeitstrahl bzw. Ablaufplan eines vorgeplanten Einsatzes). Für eine ausdrückliche Orientierung »nach vorne« gab es nur wenige Hinweise. So wurden in den Beobachtungsprotokollen in zwölf von 17 Fällen (rund 70 %) überhaupt keine antizipierenden Elemente gefunden. In fünf von 17 Fällen (rund 30 %) wurden jeweils zwischen ein und drei antizipierende Elemente protokolliert. Zur Verdeutlichung bedeutet das, dass im Mittel pro »Einsatz« weniger als ein antizipierendes Element vorgekommen ist (0,65 je Einsatz) (Gißler, 2019a). Diese Ausprägung erscheint vor dem unterstellten Anspruch des »vor die Lage kommen wollen« klar als gering. Unter Einbeziehung des stabs-natürlichen Problemlösemodells (Abschnitt 6.2) relativiert sich diese Feststellung allerdings zumindest teilweise, weil sich Zukunftsvorstellungen nämlich auch in Gedanken abspielen oder implizit in anderen Bezeichnungen wie in Controls enthalten sein können. Ganz genau kann das Antizipationsverhalten der untersuchten Stäbe deswegen nicht beschrieben werden, aber man kann von einer fundierten Tendenz zu einem eher weniger stark ausgeprägten Vorausdenken sprechen. Selbstanspruch und Wirklichkeit beim »vor die Lage kommen wollen« fallen also ein stückweit auseinander.

Es ist zwar nicht ausgeschlossen, dass Einsatzleitungen mit impliziten Zukunftsvorstellungen Zeitvorteile erarbeiten können. Die Erfordernisse eines passenden Situationsbewusstseins (Nolze, Hänsel & Müller, 2008) und bekannte Probleme beim Denken in Zeitverläufen (Dörner, 2015) erfordern es jedoch ganz klar, die Orientierung in die Zukunft zu fördern. Folgendes Beispiel zeigt, dass eine schwache oder gar mangelhafte Zukunftsorientierung gravierende Folgen haben kann.

In einer Übung im Jahr 2017 erbrachte ein Stab eine mangelhafte Führungsleistung im Zusammenhang mit der Krankenhausverteilung von Verletzten. Zahlreiche Patienten, die bei in einem Anschlagsszenario mit einem gefährlichen Stoff kontaminiert waren, wurden nicht als kontaminiert erkannt und daher ohne Dekontamination in Kliniken eingeliefert. In Realiter wären die Folgen für die Gesundheitsversorgung und die Berichterstattung in den Medien verheerend gewesen. Als Ursache scheint neben einer vorgefundenen dissonanten Teamkultur hauptsächlich ein mangelndes Antizipationsverhalten des Stabsleiters relevant. So wurde erstens nicht aktiv hinterfragt, ob es vorteilhaft wäre, auch ohne Anforderung der Polizei den Anschlagsraum auf gefährliche Stoffe freizumessen (Proaktives Verhalten). Zweitens wurde nicht überlegt, was es bedeuten würde, wenn man nicht freimisst und die Rettungsmittel, Besatzungen und Kliniken kontaminiert (Fernwirkungen, Worst Case). Sehr wahrscheinlich hätte das unpassende Situationsbewusstsein des Stabsleiters trotz der schlechten Teamkultur korrigiert werden können, wenn der Stab eine ausdrückliche Vorhersage wie einen Szenariotrichter mit Zeitstrahl (Gißler, 2019b) präsentiert hätte und die Zukunft ein stückweit greifbar geworden wäre. In diesem Beispiel hätte ein stärkeres Antizipationsverhalten die Auswirkungen falscher Schlüsse eines Einzelnen sehr wahrscheinlich abgemildert oder korrigiert. Dadurch hätte ein »Einsatzmisserfolg« verhindert werden können.

Zusammenfassung

In diesem Abschnitt wurde deutlich, dass das Erarbeiten von Zeitvorteilen in der Führungsarbeit zentral ist. Es verdient aufgrund seiner Bedeutung als K. o.-Kriterium eine besondere Beachtung. Ob die Einsatzmaßnahmen wirkungsvoll sind, hängt davon ab, ob sie zur richtigen Zeit veranlasst werden. Diejenigen Methoden und Werkzeuge, die der Erarbeitung von Zeitvorteilen dienen, nehmen deswegen eine besondere Stellung ein. Das Erarbeiten von Zeitvorteilen mittels Zeitstrahl und Prognose taucht daher in der Wirkungsmatrix auf (vgl. Abschnitt 4.1).

Praxistipp:

Das Erarbeiten von Zeitvorteilen ist die zentrale Führungsleistung. Minimiere konsequent alle Zeitnachteile, die im Führungssystem entstehen können! Unterstütze das Vorausdenken mit geeigneten Instrumenten und Werkzeugen.
- Analysiere die Zeitgestalt des Einsatzes und richte dich auf die Dringlichkeit aus!
- Reduziere Fehlermöglichkeiten mit psychologischen Ursachen durch Beachtung von Human Factors!
- Frage beharrlich »Wie kann es weitergehen?« oder »Was kann in nächster Zeit passieren?«, um dich und andere auf die Zukunft und auf Eventualitäten auszurichten! Damit eröffnest du einen Optionsraum.
- Trage auf einem Zeitstrahl wesentliche Punkte der Vergangenheit (Dokumentation) und kritische Punkte der Zukunft ein (Prognose)!
- Verwende Szenariotrichter zur Vorhersage möglicher Entwicklungen (Antizipation)!

In diesem Kapitel wurde die Teilfragestellung dieses Buches nach den allgemeingültigen Einsatzwirkungen beantwortet. Es wurde erläutert, wie Führungsleistungen zu Einsatzresultaten führen und an welchem Anspruch der Einsatz und der Beitrag eines Stabes gemessen werden. Dieses Wissen ist wichtig, um sich bereits während der Führungsarbeit auf das Resultat ausrichten zu können. Die Studie zum Erfolg der Stabsarbeit der Ausgangspunkt für eine umfassende Einsatzführungstheorie. Auf der geschaffenen Wissensbasis wird im folgenden Kapitel die Wirksamkeit der Führungs-

2.4 Zeitvorteile als zentrale Führungsleistung

arbeit betrachtet und aufgezeigt, wie diese ins Zentrum des Arbeitens gestellt werden kann.

3 Wirkung der Führungsarbeit

Was ist eigentlich ein Einsatz und wie kann man die Einsatzschwere einheitlich für den Blaulichtbereich, Wirtschaft und Verwaltungen bewerten? Was ist wirksame Führungsarbeit und wie kann man diese mittels Führungstätigkeiten forcieren? Und wie kann man Führungspersonen dazu bringen, eine Führungstheorie auch anzuwenden? Diese Fragen sind grundlegend für eine Einsatzführungstheorie und werden in diesem Kapitel beleuchtet. Einleitend kann gesagt werden, dass *Wirkung erarbeitet werden muss*. Dazu werden im Folgenden einige Begriffe geklärt.

Wirkung und Einsatzresultate
Unter Wirkung wird im Allgemeinen eine durch eine verursachende Kraft bewirkte Veränderung, die Beeinflussung oder ein bewirktes Ergebnis verstanden (Dudenredaktion, o. J.i), was ein Resultat bezeichnet. Das Wirken oder Bewirken meint das *Herbeiführen dieser Resultate*. Ein Erfolg ist die Herbeiführung allgemein dann, wenn die Resultate dem erwünschten oder erwarteten *Effekt* entsprechen. Im Kontext von Gefahrenabwehr und Krisenmanagement sind *Einsatzresultate durch die Führungs- und Ausführungsleistung unter allen Gegebenheiten herbeigeführte, letztendliche Einsatzergebnisse* (siehe Kapitel 2.2).

Arbeit und Führungsarbeit im Einsatz
Arbeit bezeichnet allgemein einen gerichteten Prozess, eine zielgerichtete und schöpferische, geistige und körperliche Tätigkeit (Springer Gabler Verlag, 2020b). Bezogen auf Gefahrenabwehr und Krisenmanagement ist die Arbeit eines Führungssystems der Prozess der Leistungserbringung. Darin realisiert sich das Wirken einer Führungsunit. Führungsarbeit ist also das *Herbeiführen von Wirkungen*. Die Führungsarbeit als »Ganzes« ist ein Bündel aus einzelnen Tätigkeiten (*Führungstätigkeiten*). Die Tätigkeiten dienen der Erledigung von Aufgaben. Für eine Aufgabe können mehrere unterschiedliche Tätigkeiten notwendig sein.

Anschluss an Komplexitätstheorien
Die Einsatzführungstheorie schließt an Komplexitätstheorien an. Nach den Komplexitätswissenschaften Systemtheorie, Kybernetik und Bionik wird als erfolgreiche Systemsteuerung das *Meistern der Komplexität* der Situation verstanden (Malik, 2014/2018). Dieser Ansatz führt zu einem tiefen Verständnis der Wirkungen von Einsätzen. Es kommt nämlich auf den *Systemerhalt*, das große Ganze und den Nutzen

an: Die Erbringung eben dieses Nutzens kann man als das richtige Tun der richtigen Dinge interpretieren. Der dazugehörige Schlüsselsatz aus der Theorie von Ducker (1967) »*Effectiveness means doing the right things; efficiency means doing this things right*« wird von Malik (2014//2018) übersetzt als »*Wirksamkeit heißt, sowohl effektiv als auch effizient zu sein. Dies heißt, die richtigen Dinge richtig tun – im Denken ebenso wie im Handeln.*«

Sinn der Einsatzführung als Systemerhalt
Einsatzführungsarbeit dient nicht der Wertsteigerung im monetär-materiellen Sinn der Wirtschaft, sondern ist eher Nutzbringung bzw. Werterhalt im ideellen Sinne (Gißler, 2019a). Es ist die Führungsaufgabe, durch Führungsarbeit erwünschte Wirkungen im gesteuerten Zielsystem herbeizuführen und dadurch einen Nutzen zu erbringen. Wie im Verlauf dieses Kapitels gezeigt wird, ist das kybernetische Wirkziel die Stabilisierung des Zielsystems. Nutzen der Stabilisierung ist der Systemerhalt, was letztlich den Sinn der Führungsarbeit beschreibt. *Führungsarbeit dient also der Stabilisierung zum Erhalt des Systems.* Ein tiefgehender Wirkungsbegriff umfasst daher alles, was sich auf den Zielsystemzustand bezieht. (Direkte oder indirekte) Wirkungen können erwünscht und unerwünscht sowie Wechsel- oder Nebenwirkungen sein. Diesen Gesamtzusammenhang zeigt schematisch Bild 3.

Bild 3: *Schematischer Zusammenhang von Führungsarbeit und ihrem Sinn*

Vom großen Ganzen her denken – die Wirkung des Einsatzes
Um die Wirkung von Einsätzen von Gefahrenabwehr und Krisenmanagement tiefgehend verstehen zu können, muss man zuerst an das große Ganze denken (was die Verhältnisse, versteckten Zusammenhänge und ggf. unsichtbaren Folgen sind) und erst an zweiter Stelle die Einsatzteile einbeziehen (z. B. die Führungseinheit, operative Einheiten, Einsatzraum, Umwelt oder Spezialfaktoren wie politische Einflussnahmen). Es ist die falsche Richtung von den Komponenten auszugehen, wenn man ein Verständnis für das Ganze erlangen möchte. Das große Ganze ist nicht dazu gemacht, damit die Komponenten hineinpassen. *Vielmehr hat sich das Ganze aus*

und mit den Teilen zu dem entwickelt, was es ist. Die Erklärungsrichtung ist deduktiv – nämlich vom Ganzen zum Einzelnen hinführend.

Auf Einsätze bezogen bedeutet deduktives Denken, von der Wirkung auszugehen. Im Fall eines Feuerwehreinsatzes darf man nicht dem Fehler erliegen und glauben, ein Einsatz bestünde aus einem Gefahrstoffzug, einen Löschzug, zwei Rettungswagen sowie einem leckgeschlagenen Gefahrguttransporter und man beseitigt eine Umweltgefahr. Das (profane) Beispiel zeigt anschaulich den grundlegenden Konstruktionsfehler: Man überlegt von den vorhandenen Fähigkeiten aus, was das Problem sein könnte und leitet sich dazu eine plausible Wirkung her. Dabei erklärt man den Einsatz unweigerlich mit den Komponenten. Bei großen Einsätzen bzw. bei unbekannten, atypischen Problemstellungen kann das fatal sein: Man riskiert dabei, den Einsatz »hinzuerklären« wie er zu den Fähigkeiten passt. Dabei läuft man Gefahr, wesentliche (Teil-)Probleme zu übersehen – weil man keine Komponente hat, die das Problem erklärt.

Ein relativ junges Beispiel ist der Moorbrand auf einem Militärgelände im Emsland (Deutschland) 2018. Dabei wurde als ein Faktor für das tatsächliche und wahrgenommene Ausmaß festgestellt, dass »*Art, Umfang und Zeitpunkt der Kommunikation innerhalb der Bundeswehr sowie der externen Kommunikation, […] dem Informationsbedürfnis der Öffentlichkeit sowie weiterer beteiligter Behörden und Institutionen nicht ausreichend Rechnung getragen hat*« (Bundesministerium der Verteidigung, 2019). Die fehlende Berücksichtigung des Informationsbedürfnisses bestimmter Parteien belegt, dass nicht aus dieser Richtung gedacht wurde. Bezogen auf das Denken vom großen Ganzen wurde quasi versucht, mit dem vorhandenen Instrumentarium Einsatzkommunikation »zu machen«. Diese Instrumente waren aber schlicht nicht ausreichend. Sie lieferten also eine zu einfache Erklärung für ein in Wirklichkeit viel größeres Problem. Dieses Beispiel belegt, warum man Einsätze nicht aus Richtung der (verfügbaren) Komponenten oder Einsatzmittel erklären darf. Um die Problemstellung »richtig« erfassen zu können, muss man von den Bedürfnissen der Betroffenen (interessierte Parteien) und dem Zustand des Zielsystems her denken und erst dann die dazu passenden Tätigkeiten auswählen.

Vorsicht mit Sprichwörtern
Wirkung und Wirksamkeit finden sich in bekannten Redewendungen wieder. Diese können bei der Einsatzführung allerdings in die Irre leiten. So zeigt das Sprichwort »Not kennt kein Gebot« zwar auf, dass Ordnung und Normen (Gebote) Grenzen haben. Es bedeutet aber nicht, dass in Notsituationen Verbote, die in regulären Situationen gelten, außer Kraft gesetzt sind. »*Wer heilt, hat recht*« ist eine Zuspitzung, die die Wirkung vermeintlich über alles stellt. Dabei lässt sie aber die Wirk-

3.1 Einsätze als komplex-adaptive Systeme

samkeit und damit die Verhältnismäßigkeit völlig außer Acht. Dahingegen bezieht »*Der Zweck heiligt die Mittel*« zwar den Weg der Herbeiführung mit ein. Der Spruch intendiert jedoch die Legitimierung eines illegitimen Weges, der für sich genommen unverhältnismäßig ist und erst in Bezug zum Ergebnis gerechtfertigt erscheint. In der Praxis sind Fälle derartiger entschuldigender Notstände eher selten. Weil solche Situationen außerhalb des Routinerahmens liegen und sehr speziell sind (z. B. Abschuss eines von Terroristen entführten Passagierflugzeugs), können sie nicht anhand pauschalisierender Redewendungen beantwortet werden, sondern bedürfen einer sorgfältigen rechtlichen Bewertung.

> **Praxistipp:**
> Führungsarbeit ist das Herbeiführen von Wirkungen. Ergebnis (Resultat) und Prozess (Arbeit) sind über die Führungstätigkeiten (Tun) miteinander verbunden.
> - Führe dir Sinn und Nutzen des Einsatzes vor Augen!
> - Denke von der Wirkung her und gehe nicht von vorhandenen (ggf. limitierten) Fähigkeiten aus.

3.1 Einsätze als komplex-adaptive Systeme

Einsätze beziehen sich auf *sozio-technische Systeme* wie Gebiete (z. B. Stadtteil in dem es brennt), Organisationen (Unternehmen dessen Schiff verunglückt ist) oder auf Gesellschaften (Land in dem sich eine Viruskrankheit epidemisch ausbreitet). Diese Bezugssysteme sind die Zielsysteme des Einsatzes und können mit Komplexitätstheorien erklärt werden.

Grundlegendes zu Systemen und zum Einsatz als System

Unsere Welt ist vielfältig ineinander verschachtelt: Die kleinste, gerade noch auflösbare Einheit wird als *Element* bezeichnet. *Wo Elemente in Relation stehen, wird von Systemen gesprochen.* Systeme grenzen sich von ihrer Umwelt ab. Die Gesamtheit von Elementen und Relationen schafft eine systemspezifische Ordnung (*Struktur*). Die Struktur bestimmt die (starren oder flexiblen) Abläufe bzw. Funktionen im System. Anzahl, Art, Richtung und Stellung von Elementen und Relationen zu einem bestimmten Zeitpunkt beschreiben den *Systemzustand*. Das Systemverhalten beschreibt Zustandsveränderungen durch bestimmte Ereignisse. Übergeordnete Metasysteme bilden für untergeordnete Subsysteme die Systemumwelt. Durch solche Dekompositionen werden horizontale und vertikale Beziehungen sowie wechselseitige Abhängigkeiten sichtbar. Zweckorientierte Systeme streben in ihren Veränderungen ein Gleichgewicht an, das ihrem Selbstzweck entspricht. Sie haben nur eine geringe Umwelttoleranz und Anpassungsfähigkeit (sog. Selbsterhaltungssysteme). Zielorientierte Systeme streben ebenso einen Gleichgewichtspunkt an, aber versuchen nicht nur zu überleben, sondern das für sie beste Ergebnis zu erreichen. Sie können ihre Umweltausschnitte selbst wählen und haben eine hohe Anpassungsfähigkeit, Toleranz und Flexibilität (sog. optimierende Systeme). Reale Systeme sind offen, ändern ihr Verhalten anhand ihrer Umwelt und wirken auf diese zurück (Wechselwirkung) (Kirchhof, 2003).

Das System Einsatz besteht aus Subsystemen (Führungsunit, Ausführungsunit, Zielsystem), seiner Umwelt (Metasystem) und den Relationen zwischen diesen Elementen. Einsätze sind offen zur Umwelt und können daher nicht immer scharf abgegrenzt werden. Sie sind zeitlich beschränkt und haben konkrete Zwecke (*Mission*), die sich vor allem aus dem Dasein der Mutterorganisation ergeben. Einsätze sind daher Selbstzweck, weil sie dem Erhalt des Zielsystems dienen. *Zusammengefasst sind Einsätze zweckorientierte, temporär existierende Systeme.*

Der Sinn des Einsatzes
Einsätze berühren immer auch die Gesellschaft, weswegen man nicht umhinkommt, soziologische Aspekte einzubeziehen. Soziale Systeme sind nach Luhmann (2011) genau das, was sie von ihrer Umwelt unterscheidet – nämlich Differenz, die durch Eingrenzung in Form von Beobachtung entsteht. Daraus leitet sich das *Verständnis von Einsatzführungssystemen als ausdifferenzierte Systeme aus ihrer Mutterorganisation und darüberliegenden sozialen Metasystemen* ab. Der Systemzweck ergib sich aus dem Sinn: Dieser bezieht sich nach Ansicht der Philosophie stets auf ein Subjekt, das denkt, sich reflektiert und Sinn als Form der Orientierung praktiziert indem es darüber kommuniziert. Sinn ist nicht zu negieren, ist universal, hat einen Gebrauchszwang in Form von Anschlusszwang und ist system-innerweltlich (Luhmann, 2011). Gefahrenabwehr- und Krisenmanagementorganisationen erlangen ihren Sinn durch das Kommunizieren über ihren Daseinszweck und über ihre künftige potenzielle Notwendigkeit. Dieser Sinn kann sich in Schutzzielen, Zuständigkeiten oder Aufgaben ausdrücken.

Systemdynamik und Einsatzdynamik
Statik ist bei realen Systemen ein seltener Extremzustand, sie sind vielmehr ständig in Bewegung. Kirchhof (2003) unterscheidet vier Dynamikgrade. Übertragen auf Einsätze können diese persistenter bzw. kontinuierlicher Art sein, wenn das Zielsystem nicht allzu stark ausgelenkt ist (stable-state, quasi-statisches Gleichgewicht

3.1 Einsätze als komplex-adaptive Systeme

bzw. stady-state, dynamisches oder homöstatisches Gleichgewicht). Eigenschaften und Systemzweck bleiben erhalten. Es dominieren Erhaltungsfunktionen, nicht die Transformationsprozesse. Einsätze können diskontinuierlichen Grades sein, wenn sich ein Zielsystem zum Überleben weiterentwickeln muss (Ungleichgewicht, Quantensprung, Morphogenese). Veränderungen können ungleichförmig oder nichtlinear sein und zu Brüchen führen. Strukturwechsel und Erneuerungsfunktionen dominieren und bringen im Extremfall neue Systemzwecke hervor. Einsätze können chaotisch sein, wenn das Zielsystem in Turbulenzen geraten ist (Dissipation, Entropie). Veränderungen sind unregelmäßig, unruhig und ohne Ordnung. Die Steuerungsmöglichkeiten sind eingeschränkt und das System kann zerfallen. Einsätze höherer Dynamik im Zielsystem entsprechen in etwa dem, was im engeren Sinn als Krise bezeichnet wird. Sie sind daher seltener als Einsätze mittlerer bzw. niedriger Dynamik, die ungefähr dem Usus von Störung und Notfall entsprechen. Ein spezieller, temporär chaotischer Zustand tritt vor allem zu Einsatzbeginn in der Führungsunit auf (sog. »Chaosphase«). *Insgesamt ergibt sich die Einsatzdynamik aus dem Verhalten des Zielsystems.*

Komplexität im Zusammenhang mit Einsätzen
Der Komplexitätsbegriff ist umgangssprachlich weit verbreitet. Eine universale Definition oder formalisierte Darstellung gibt es aktuell nicht. Ihr Gegenteil ist die Simplizität. Als Alltagserfahrung bezeichnet sie eine gewisse Kompliziertheit, Undurchschaubarkeit oder Unverständlichkeit (Malik, 2015). Vereinfacht kann man zwar gut das Zustandekommen von Komplexität beschreiben, aber ihr letztliches Wesen lässt sich nur schwer fassen. Die Einsatzführungstheorie nimmt meistens eine systemische, manchmal eine psychologische Sicht auf Komplexität ein und versteht sie als Führungsproblem.

Strukturelle Komplexität entsteht in Bezug auf Wirtschaftsorganisationen vor allem aus Vielzahl (Größe, Kopplungsgrad) und Vielfalt (Diversität, Divergenz): Sie ist die potenzielle Variationsfähigkeit als die Bereithaltung von Reaktionsmöglichkeiten auf die Umweltvarietät. Sie ergibt sich vereinfacht aus allen möglichen Kombinationen der Elemente (Elementkomplexität) und deren Relationen (Relationenkomplexität). *Funktionale Komplexität* entsteht vor allem aus Veränderlichkeit (Dynamik, Chaos) und Vieldeutigkeit (Freiheitsgrade, Unschärfe). Sie beschreibt die Verhaltensdimension und resultiert aus Problemen bei der Erfassung von Varietät, Intransparenz, Informationsüberladung, Zielunklarheit und -vielfalt, Dynamik und Vernetztheit (Malik, 2015). Zur Erfassung komplexer Probleme muss der Betrachtungsbereich festgelegt werden. Somit sind Systembeschreibungen und die funktionale Komplexität stets subjektiv. Wo in der Literatur über Gefahrenabwehr und

Krisenmanagement von Komplexität gesprochen wird, dürfte überwiegend die funktionale Komplexität gemeint sein. So nimmt auch die psychologische Theorie von Dörner (2015) eine funktionale Sicht ein. *Insgesamt ist die strukturelle Komplexität konstitutiv für den Einsatz als System und die funktionale Komplexität ist deskriptiv für den Einsatzablauf aus Sicht der Führungsperson.*

Die Varietät (Summe aller möglichen Systemzustände) ist ein statisches, numerisches Komplexitätsmaß: Eine dynamische Beschreibung ist die Entropie (Zustand höchster Konfigurationswahrscheinlichkeit). Die potenzielle Komplexität kann gerade bei Einbeziehung stochastischer Methoden hohe Werte annehmen oder unberechenbar werden. Bei der effektiven (tatsächlichen) Komplexität werden Zufallskonfigurationen herausgefiltert und nur Regelmäßigkeiten anhand der Struktur beschrieben (Kirchhof, 2003). *Bei der Einsatzführung geht es um tatsächliche, gegenwärtige Zustände, weswegen vor allem die effektive Komplexität einschließlich ihrer dynamischen Entwicklungen relevant ist.* Sprachliche Steigerungen sind zwar nachvollziehbar und im Superlativ ausdrucksstark (»am komplexesten« oder »hoch-/hyperkomplex«). Dahinter dürfte aber v. a. im Allgemeingebrauch äußerst selten ein Messkonzept liegen (»mehr Varietät«).

Einsätze als komplex-adaptive Systeme
Systeme sind *trivial* (nicht-komplex) wenn sie deterministisch auf einen bestimmten Input stets den gleichen Output liefern: *Nicht-triviale Systeme* (komplexe Systeme) hingegen können auf gleiche Inputs mit einer Vielzahl unterschiedlicher Outputs reagieren. Kirchhof (2003) unterscheidet vier Systemtypen (Einfache, komplizierte, relativ komplexe und äußerst komplexe Systeme). Danach stellen sich Einsätze als nicht-triviale, relativ bzw. äußert komplexe Systeme dar. Das Verhaltensrepertoire ist groß und die Wirkungsverläufe variabel bis zu unsicher. Der Übergang von relativer zu äußerster Komplexität ist fließend und hängt von der Beschreibbarkeit, einer gewissen Vorhersagbarkeit und der Beherrschbarkeit ab (jeweils gerade noch bzw. nicht mehr). Das liegt weniger an Führungs- und Ausführungsunits, die berufsständisch gesehen vielleicht trivial sein können, sondern ist vielmehr dem Zielsystem und dessen Umweltinterpendenz geschuldet. Die Zielsysteme sind sozio-technischer Art, die wie biologische und lernende Systeme zu den komplex adaptiven Systemen gezählt werden: Sie zeigen ein besonderes Anpassungsvermögen an die Umwelt (Adaption durch lernen) und können sich zur Optimierung zweck- oder zielorientiert verhalten. Sie sind hierarchisch wobei die darüberliegenden Ebenen jeweils eine höhere Komplexität aufweisen als die darunterliegenden und die komplex-adaptiven Eigenschaft auf jede Ebene zutrifft (Rekursion) (Kirchhof, 2003). Durch die Verschachtelung mit ihren komplex-adaptiven Meta- und Zielsystem werden Einsätze

3.1 Einsätze als komplex-adaptive Systeme

selbst zu komplex-adaptiven Systemen. Die Komplexität ist oben im Führungssystem höher als auf unteren Ebenen. Folgende von Kirchhoff (2003) und Malik (2015) beschriebenen Eigenschaften komplex-adaptiver Systeme sind für Einsätze besonders relevant.

- Einsatz, Zielsystem und Umwelt stehen in Wechselwirkung. So entwickeln sich Täter und Polizei gegenseitig weiter, indem sie aufeinander reagieren (*Koevolution*). Ähnlich gelagert ist ausweichendes Verhalten derjenigen, die durch eine Kommunikationsstrategie eigentlich zu erwünschtem Verhalten angeleitet werden sollen (z. B. Verlagerung von Feiern ins Freien ohne Mund-Nasen-Bedeckung wegen des Aufrufs zum Maskentragen in Innenräumen).
- Nicht-lineare Dynamiken können durch *Rückkopplungsschleifen* ausgelöst werden. Ähnlich wie ein Insekt einen Hurrikan auslösen kann (Schmetterlingseffekt) können Falschinformationen in Sozialen Medien Demonstrationen auf der Straße auslösen.
- Komplex-adaptive Systeme im »vollkommenen Gleichgewicht« gibt es, wenn überhaupt, nur als *Momentaufnahme*. So gibt es an irgendeiner Stelle einer Stadt immer Störungen, die aktuell ausgeglichen werden wie durch Ordnungsmaßnahmen der Polizei oder Reparaturen der Stadtwerke. In Einsätzen wirken ausgleichende Gegenpole, die servomechanisch als Homöostat das Gesamtsystem austarieren. Beispielsweise werden Grundrechtseinschränkungen zur Pandemiebekämpfung kurzzeitig akzeptiert, aber müssen sich längerfristig vor Judikative und Parlament als Gegenpol behaupten.

Schlussfolgerungen

Komplex-adaptive Systeme dürfen nicht zu einem vermeintlich besseren Verständnis auf triviale Systeme reduziert werden (Malik, 2015). Einsätze müssen wegen ihrer Verschachtelung stets als Ganzes verstanden werden. Ausschneiden bedeutet immer auch abzuschneiden, was rasch zur Vereinfachung werden kann. Durch Vereinfachungen dürfen wesentliche Eigenschaften des Einsatzes nicht vernachlässigt werden. Eine Verengung auf eine innere Sicht der Einsatzorganisation ist unzulässig, weil dadurch reale Eigenschaften der Gesamtsicht verlorengehen. *Zur Modellierung von Einsätzen und zur Konstruktion einer Führungstheorie müssen deswegen systemorientierte Ansätze verwendet werden.* Dieser Punkt wird im Abschnitt 5.4 aufgenommen.

Aus den komplex-adaptiven Eigenschaften ergibt sich das Erfordernis adäquater, *systemorientierter Problemlösemethoden*. Konkret bedarf es im Bereich der Entscheidungsfindung systemischer Problemlösemodelle, die einen ganzheitlichen Blick auf das Problem eröffnen, Wirkpfade und damit Lösungsmöglichkeiten aufzeigen, auch größte Problemräume abdecken können, die strukturelle Komplexität abbilden können und – insbesondere – die subjektive Komplexität reduzieren können. Hierauf wird im Abschnitt 5.4 eingegangen.

Einsatzbeispiel: Notwendigkeit systemorientierten Denkens
Am 07.11.2020 demonstrierten in Leipzig bis zu 30.000 Personen gegen Maßnahmen zur Bekämpfung der Corona-Pandemie. Am dazugehörigen Polizeieinsatz werden die komplex-adaptiven Eigenschaften deutlich (Versammlungsgebiet mit Demonstranten als *Zielsystem*).

Im Voraus der Demonstration drängten alle vom Ministerpräsidenten bis zu den Einheitsführern der Polizei auf eine defensive Strategie: Man wollte keineswegs Bilder erzeugen, auf denen die Staatsmacht auf dem geschichtsträchtigen Leipziger Ring (Freiheitsdemonstrationen in der DDR) gegen Demonstranten Gewalt anwendet, die für genau solche Freiheitsrechte eintreten – und seien sie noch so krude. Am Veranstaltungstag wurde die Demo von der Leipziger Versammlungsbehörde abgebrochen, weil kaum einer der Demonstranten die vorgeschriebenen Abstände einhielt bzw. Masken trug. Zweieinhalb Stunden nach dem Abbruch setzten sich etwa 200 Hooligans [Sic! Begriff nicht eindeutig definiert] an die Spitze der Demonstranten und übten massiv Druck auf Polizeikräfte aus, die daraufhin sukzessive zurückwichen und irgendwann aufgeben mussten. Dadurch konnte der Demonstrationszug das vorgesehene Gelände unerlaubt verlassen und auf dem Leipziger Ring marschieren – was durch die Corona-Verordnung allerdings verboten war. Die Polizei intervenierte nicht. Bei einer ähnlichen Demonstration in Berlin wurden am 29.08.2020 auf der Treppe des Reichstagsgebäudes u. a. Reichsbürgerfahnen geschwenkt. Unter anderem daher wurde damit gerechnet, dass auch in Leipzig Personen aus dem rechten Spektrum teilnehmen würden. Dass allerdings speziell Hooligans die Querdenker-Demonstranten aufstacheln würden, überraschte offenbar alle. Am Ende der Demonstration entstand ein Bild, in dem sich die Querdenker-Demonstranten von Rechtsradikalen den Weg freikämpfen ließen und der Staat bei der Durchsetzung von Hygieneregeln bei Großdemonstrationen erneut ein Vollzugsdefizit zeigte. Dies wurde von der Bundesregierung als fatales Signal in einer kritischen Pandemiephase bezeichnet (Hähnig, Machowecz & Merker, 2020).

Das Ergebnis des Polizeieinsatzes weist aus einer *übergeordneten Perspektive* betrachtet einen Mangel auf. Zwar wurde vermieden, Gewalt gegen Demonstranten einzusetzen, um die Absperrlinie zu halten (kritischer Punkt), was in Bezug auf das *eingegrenzte Zielsystem* offenbar ein erklärtes Einsatzziel war. Das *übergeordnete*

3.1 Einsätze als komplex-adaptive Systeme

Ziel bezogen auf Staat und Gesellschaft als Metasystem, nämlich die Regeln durchzusetzen, wurde jedoch verfehlt. Der verschachtelten Wirkung zwischen den Systemen Stadt (lokal) und Staat (übergeordnet) und den ausstrahlenden Symbolwirkungen wurde dadurch keine Rechnung getragen. Allerdings gehört zur Wahrheit auch die (hypothetische) Überlegung, was es im aktuellen Kontext (Kritik an Polizeigewalt insb. in den USA, Frankreich, Polen und Belarus) wohl für eine Symbolwirkung gehabt hätte, wenn die Polizei den gewaltbereiten Störern, deren Beweggründe sehr wahrscheinlich anders lagen als die der überwiegenden Versammlungsteilnehmer, gewaltsam entgegengetreten wäre. Solche *potenziellen Folgewirkungen* wurden offenkundig höher gewichtet und ein Vollzugsdefizit daher in Kauf genommen. Dies bestätigte der Polizeipräsident indirekt in einem Videostatement: Der Einsatz habe drei Ziele gehabt. Die Gewährleistung eines friedlichen Verlaufs, die Verhinderung möglicher Gewalttaten und gemeinsam mit dem Ordnungsamt die Durchsetzung des Infektionsschutzes. Die ersten beiden Ziele seien weitgehend erreicht worden. Das dritte Ziel sei nicht erreicht worden. An der Polizeisperre sei großer Druck entstanden und Gewalt einzusetzen wäre nicht angezeigt gewesen. Man bekämpfe eine Pandemie nicht mit polizeilichen Mitteln, sondern nur mit der Vernunft der Menschen (Schultze, 2020). Aus dieser untergeordneten Perspektive ist das Einsatzergebnis daher deutlich weniger mangelhaft. Vielmehr wurde durch die Vermeidung des Beharrens auf den Infektionsschutz eine kurzfristige starke Auslenkung vermieden (z. B. verbale Eskalation, Widerstände, potenzielle Verletzungen). Kybernetisch gesehen wurde dadurch abgepuffert und der Systemzustand präemptiv stabil gehalten.

Die *Bedingungen* für den Polizeieinsatz waren durchaus ungünstig. Die Versammlungsbehörde wollte wohlweislich die Demonstration im Voraus vom für die absehbare Teilnehmerzahl zu kleinen Augustusplatz (im geschichtsträchtigen Innenstadtbereich) wegverlagern. Ein bestätigendes Gerichtsurteil aus erster Instanz dazu wurde jedoch in der Nacht vor der Demonstration gekippt (Sächsisches Oberverwaltungsgericht 6 B 368/20). Die mangelnde Eignung des Platzes fand dabei keine Berücksichtigung, bestätigte sich aber faktisch im Nachhinein. Wenn es im Voraus einen potenziellen singulären Fehlerpunkt gab, dann dürfte es diese (viel kritisierte) Gerichtsentscheidung gewesen sein. Offenkundig haben sich die Versammlungsbehörde wie auch die Polizei darauf verlassen, dass die Verlegung vor Gericht bestehen würde, weswegen keine Alternativplanung angestrengt wurde: Sogar Demonstranten wunderten sich, dass es keine Zugangskontrollen, Zäune, Zugangs- und Ablasskorridore gab (Hähnig et al., 2020). In diesen Voraussetzungen liegt von außen betrachtet das Potenzial für den Kipppunkt des Systems. Die Defensivtaktik war insofern zu defensiv, als dass sie gegenüber den gewaltbereiten Hooligans

(Komplexitätstreiber) in unmittelbarer räumlicher Nähe des symbolträchtigen Leipziger Rings mit seiner quasi magnetischen Wirkung (Komplexitätstreiber) nicht die erforderliche Wirkung entgegensetzen konnte. Es wurde aus Vorsicht ein Fehler begangen (Hähnig et al., 2020). Urteilsverkündung, Einsatzbeginn und die Anreise der Teilnehmer dürften sich überlappt haben. In der verbleibenden Zeit scheint es kaum möglich, einen (neuen) adäquaten Einsatzplan entwickeln zu können. Die Alternativplanung hätte einsatzvorbereitend erfolgen müssen, was auf mangelnde Antizipation zurückzuführen ist (ablehnende Gerichtsentscheidung als anzunehmender *Worst Case*). Zeitnachteile im Einsatz können ihre Ursache also auch in den Einsatzvorbereitungen haben. *Insgesamt haben die komplex-adaptiven Eigenschaften des Einsatzes als offenes System das Einsatzführungssystem dahingehend überfordert, als dass die Komplexitätstreiber nicht absorbiert werden konnten* (Mobilisierung gewaltbereite Personen aus dem ganzen Land, Magnetwirkung von Symbolen, dynamisches Verhalten von Stimmung und Menschenmengen, Anschluss an frühere Ereignisse).

Ergänzend sind die vier folgenden Punkte zur Führungsleistung wichtig. Der intendierte Zweck der Demonstration war realistisch gesehen das absichtliche Verstoßen gegen die Maskenpflicht. Der Polizeieinsatz war daher ein Provokationsmittel der Demonstranten. Dieser Einsatztypus erfordert strategisch gesehen klare Eskalationslinien. Das ist polizeitaktisch Standard und dürfte mutmaßlich auch in diesem Fall gegeben gewesen sein. Spätestens als der Druck auf die vordersten Polizeikräfte stark anstieg, muss die Frage aufgetaucht sein, ob standgehalten oder nachgegeben wird. Die Entscheidung verkompliziert haben dürfte die heterogene Zusammensetzung der Versammlungsteilnehmer (neben gewaltbereiten Personen auch Familien, ältere Personen und friedfertig wirkende Gruppen u. a. aus dem esoterischen Milieu) und die erforderliche Verhältnismäßigkeit polizeilicher Maßnahmen (Auflagenverstöße wie fehlende Mund-Nasen-Bedeckung als Ordnungswidrigkeit rechtfertigen kein allzu hartes Vorgehen). Neben den vorher genannten drei klaren Einsatzzielen dürfte die Entscheidung auch stark davon abhängig gewesen sein, ob für eine Umschließung oder Abtrennung der Hooligans von den restlichen Teilnehmern ausreichend Kräfte mit den notwendigen Fähigkeiten vorgehalten wurden, weil Kräftemangel ein limitierender Faktor für Polizeimaßnahmen ist. Wenn dieser Punkt ausschlaggebend war, dann können die Ursachen in mangelnden Vorbereitungen (amtshilfemäßige bundesweite Kräfteanforderung) oder in systematisch fehlenden Ressourcen (Kräftemangel in ganz Deutschland) gelegen haben. Inwiefern abgestufte Maßnahmen geringerer Härte (z. B. Videografie, Identifikation, Platzverweis) durchführbar waren oder durchgeführt wurden, kann nicht gesagt werden. Wenn objektiviert gesehen stimmt, dass man die Versammlung möglicher-

3.1 Einsätze als komplex-adaptive Systeme

weise hätte »früher abbrechen können« (Hähnig et al., 2020), dann deutet dies auf *Antizipationsfehler* hin – denn vernünftigerweise war im Voraus und auch während dem Einsatz schlicht nicht zu erwarten, dass sich die Teilnehmer an die Auflagen halten würden. Dass es aus der Versammlung heraus zu Gewalt kommen könnte, hätte durch die versammlungsbegleitende Aufklärung sicherlich ebenso schon früher antizipiert werden können. Bei der Führbarkeit gab es von Seiten der Stadt einen klaren Mangel. Der Oberbürgermeister war zu Hause in Quarantäne und versuchte stundenlang telefonisch den Leiter der Versammlungsbehörde zu erreichen, um ihn zum Abbruch der Versammlung bewegen – er kam allerdings nicht zu ihm durch, weil dieser in Gesprächen war (Hähnig et al., 2020). Es scheint zu gewissen Teilen wahrscheinlich, dass der Einsatz einen anderen Verlauf genommen hätte, wenn die Versammlung früher abgebrochen worden wäre (ob allerding die Hooligans ein anderes Verhalten gezeigt hätten, kann nur gemutmaßt werden). Unbenommen von diesem hypothetischen Verlauf gilt klar, dass Schlüsselpersonen erreichbar sein müssen, damit Einsätze führbar sind.

Insgesamt ist die Frage des Einsatzerfolgs in komplexen Systemen eine Frage der Verhältnismäßigkeit. *Das Beispiel zeigt, dass bei Einsätzen in Systemen gedacht werden muss und es der Kenntnis der Systemeigenschaften bedarf, um die richtigen Wirkungen erzeugen zu können.* Das Einsatzergebnis hat aus der Metaperspektive Mängel, aus Sicht des Polizeieinsatzes wurde dahingegen das höher gewichtete Ziel eines weitestgehend gewaltfreien Einsatzes erreicht. Dieser Einsatztypus dürfte mutmaßlich zu den anspruchsvollsten überhaupt zählen. Zum Denken in Systemen gehören auch die Fernwirkungen. Der Vollständigkeit halber muss daher erwähnt werden, dass auf die Demonstration in Leipzig und eine ähnliche Veranstaltung in Berlin am 18.11.2020 zwischen 16.000 und 21.000 Corona-Infektionen zurückgeführt werden (Tagesschau.de, 2021). Dieser Aspekt verdeutlicht nochmals, dass Einsätze in unterschiedlichen Kontexten und auf mehreren Ebenen gesehen werden müssen.

Praxistipp:
Bei Einsätzen mit unbekannten Komplexitätstreibern bzw. Kipppunkten kann ein institutionalisiertes paralleles Planspiel durch eine Intelligence Sektion (kreatives »Durchspielen« künftiger Szenarien) mögliche Systemverhaltensweisen zum Vorschein bringen.

In diesem Abschnitt wurde ein Teil der ersten Fragestellung dieses Buches beantwortet, die nach den allgemeingültigen Wirkungen eines Einsatzes fragt: Ausgehend von den Metasystemen, wie Unternehmen, Städte oder Gesellschaften als sozio-technische Systeme, wurde belegt, dass Einsätze von Gefahrenabwehr und Krisenmanagement als komplex-adaptive Systeme verstanden werden können und über soziale Systeme an allgemeine Gesellschaftstheorien angeschlossen werden können. Damit wird festgestellt, dass Einsätze von Gefahrenabwehr- und Krisenmanagementorganisationen in dieser Klammer zusammengefasst werden können. Es ergibt sich die allgemeine Anforderung, dass Einsatzführungssysteme den Anforderungen aus den komplex-adaptiven Zielsystemen entsprechen müssen. Aufbau und Abläufe des Einsatzführungssystems müssen der Art und Größe des Problems (z. B. Pandemie), den Besonderheiten aus dem Alltag (z. B. föderales bzw. divisional verteiltes System) und den erforderlichen Reaktionszeiten und Handlungsorten (kurzfristig-lokal, langfristig-gemeinsam) angemessen sein. Die passende Organisationsform zu finden und auszutarieren ist anspruchsvoll und eine wichtige Führungsaufgabe (ordnen).

Merke:
Ein Einsatz ist aus komplexitätswissenschaftlicher Sicht ein komplex-adaptives zweckorientiertes System aus den Subsystemen Führungsunit, Ausführungsunit, dem Zielsystem und der Umwelt. Das Metasystem des Einsatzes ist seine Umwelt. Einsätze bestehen temporär für eine Mission. Sie zeichnen sich durch strukturelle Komplexität aus der Organisation heraus aus, die konstitutiv für das System ist. Einsätze sind wegen des Systemverhaltens aus subjektiver Sicht der Führungsperson funktional komplex. Die Komplexität nimmt hierarchisch von unten nach oben zu. Einsätze haben ein gewisses Anpassungsvermögen an die Umwelt, haben austarierende Mechanismen und können nicht-lineare Dynamiken zeigen. In Einsätzen sind die Eigenschaften der sozialen Systeme wiederzufinden, auf die sie sich beziehen.

3.2 Einsatzführung als kybernetische Regelung

Zwischen dem Führungssystem und Zielsystem gibt es eine Steuerungsbeziehung die sich mit der kybernetischen Theorie erklären lässt. Kybernetik wird verstanden als *»Wissenschaft von der Steuerungskunst technischer, vielleicht auch psychischer, in jedem Fall auch sozialer Systeme«* (Luhmann, 2011). Sie nimmt an, dass sich Systeme selbst regulieren und basiert auf Feedbackmodellen: Dem negativen Feedbackmodell liegt die Vorstellung zugrunde, bestimmte Parameter konstant zu halten, um bestimmte Systemzustände stabil zu halten. Hierzu werden bestimmte Distanzen als Informationen aus der Umwelt in Beziehung zu einem erstrebenswerten Systemzustand gemessen. Dabei geht es darum, Abweichungen vom erstrebten Zustand gering zu halten. Negatives Feedback ist also Abweichungsverringerung, um Systeme

3.2 Einsatzführung als kybernetische Regelung

stabil zu halten. In Fällen, in denen eine Differenz durch das System nicht voll kontrolliert werden kann, weil es unter Außeneinwirkungen Veränderungen erleidet, müssen die Differenzen im System korrigiert werden. In diesen Fällen wird die Abweichung über positives Feedback verstärkt und so der kybernetische Kreislauf benutzt, um den ursprünglichen Ausgangszustand in Richtung eines neuen, künftigen stabilen Zustands zu verändern. Feedbackmodelle ermöglichen nur die Erklärung der Mechanismen, aber keine inhaltlichen Vorhersagen (Luhmann, 2011). Anders gesagt ist es die zentrale Problematik der Kybernetik, wie Systeme jeder Art die Komplexität ihrer Umwelt bewältigen können, die aus den permanenten Änderungen sowie der Änderungsgeschwindigkeit resultiert (Malik, 2015). Um die inhaltlichen Beweggründe nachvollziehen zu können, muss man den Sinn des sozialen Systems kennen. Im übertragenen Sinn regelt sich eine Stadt oder eine Wirtschaftsorganisation selbst, indem sie in einem Einsatz mit Feedbackreaktionen auf Störungen aus der Umwelt reagiert. Das kann positiv sein, um zu einem Ausgangszustand zurückzukehren (z. B. Rettungseinsatz im Stadtgebiet) oder negativ, um Weiterentwicklungen anzustoßen (Portfolioverkleinerung im Unternehmen).

Kybernetische Modelle werden allgemein auch *Regelkreismodelle* genannt die sprachlich oft von der technischen Regelungstechnik geprägt sind. Ein solches Regelkreisschema ist eine ungefähre, vereinfachte, aber doch aussagekräftige Veranschaulichung des Funktionsprinzips zwischen Einsatzführungssystem und Zielsystem. Das Regeln ist ein Vorgang, bei dem fortlaufend die Regelgröße erfasst, mit der Führungsgröße verglichen und im Sinne einer Angleichung an die Führungsgröße beeinflusst wird: Die Regelgröße beeinflusst sich dabei im Wirkungsweg des Regelkreises selbst (Chemga-Pedia, 2018 und Malik, 2015). *Ein Einsatzführungssystem entspricht daher im engen Sinn im kybernetischen Verständnis einem Regler.* Hiermit können die Wirkmechanismen im Einsatz (die Wirkweise der Einsatzmaßnahmen) erklärt werden. Aus technischer Sicht ist die Bezeichnung eines Einsatzführungssystem als Steuerung nicht korrekt, weil in Steuerungssystemen das unmittelbare Feedback fehlt. Wo in diesem Buch von Steuerung gesprochen wird, ist dies der Lesbarkeit bzw. der Deutlichkeit im jeweiligen Kontext geschuldet.

Im Gegensatz zur Technik geht die Biokybernetik nicht von zentraler Steuerung, sondern von der Impulsgabe zur *Selbstregulation* aus: Die steuernde Einheit ist ein Teil des Systems. Wirkungen werden nicht durchgesteuert, sondern lediglich initiiert. Der biokybernetische Regelkreis besteht nur der Regelgröße und dem dazugehörigen Regler. Das zu steuernde System ist mit sich selbst rückgekoppelt und nicht ganz abgeschlossen, da es über die Störgröße und die Austauschgröße mit der Außenwelt in Verbindung steht. Bio-kybernetische Systeme erinnern nicht nur vom Begriff her an

Organismen, Lebewesen oder Lebensräume. Sie sind Organismen aus »*mehreren verschiedenen Teilen (Organen), die in einer bestimmten dynamischen Ordnung zueinander stehen [und] zu einem Wirkungsgefüge vernetzt sind. In dieses kann man nicht eingreifen, ohne dass sich die Beziehung aller Teile und damit der Gesamtcharakter des Systems ändern würde*« (Vester, 2015). Ein System muss daher als veränderliches, skalierbares und deswegen metamorphosierendes Gesamtgefüge aus Ober- und Unterbegriffshierarchien verstanden werden. Insgesamt beschreibt die Biokybernetik ein Steuerungsmodell, mit dem sich Systeme selbstständig steuern und weiterentwickeln können. Demnach ist ein Führungsorgan im Wortsinn ein Organ des Einsatzes (übergeordneter Organismus) und gibt Impulse an Ausführungsorgane, um damit die Reaktion des Gesamtsystems auf Umwelteinflüsse zu steuern. Die Organisation und Steuerung eines Systems das sich zu großen Teilen selbst regelt und organisiert (intrinsisch, lebensfähiges System nach dem Viable System Model [VSM]) ist etwas völlig anderes als die Gestaltung und Lenkung eines Systems, das größtenteils auf explizite, extrinsische Steuerung angewiesen ist (Malik, 2015).

Erhalt des Zielsystems als Regelungsziel
Als Hauptziel versteht Vester (2015) die Erhöhung und Sicherung der Lebensfähigkeit eines Systems, wozu es notwendig sei, Nachhaltigkeit, Stabilität und Robustheit zu fördern. Daraus ergeben sich für die Einsatzführung drei generische *Wirkziele*:
1. Niedrigschwellig werden Auswirkungen abgefedert, ohne dass es zu einer Auslenkung kommt (*Robustheit*).
2. Auf einer mittleren Stufe gibt das System nach (Auslenkung). Durch den Einsatz wird die Abweichung vom Sollzustand verringert und das System eingelenkt (*Wiedereinlenkung* in den bewährten, ursprünglichen Zustand). Bis hierher können Kompensationsstrukturen genutzt werden.
3. Auf der höchsten Stufe wird bei (drohender) Auslenkung der Zeitraum überbrückt (kompensiert) bis sich das Zielsystem weiterentwickelt hat (*Stabilisieren in neuem angepasstem Zustand*). Das Führungssystem kann zu dieser Evolution beitragen.

Oberbegriff von Robustheit, Wiedereinlenkung und Weiterentwicklung und damit Zielergebnis der Führungsarbeit ist die *Stabilisierung des gesteuerten Zielsystems*. Der stabile Zustand ist kein statisches Gleichgewicht, sondern besteht aus vielen gleichzeitigen gleichgewichtigen Zuständen der Subsysteme (Elastizität) (Malik, 2015). Der letztliche Sinn liegt im *Erhalt* des Zielsystems. Dafür tragen Führungssysteme zu Robustheit und Weiterentwicklung bei. Diese Punkte sind auch Kennzeichen von

Resilienz, was bedeutet, dass Einsatzführungssysteme zu resilienten Eigenschaften einer Organisation beitragen.

Führungsorgan vs. Führungssystem
Biokybernetisch gesehen ist ein Führungsorgan ein Teil des Einsatzes als übergeordneter Organismus. Im allgemeinen systemtheoretischen Sinn ist ein Führungssystem ein Subsystem des Einsatzes bzw. des nochmals übergeordneten Zielsystems. Das Organ wird allerdings eher auf den Einsatz bezogen, weil der Organismus bzw. die (Einsatz-)Organisation dort die Systemgrenze hat. Ein Führungsorgan ist also eine eher einsatzspezifische Bezeichnung. Das Führungssystem ist dahingegen eine allgemeinere Bezeichnung. Die Begriffe haben also unterschiedliche Reichweiten (eng einsatzbezogen bzw. systemweit-offener Bezug), aber führen zum selben Kern (Führung institutionell als Regelungseinheit).

Schlussfolgerung: Führungssystem als Regelungseinheit
Zusammengefasst kann das Verhältnis von Führungssystem und Zielsystemen mit der kybernetischen Theorie stichhaltig und allgemein erklärt werden. Komplexität ist die Lebenswelt von Organisationen in Gefahrenabwehr und Krisenmanagement. Führung ist die *Regelung von Einsätzen zur Erzeugung von Wirkungen*. Demnach ist es Ziel und Zweck der Führung, Wirkungen im Zielsystem zu erzeugen, um dieses zu erhalten. Zielergebnis ist die Stabilisierung. Der Wirkmechanismus von Einsatzmaßnahmen sind Feedbackreaktionen auf bestimmte stimulierende Größen aus dem System oder der Umwelt. Dieses Verständnis deckt sich mit Praktiken zu Sicherheit und Gefahrenabwehr. Diese Erklärung macht die Einsatzführung anschlussfähig an Theorien über Gesellschaft und Organisationen und an die Praxis von Gefahrenabwehr und Krisenmanagement. Mit dieser Feststellung wird ein Teil der zweiten Fragestellung dieses Buches beantwortet, die danach fragt, wie der Führungsakt an periphere Theorien angeschlossen werden kann.

3.3 Einsatzschwere

Im Fachkontext werden Ereignisse (Incidents) üblicherweise auf einem ansteigenden Schwerekontinuum als Störung, Notfall oder Krise bezeichnet. Als Eskalationsstufen werden diese Bezeichnungen mit verschiedenen Führungsmodi verbunden. Dazu werden Ereignisse im Voraus hypothetisch bezüglich ihrer Schweregrade eingestuft, um daraus z. B. eine Governance zu formulieren oder Alarmierungsstufen festzulegen. Die Begriffe sind zwar genormt und dürften zumindest grob einheitlich verwendet werden, eine objektivierte und damit potenziell einheitliche Definition der Ereignisschwere ist jedoch nicht bekannt.

Krise als Ende des Schwerekontinuums
Der Krisenbegriff wird allgemein unterschiedlich verwendet. Beispielsweise wird in der Ökologie die »Klimakrise« thematisiert, »Unternehmenskrise« und »Wirtschaftskrise« sind Gegenstände von Betriebs- und Volkswirtschaftslehre (BWL, VWL) die Politikwissenschaft und Soziologie widmen sich »internationalen« Krisen sowie »Gesellschaftskrisen« und hin und wieder werden »Kommunikationskrisen« diagnostiziert. Definitionen aus dem Bereich Gefahrenabwehr und Krisenmanagement sind grob die folgenden Punkte gemein: Krisen sind Situationen der Unsicherheit, in denen sich der Fortgang von Entwicklungen entscheidet. Deskriptiv gibt es dabei Höhepunkte, Wendepunkte, bessere und schlechtere Entwicklungsmöglichkeiten bzw. Chancen und Risiken. Die Ursachen werden zumeist als neuartige und außergewöhnliche Ereignisse bezeichnet. Für die betroffene Organisation ist eine Krise potenziell fortbestandsbedrohlich. Idealtypisch werden plötzliche Eintritte und schleichende Entwicklungen unterschieden. Die Charakterisierungen sind von den hohen Anforderungen an die Bewältigung der Situation geprägt (Dudenredaktion, o. J.b; CEN/TS 17091:2018; Krisennavigator – Institut für Krisenforschung, 2020). Die unterschiedlichen Anschauungen lassen sich darauf verengen, dass die Krise ein *Zustand hoher Instabilität ist, der zur zukunftsgerichteten Bewältigung einer weitreichenden Steuerung bedarf*. Sie markiert daher das obere Ende eines fiktiven Schwere-Kontinuums.

Einsatzbeispiel: Praktische Probleme mit dem Krisenbegriff
Die Untersuchung des rund 20-jährigen Ereignisportfolios eines Luftfahrtunternehmens von Schinzel (2020) zeigte, dass (außer bei offensichtlichen Maximalereignissen wie einem Flugzeugabsturz) eine Klassifizierung der Einsatzschwere erst nach dem Einsatz sinnvoll ist. Ein wesentlicher Einsatzanteil entwickelt sich schleichend, was konsequenterweise eine revolvierende Einstufung erfordert. Ferner müssen die jeweiligen Umstände beachtet werden, weil diese die Störungsanfälligkeit stark beeinflussen (z. B. politische Großwetterlage, laufende Gewerkschaftsverhandlungen, Personalsituation). Trotz einer vergleichenden Einordnung (Kriterienkataloge, andere Ereignisse) sind Einstufungen stets subjektiv. Bestimmte Eskalationsmodi offerieren arbeitsrechtliche Vorteile, was kaum als objektiver Grund für die Klassifizierung einer »Krise« gelten kann – aber faktisch möglich ist. Zudem wird die »Krisen«-organisation (Führungsorgan) sehr viel öfters zur Einsatzführung herangezogen als es rückblickend »echt krisenhafte« Situationen gibt. Deutlich wurde das

3.3 Einsatzschwere

an der überproportional starken Zunahme von kleineren Ereignissen in den letzten Jahren, die überwiegend koordinierende Tätigkeiten und dezidierte Steuerungsimpulse durch Task-Forces (Arbeitsgruppen) erforderten. Eine Erklärung dafür ist die zunehmende Volatilität des Umfelds. Allerdings gilt ausdrücklich die Maxime, Ereignisse frühzeitig zu eskalieren, um so die Alltagsorganisation zu entlasten und nicht betroffene Prozesse zu schützen. Man kann nicht davon ausgehen, dass trotz gleicher Governance innerhalb desselben Konzerns alle Teilunternehmen ein Ereignis gleich einstufen bzw. im selben Modus führen würden. Daraus folgt, dass der Krisenbegriff organisationsspezifisch und situationsbezogen ist. Zudem scheint der Führungsmodus in der besonderen Aufbauorganisation gewisse Vorteile zu haben, was die dazugehörigen Begriffe zwangsläufig unscharf macht. Dieser Befund dürfte sich sehr wahrscheinlich mit anderen Organisationen decken. Das zeigt, dass der Krisenbegriff für eine exakte, vorausschauende Normung unbrauchbar ist.

Einsatzbeispiele: Ableitung der Einsatzschwere vom Systemzustand
Die verengte Bedeutung des Krisenbegriffs als Zustand hoher Instabilität ermöglicht in Verbindung mit der Stabilisierung des Zielsystems als übergeordnetes Einsatzziel eine fundierte Erklärung des Schweregrades von Einsätzen. Das theoretische Krisenverständnis (weitreichender zukunftsgerichteter Steuerungsbedarf) und das dritte Wirkziel der kybernetischen Einsatzsteuerung (Erreichen eines, neuen stabilen Zustandes durch Evolution) entsprechen sich nämlich von der Bedeutung her. Daher können Systemzustände, in denen das Zielsystem weiterentwickelt werden muss, um sein Überleben zu sichern aus einer kybernetischen Sichtweise als Situationen höchster Einsatzschwere bezeichnet werden. Mit »Überleben« ist damit nicht gemeint, dass Unternehmen oder Branchen einfach verschwinden, sondern vielmehr dass tiefgreifende und einschneidende Strukturbereinigungen notwendig sind, um strukturell bzw. systemisch effektiv sein zu können – wobei es in Grenzfällen auch um das »nackte« Überleben gehen kann (Malik, 2015). Dieses Verständnis wird im Folgenden anhand »echt krisenhafter« Situationen belegt.

Das erste Einsatzbeispiel sind die Auswirkungen der Corona-Pandemie 2020, aufgrund denen sich die Gesellschaft und zahlreiche Organisationen in relativ kurzer Zeit auf neue Umstände einstellen mussten (Wandel Umweltbedingungen). Speziell für Fluggesellschaften brachen die Märkte ihres Produkts »Passagiertransport« weg und es ergaben sich neue Marktchancen im Frachtbereich. Sie wurden zuerst operativ und dann bestandsmäßig destabilisiert. So reduzierte sich der Verkehr der Lufthansa Group von Februar bis Mitte März auf grob 20 % und bis Mitte April auf 5 %, wobei einzelne Tochtergesellschaften gänzlich gegroundet wurden (Leistungsabfall bis hin zu vollkommenem Prozessstillstand). Das (finanzielle) Überleben des Zielsystems war dadurch akut gefährdet. Der Systemzustand war gemessen am Ausgangszustand der Flüge (100 %) maximal ausgelenkt. Um diese Situation überstehen zu können und künftig bestehen zu können, musste ein neuer stabiler Zustand gefunden werden, der den veränderten Rahmenbedingungen (u. a. Grenzschließungen, Reisebestimmungen, Auflagen zum Infektionsschutz) und den künftigen Marktbedingungen (geringeres Passagieraufkommen, verändertes Reiseverhalten) entsprach. Hierfür war ein tiefgreifender Eingriff in Strukturen und Abläufe sowie ins Geschäftsmodell notwendig (Transformation). Über etwa fünf Monate konnten alle drei Wirkziele beobachtet werden: Zuerst waren nur Flüge in bestimmte Regionen betroffen, wo Auswirkungen abgefedert wurden. Zum Wiedereinlenken kam es nur ansatzweise, weil sich die Situation immer weiter veränderte. Allerdings wurde der Flugbetrieb permanent so organisiert, dass eine Wiederaufnahme und damit die Wiedereinlenkung möglich gewesen wäre. Sukzessive trat der Weiterentwicklungsbedarf hervor. Die Situation kann in ihrer letztlichen Ausprägung als Krise bezeichnet werden.

Der Vergleich unterschiedlicher Zielsysteme legt die Vermutung nahe, dass es gewisse Toleranzeigenschaften geben muss. Wirtschaftsunternehmen sind augenscheinlich deutlich krisenanfälliger als Städte oder Nationen. Es scheint, als ob sich Missionen von Einsatzorganisationen auf das Abfedern und Wiedereinlenken begrenzen. Umgekehrt scheinen Verwaltungsstäbe eher in Fällen stärkerer Auslenkung eingesetzt zu werden. Wenn dem so ist, müssen sich Ausbildung und Training bei Verwaltungen eher auf Krisen (Weiterentwickeln), bei Einsatzorganisationen vorrangig auf Störungen und Notfälle (Abfedern, Wiedereinlenken) und bei Wirtschaftsorganisationen auf das gesamte Spektrum fokussieren.

Eine weitere »echt krisenhafte« Situation war bei den Gesundheitsämtern während der ersten Welle der Corona-Pandemie im Jahr 2020 vorzufinden. Der operative Aufwand und der Führungsbedarf dürften die Kapazitäten der Behörden von außen betrachtet spätestens Anfang März überstiegen haben – und da lagen die Fallzahlen in Deutschland noch bei etwa 130 (Tagesschau.de, 2020). Einzelne Gesundheitsämter bestätigten dies (z. B. Badische Zeitung, 2020). Aus komplexitätstheoretischer Sicht konnte die Komplexität des Einsatzes nicht aufgenommen werden, weil den Komplexitätstreibern (Infektionsfälle) keine adäquaten Absorber (Kontaktnachverfolgung) gegenübergestellt wurden (vgl. Abschnitt 5.4). Die Überlastung ist zu großen Teilen auf prozessuale Fragen zurückzuführen, wie ein simpler Vergleich mit der Callcenterbranche und deren Fallmanagement offenbart. Gewissermaßen wäre eine Umstellung vom »Gesundheitsdienst« auf »Pandemiebekämpfung« notwendig gewesen (Business Transformation), um das übergeordnete

3.3 Einsatzschwere

System »Gesundheitsversorgung« vor Überlastung zu schützen. Diese Situation kann für die Gesundheitsämter als Krise bezeichnet werden.

Die Beispiele belegen die zuvor hergeleitete Klassifizierung einer Situation anhand des Steuerungsbedarfs: Ein Systemzustand, in dem das Zielsystem weiterentwickelt und in einen neuen Zustand überführt werden muss, um es stabilisieren zu können und damit sein Überleben (oder das seines Metasystems) zu sichern, markiert aus systemtheoretischer Sichtweise die höchstmögliche Ereignisschwere. Dieser Zustand kann als Krise bezeichnet werden. Der Steuerungsbedarf im Einsatz nimmt aus Sicht der Führungsunit mit den Wirkzielen Abfedern, Wiedereinlenken und Weiterentwickeln zu. Gleichzeitig nimmt auch der Schweregrad des Einsatzes aus Sicht des Zielsystems zu. *Steuerungsbedarf und Einsatzschwere sind daher zwei Blickrichtungen auf dasselbe Kontinuum.* Vom Referenzpunkt aus gibt es zwischen Störung, Notfall und Krise keine Äquidistanz. Was genau als stabil gilt, hängt vom konkreten System und der jeweiligen Situation ab. Dieses Verständnis liegt der Einsatzführungstheorie zugrunde.

Ermittlung der Auslenkung

Der Auslenkungsgrad gibt in vier Stufen an, *wie weit das Zielsystem vom bestimmungsgemäßen Zustand ausgelenkt ist*:

- Niedrig
- Kurzfristig hoch
- Sehr hoch
- Bis zu maximal

Der Auslenkungsgrad kann anhand der Kriterien in Tabelle 4 erfasst werden. Die qualitative Ordinalskalierung lässt gewisse Freiheitsgrade und ermöglicht den Ausdruck stufenweiser Übergänge. Dem ermittelten Grad sollten unbedingt qualitative Erläuterungen beigestellt werden, die sich aus den konkreten einzelnen Kriterien ergeben. Diese müssen jeweils für sich beurteilt und im Folgeschritt zu einer Gesamtaussage kumuliert werden. Zur Erhöhung der Objektivität sollten stets mehrere Ereignisse miteinander verglichen bzw. parallel eingestuft werden. Der Betrachtungsbereich ist variabel (Zoom). Das Ergebnis der Beurteilung ist eine Zustandsdiagnose.

In Folge kann vom Auslenkungsgrad auf den Steuerungsbedarf und damit auf die Einsatzschwere geschlossen werden. Umso weiter das Zielsystem von seinem Referenzzustand ausgelenkt ist (niedrig, hoch, sehr hoch, bis zu maximal) und je länger dieser Zustand anhält (kurzfristig, von kritischer Dauer, langfristig), desto eher muss ein weitreichenderes Wirkziel angestrebt werden (Abfedern über Wieder-

Tabelle 4: *Kriterien zur Erfassung des Auslenkungsgrades des Zielsystems (Gißler, 2019a)*

Kriterium	Ausprägung des Kriteriums	Beispiel
Performanz gemessen an der Leistungsfähigkeit des Zielsystems	Bestimmungsgemäßes Funktionieren des Systems bzgl. wesentlicher kritischer Variablen: • eingeschränkt • überfordert aber funktionsfähig • zusammengebrochen	Von allen Flugoperationen der letzten 24 h ab dem betroffenen Flughafen konnten 50 % durchgeführt werden. Die verfügbaren Polizeikräfte im Raumschutz können die Schaufenster aktuell nicht vor Randale schützen.
Auslegung des Zielsystems	• kann überstrapaziert werden für Spitzenabdeckungen • kann nicht überstrapaziert werden für Spitzenabdeckungen	Das Rettungsdienstsystem der Metropolregion kann auch bei hoher Grundauslastung einen MANV50 über 3 h abdecken.
Gegenwärtigkeit des Störeinflusses	• latent • bevorstehend • akut	Die Bedrohung des fliegenden Flugzeugs ist latent bis zur Bestätigung oder Widerlegung. Die Scheitelwelle des Hochwassers wird in 6 h an der Stadtgrenze eintreffen.
Dauer der Auslenkung in Relation zum Gesamtprozess	Dauer [h, d]	Das Check-In-System war 3 h lang gänzlich ausgefallen und wird voraussichtlich in den kommenden 3 h schrittweise wieder voll in Betrieb genommen.

einlenken bis hin zu Weiterentwickeln). Der Steuerungsbedarf nimmt mit der Reich- bzw. Tragweite der drei Wirkziele zu. Je weitreichender die Wirkziele sind, desto schwerwiegender ist der Einsatz. Diese Zusammenhänge können nach aktuellem Wissensstand nicht als kausal oder linear bezeichnet werden, sicherlich korrelieren sie aber. Zusammengefasst führt ein hoher, langanhaltender Auslenkungsgrad zu einem hohen Steuerungsbedarf, was ein hoher Einsatzschweregrad bedeutet. Kurz gesagt: *Die Einsatzschwere hängt mit dem Auslenkungsgrad zusammen.*

3.3 Einsatzschwere

Schlussfolgerung: Verzicht auf den Krisenbegriff
Es wird geschlussfolgert, dass die Einsatzschwere durch jede Organisation selbst definiert werden muss. Nur so kann den Besonderheiten Rechnung getragen werden. Auf numerische Skalen bzw. auf Stufen ohne Freiheitsgrade sollte verzichtet werden. Der Maßstab ist ungleich: Was bei einem kleinen Unternehmen eine Krise wäre, gälte bei einem Konzern nicht einmal als Störung und könnte für eine Verwaltungsbehörde überhaupt nicht relevant sein. Die Betroffenheit kann sich zwischen den Subsystemen des Zielsystems unterscheiden, was eine Gesamtklassifizierung erschwert. Somit kann ex nuc nicht normativ von einem bestimmten Schweregrad gesprochen werden. Sogar rückblickend kann der genaue Zeitpunkt unklar bleiben, wann der Steuerungsbedarf »umschlug«. *Es wird deswegen als sinnvoller beurteilt, den Schweregrad qualitativ zu beurteilen.* Diese Beschreibung muss sich über den Einsatzverlauf verändern können.

Eine »Dauerkrise« ist systemtheoretisch unzutreffend und sprachlich unlogisch. Organisationen, die unter volatilen Bedingungen (»Dauer-Veränderungen der Umwelt«) agieren, dürften sich inhärent darauf eingestellt haben. Ihr Modus ist elastisch und für sie »normal.« Sie können vorsichtig gesagt eher als »agil« verstanden werden. Aufgrund der ungenauen (Massen-)Verwendung sollte überlegt werden, im fachlichen Kontext zumindest *im engen definitorischen Kontext auf den Krisenbegriff zu verzichten*.

Die üblichen Termini »Störung, Notfall, Krise« widersprechen dem Steuerungsbedarf »Abfedern, Wiedereinlenken und Weiterentwickeln« zwar nicht. Spontan liegt es daher nahe, diese Bezeichnungen einander zuzuordnen. Strenggenommen können sie sich aber allgemein nicht entsprechen (Organisationsspezifität, Situationsabhängigkeit, sukzessives Sichtbarwerden, unklare Zeitpunkte, Unterschiede zwischen Subsystemen). Einer Zuordnung wird daher allenfalls ein veranschaulichender Mehrwert zugemessen. In der Einsatzführungstheorie wird deswegen vom Einsatzschweregrad gesprochen.

Die Einsatzschwere kann mit denselben Begriffen und Bedeutungen wie Einsätze (komplex-adaptive Systeme) und Einsatzführung (Regelung) beschrieben werden. Dadurch ist das Begriffsgefüge kohärent. Über den Auslenkungsgrad kann die Einsatzschwere objektiviert erfasst und beurteilt werden. Damit ist klar, was als Einsatzschwere gilt.

Diese Schlussfolgerungen werden als allgemeingültig erachtet. »Echte« Krisen im systemtheoretischen Sinn sind sehr selten. Die Einsatzführungstheorie stellt einerseits Lösungen für alle, aber schwerpunktmäßig für die mittleren und niedrigeren Einsatzschweren bereit, die häufiger auftreten und das Einsatzspektrum dominieren. In der Praxis kann über den Zusammenhang zwischen Einsatzschwere, Auslenkung und

3 Wirkung der Führungsarbeit

Wirkzielen der Steuerungsbedarf beurteilt werden. Dadurch kann die Führungsarbeit auf den tatsächlichen Handlungsbedarf ausgerichtet werden. Diese Feststellung ist eine wichtige orientierende Führungstätigkeit und taucht deswegen in der Wirkungsmatrix auf.

Praxistipp:

Die Einsatzschwere (»Störung, Notfall, Krise«) hängt damit zusammen, wie weit die Auslenkung des Zielsystems vom ursprünglichen stabilen Zustand reicht (niedrig, hoch, sehr hoch, bis zu maximal) und wie lange dieser Zustand anhält (kurzfristig, von kritischer Dauer, langfristig). Sie ist organisationsspezifisch und situationsabhängig.

Die Einsatzschwere (Perspektive Zielsystem) ergibt den Steuerungsbedarf (Perspektive Führungsunit). Je weiter das Zielsystem vom Referenzzustand ausgelenkt ist, desto weitreichender sind die anzustrebenden Wirkziele (Abfedern über Wiedereinlenken bis hin zu Weiterentwickeln) und desto höher ist der Steuerungsbedarf. Je weitreichender die Wirkziele sind, desto schwerwiegender ist der Einsatz.

- Lege in deiner Organisation vorbereitend die Führungsmodi anhand des Steuerungsbedarfs fest! Lasse Spielraum für situative Besonderheiten.
- Wie stark ist das Zielsystem ausgelenkt und wie weitreichend müssen die Steuerungsmaßnahmen zur Wiedereinlenkung sein? Beurteile im Einsatz, wie hoch die Auslenkung ist (Zustandsdiagnose). Leite davon den Steuerungsbedarf ab!

3.4 Wirksamkeit von Führungsarbeit

Unter Wirksamkeit wird allgemein das Wirksamsein oder das Wirken von einer Maßnahme auf etwas verstanden (Dudenredaktion, o. J.h). Wirksamkeit hat eine komparative Bedeutung, weil sie eine Aussage über die Stärke oder Kraft im Vergleich mit etwas anderem beinhaltet und kann daher ohne (fiktiven) Referenzpunkt nicht beschrieben werden. Im Gegensatz zu Wirtschaftsunternehmen steht bei der Einsatzführung nicht Rationalisierung und Ökonomie im Vordergrund, sondern die *Durchführbarkeit des Einsatzes* mit begrenzten Ressourcen (z. B. Personal, Einsatzmittel, Verbrauchsgüter). *Es soll ein fixes Ziel (Schutzziel) mit einem variablen, aber möglichst geringen Ressourceneinsatz (Einsatzmaßnahmen) erreicht werden.* Dies wird als »Maximierungs- und Sparprinzip« bezeichnet und bedeutet, dass eine Organisation umso ökonomischer (erfolgreicher) ist, desto geringer der Ressourceneinsatz ausfällt (Walitschek, 1975). Hieraus ergeben sich zwei Beurteilungskriterien:

3.4 Wirksamkeit von Führungsarbeit

1. *Wurde das eigentliche Ziel (stabiler Systemzustand) erreicht?* Das entspricht dem, was man unter Effektivität versteht.
2. *War der Ressourceneinsatz so gering wie vernünftigerweise möglich?* Dieser Punkt entspricht dem, was man unter Effizienz versteht. Genauso wie der Gewinn in der BWL nicht unendlich gesteigert werden kann, kann der Ressourceneinsatz in Einsätzen nicht unendlich gesenkt werden. Diesen Zwang gilt zu beachten.

Die Wirksamkeit des Einsatzes ist bei gegebener Zielerreichung umso höher, desto weniger Ressourcen eingesetzt wurden. Darin liegt ein fundamentaler Unterschied zu Wirtschaftsorganisationen, die mit gegebenen Ressourcen eine maximale Gütermehrung erreichen wollen. Wirksamkeit ist also gekennzeichnet durch das Verhältnis von Maßnahmen zu eingesetzten Ressourcen bzw. zu angestrebten Zielen. Das Ressourcen-Maßnahmen-Verhältnis wird auch als Wirtschaftlichkeit bezeichnet. Darunter wird im militärischen Kontext ein Grundsatz organisatorischer Tätigkeiten verstanden, nach dem jeder Auftrag mit personell und materiell vertretbarem Aufwand zu erfüllen sei (Walitschek, 1975), was letztlich auf die Verhältnismäßigkeit hinausläuft (siehe dazu Abschnitt 2.3). Die Relation zwischen erreichten Ergebnissen und angewendeten Maßnahmen gibt an, wie stark die Effekte des Handelns waren. *Wirksamkeit umfasst also beides – nämlich Effizienz und Effektivität.*

Gradmesser für die Wirksamkeit
Wirksamkeit hat mit Effizienz und Effektivität zwei Anschauungen. Sie müssen stets zusammen als Wirksamkeit, aber trotzdem differenziert betrachtet werden.

Effektivität kann qualitativ als der »richtige« Effekt, als die Stärke von Effekten sowie quantitativ als Relation aus *Maßnahmen/Ergebnisse* beschrieben werden. Die Abmilderung von Schäden bzw. die Begrenzung schädlicher Auswirkungen im Zielsystem ist ein wichtiger Gradmesser und zeigt an, was erwirkt wurde. Die Effektivität beinhaltet eine Aussage zur Genauigkeit in Form des richtigen Maßes für einen Effekt, was qualitativ in Form von Dosierung und Zeitpunkt beschrieben werden kann. Die Effektivität des Einsatzes entspricht der Effektivität der Führungsunit, weil dieser die Herbeiführung des Einsatzergebnisses obliegt.

Effizienz kann qualitativ oder quantitativ als Relation aus *Ressourcenaufwände oder Kosten/Effekte* beschrieben werden. Gradmesser ist insbesondere die Wirtschaftlichkeit der Herbeiführung der Wirkungen (»der Effekte«). Wirtschaftlichkeit meint ein vernünftiges Kosten-Nutzen-Verhältnis bzw. Nebenwirkungs-Nutzen-Verhältnis. Unter den Kosten werden explizit auch Gemeinkosten oder Kollateralschäden verstanden. Sie können monetär, zeitlich oder in ideellen Werten gemessen werden.

3 Wirkung der Führungsarbeit

Es gilt, dass der Zweck die Mittel nur dann heiligt, wenn das Ziel auch erreicht wird. Wird das Ziel verfehlt, war der Mitteleinsatz ungerechtfertigt, was ein pauschales Verfahren nach diesem Sprichwort riskant macht.

Die Gradmesser können im Rückblick auf Einsätze erfasst werden und ermöglichen eine fundierte Beurteilung der Wirksamkeit. Dabei müssen die Umstände berücksichtigt werden (u. a. Beeinflussbarkeit der grundlegenden Ursache mit insb. der Ereignisdauer, Kontextbedingungen, Angemessenheit des Handelns im Gesamtkontext). Das Urteil ist komparativ, weil es sichtbar macht, was wahrscheinlich »weniger wirksam« im Vergleich zu »anderen Handlungsoptionen« gewesen ist. Das funktioniert hauptsächlich falsifizierend und auch eher in Minderleistungsfällen. Einen detaillierteren Blick würde eine numerische Metrik der Wirksamkeitsmerkmale erlauben, was bei den Forschungen zum Erfolg der Stabsarbeit getestet wurde. Eine ausreichende Datenbasis zur Normierung des Vergleichsmaßstabes ist derzeit allerdings (noch) nicht gegeben, weswegen auf die Vorstellung des Verfahrens verzichtet wird.

Schlussfolgerung
Wirksamkeit hat zum prioritären Ziel, die Durchführbarkeit der Führungsarbeit und des Einsatzes mit begrenzten (Personal)-Ressourcen zu gewährleisten. *Effizientes Führen bedeutet deswegen grundlegend, die richtigen (relevanten) Tätigkeiten zu tun und unrelevante Tätigkeiten (also: unnötige Aufwände) zu lassen.* Aufbauend heißt das, die Führungstätigkeiten möglichst gut zu beherrschen, um sie mit wenigen (Zeit-) Ressourcen erbringen zu können.

Das Ziel von Einsätzen ist es nach Abschnitt 3.4 einen Nutzen zu erbringen. Die Erwartungshaltung an Führungsunits ist es nach Kapitel 2, das jeweils bestmögliche Resultat herbeiführen. Beide Punkte zusammen ergeben den Anspruch, wie wirksam der Einsatz und der Führungsakt sein sollen (Maß der Wirksamkeit): *So effektiv, dass die die richtige Wirkung im richtigen Maß herbeigeführt wird und dabei so effizient, dass das Kosten-Nutzen- bzw. Nebenwirkungs-Nutzen-Verhältnis angemessen ist und die Führungsunit die Aufgabe mit begrenzten (Personal-)Ressourcen durchführen kann.* Dieser Anspruch ist allgemeingültig für jeden Führungsakt.

Praxistipp:
Eine effiziente Führungsunit gewährleistet die Durchführbarkeit der Führungsaufgabe mit begrenzten (Personal-)Ressourcen.
- Führe die richtigen (relevanten) Tätigkeiten aus!
- Lasse unrelevante Tätigkeiten sein (erzeuge keine unnötigen Aufwände)!

> - Beherrsche die Führungstätigkeiten möglichst gut, um sie mit wenigen (Zeit-)Ressourcen durchführen zu können!
>
> Effektive Führungsarbeit heißt, den richtigen Effekt (Wirkung, Genauigkeit) herbeizuführen. Effiziente Führungsarbeit ist es, die richtigen Wirkungen in einem angemessenen Kosten-Nutzen-Verhältnis bzw. Nebenwirkungs-Nutzen-Verhältnis herbeizuführen.

3.5 Führungstätigkeiten als Mittel zur Wirkungszentrierung

Die Wirkung zu zentrieren bedeutet, die Einsatzresultate in den Blick zu nehmen. Die Einsatzführungstheorie schafft einen Rahmen, um *die erforderlichen (richtigen) Tätigkeiten auf die richtige Weise* ausführen zu können. Dabei spielt der Zeitaufwand eine wichtige Rolle, weil die Zeit bei Einsätzen in mehrfacher Hinsicht die kritische Größe ist:

- Verfügbare Arbeitszeit (Kapazität)
- Fortschreiten des Zeitverlaufs
- Inhärente Zeitnachteile aus dem Führungssystem
- Erarbeitung von Zeitvorteilen

Weil die Kapazität nicht beliebig erhöht, der Zeitverlauf nicht verlangsamt und inhärente Zeitnachteile nur in gewissem Rahmen reduziert werden können, kommt der Erarbeitung jeglicher Zeitvorteile höchste Bedeutung zu. *Um möglichst viel Zeit für das Wichtigste zu haben, muss so viel Zeitaufwand wie möglich gespart werden.* Dadurch verschafft man sich die Chance, Zeitvorteile erarbeiten zu können. Diese sind die zentrale Führungsleistung und schaffen die Voraussetzung, die richtige Entscheidung zum richtigen Zeitpunkt treffen zu können. Davon hängt wiederum das bestmögliche Einsatzergebnis ab. Eine effiziente, zeitverdichtete Arbeitsweise ist deswegen in doppelter Hinsicht wichtig, weil sie nicht nur beim Haushalten mit knappen Ressourcen hilft, sondern auch die Einsatzqualität verbessern kann.

Über Tätigkeiten die Wirkung in den Mittelpunkt stellen

Das letztendliche Ziel der Führungsarbeit ist es, Wirkungen im Zielsystem zu erzeugen. Um »gute Führungsarbeit« machen zu können, muss man wissen, was die Wirkungen sind und wie man sie über die Führungsleistungen herbeiführen kann. Die Arbeit der Führungsunit muss deswegen auf ihre Leistungen ausgerichtet werden. Weil sich die Führungsleistungen auf das typische Problemspektrum der Führungsarbeit beziehen, wird automatisch den alltäglichen Herausforderungen entgegengewirkt. Dazu müssen einerseits Tätigkeiten vermieden werden, die für die Führungsleistungen überflüssig sind. Es müssen also die relevanten *(richtigen) Arbeiten* verrichtet werden. Weil »viel arbeiten« aber nicht zwangsläufig »viel leisten« oder »viel bewirken« bedeutet, muss die *richtige Tätigkeit auch richtig verrichtet* werden. Dazu gehört auch, die richtigen Arbeitsmittel richtig einzusetzen. Software, Kommunikationsmittel oder auch einfache Visualisierungsmittel müssen genauso wirksam sein wie die Tätigkeiten. Sie sind mehr als nur bloße Hilfsmittel, nämlich »Wirkungsunterstützungsmittel.« Mangelnde Funktionalität und somit eine geringe Wirksamkeit sollten Anlass für Weiterentwicklungen sein.

Der Mensch ist, z. B. wegen subjektiver Präferenzen im Führungsakt, eine Unwägbarkeit (Kontingenz). Er kann in der Einsatzführungstheorie nicht als Konstante gelten. Indem man sich auf die Tätigkeiten konzentriert, standardisiert man die Führungsarbeit ein stückweit, verringert die Personenabhängigkeit, vermeidet die Gefahr, das Zielsystem aus den Augen zu verlieren und umgeht damit die Schwächen eines personenzentrierten Ansatzes (vgl. Kapitel 1). Zwar erwirkt die Führungsunit das Einsatzresultat in den allermeisten Fällen nicht selbst, sondern schafft Voraussetzungen für Ausführungsunits. Diese können zwar mutmaßlich schlechte Führungsleistungen teilweise kompensieren (oder umgekehrt gute Führungsleistungen schlecht umsetzen). Diese Kontingenz zwischen Führung und Ausführung ist aber kein Grund, die Führungsleistung niedriger zu bewerten oder sich auf Fehlerkompensation nachgeordneter Stellen zu verlassen. Bild 4 fasst schematisch zusammen, wie man erfolgreiche Führungsarbeit machen kann, indem man die Wirkungen in den Mittelpunkt stellt und die Führungsleistungen durch die Führungstätigkeiten darauf ausrichtet.

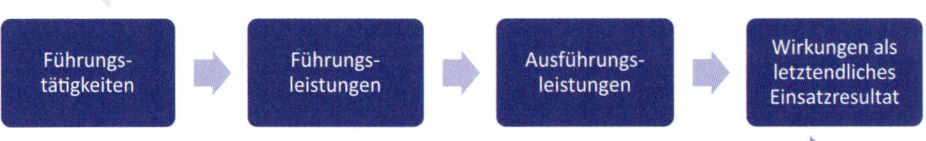

Bild 4: *Ausrichtung der Führungsarbeit auf die Wirkungen über die Führungstätigkeiten*

3.5 Führungstätigkeiten als Mittel zur Wirkungszentrierung

Passende Instrumente

Führungsarbeit besteht aus zwei grundlegend verschiedenen Tätigkeits*arten*: Das Koordinieren und das Entscheiden. Das Koordinieren überlagert von den Zeitanteilen her das Entscheiden deutlich (Gißler, 2019 a). Der geringere Zeitumfang bedeutet allerdings nicht, dass das Entscheiden weniger wichtig ist. Beide Tätigkeitsarten sind unverzichtbar. Durch das Entscheiden wird Einfluss auf den Ereignisverlauf genommen. Das Herbeiführen der Entscheidung und ihre Operationalisierung benötigt jeweils Koordination. In der Praxis überlagern sie sich, haben Rückflüsse, Vorwärtswirkungen und Stopppunkte. Die beiden Tätigkeitsarten brauchen jeweils eigene, spezielle Methoden und Techniken. In einer Idealvorstellung bauen die Führungsmodi der Führungsunit in drei Schritten bzw. ansteigenden Schwierigkeitsgraden aufeinander auf: *Erstens Lage erfassen, zweitens koordinieren, drittens kritische Entscheidungen treffen und umsetzen* (Gißler, 2019 b). Um die Wirkung der Führungsarbeit zu zentrieren, braucht man für die Situationserfassung, für das Koordinieren und das Entscheiden jeweils funktionale und damit wirksame Instrumente.

Suffizienz als Grundsatz und Folge

Suffizienz wird allgemein als Zulänglichkeit und Können verstanden; speziell in der Medizin wird dadurch eine ausreichende *Funktionstüchtigkeit als Leistungsfähigkeit* bezeichnet (Dudenredaktion, o. J.g). Sie ist einerseits Folge der Wirkungszentrierung und grundsätzlicher Anspruch an eine Einsatzführungstheorie.

Indem konsequent nur Tätigkeiten durchgeführt werden, die für die Führungsleistungen relevant sind, wird logischerweise ausgeschlossen, dass Tätigkeiten ohne wesentlichen Beitrag zum letztendlichen Einsatzresultat überhaupt durchgeführt werden. Es wird also erreicht, dass nichts Unnötiges getan wird. Anschauungsbeispiel ist der menschliche Körper, in dem es so gut wie keine Funktionen über das notwendige Maß hinaus gibt. Die richtigen Führungstätigkeiten sind zulänglich, um dem Anspruch an das Einsatzresultat zu genügen. *Wirkungszentrierung führt also zu einem suffizienten Führungsakt.* Suffizienz ist normierend indem sie beschreibt, was als ausreichende Funktionstüchtigkeit gilt. Suffizienz definiert von den Wirkungen über die Tätigkeiten ex ante die Leistungsfähigkeit des Führungsakts. Bei einem konkreten, vergangenen Einsatz konstatiert eine ausreichende oder herausragende Führungsleistung ex post suffizientes Handeln. Suffizienz ist also ein Anspruch, dem rückblickend entsprochen werden soll. Daraus ergibt sich eine Vorwärtswirkung auf die laufende Arbeit, die bereits schon suffizient sein muss. Durch permanente Reflexion können weniger wichtige Tätigkeiten sichtbar gemacht und reduziert werden bzw. Defizite bezüglich wichtiger Tätigkeiten erkannt werden. Anders ausgedrückt: *Indem nur die richtigen Führungstätigkeiten bezogen auf die*

3   Wirkung der Führungsarbeit

Einsatzresultate durchgeführt werden, wird der geforderten Leistungsfähigkeit entsprochen.

Insgesamt ergibt sich als genereller Anspruch, dass der Führungsakt suffizient sein muss. *Die notwendigen Führungstätigkeiten müssen in einem Maß erbracht werden, das eine ausreichende oder herausragende Führungsleistung ermöglicht.* Dies ist eine spezielle Definition der Leistungsfähigkeit der Führungsunit über Wirkungen und Tätigkeiten. Die Einsatzführungstheorie stößt hier an ihre Grenzen, weil sie auf die Bereitstellung der richtigen Tätigkeiten beschränkt ist. Ob die richtigen Tätigkeiten auch richtig ausgeführt werden, ist eine Frage der praktischen Umsetzung. Die zweifache Richtigkeit, die von der Suffizienz zur Wirksamkeit führt, wird also in Theorie und Praxis begründet. Zur bestmöglichen Unterstützung der praktischen Arbeit stellt die Einsatzführungstheorie eine Auswahlhilfe für die richtigen Tätigkeiten bereit. In der Wirkungsmatrix in Tabelle 5 wird den Anforderungen ein Instrumentarium gegenübergestellt, aus dem je nach Relevanz der Führungssituation die passende (notwendige) Tätigkeit ausgewählt werden kann.

Schlussfolgerung: Gebot der Wirkungszentrierung

Die unterschiedlichen Anschauungen der Führungsarbeit haben gemeinsam, dass es immer in irgendeiner Weise um Ergebnis und Wirkung geht, was deren faktische Wichtigkeit betont. Wirkungszentrierung bedeutet, während des Herbeiführens bzw. während des schöpferischen Prozesses das Einsatzresultat bzw. das Produkt oder Outcome zu fokussieren und in die Mitte des Arbeitens zu stellen. Anders ausgedrückt kann man auch sagen: *Die Wirkung zu zentrieren heißt bei der Führungsarbeit, Tätigkeiten zu forcieren, die den gewünschten Impact im Zielsystem erzeugen.*

Die Zentrierung der Wirkung und die Beschränkung auf die relevanten Tätigkeiten erscheint aus mehreren Gründen geboten. Erstens ist es angesichts der heutigen und künftigen Anforderungen an die Führungsleistungen unabdingbar, die bestmöglichen Wirkungen zu erzielen. Führungsleistungen werden künftig schwieriger zu erbringen sein, wie im Online-Zusatzmaterial begründet wird. Es ist deswegen unabdingbar, dass die für den Einsatzerfolg notwendigen Führungstätigkeiten beherrscht werden. Zweitens kann man es sich in Einsätzen schlicht nicht (mehr) erlauben, sich zusätzlichen Dingen zu beschäftigen die über das wirklich Relevante hinausgehen, weil der Umfang der Informationslage und die Umsatzgeschwindigkeit zugenommen haben. Speziell im Bevölkerungsschutz sollte man herausarbeiten, welche Bedeutung das Einsatzmodell im konkreten Fall vermitteln muss (dies ist nicht bloß durch Automatisierung und Luftbilder zu meistern!). Das führt zum dritten Punkt: Die Personalsituation ist chronisch knapp und Ressourcen für Ausbildung und

Training beschränkt. Die als Fokussierung des wirklich Notwendigen kann helfen, mit diesen Rahmenbedingungen umzugehen. Viertens hat die Erforschung des »Erfolgs der Stabsarbeit« erstmals überhaupt sichtbar gemacht, was als Arbeit und Leistung von Stäben gilt und was eigentlich das Ergebnis von Führungsarbeit ist. Solange keine anderen Erkenntnisse dagegen sprechen, führt die Wirkungszentrierung plausibler Weise zu ausreichenden Führungsleistungen im Sinne der jüngsten Forschungsergebnisse. Zusammengefasst ergibt sich eine kurze und stichhaltige Begründung: *Die Wirkungszentrierung ist ausschlaggebend für den Einsatzerfolg.*

Praxistipp:
Die Wirkung zu zentrieren heißt, bei der Führungsarbeit Tätigkeiten zu forcieren, die den gewünschten Impact im Zielsystem erzeugen.

- Richte vom Ergebnis her gesehen die Führungsarbeit auf einen erfolgreichen Einsatz aus!
- Nimm von der Führungsarbeit aus gesehen die herbeizuführende Wirkung in den Blick!
- Stelle Instrumente bereit, die zu den jeweiligen herbeizuführenden Wirkungen passen!
- Die beste Theorie nützt nichts bei schlechter Umsetzung: Führe die richtigen Führungstätigkeiten richtig aus!

3.6 Nutzen für die Führungsperson

Die Einsatzführungstheorie ist für die Praxis und damit für den Anwender gemacht. Damit sie Anwendung findet, muss sie allgemein an das menschliche Naturell anschließen und ihr Nutzen muss für die Führungsperson erkennbar sein.

Ökonomie menschlichen Verhaltens
Menschen nutzen lieber mentale Abkürzungen und folgen lieber Gewohnheiten und Bauchgefühlen statt dem Verstand: Ersteres wird als System 1 bezeichnet und ist eine Art Autopilot, der schnell, spontan, impulsiv, emotional und auf Basis von Erfahrungen entscheidet. System 2 bezeichnet den Verstand und ist planerisch, logisch abwägend. Es durchdenkt die Dinge stärker, ist langsamer und braucht deutlich mehr kognitive Energie als System 1 (Kahneman & Schmidt, 2012). Darin kann eine Erklärung liegen, warum z. B. Stufenmodelle der Entscheidungsfindung bei der Einsatzführung nicht angewendet werden. Sie sprechen nämlich das System 2 an, obwohl die Führungsperson lieber nach System 1 (Intuition) agieren würde.

Damit sie »gerne« angewendet werden, sollten Führungstätigkeiten daher eigentlich möglichst wenig kognitiven Aufwand erfordern und intuitiv durchzuführen sein – was in der Praxis ein Wunsch bleibt, weil Einsatzführung »harte Arbeit« ist. Dennoch gilt der Anspruch, dass eine Einsatzführungstheorie wo immer möglich intuitive Arbeitsweisen bestärkt und keine »unnatürlichen« Tätigkeiten verlangt. Wo rational vorgegangen werden muss (weil Erfahrungen für intuitives Vorgehen nicht ausreichen), muss die Anwendung und das Erlernen einfach sein. Der Wechselimpuls in den rationalen Bereich sollte »aus dem Bauch« kommen, indem die Führungsperson den Nutzen der vorgegeben Tätigkeiten kennt und schätzt. Die Einsatzführungstheorie versteht die Führungsperson als Anwender und Nutznießer und strebt daher nach bestmöglicher Verhaltensökonomie.

Nudging
Als Nudging wird das Stupsen oder Anstoßen bezeichnet, um jemanden auf eine mehr oder weniger subtile Weise dazu zu bewegen, etwas zu tun oder zu lassen (Springer Gabler Verlag, 2020 a). Der Effekt nutzt die Eigenschaften menschlichen Denkens aus: So werden Süßwaren als Impuls- oder Quengelware präsentiert. Ein Hinweis vom Finanzamt, dass die Meisten ihre Steuern pünktlich bezahlen, kann die Zahlungsmoral verbessern (in einer Studie um 15 %). Die Wirksamkeit solcher Methoden ist mittlerweile ausreichend belegt. Allerdings muss Nudging durchdacht eingesetzt werden. So sollten Hausbesitzer mit Infrarotbildern von ihren Häusern dazu bewogen werden, ihr Haus zu isolieren. Der Effekt blieb allerdings aus, weil die rote Färbung (schlecht isolierte Fenster im Infrarotbild) offenbar als Zeichen für Gemütlichkeit interpretiert wurden. Kritiker plädieren u. a. dafür, nicht die Schwäche für irrationales Handeln auszunutzen, sondern diese durch mehr Bildung und durch Erziehung zu klügerem Umgang mit Risiken zu beheben. Nudging sollte unbedingt transparent und nicht irreführend sein. Zudem muss es einfach zu umgehen sein (z. B. durch einen Mausklick) (Hürter, 2020).

Anstupsen im Einsatz
Führungspersonen können über Stupser zu den richtigen Führungstätigkeiten angeleitet werden, indem Erinnerungen hervorgerufen und Reflexionen in Gang gesetzt werden. Neben der Vermeidung kognitiver Abkürzungen kann dies helfen, sich in stressigen Situationen (bei kognitiver Überlast) zu besinnen. *Die Einsatzführungstheorie ist verhaltensökonomisch konstruiert.* Sie geht vom System 1 aus, indem sie zuerst intuitive Vorgehensweisen bestärkt und über Wechselpunkte zum System 2 schließlich simple vernunftgeleitete Methoden bereitstellt. Trotz dem Ausgangspunkt beim System 1 ist klar, dass ein Großteil der Tätigkeiten bei der Einsatzführung und in

3.6 Nutzen für die Führungsperson

der Stabsarbeit so anspruchsvoll sind, dass sie System 2 erfordern. Das Streben nach Verhaltensökonomie stößt daher an Grenzen. Die Merkhilfen sind als Transfer- und Anknüpfungspunkt zwischen Training und Einsatz und gleichzeitig Stupser konstruiert. Am wirkungsvollsten und einfachsten ist das Anstupsen durch Vertrauenspersonen (Rolle Prozesswahrer in der Mehrfachspitze). Dieses organisatorische Nudging darf nicht zu beharrlich sein, um die Führungsperson nicht zu drängen. Eine technische Variante ist der Einbau der Merkhilfen in eine Führungssoftware, die die Führungsperson im Führungsprozess leitet. Passend zur Situation können Vorschläge für hilfreiche Instrumente gegeben oder mit Fragen zum Nachdenken angeregt werden. Wohl am wenigsten wirksam ist es, die Merkhilfen der Führungsperson als Nachschlagewerk zu übergeben oder im Raum aufzuhängen. Wahrscheinlich lässt sich damit allenfalls das Erinnern unterstützen, wenn die Führungsperson sowieso schon einen Gedanken gefasst hat und nun Ankerpunkten oder Inhalten sucht.

Damit Anstupsen in der Praxis funktioniert, muss die Organisationskultur ein kurzes »Innehalten« und (Selbst-)Kritik zulassen. Zudem müssen die Führungstätigkeiten bereits erlernt sein, damit man sich an die richtigen Verhaltensweisen erinnern kann – genauso wie der Kaufreiz für eine Süßigkeit nur ausgelöst werden kann, wenn man sich positiv an deren Geschmack erinnert. Stupser, Wechselpunkte und Merkhilfen bleiben zwangsläufig wirkungslos, wenn sie nicht an Verhaltensstandards aus Training und Ausbildung anknüpfen.

Der technologische Schritt vom Anstupsen zu künstlicher Intelligenz scheint noch weit, aber die Versuchung liegt nahe. Sobald von Automaten inhaltliche Handlungsvorschläge kommen, ist das kein Nudging mehr, sondern vielmehr Strategieberatung. Menschen können sich solchen Vorschlägen nur schwer entziehen, weil sie ihnen ein gewisses Vertrauen entgegenbringen. *Nudging muss sich deswegen klar auf die Führungstätigkeiten beschränken.* Wenn es angemessen eingesetzt wird und die Führungsperson ihre Wahlfreiheit (objektiv und subjektiv) behält, sind kaum negative Auswirkungen denkbar. Vielmehr scheint vor allem die Effizienz und darüber die Qualität der Einsatzführung verbessert werden zu können. Diese Effekte sind noch nicht validiert. Eine Überprüfung der Nützlichkeit scheint ratsam, aber nicht zwingend notwendig.

3 Wirkung der Führungsarbeit

Praxistipp:

Zeige dir den Nutzen der Einsatzführungstheorie auf, wenn du bei dir oder Vertrauten Tendenzen zu gedanklicher Überlast oder zu kognitiven Abkürzungen wahrnimmst.

- Ich lasse mich von Vertrauenspersonen mit den Merksätzen anstupsen, die ich aus der Ausbildung kenne, um mich an gute Verhaltensweisen zu erinnern.
- Die Führungstätigkeiten bringen mich zum Einsatzresultat. Indem ich die Tätigkeiten ausführe und Instrumente anwende wie ich es gelernt habe, nehme ich meine Verantwortung wahr.
- Das Zielsystem profitiert davon, wenn ich das Einsatzergebnis effizient und effektiv herbeiführe. Ich tue etwas Gutes, wenn ich die Wirkungen fokussiere und mich von Vertrauten dazu anregen lasse.

4 Die Einsatzführungstheorie

In diesem Kapitel sind alle in diesem Buch erarbeiteten Erklärungen zum Theoriegebäude der Einsatzführung zusammengefasst (Langform). Damit gilt der Führungsakt aus Führungstätigkeit, Führungsaufgabe und Führungsunit als universal und umfassend erklärt. Zentrale Begriffe sind kursiv hervorgehoben. Oberbegriffe, aus denen sich Einzelaussagen ableiten lassen, sind unterstrichen und ergeben den Einsatzführungsalgorithmus als Kurzverfahren.

Einsatz
Ein Einsatz in Gefahrenabwehr und Krisenmanagement (Mission) ist allgemein eine strukturelle und funktionale, zeitliche, räumliche, ressourcenmäße und organisatorische Klammer zur präemptiven oder reaktiven Bearbeitung eines schädlichen Ereignisses bzw. zusammenhängender schädlicher Ereignisse (Bündel).

Einsatzführung
Die Einsatzführung ist die funktionale Beschreibung der Tätigkeit einer Institution, die sich administrativ oder operativ mit der Führung von Einsätzen von Gefahrenabwehr und Krisenmanagement beschäftigt. Der vollständige Satz aller einzelnen Erklärungen zur Einsatzführung ergibt gleichsam die Beschreibung des Führungsakts.

Einsatzführungstheorie
Die vorliegende Einsatzführungstheorie ist hermeneutisch gesehen die universale Erklärung des Führungsakts (Auslegung). Ihr Inhalt ist Realisierung, Tätigkeit und Wirkung von Führung in Einsätzen. Sie beschreibt nicht nur Praktiken der Führungsorgane und menschliche Verhaltensmerkmale (»Theorie über Führung«), sondern betrachtet das Zielsystem und die Umwelt des Einsatzes mit (integrierter und anschlussfähiger Ansatz). Sie ist multiperspektifisch und hat ein stückweit einen generischen Charakter.

Die Einsatzführungstheorie ist aus Anwendungssicht ein Konstrukt, das zu erwünschtem Verhalten anleitet. Sie stellt für das *Anforderungsportfolio* an die Führungsperson (Führungsleistungen, typische Probleme, Aufgabenarten, Führungsmodi) *Lösungsmöglichkeiten* (Führungstätigkeiten mit dazugehörigem Instrumentarium) bereit. Ausgangspunkt ist das Einsatzergebnis. Dazu wird gefragt, welche generischen Tätigkeiten eines Aktors in einer Führungsunit notwendig sind, um die erwünschten Wirkungen herbeizuführen (wirkungszentrierter Ansatz). Durch die

Fokussierung der Führungstätigkeiten stehen auch die zu realisierenden Wirkungen im Zentrum des Tuns (*Grundsatz*). Soweit wie möglich folgt sie verhaltensökonomischen Grundsätzen und ist so konstruiert, dass sie zum menschlichen Naturell passt.

Leistungsfähigkeit der Führungsunit (Suffizienz)
Die Einsatzführungstheorie schafft die Voraussetzungen für einen *suffizienten Führungsakt*. Dieser ist als spezielle *Leistungsfähigkeit* der Führungsunit über Wirkungen und Tätigkeiten definiert als die Erbringung der notwendigen Führungstätigkeiten in einem Maß, das eine ausreichende oder herausragende Führungsleistung ermöglicht. Allgemein wird die Leistungsfähigkeit eines Führungssystems verstanden als eine diagnostische, pro- oder retrospektive Aussage darüber, ob die erwartete Leistung mit einer hinreichenden Wahrscheinlichkeit erbracht werden kann. Die Einsatzführungstheorie ist auf die *Bereitstellung* der Tätigkeiten und des Instrumentariums beschränkt. Der tatsächliche Einsatzerfolg ist eine Frage des Vollzugs.

Einsatz als komplex-adaptives System
Ein Einsatz ist aus komplexitätswissenschaftlicher Sicht ein komplex-adaptives zweckorientiertes System aus den Subsystemen Führungsunit, Ausführungsunit, dem Zielsystem und der Umwelt. Das Metasystem des Einsatzes ist seine Umwelt. Einsätze bestehen temporär für eine Mission. Sie zeichnen sich durch strukturelle Komplexität aus der Organisation heraus aus, die konstitutiv für das System ist. Einsätze sind wegen des Systemverhaltens aus subjektiver Sicht der Führungsperson funktional komplex. Die Komplexität nimmt hierarchisch von unten nach oben zu. Einsätze haben ein gewisses Anpassungsvermögen an die Umwelt, haben austarierende Mechanismen und können nicht-lineare Dynamiken zeigen. In Einsätzen sind die Eigenschaften der sozialen Systeme wiederzufinden, auf die sie sich beziehen.

Einsatzführung als Regelung
Führung in Gefahrenabwehr und Krisenmanagement ist in Bezug auf das Verständnis von Einsätzen als komplex-adaptive Systeme die Regelung von Einsätzen zur Erzeugung von Wirkungen (Kurz: Operieren in komplex-adaptiven Systemen. Stark vereinfacht: Steuerung).

Der Wirkmechanismus von Einsatzmaßnahmen sind Feedbackreaktionen auf bestimmte stimulierende Größen aus dem System oder der Umwelt. Feedbackreaktionen werden anhand von drei Schwellen unterschieden, die generische Wirkziele beschreiben. Ziel der Regelungseinheit (der Führungsunit) ist es, das Zielsystem primär im bewährten, ursprünglichen Bereich zuhalten. Niedrigschwellig werden Auswirkungen abgefedert, ohne dass es zu einer Auslenkung kommt (*Robustheit*). Auf einer mittleren Schwelle gibt das System nach, wodurch es zu einer Auslenkung kommt. Die Abweichung vom Sollzustand wird verringert, das System wird dadurch eingelenkt und im Ursprungszustand stabilisiert (*Wiedereinlenkung*). Wenn das System nicht in den Ausgangszustand zurückgeführt worden ist, ist es sekundär das Ziel der Führungsunit, einen neuen, angepassten Zustand zu erreichen. Dabei überbrückt die Regelungseinheit auf einer hohen Schwelle bei starker Auslenkung den Zeitraum, bis sich das System evolviert hat (*Weiterentwicklung*). Zu dieser Weiterentwicklung kann die Führungsunit auch selbst beitragen. Bei allen drei Wirkzielen ist die Nutzung von Kompensationsstrukturen möglich.

Oberbegriff von Robustheit, Wiedereinlenkung und Weiterentwicklung und damit Zielergebnis der Führungsarbeit ist aus Sicht des Zielsystems die *Stabilisierung*. Der Nutzen der Stabilisierung ist letztlich der Selbsterhalt des Systems (strukturelle Effektivität), was wiederum den *Sinn der Einsatzführung* beschreibt und den Grund für die Existenz des Führungssystems darstellt.

Der *Steuerungsbedarf* (Perspektive Führungsunit) und damit die Einsatzschwere (Perspektive Zielsystem) nehmen mit dem Kontinuum der drei Wirkziele zu. Sie korrelieren mit dem *Auslenkungsgrad* des Zielsystems. Umso weiter das Zielsystem von seinem Referenzzustand ausgelenkt ist (niedrig, hoch, sehr hoch, bis zu maximal) und je länger dieser Zustand anhält (kurzfristig, von kritischer Dauer, langfristig), desto eher muss ein *weitreichenderes Wirkziel* angestrebt werden (Abfedern, Wiedereinlenken und Weiterentwickeln). Je weitreichender die Wirkziele sind, desto *höher ist der Steuerungsbedarf* und desto *schwerwiegender ist der Einsatz*. Die Einsatzschwere ist organisationsspezifisch und situationsabhängig.

Einsatzführungssystem

Die Führungsunit ist im Anschluss an Einsätze als komplex-adaptive Systeme und an Führung als die kybernetische Regelung von Einsätzen *ein strukturell (vom Aufbau) und funktional (von Abläufen) flexibles Einsatzführungssystem (Organisationsgrundsatz)*. Um der Komplexität des Einsatzes strukturell und funktional gerecht zu werden (*um funktionieren zu können), muss das Einsatzführungssystem im Zielbild wirksam, beweglich und selbstorganisiert sein*, die Absorber müssen sich auf tatsächliche Probleme und Aufgaben richten und Fähigkeiten müssen sich aus den vorhandenen Kompetenzen und Ressourcen generieren.

4 Die Einsatzführungstheorie

Führungsakt im Einsatz
Der Führungsakt im Einsatz ist die <u>Gesamtheit</u> *aus* <u>Führungstätigkeit</u>, <u>Führungsaufgabe</u> *und der* <u>Führungsunit</u>. Ziel und Zweck der Einsatzführung ist es allgemein, Wirkungen im Zielsystem zu erzeugen. Dafür ist das Mittel der Einsatzführung der Einsatz. Die Führungsaufgabe ist es konkret, den Einsatz durchzuführen. Der Einsatz ist eine bestimmte *Mission* als Aufbietung der Organisation zu ihrem vorgegebenen Zweck. Der Einsatz ist der *Rahmen* für über- und nachgeordnete Führungsakte und serielle und parallele Ausführungsakte. Ein Einsatz ist ein regelnder Eingriff in das Zielsystem.

Die Verrichtung bezieht sich auf die vier *Elemente* <u>Aufgaben</u>, <u>Raum</u>, <u>Ressourcen</u> *und* <u>Zeit</u> (Bezugspunkte). Die Elemente sind die Substanz der Genese der Führungsleistung. Der *Vollzug* des Einsatzführungsakts ist die *Führung*. Der Vollzug besteht aus dem <u>Aufbau</u> und dem <u>Ablauf</u> als zwei *Phasen*. Die Führungsphasen haben Übergänge. Die Führungsphasen folgen einander zeitlich oder überschneiden sich. Führungsarbeit folgt keinem linearen Ablauf, sondern ähnelt eher einer Puzzlearbeit aus strategisch relevanten Einzelschritten. Jeder Führungsakt hat eine spezielle chronologische Anordnung der einzelnen Führungstätigkeiten, die ihm eine individuelle Logik verleiht.

Das Ergebnis der Führungsarbeit im Einsatz sind Führungsleistungen. *Führungsleistungen sind es im Allgemeinen als Führungsunit zu funktionieren (grundlegender Selbstzweck),* <u>Einsätze führbar zu machen</u>, <u>Zeitvorteile gegenüber dem natürlichen Ereignisverlauf zu erarbeiten</u> *und* <u>den Ereignisfortgang zu beeinflussen</u>. Führungsleistungen sind *Mittel* zum letztendlichen *Zweck* der Erzeugung von Wirkungen im Zielsystem. Die Führungsleistung ist der Beitrag zum Einsatzresultat in Form des Weges, wie das Resultat herbeigeführt wurde (Produkt/Outcome).

Die *Resultate des Einsatzes* sind aus Sicht der Mutterorganisation die durch die Führungs- und Ausführungsleistung unter allen Gegebenheiten herbeigeführten letztendlichen Einsatzergebnisse/die erzeugten Wirkungen. Wirkungen (Impact/der veränderte Systemzustand) sind die Stabilisierung des Zielsystems (Vermeidung weiterer Auslenkung, Rückführung in bestimmungsgemäßen Zustand, der <u>Schutz von materiellen Zielen</u> (Abwehr unerwünschter Einflüsse), die <u>Stütze immaterieller Ziele</u> (Bekräftigung), die Wiedereinlenkung (Rückführung in bestimmungsgemäßen Zustand oder Überführung in neuen stabilen Zustand). Die <u>Wahrnahme organisationaler Souveränität</u> ist eine Eigenwirkung für die Mutterorganisation.

Führungstätigkeiten
Der Einsatzführungsakt realisiert sich im Vollziehen. Das Vollziehen des Einsatzführungsaktes ist der Prozess der Leistungserbringung (der Output der Unit/die

Führungsarbeit). Die Führungsarbeit besteht aus Verrichtungen von *Führungstätigkeiten* durch Akteure. Führungstätigkeiten werden in eine Kerntätigkeit (Entscheiden) und drei Realisierungstätigkeiten (*Orientieren von Personen, Organisieren von Elementen* und *Koordinieren von Abläufen*) unterschieden. Beim Vollziehen werden *Methoden* angewendet und *Mittel* verwendet.

Entscheiden
Das Entscheiden ist die Kerntätigkeit der Einsatzführung und dient der *Beeinflussung des Ereignisfortgangs*. Es rahmt das Orientieren, Organisieren und Koordinieren ein. Entscheiden ist systematisierend, weil es dem gesamten Führungsakt eine erfahrungs- bzw. analysegeleitete Prägung verleiht. Intuitive und rationale Entscheidungsmethoden haben beide ihre Berechtigung und müssen entsprechend ihrer Möglichkeiten eingesetzt werden. *Das Modell schleifenförmigen Entscheidens ist eine dafür geeignete, begrenzt rationale, wechselseitig erfahrungs- und analysegeleitete Vorgehensweise*, die sowohl die besonderen Anforderungen der Einsatzführung erfüllt als auch die Voraussetzungen der Führungsperson berücksichtigt und verhaltensökonomisch ist.

Führungsunit
Der Einsatzführungsakt wird von einer *Führungsunit* vollzogen. Eine Unit in Form eines Führungsorgans als Teil der Organisation des Einsatzes erfüllt eine spezielle Funktion. Sie handelt im Auftrag einer verantwortlichen Leitungsstelle als Führungsstelle/Befehlsstelle. Dieser Begriff ist eher auf den abgegrenzten Einsatz bezogen. Eine Unit in Form eines Führungssystems ist ein Subsystem des Einsatzes. Dieser Begriff hat einen eher systemweit-offenen Bezug. Führungsorgan- und System sind unterschiedliche Begriffe für dieselbe *Regelungseinheit*. Führungsunits bestehen aus *Akteuren*. Akteure sind (bis Dato) natürliche Führungspersonen. Der Führungsakt ist Voraussetzung für den separaten Ausführungsakt. Ausführungsunits bestehen aus Aktanten.

Stab
Stäbe sind eine *Führungsunit besonderer Ausprägung*, weil sie in der Regel die höchste Instanz in Führungssystemen verkörpern. Sie sind die Erweiterung integraler Führung (Einzelperson) hin zu einer arbeitsteiligen Organisation. Ein Stab ist ein Organ im Führungssystem, das im Auftrag der Leitungsstelle handelt (Führungsstelle) und dabei Führungsaufgaben und fachlich-organisationstypische Aufgaben mit überwiegendem Koordinations-, aber auch mit Entscheidungscharakter wahrnimmt: Die Installation eines Stabes als Element einer einsatzbezogenen besonderen Aufbau-

organisation hat zum Ziel, die Leistungsfähigkeit der Leitungsstelle zu erhöhen und die Alltagsorganisation zu entlasten. An einen Stab besteht der Anspruch, als Art Generalinstrument innerhalb seiner (typischerweise hohen, aber nicht grenzenlosen) Leistungsfähigkeitsgrenzen unter den jeweiligen Umständen das bestmögliche Einsatzresultat herbeizuführen. Im jeweiligen Gesamtkontext (Organisation, Zielsystem und Einsatz sowie Leitung, Führung und Ausführung) ist der Einsatzzweck, gesteuerte Zielsysteme zu stabilisieren oder wieder einzulenken sowie die organisationale Souveränität wahrzunehmen. Ein Stab schafft mit seiner Führungsleistung die Voraussetzungen für operative Einheiten (Ausführungsleistung) bzw. für die Entstehung der Bedeutung (Beratungsaufgabe). Führungsleistungen eines Stabes sind als Stab zu funktionieren (grundlegender Selbstzweck), Einsätze (Bewältigungsmaßnahmen) führbar zu machen, Zeitvorteile gegenüber dem natürlichen Ereignisverlauf zu erarbeiten und den Ereignisfortgang zu beeinflussen (Gißler, 2019 a).

Anspruch an den Führungsakt
Die Erwartung an den Führungsakt ist die *Herbeiführung des bestmöglichen Einsatzergebnisses*. Daraus ergibt sich der *Anspruch* an das Maß der Wirksamkeit von Einsatz und Führungsunit. Wirksamkeit hat zwei Anschauungen (*Effizienz*, *Effektivität*).

Die Effizienz der Führungsunit gewährleistet die Durchführbarkeit der Führungsarbeit und des Einsatzes mit begrenzten (Personal-)Ressourcen. Effizientes Führen bedeutet grundlegend, *die richtigen (also relevanten) Tätigkeiten zu tun und unrelevante Tätigkeiten (also: unnötige Aufwände) zu unterlassen*. Aufbauend heißt das, die Führungstätigkeiten möglichst gut zu beherrschen, um sie mit wenigen (Zeit-) Ressourcen erbringen zu können. Auf den Impact bezogen entspricht die *Effektivität der Führungsunit* der Effektivität des Einsatzes, weil das Einsatzergebnis von der Führungsunit herbeigeführt wird.

Bezogen auf den Einsatz bedeutet Effektivität die Abmilderung von Schäden bzw. die *Begrenzung schädlicher Auswirkungen im Zielsystem*. Effektivität kann qualitativ als der »richtige« Effekt, als die Stärke von Effekten sowie quantitativ als *Relation aus Maßnahmen/Ergebnisse* beschrieben werden. Sie beinhaltet eine Aussage zur Genauigkeit in Form des richtigen Maßes für einen Effekt. Diese kann qualitativ in Form von Dosierung und Zeitpunkt beschrieben werden. *Im Einsatzkontext ist Effizienz die Wirtschaftlichkeit der Herbeiführung der Wirkungen in Form eines vernünftigen Kosten-Nutzen-Verhältnisses* oder *Nebenwirkungs-Nutzen-Verhältnisses*. Effizienz kann qualitativ oder quantitativ als Relation aus Ressourcenaufwände bzw. Kosten je Effekt beschrieben werden.

4.1 Wirkungsmatrix

Effizienz und Effektivität hängen von den jeweiligen Umständen ab. Sie müssen stets *zusammen als Wirksamkeit, aber differenziert nach den beiden Anschauungen betrachtet* werden. Zur korrekten Beurteilung müssen drei Faktoren einbezogen werden: Die Beeinflussbarkeit der grundlegenden Ursache mit insb. der Ereignisdauer, die Kontextbedingungen und Umstände der Führungsarbeit sowie die Angemessenheit des Handelns im Gesamtkontext.

Führungspersonen
Führungspersonen sind bis Dato die einzigen Akteure in Führungsunits. Sie verkörpern die institutionelle Führung. Als intelligentes Element ergreifen sie Initiativen und nehmen aus eigenem Antrieb heraus Handlungen vor (Konation). Im Kontext künftiger Entwicklungen bei der Entscheidungsunterstützung (z. B. machine learning, narrow artificial intelligence) kann es eventuell notwendig werden, den Führungspersonen andere intelligenzähnliche Elemente als Akteure beizustellen.

Führungsintensität
Stärke, Umfang und Eindringlichkeit, in der eine Führungsperson koordinierend (realisierend, umsetzend, steuernd) gefordert ist, wird als Führungsintensität bezeichnet. Bei der Dosierung müssen das *Funktionieren der Führungsunit, der Bedarf der Sache* (Problem, Aufgabe) und die *Kompetenzen der Geführten* austariert werden.

4.1 Wirkungsmatrix

Die Wirkungsmatrix ist die Bündelung aller Führungstätigkeiten aus den Kapiteln 5 und 6. Sie macht Zusammenhänge zwischen Anforderungen (*Wirkung*) und Lösungsmöglichkeiten (*Führungstätigkeit*) sichtbar. Das ermöglicht, die Einsatzresultate zu zentrieren und die Arbeit darauf auszurichten. Praktisch gesehen ist sie ein Instrumentenkasten. Sie stellt wirksame, weil für die Anforderungen passgenaue Instrumente, Techniken oder Verfahren bereit und schafft damit die Voraussetzungen für einen suffizienten Führungsakt. Sie ist ein Konstrukt, um zu erwünschtem Verhalten anzuleiten. Theoretisch gesehen sind die Lösungsmöglichkeiten in der Matrix hinreichend, um den Anforderungen des Einsatzes begegnen zu können. Sie sind allerdings nicht im logischen Sinne notwendig. Es ist nicht ausgeschlossen, dass es noch andere adäquate Führungstätigkeiten gibt. Die Wirkungsmatrix kann daher streng wissenschaftlich gesehen nicht als vollständig bezeichnet werden, aber sie ist in jedem Fall umfassend und von guter Aussagekraft. Die Einzeltätigkeiten wurden zu vier übergeordneten Kategorien als die wesentlichen Führungstätigkeiten zusammengefasst (höchste Abstraktionsebene). Die in Klammer stehenden Kurzzeichen in Spalte 3 der Matrix zeigen die Zuordnung an.

- Orientieren von Personen (OP)
- Entscheiden (E)
- Organisieren von Elementen (OE)
- Koordinieren von Abläufen (K)

Die Überbegriffe sind generisch und erlauben die Ableitung sämtlicher weiterer Tätigkeiten im Spektrum einer Führungsperson. Sie erklären ausgehend vom Einsatzergebnis, wie die Wirkungen herbeigeführt werden. Sie berücksichtigen Führungsleistungen, typische Probleme, Aufgabenarten und Führungsmodi. Insgesamt ist die Subsummierung ein *induktiver Schluss (Einzeltätigkeiten) auf eine allgemeine Aussage (Algorithmus)*.

Die Wirkungsmatrix ist in drei Bereiche unterteilt (Führungsleistungen, typische Probleme und Aufgabenarten/Führungsmodi). Die vier Führungsleistungen von Zeile 2 bis 5 beschreiben den Beitrag der Führungsunit zum Einsatz. Der Leistungszweck in Spalte 2 erläutert, wozu die Leistung dient. Die vier typischen Probleme der Führungsarbeit von Zeile 7 bis 10 stehen in engem Bezug zu den Führungsleistungen. Diese Beziehung wird in Spalte 2 herausgestellt. Die drei Aufgabenarten für die Führungsperson von Zeile 12 bis 14 sind deskriptiv. Sie beziehen sich auf Führungsmodi bzw. auf Fähigkeiten im Kontext der Leistungsfähigkeit, was in Spalte 2 beschrieben wird.

Die *Lösungsmöglichkeiten* sind Führungstätigkeiten und Methoden bzw. Techniken, mit denen die Führungsleistungen erbracht sowie typische Probleme »in den Griff gebracht« und Aufgabenarten bearbeitet werden können. Die Führungstätigkeit steht in Spalte 3. Sie bezeichnet die Verrichtung im weitesten Sinne und erklärt, was die Führungsperson tut. In dieser Spalte wird meistens auch eine gleichnamige Methode bereitgestellt. Die Anwendung dieses Werkzeugs ist gleichzusetzen mit dem Ausüben der Führungstätigkeit.

Die Führungstätigkeiten können in der Matrix mehreren Anforderungen zugeordnet sein, weil sie mehrere Zwecke erfüllen können oder die Anforderungen auf höherer Ebene gleichartig sind. Besonders relevante Führungstätigkeiten sind fett gedruckt. Solche Tätigkeiten können entweder als Art K. o.-Faktor verstanden werden oder werden im Kompetenzkreis der Führungsperson zu den wichtigsten Fähigkeiten gezählt (*Schlüsseltätigkeiten*). Keine der Tätigkeiten ist verzichtbar (»unwichtig«), weswegen eine Gewichtung der Bedeutsamkeit unrelevant ist. In

4.1 Wirkungsmatrix

der Praxis können K. o.-Faktoren allenfalls bei knappen Zeitressourcen (bei der Ausbildung, im Einsatz) priorisiert behandelt werden.

Horizontal von links nach rechts gelesen stellt die Matrix den Anforderungen an die Führungsperson Lösungsmöglichkeiten gegenüber, wie diesen begegnet werden kann. Vertikal von oben nach unten gelesen beschreibt sie das Portfolio der Führungsarbeit aus vier Perspektiven. Die Leistungen werden aus objektivierter Sicht eines Beobachters im Kontext des Einsatzes betrachtet. Die Probleme werden aus Sicht des gesteuerten Zielsystems und der Mutterorganisation der Führungsunit bzw. des Metasystems des Einsatzes fokussiert. Durch die Aufgabenarten/Führungsmodi wird die Blickrichtung der Führungsperson eingenommen. Die Wirkungsmatrix ist dadurch ein multiperspektifisches Bild der Einsatzführung als funktionale Tätigkeitsbeschreibung.

Tabelle 5: *Wirkungsmatrix – Teil 1 (Führungsleistungen)*

Führungsleistung	Leistungszweck	Führungstätigkeit/Methode
Funktionieren der Führungsunit als Solche	Grundlage, Ablaufgerüst und Vollzug der Leistungserbringung. Selbstzweck für die Führungsunit	**Organisationsgrundsatz: Strukturell und funktional flexibles Einsatzführungssystem** (OE, K) - Modell vom Zielbild des Einsatzführungssystems (wirksam, beweglich, selbstorganisierend) (OE) - Permanentes Reorganisieren mittels Stellschrauben (OE, K) - Koordinieren als aktives Regeln (K) - Aufbau organisieren (OE) - Ablauf koordinieren (K)
Führbarkeit	Herstellung der Führbarkeit gegenwärtiger Einsätze	**Komplexität beherrschen** (Reduzieren der Subjektive, Verringern von Varietät und Dynamik sowie den Komplexitätstreibern Absorber gegenüberstellen) (OE) - Organisieren von Elementen (OE) - Orientieren, um Chaos in Ordnung zu überführen (OE, OP, K) - Strukturorganigramm (OE, K) - Universalität, Spezialisierung und Stabsmitglieder modulieren (OE) - Auftragstaktik als Organisationsphilosophie (OE) - Verbinden von Organisationen und Keyplayern (OE, K) - Anschlussfähigkeit und Zusammenarbeit modulieren (OE, K)
Zeitvorteil	Erarbeitung zeitlicher Vorteile gegenüber dem unbeeinflussten Ereignisfortgang	**Zeitvorteile erarbeiten** durch Zeitstrahl und Prognose (E) - Verfahrensspielräume als Führungsräume nutzen (E, K) - Mit Auftragstaktik schnelle dezentrale Reaktionen ermöglichen (OE) - Durch den Führungsrhythmus die Zeit organisieren (K) - Permanentes Reorganisieren mittels Stellschrauben (OE, K)
Wirkung	Beeinflussung des Fortgangs des Ereignisses	**Zustandsbehandlung mittels Controls** (E) **Strukturierte Herleitung des Wirkpfades** (E, O)

4.1 Wirkungsmatrix

Tabelle 5: *Wirkungsmatrix – Teil 2 (typische Probleme)*

Führungsleistung	Leistungszweck	Führungstätigkeit/Methode
Probleme	**Bezug auf Führungsleistung bzw. Einsatzresultat**	
Betroffenheit des Zielsystems	Beeinflussung des Fortgangs des Ereignisses bzw. Stabilisierung des Systemzustandes	**Steuerungsmodell vom Einsatz (E)** ▪ Diagnose des Zielsystemzustandes mittels kritischer Variablen (E) ▪ Strukturierte Herleitung des Wirkpfades (E, O)
Berichterstattung, Meinung und Vertrauen	Wahrnahme organisationaler Souveränität	**Steuerungsmodell vom Einsatz (E)** ▪ Diagnose des Zielsystemzustandes mittels kritischer Variablen (E) ▪ Strukturierte Herleitung des Wirkpfades (E, O)
Fehlendes Wissen und unsichere Informationslage	Herstellung der Führbarkeit des Einsatzes	▪ Auslagern von Fragestellungen (E) ▪ Explorieren (Ermitteln, Prognostizieren, Bedeutungen ableiten) (E) ▪ Abstrahieren und Bewerten, Gewichten und Optionen vergleichen (E)
Führungssystem- und einsatzbedingte Probleme	Herstellung der Führbarkeit des Einsatzes	**Zielbild eines wirksamen, beweglichen und selbstorganisierenden Einsatzführungssystems (OE, K)** ▪ Permanentes Reorganisieren mittels Stellschrauben (OE, K) ▪ Koordinieren als aktives Regeln (K) ▪ Aufbau organisieren (OE) ▪ Ablauf koordinieren (K)

Tabelle 5: *Wirkungsmatrix – Teil 3 (Aufgabenarten/Führungsmodi)*

Führungsleistung	Leistungszweck	Führungstätigkeit/Methode
Aufgabenart	**Führungsmodus/ Fähigkeit**	
Situationserfassung	Fähigkeit, die Lage zu erfassen	**Strukturierte Herleitung des Wirkpfades (E, O)** ▪ Steuerungsmodell vom Einsatz (E) ▪ Diagnose des Zielsystemzustandes mittels kritischer Variablen (E)
Koordinieren	Fähigkeit, das Ereignis in einem koordinierenden Modus zu führen: Lage erfassen + Unit wirkt ohne kritische Entscheidungen steuernd ein	**Koordinieren als aktives Regeln (K)** ▪ Orientieren, um Chaos in Ordnung zu überführen (OE, O) ▪ Permanentes Reorganisieren mittels Stellschrauben (OE, K)
Entscheiden	Fähigkeit, das Ereignis in einem gesamtverantwortlichen Modus zu leiten: Lage erfassen + koordinieren/führen + Unit kann kritische Entscheidungen treffen und umsetzen	**Schleifenförmiges Entscheiden als wechselseitig erfahrungs- und analysegeleitete Vorgehensweise (E)** ▪ Führungsaufgabe geben (OP) ▪ Zustandsbehandlung mittels Controls (E) ▪ Abstrahieren und Bewerten (E) ▪ Reifenlassen von Entscheidungen (E) ▪ Richtungsentscheidungen (E) ▪ Mit Auftragstaktik Zentralstellen entlasten und Freiräume für Entscheidungen schaffen (E, OE)

4.2 Einsatzführungsalgorithmus

Der Einsatzführungsalgorithmus ist die verdichtete Einsatzführungstheorie. Er ist das Ergebnis der Theorieentwicklung als induktiver Schluss vom Einzelnen aufs Allgemeine. Aus theoretischer Sicht ist er die größtmögliche Abstraktion und die allgemeinste, aber dennoch praktikabelste Erklärung von Einsatzführung. Der Einsatzführungsalgorithmus kann fortan als logische Regel gelten, um in der Praxis deduktiv *von der allgemeinen Theorie auf den konkreten Fall* schließen zu können. Für Praktiker ist der Algorithmus eine vollständige Blaupause von Führung als funktionale Tätigkeitsbeschreibung. Die Führungsperson kann damit in die Lage versetzt werden, sich die konkreten Punkte für den Einsatz zu generieren. Dabei wird sie zum Blick auf sich selbst, auf die eigenen Tätigkeiten sowie auf die erwartete Wirkung von »ihrem« Einsatz angeregt. Aus Sicht des Lernens ist er eine Transfer-, Merk- und Erinnerungshilfe für Ausbildung, Training und Einsatz. Für die Anwendung reicht es nicht, oberflächlich den einzelnen Punkten zu folgen, sondern es muss ihrer Bedeutung gefolgt werden. Er kann zwar als Kurzverfahren alleine stehen, aber wie bei jedem berufsständischen Verfahren erfordert die Anwendung ein vertieftes Wissen.

Der Algorithmus ist ausdrücklich keine schrittweise Lösungsvorschrift, die lediglich »abgearbeitet« werden muss. Ein solches »Schema-F« würde zwangsläufig an der Einsatzheterogenität und -vielfalt von Gefahrenabwehr und Krisenmanagement scheitern und könnte einem Universalitätsanspruch nicht gerecht werden. Zudem ist Führung kein linearer Vorgang, sondern ein Sample über- und nachgeordneter, sich überlagernder und miteinander in Wechselwirkung stehender Einzelakte. *Führung ist so komplex wie der Einsatz*. Der Einsatz ist komplexer als jeweils das Zielsystem, die Führungs- und Ausführungsunit bzw. die Umwelt für sich genommen. Eine Linearisierung der Führung in einem schrittweisen Operationsplan wäre deswegen eine unzulässige Vereinfachung. Man könnte auch sagen, dass die Domäne ihrer eigenen Außergewöhnlichkeit durch simplifizierte Musterabläufe nicht gerecht würde. Der Einsatzführungsalgorithmus ist zwar absichtlich einfach und übersichtlich gehalten, er ist aber eigentlich ein sprachliches Modell über die Funktionsweise von Einsätzen als komplex-adaptive Systeme. Zudem ist er kontextintensiv, weil er nach Auflösung im konkreten Fall verlangt.

Gegenwärtig richtet sich der Algorithmus an natürliche Führungspersonen. Künftig können das Schema auch andere Akteure nutzen. Beispielsweise kann er als Einstieg zum maschinellen Lernen dienen, wenn man versuchen möchte, Maschinen die Bedeutung des Führungsakts zu vermitteln, um ihnen zu so etwas wie generischen Fähigkeiten zu verhelfen.

4 Die Einsatzführungstheorie

Tabelle 6: *Einsatzführungsalgorithmus*

	Gesamtheit des **Führungsakts** im Einsatz	Aufgabe ist die Durchführung eines Einsatzes als bestimmte **M**ission. Der Einsatz ist ein zweckorientiertes System aus Führungs**u**nit, Ausführungsunit, Zielsystem und Umwelt. Führungsarbeit besteht aus der Verrichtung von Führungs**t**ätigkeiten unter Anwendung von Methoden und Verwendung von Mitteln (Output). Die Führungs**u**nit ist die Regelungseinheit des Einsatzes (als Führungsorgan/-system, Steuerung). Zielbild ist ein wirksames, bewegliches und selbstorganisierendes Einsatzführungssystem, das der **K**omplexität des Einsatzes strukturell und funktional gerecht wird.	MITUK
	Anspruch unter den jeweiligen Umständen	Herbeiführung des **b**estmöglichen **Ein**satzergebnisses Höchstmögliche Wirksamkeit: **Eff**ektivität als richtiger **Eff**ekt, Stärke und Genauigkeit gemeinsam betrachtet mit **Eff**izienz als angemessenes Kosten-Nutzen-Verhältnis bzw. Nebenwirkungs-Nutzen-Verhältnis	BEIN 3EFF
← Wirkpfad	**Führungsleistungen** als Beitrag zum Einsatz (Produkt/Outcome)	**F**unktionieren der Führungs**u**nit als Führungssystem (Selbstzweck) **Fü**hrbarkeit herstellen **Z**eitvorteile erarbeiten |Zentralstellung| **E**reignis**f**ortgang beeinflussen	FU – FÜ |Z| EF
	Einsatzresultate aus Sicht der Mutterorganisation (Wirkung/Impact)	**S**chutz von materiellen Zielen (Abwehr unerwünschter Einflüsse) **St**ütze immaterieller Ziele (Bekräftigung) Wahrnahme organisationaler **S**ouveränität (Eigenwirkung für Mutterorganisation)	SSS

4.2 Einsatzführungsalgorithmus

Tabelle 6: *Einsatzführungsalgorithmus* – *Fortsetzung*

Wirkpfad ↓	**Wirkziele/Weitreichen des Steuerungsbedarfs** erkennen anhand des Auslenkungsgrades des Zielsystems	**A**bfedern **W**iedereinlenken **W**eiterentwickeln	AWW
	Einsatzresultat aus Sicht des Zielsystems/**Zielergebnis** der Einsatzführung	**Stab**ilisierung und dadurch **Üb**er**l**eben des Zielsystems	STABÜL
	Übergeordnete **Führungstätigkeiten** (eine Kerntätigkeit, drei Realisierungstätigkeiten)	**O**rientieren von Führungsperson und Geführten zur Ausrichtung und Anleitung in unklaren Situationen **E**ntscheiden, um den Ereignisfortgang zu beeinflussen in einem wechselseitig erfahrungs- und analysegeleiteten Vorgehen |Kerntätigkeit| **O**rganisieren von Elementen (Aufbau, Struktur) zur Absorption der strukturellen Komplexität des Einsatzes (Ordnen) **K**oordini**e**ren von Abläufen (Funktion), welche die funktionale Komplexität des Einsatzes abbilden können	O |E| OK
	Substanzielle **Elemente** und Bezugspunkte der Verrichtung der Führungstätigkeiten	**A**ufgaben **R**aum **R**essourcen **Z**eit	ARRZ
	Aufeinander folgende oder sich überschneidende **Phasen** des Vollzugs der Führung	**A**ufbau (**s**trukturieren) **A**blauf (**k**oordinieren)	ASAK

Die Anfangsbuchstaben der Oberbegriffe (Faktor) in der rechten Spalte dienen als syntaktische Abkürzung und semantische Brücke zu den Sätzen der Einsatzführungstheorie. Die Faktoren ergeben ein vollständiges Bild der Sätze auf Ebene der jeweils sinnvollen höchsten Oberbegriffe.

5 Realisierungstätigkeiten Orientieren, Organisieren, Koordinieren

Einsatzführung als Funktion besteht aus den vier übergeordneten Tätigkeiten:
1. Entscheiden,
2. Orientieren von Personen,
3. Organisieren von Elementen und
4. Koordinieren von Abläufen.

Durch das Entscheiden wird Einfluss auf den weiteren Ereignisverlauf genommen. Daher kann das Entscheiden (chronologisch ideal) als *vorbereitende* Tätigkeit oder als Voraussetzung für die drei nachfolgenden Tätigkeiten verstanden werden. Orientieren, Organisieren und Koordinieren sind demnach eher *umsetzende* oder *verwirklichende* Tätigkeiten. Sie konstituieren das Führungssystem, dienen der Übersetzung der Idee und der Umsetzung in Lenkungsbefehle an die ausführenden Aktoren (vertikal) sowie dem Ausgleich und der Steuerung zwischen den Elementen im Führungssystem (horizontal und vertikal). Die strenge Chronologie aus Vorbereiten und Umsetzen lässt sich praktisch nicht einhalten. So gilt es vor dem Treffen wegweisender Entscheidungen, den Einsatz »zum Laufen zu bringen« – also zu organisieren und zu koordinieren. Aus systemtheoretischer Sicht geht es dabei darum, ad hoc ein funktionierendes Führungssystem zu konstruieren oder es muss (bildlich) ein vorgedachtes Führungsorgan im Gefüge des Einsatzes als Organismus zum Leben erweckt werden. Entscheidungspsychologisch steht das Orientieren zudem vor dem Entscheiden. In der Praxis überlagern sich die Tätigkeitsarten. *Der Übergang zwischen den Führungstätigkeiten ist daher fließend.*

Die vier Tätigkeiten stellen an die Führungsperson unterschiedliche Anforderungen. Diese resultieren erstens inhaltlich aus den *zugrundeliegenden Theorien* (u. a. Psychologie, Kybernetik, BWL). Zweitens haben Einsätze *unterschiedliche Entscheidungs- und Koordinationsbedarfe*. Nicht jeder Einsatz erfordert Lenkungseingriffe wegweisender Tragweite, sondern es geht oft auch nur um die Sicherstellung von reibungslosen Abläufen. Aus diesen Einsatzcharakteren ergeben sich drittens *unterschiedliche Anforderungsstufen*. Das veranschaulichen die drei Performanzlevel des Situationserfassens, des koordinierenden Modus (ohne kritische Entscheidungen) sowie des gesamtverantwortlichen Modus (mit kritischen Entscheidungen) (Gißler, 2019 b). Die drei Modi unterscheiden sich neben dem Schwierigkeitsgrad viertens auch in Befugnis und Verantwortung. Die vier Punkte zeigen auf, dass

Entscheiden (vorbereitend) und Koordinieren (umsetzend) anders gelagerte Anforderungen an die Führungsperson stellen. *Daher erfordern die Tätigkeitsarten unterschiedliche Werkzeuge und Instrumente.*

Diese kurze Einleitung deutet die Schwierigkeit der Begriffsordnung an. Trotz Überbegriffsbildung gibt es Überschneidungen zwischen den Führungstätigkeiten. Eine lineare, idealisierte Ordnung zu einem theoretisch logischen Prozess entspräche nicht der Realität und wäre daher in der Praxis wenig hilfreich. Die Tätigkeiten haben unterschiedliche Anforderungen und erfordern eigene Instrumentarien. *Wie können die Führungstätigkeiten also sinnvoll geordnet werden?* Schließlich könnte jeder der Punkte ein Ordnungsmerkmal sein.

In diesem Buch wird das *Entscheiden als Lenkungseingriff* anhand seines richtungsweisenden Charakters für den Einsatz und anhand der speziellen psychologischen bzw. komplexitätswissenschaftlichen Theorie eingegrenzt. Damit wird die Vorbereitung und Umsetzung der Entscheidung, das Steuern der Akteure im Führungssystem, das Orientieren, Organisieren und Koordinieren abgegrenzt. Die konkrete Fragestellung lässt dabei die anlassbezogene Miteingrenzung von Führungstätigkeiten (z. B. Orientieren) zum Entscheiden zu. Das Entscheiden ist im Verständnis der Einsatzführung als Regelung im Wortsinn entscheidend für den Einsatz und wird deswegen als Kerntätigkeit verstanden. Es ist zwar eine sehr wichtige Aufgabe, aber nicht die alleinige und auch nicht die dominierende Aufgabe von/in Führungsunits. Das Aufbauen eines Einsatzes und das Organisieren von Abläufen nehmen zeitlich einen deutlich größeren Umfang ein als das Entscheiden. Überwiegen kann das Entscheiden wohl allenfalls für einzelne Aktoren in ihrer Rolle als oberste Instanz (strategisches oder normatives Management). *Die Beschränkung von Führungstätigkeiten auf unmittelbare Teilaspekte des Entscheidens greift aus Sicht einer umfassenden Einsatzführungstheorie deswegen zu kurz.*

Das Orientieren von Personen, Organisieren von Elementen und Koordinieren von Abläufen sind unverzichtbare konstitutive, operationalisierende und ausgleichende Tätigkeiten. Sie werden als *Realisierungstätigkeiten* subsummiert. Die vier wesentlichen Tätigkeiten als Überbegriffe erlauben die Ableitung sämtlicher weiterer Tätigkeiten im Spektrum einer Führungsperson, wie im Verlauf dieses und des nächsten Kapitels sowie in der Wirkungsmatrix deutlich wird.

Praxistipp:

Methoden aus der alltäglichen Berufspraxis von Führungskräften können auch im Einsatz gute Dienste leisten:
- Brainstorming und Mind-Mapping (z. B. um Ideen zu entwickeln und Probleme zu erfassen),

> - Six-Sigma (Wirkungen definieren) und SMART-Regel (Ziele formulieren),
> - Entscheidungs- und Logikbäume (Folgen abschätzen),
> - Cash-Flow-Analyse, Kennzahlen zu Erfolg und Solvenz (Auswirkungen auf Wirtschaftsunternehmen sichtbar machen),
> - Risikomanagement und SWOT-Analyse (Optionen entwickeln und vergleichen).

5.1 Orientieren – Chaos in Ordnung überführen

Typischerweise sind Einsätze in Erstphasen, bei ad hoc-Ereignissen oder bei neuartigen Ereignissen unübersichtlich. Solche Situationen werden üblicherweise als Chaos(-phase) bezeichnet. Doch was ist »dieses Chaos« eigentlich und wie kommt es zustande? Wie kann man sich in chaotischen Situationen orientieren und wie kann man Chaos in den Griff bekommen? Das Orientieren als Führungstätigkeit hat grob zum Ziel, Chaos in Ordnung zu überführen, um einen Ausgangspunkt für alle weiteren Tätigkeiten zu schaffen.

Chaos als Unordnung

Im Einsatzverlauf nimmt das Chaos der ersten Phase in der Regel ab. Es tritt also eine Ordnung ein. Das hängt wahrscheinlich Großteils damit zusammen, dass die Führungsperson sich einen Überblick verschafft, Zusammenhänge versteht und die Situation transparent wird. Wo aus subjektiver Sicht von Entscheidern Übersichtlichkeit eintritt, geht das Chaos quasi zurück. Dieser Aspekt hat viel mit *Wahrnehmung* zu tun und weniger mit dem tatsächlichen Zustand des Einsatzes. Chaos bzw. Unübersichtlichkeit und Ordnung bzw. Übersicht stehen in engem Zusammenhang. Chaos aus psychologischer Sicht kann man demnach durch das *Erlangen von Übersicht* verringern. Hierzu tragen auch eintretende ordnende Wirkungen von Einsatzmaßnahmen bei.

Eine weitere Erklärung für Chaos sind Entwicklungen. So zeichnen sich sog. dynamische Ereignisse regelmäßig durch neues Chaos aus, das beispielsweise durch Spontanhelfer, Lageverschärfungen, politische Interventionen oder auch plötzliche Medienaufmerksamkeit hervorgerufen wird. Solche Kräfte können statische Situationen in Bewegung bringen. Gleiches gilt für die Veränderung von Einsatzschwerpunkten. Auf Rettungsphasen folgen klassisch Bergungs- und Aufräumphasen, die jeweils neu organisiert werden müssen. Geordnete Systemstrukturen geraten also in Unordnung bzw. temporär statische Zustände geraten in Bewegung. Diese Ursachen

5.1 Orientieren – Chaos in Ordnung überführen

liegen im Zielsystem, in der Umwelt und in der Ausführungsunit – also außerhalb des Führungssystems. Diese exogenen Faktoren sind die hauptsächlichen Gründe für Chaos im Einsatz und gehören zu dessen Natur.

Chaosursachen können auch im Führungssystem begründet sein (endogene Faktoren). Wie im Abschnitt 5.2 gezeigt wird, können *Mängel* zwischen der Aufbau- und Ablauforganisation oder Lücken darin für Unklarheiten sorgen und dadurch die Performanz einschränken. Es läuft »ungeordnet« oder »ungeregelt«. *Kompensationsbemühungen* können ebenso Unordnung produzieren (»Verschlimmbessern«). Speziell bei Feuerwehr oder Polizei kann das parallele oder zeitversetzte Anwachsen von operativem Einsatz und dazugehörigen Führungsstrukturen zu temporären Führungsdefiziten führen. Solche Defizite können sich in unklaren Zuständigkeiten in der Geschäftsverteilung, in schlecht funktionierenden Schnittstellen, in abweichenden Vorstellungen über das Einsatzziel oder allgemein in mangelnder Abstimmung äußern. Diese Chaosursachen werden als *Diskrepanzen in Struktur und Funktion* zusammengefasst. Sie liegen eher *innerhalb des Führungssystems*. Trotz aller Vermeidungsanstrengungen gehören sie ein stückweit zur Natur der Einsatzführung. Dies gilt es zu akzeptieren und eine gewisse Gelassenheit gegenüber vermeintlich »chaosstiftendem« Verhalten von nachgeordneten Führungspersonen entgegenzubringen.

Es ist einleuchtend, dass Einsätze latent chaotisch sind und immer wieder in chaotische Zustände geraten, denn sie sind komplex-adaptive Systeme: Als solche können sie in Zuständen am Rand des Chaos operieren. Im Extremfall können sie ohne Ordnungskräfte allerdings in die Entropie laufen und dadurch zerfallen (Kirchhof, 2003). Systemtheoretisch gesehen ist Chaos etwas Positives, weil es Veränderungen auslösen und Anpassungen ermöglichen kann. Das Chaos ist der höchste von vier Dynamikgraden. Es zeichnet sich durch unregelmäßige Veränderungen aus, Systemkomponenten können weitgehend autonom agieren und sich ambivalent verhalten und die Steuerungsmöglichkeiten sind eingeschränkt (Kirchhof, 2003). Diese Punkte treffen erfahrungsgemäß immer wieder auch auf Einsätze zu (Unregelmäßigkeiten, eigenmächtiges bzw. unkoordiniertes Handeln von Akteuren und Aktanten, Einschränkungen bei der Steuerbarkeit durch fehlende Kontakte und Berichtswege). Diese theoretische Sicht zeigt Chaos als objektiven Systemzustand. Einsätze in chaotischen Zuständen sind im ungünstigsten Fall nicht steuerbar. Sie müssen daher in einen steuerbaren (weniger chaotischen) Zustand überführt werden.

Aufs Ganze gesehen sind *Chaos bzw. Unübersichtlichkeit* und *Ordnung bzw. Übersicht* systemtheoretische und psychologische Anschauungen, die beide relevant sind. Chaos ist ein natürliches Phänomen von Einsätzen, mit dem umgegangen werden muss. Unordnung entsteht in Bezug auf die Steuerungsfunktion des Führungssystems dann, wenn ein Element keinen geeigneten Platz hat oder eine Funktion dysfunktional ist oder fehlt. *In der vorliegenden Einsatzführungstheorie wird Chaos als subjektiv ungeordnet wahrgenommener Zustand bzw. als objektiv ungünstiger Ordnungszustand von Elementen verstanden.* Chaos und Ordnung sind Gegenbegriffe. Beides sind temporäre Zustände genauso wie auch Statik vorübergehender Art ist. Aus diesem Verständnis ergibt sich ein Zugang, um Chaos beherrschbar zu machen: *Um Chaos im Einsatz bearbeiten zu können, muss die Führungsperson die Situation verstehen. Das Erlangen einer Übersicht ist daher Wahrnehmung und Einstieg in die Chaosbewältigung zugleich.*

Orientieren zur Ausrichtung
Der erste, psychologische Aspekt der Chaosbewältigung im Einsatz ist das gedankliche Ordnen einer Situation. Es beginnt im Erlangen einer Übersicht in Form eines *Lagebewusstseins* (auch: Situationsbewusstsein, Situation Awareness). Als Übersicht wird der Moment verstanden, in dem sich die Führungsperson der Situation subjektiv vollständig bewusst ist und diese für sich gedanklich geordnet hat. Diese gedankliche Ordnung ist die Grundlage, um sich zu orientieren und auszurichten.

Von Führungskräften wird erwartet, dass sie die »Richtung angeben«. Diese Erwartung kommt zu Einsatzbeginn und in Wandelphasen, in unübersichtlichen Situationen oder generell bei unklaren Zielen besonders zum Tragen. Führungspersonen haben nicht immer einen Wissensvorsprung und müssen sich deswegen (auch) zuerst den Überblick verschaffen und für sich selbst die Richtung finden. Dabei bestehen Parallelen zur Herbeiführung von Entscheidungen. Gedanklich für sich wie auch ausdrücklich für Geführte kann eine chaotische Situation geordnet werden, indem Aufgaben, Räume, Ressourcen und Zeiten in Bezug gesetzt sowie Probleme geclustert und priorisiert werden. Darauf aufbauend können Handlungsrichtungen vorgegeben werden. Dabei muss gerade zu Beginn der Führungskorridor sinnbildlich so weit sein und dabei in die passende Richtung zeigen, dass er für die zu entwickelnden Strukturen breit genug ist und der Zielbereich im Spektrum liegt. Dafür ist die Zielvorstellung der Führungskraft die Voraussetzung. Allerdings steht in der Praxis am Einsatzanfang selten ein konkretes Ziel, sondern eher ein (mehr oder weniger definiertes) Gefühl. Was am Ende zu entscheiden ist, kann am Anfang kaum vorhergesehen werden. Zu Einsatzbeginn sollte deswegen eher gefragt werden, was eigentlich das Problem ist, was im Kapitel 6 in Form der kP-Regel genauer beleuchtet wird. Probleme sind meist einfacher zu erfassen als exakte Ziele – und wer das Problem beschreiben kann, hat das Ziel zumindest unausgesprochen in Form der Zielabweichung vor Augen. Eine klare Problemdefinition (gemeinsam oder durch die

5.1 Orientieren – Chaos in Ordnung überführen

Führungsperson) hilft Mitgliedern in Führungsunits erfahrungsgemäß enorm, um sich im Einsatz zurechtzufinden. Die Richtungsangabe zum Einsatzbeginn ist also das Herstellen einer Orientierung in einer chaotischen Situation.

Auch am Einsatzende ist es notwendig, sich zu orientieren. Mit zunehmender »Abarbeitung« nähert sich die Mission ihrer Erfüllung. Das Ziel ist erreicht und damit erledigt sich der Grund der Aufbietung der Organisation. Führungs- und Ausführungsunits werden dadurch im Einsatzfortschritt rein vom Umfang her zunehmend zu groß. Ressourcen können freigegeben und der Einsatz »zurückgefahren« werden. Meist bleiben Restaufgaben zurück, die an zuständige Stellen übergeben werden müssen. Bei kleineren Einsätzen kann die Zuständigkeit direkt an die *Allgemeine Aufbauorganisation (AAO)* zurückgegeben werden. Nach Großeinsätzen und in Krisen kann es sein, dass ein Krisenstab zu einer Task-Force schrumpft, aber die Zuständigkeit behält und Mitarbeiter in Teilzeit beteiligt bleiben. Die Übergabe an die Linienorganisation folgt erst später. In selteneren Fällen kann die Zuständigkeit von einem operativen Stab an einen strategischen Stab übergeben werden. Beispiele finden sich in der Luftfahrt während der ersten Welle der Corona-Pandemie 2020. Nach dem Herunterfahren der Flugbetriebe durch die operativen Stäbe (A) fanden über Wochen so gut wie keine Flugbewegungen mehr statt. Weil sich das Marktumfeld in dieser Zeit gravierend veränderte, mussten sich die Fluggesellschaften geschäftsstrategisch anpassen. Hierfür waren strategische Stäbe (B) zuständig. Aufgrund der langen Dauer konnte die Übergabe zwischen den zwei besonderen Aufbauorganisationen (BAO-A und B) nahezu idealtypisch erfolgen. Der Rumpfbetrieb bzw. der Wiederanlauf wurde während der strategischen Restrukturierungen von operativen Stäben gesteuert (BAO-A). Solche Einsätze sind Einzelfälle, für die es selten Erfahrungswerte gibt. Wo die Zuständigkeit über Aufbauorganisationen hinweg übergeben wird (BAO → AAO oder BAO-A → BAO-B), ist eine hohe Orientierungsleistung erforderlich. Zeitpunkte, Aufgabenschnitte, Verantwortlichkeiten und Besetzungen sind nur einige der Punkte, die sondiert und organisiert werden müssen. Wegen der Transformation bestehender Strukturen und Abläufe kann es in dieser Phase genau wie zu Einsatzbeginn unübersichtlich werden, es können temporäre Führungsdefizite oder Mängel zwischen Aufbau- und Ablauforganisation auftreten. Insgesamt entsteht zum Einsatzende (mehr oder weniger) neues Chaos. Führungspersonen müssen sich deswegen neu orientieren, um die neuen günstigen Konstellationen zu finden. Weil das Einsatzziel erreicht wurde, verlangen Geführte nach neuer Richtungsweisung.

Ein besonderer Fall ist die Übergabe eines laufenden Polizeieinsatzes an eine spezialisierte Dienststelle. Einsätze wie Geiselnahmen oder Amokläufe sind sehr dynamisch. Zur Übergabe wird ein Punkt abgewartet, an dem die Lage statisch ist –

also zumindest kurzzeitig eine Ordnung oder ein Gleichgewicht im System besteht. Das Zeitfenster dafür ist knapp. Es wäre für den nachfolgenden Polizeiführer und seinen Stab unmöglich, erst beim Übergabezeitpunkt mit der Orientierung zu beginnen. Vielmehr muss die Einsatzführung des Vorgängers eine gewisse Zeit lang beobachtet werden. Dazu ist es sinnvoll, dass sich der übernehmende Stab beobachtend und zuhörend an den Einsatz (in alle Kommunikation) anhängt und nach Innen so agiert, als ob er verantwortlich (einsatzleitend) wäre. Dadurch schließen Stab und Polizeiführer orientierungsmäßig rasch zum Vorgänger auf.

Das Einsatzende hat eine persönliche Komponente. Es gibt immer wieder Funktionsträger, die tage- oder gar wochenlang nur in der Einsatzleitung arbeiten. Beispiele sind die stabsmäßige Vorbereitung und Durchführung von größeren Polizeieinsätzen bei politischen Gipfeln, Krisenstäbe von Airlines und Chemieparks bei großen Unglücken. Solche Phasen sind sehr reich an Erfahrungen, erfordern höchste individuelle Leistungen und können kräftezehrend sein. Subjektiv können sich solche Großeinsätze auch als »Bewährungsprobe« oder »Karrierehöhepunkt« darstellen. Nicht selten richten sich Menschen dabei völlig auf ihre Arbeit aus. Nach dem Einsatz müssen sie sich einerseits wieder in ihre Linientätigkeit einfinden. Möglicherweise waren sie sogar längere Zeit abgeordnet und müssen sich erst wieder um eine Planstelle bemühen. Andererseits müssen sie Erlebtes verarbeiten, den »Sinn der normalen Arbeit« wiederentdecken und mit weniger Druck zurechtkommen. Menschen können daher zum Einsatzende Orientierung im Sinne einer persönlichen Neuausrichtung brauchen.

Überführen von Chaos in Ordnung

Ein wichtiger, grundlegender Orientierungspunkt ist der Steuerungsbedarf. Dabei geht es darum zu erkennen, wie stark das Zielsystem ausgelenkt ist und wie weitreichend die Einsatzmaßnahmen sein müssen. Aus dieser Beurteilung der *Einsatzschwere*, die im Abschnitt 3.3 behandelt wurde, kann man sich auf die wahrscheinlich erforderliche »Intensität« des Einsatzes ausrichten.

Chaosbewältigung ist systemtheoretisch das Herstellen günstiger Relationen von Elementen und das Entwickeln von Funktionen. Dieser Punkt beschreibt gewissermaßen das Organisieren als Tätigkeit des Ordnens. In Einsätzen muss permanent geordnet werden. Chaos ist eine latente Eigenschaft, die jederzeit sichtbar werden kann, sodass ihr andauernd entgegengewirkt werden muss. Das Ordnen hat quasi erst ein Ende, wenn der Einsatz beendet ist. Es ist eine andauernde Aufgabe der Führungsperson, die Aufbauorganisation des Einsatzes so weiterzuentwickeln, dass sie jederzeit die sich erhöhende oder mindernde, wandelnde oder verschiebende strukturelle Komplexität des Einsatzes absorbieren kann. Die Struktur wirkt sich

5.1 Orientieren – Chaos in Ordnung überführen

unmittelbar auf die Funktion aus. Deswegen gilt für die Ablauforganisation, dass sie die funktionale Komplexität des Einsatzes abbilden muss, worauf im Abschnitt 5.4 im Detail eingegangen wird. Darauf bezogen bedeutet *Ordnen das Zuschneiden von Strukturen und Entwickeln von Abläufen*. Es bedeutet ferner, den substanziellen Elementen (Aufgabe, Raum, Ressourcen, Zeit) einen Platz zuzuweisen. Ordnung hat also wie Chaos eine subjektive Seite (mental, Lagebewusstsein) und eine objektive Perspektive (systemtheoretisch, tatsächlicher Zustand des Einsatzes). Es liegt in der Natur der Sache, dass die Vorstellung über die Ordnung bzw. die Überzeugung, was eine günstige Ordnung sei, von der Realität abweicht.

Es gibt immer wieder Konstellationen, in denen sich Ordnung im System nur schwer herstellen lässt. So kann es beispielsweise unverhältnismäßig sein, Bereiche mit viel Aufwand zu organisieren, die zwar höchst chaotisch arbeiten, aber dennoch die notwendigen Leistungen erbringen und zudem nicht erfolgskritisch sind. Immer wieder erstrecken sich Einsätze über mehrere Nationalstaaten wo inkompatible Verfahrensstandards oder Arbeitsweisen herrschen. Die Führungsperson hat hier schlichtweg keine Kompetenz, um etwas zu ordnen. Weniger extrem in der Tragweite, aber dafür erfahrungsgemäß umso häufiger sind Zwänge aus der Alltagsorganisation, die in den Einsatz hineinwirken. Soziale Spannungen, Kulturen starker Obrigkeitshörigkeit, Eigenwilligkeiten von Führungskräften an denen »man nicht vorbeikommt« oder gar Macht- und Profilierungsgehabe können für ungünstige Stellungen sorgen, die wegen einer eigenen Abhängigkeit der Führungsperson nicht verändert werden können. Ein Mindset, das von der Haltung und Einstellung her eher zum (Verwaltungs-)Alltag passt bzw. für den Einsatz unpassend ist, kann ebenso eine Chaosursache sein. Technologische Unzulänglichkeiten können oft schlicht nicht (zeitnah) angepasst werden, sodass man mit ihnen leben muss. Im Gesamten müssen Führungspersonen gewisse Unordnungen (bis zum Zeitpunkt der Ordnung) bzw. Unstrukturierbarkeiten (als dauerhafter Zustand) im Einsatz aushalten können. Ambiguitätstoleranz ist dafür eine hilfreiche Eigenschaft.

In diesem Buch wird das Ordnen systemtheoretisch verstanden, in das die mentale Ordnungsleistung bereits eingeflossen ist. Ordnen heißt, Elemente, das Führungssystem und damit den Einsatz zu (re-)strukturieren und Abläufe einzuführen (anzupassen). Die gewünschte Ordnung ist ein *Set aus günstigen Konstellationen* mit dem die Komplexität des Einsatzes wiedergegeben werden kann. Ordnen ist notwendig, weil die Konstellationen von sich selbst aus in der Regel ungünstig sind. Bildlich und prozessual gesprochen ist Ordnen das *Überführen von Chaos in Ordnung*.

Ordnungsvorstellungen entstehen durch das Orientieren. Dabei ist es bekanntermaßen viel schwieriger, Ordnung zu halten als Unordnung herzustellen. So gibt es beispielsweise nur eine Möglichkeit, einen Stapel aus zehn Büchern alphabetisch nach ihrem Titel zu ordnen; aber 10^{10} Möglichkeiten, sie zufällig (ungeordnet) aufeinander zu legen. Nun sind Einsätze kein Bücherstapel, aber der Vergleich macht anschaulich, dass es in Einsätzen weit mehr ungünstige Möglichkeiten gibt, um z. B. Aufgaben und Ressourcen einander zuzuordnen, als dass sie in gut funktionierender Konstellation zueinanderstehen. Aber welche Ordnung des Bücherstapels ist wirklich die beste? Tatsächlich wie suggeriert alphabetisch? Auf- oder absteigend? Nach Anzahl der Seiten oder nach effektiver Buchdicke? Das Beispiel veranschaulicht auch, dass das Ordnungssystem von der Fragestellung abhängt – also vom konkreten Einsatz. *Um Herauszufinden, welches Ordnungssystem das richtige ist bzw. welche Konstellationen günstig sind, muss sich die Führungsperson zuerst orientieren.*

Einsatzbeispiel: Orientieren zur Anleitung
Aus unklaren Situationen kommend produziert die kontinuierliche Schärfung des Ziels für die Geführten Verlässlichkeit. Es wird gezeigt, dass die Führungsperson die Führungsunit »auf Kurs« bringen kann und damit den Einsatz in die richtige Richtung lenkt. Viele kleine oder auch einzelne gravierende Kurskorrekturen lassen einen sprunghaften oder gar desorientierten Eindruck von der Führungsperson entstehen. Führungskräfte können Geführten durch Clustern und Priorisieren von Problemen wirkungsvoll Orientierung geben. Bildlich gesprochen verengt sich der Korridor durch das stetige Ordnen und der genaue Kurs wird immer klarer. Der konkrete Zielbereich kristallisiert sich also heraus. Das Treffen von Richtungsentscheidungen, die im Kapitel 6 behandelt werden, ist eine Methode, um einen Zielkorridor abzustecken und eine gewisse Guidance zu geben. Je nach Selbstständigkeit der Geführten wird über eine solche »softe Lenkung« bereits Einfluss auf ihr Handeln genommen. Im andern Extremum wäre ein Befehl eine »sehr konkrete« Orientierung. Das Orientieren von Personen kann daher weit gefasst auch als eine Art *Menschenführung* verstanden werden. Es hat einen fließenden *Übergang zum Anweisungswesen*.

Eine hervorragende Orientierungsleistung konnte in einer Übung einer Airline im Jahr 2017 beobachtet werden: Der Krisenstab war aufgrund einer simulierten IT-Großstörung in den Abfertigungssystemen zusammengetreten. Die gesamte Flotte stand quasi still. Das Störungsende war bereits absehbar, sodass der Stab einen geordneten Wiederanlauf der Flugoperationen vorzubereiten hatte. Die Stabsmitglieder waren erkennbar von den typischen chaotischen Eindrücken aus dem Einstieg in die Stabsarbeit gefangen. Bildlich gesprochen hatten sie »keinen Plan« und wussten wegen der unübersichtlichen Situation nicht, wo man wie anfangen sollte. Der Leiter des Stabes ordnete in seinem ersten Briefing mit wenigen Sätzen die

5.1 Orientieren – Chaos in Ordnung überführen

Probleme ein. Aufgrund seines Erfahrungsschatzes konnte er einen realistischen Zeithorizont zur Wiederaufnahme der Operationen nennen. Durch seine Kenntnis des Flugplans sowie der Umläufe von Crew und Flugzeugen konnte er zudem einen groben Plan für den Wiederanlauf skizzieren. Für die Kommunikation mit den Passagieren konnte er auf bewährte Prozeduren verweisen. Insgesamt schaffte er es in wenigen Minuten, eine unübersichtliche und chaotische Situation zu ordnen und eine Zielrichtung vorzugeben. Dabei half ihm seine tiefe Systemkenntnis, ausschlaggebend war aber seine Ordnungsleistung. Hierdurch konnten sich die Stabsmitglieder orientieren. Durch das zusammenfassende auf-den-Punkt-bringen der Probleme wurde allen rasch klar, dass die Situation besser beherrschbar war als es nach dem ersten Eindruck aussah. Die Stabsmitglieder wurden dadurch in die Lage versetzt, in ihren Linienressorts selbstständig die notwendigen Schritte einzuleiten. Sie wurden durch die Richtungsangabe dazu animiert, etwas zu tun. In den anschließenden Stunden wurde der Zeitpunkt des Wiederanlaufs zwar noch um eine Stunde nach hinten verschoben und es konnten auch nur rund zwei Drittel der vorgenommenen Flüge durchgeführt werden. Jedoch musste die ausgegebene Zielrichtung nicht verändert werden, was auf die Stabmitglieder einen verlässlichen Eindruck machte. Weil die Führungsperson selbst orientiert war, konnte die eingeschlagene Richtung verlässlich beibehalten werden. Vielleicht wurde das Ziel dadurch auch zur selbsterfüllenden Prophezeiung. Die Stabsmitglieder wurden zum Handeln angeregt. Das Beispiel verdeutlicht die oben angesprochenen Punkte. *Führungspersonen können durch das Orientieren ihre Geführten anleiten.* Je nach Selbstständigkeit der Geführten kann der Übergang zwischen Ausrichtung und Anleitung deutlicher oder schwächer ausgeprägt sein. Schlussendlich mündet die Orientierung in der *Formulierung der eigenen Führungsaufgabe*. Dadurch gibt sich die Führungsperson selbst und ihren Geführten den *Einsatzauftrag*.

Schlussfolgerung: Ordnen als Führungsphilosophie

Chaos ist ein natürliches Phänomen in Einsätzen. Es ist subjektiv die Wahrnehmung als ungeordneter Zustand und objektiv eine ungünstige Ordnung von Elementen. Es tritt verstärkt am Einsatzbeginn und bei Missionsende auf. Trotz erfolgter Ordnung kann im Einsatzverlauf immer wieder zu chaotischen Zuständen kommen. Die Chaosursachen liegen hauptsächlich außerhalb des Führungssystems (im Zielsystem, in der Umwelt, in der Ausführungsunit), aber auch innerhalb der Führungsunit.

Ordnung ist ein Set aus günstigen Konstellationen, mit dem die Komplexität des Einsatzes wiedergegeben werden kann. Ordnen bezieht sich auf die substanziellen Elemente der Führung (Aufgabe, Raum, Ressourcen, Zeit), auf Strukturen und Abläufe (Aufbau- und Ablauforganisation). Es ist ein permanenter Vorgang und kann auch als Überführen von Chaos in Ordnung bezeichnet werden. Die Ordnungsvorstellung ist der Ausgangspunkt für jegliches Organisieren. Ein stückweit ist es auch eine Führungsphilosophie, weil es die Permanenz und Fluidität von Chaos und Ordnung anerkennt. Das Ordnen ist eine essentielle Führungstätigkeit und findet sich daher in der Wirkungsmatrix wieder.

Zum Herausfinden der günstigen Konstellationen muss sich die Führungsperson selbst orientieren. Das Orientieren ist das Herausfinden und Aufzeigen von Problem und Ziel für die Führungsperson selbst und für ihre Geführten. Es dient der Ausrichtung des Handelns und der Anleitung von Personen in unklaren Situationen. Es ähnelt der Herbeiführung von Entscheidungen und setzt ein Lagebewusstsein voraus. In der Idealvorstellung eines chronologisch schrittweise aufeinander aufbauenden Führungsaktes würde das Orientieren einer der ersten Schritte sein. In der Praxis läuft die (Re-)Orientierung allerdings permanent in wechselnden Umfängen ab und hängt vom konkreten Chaosauftritt ab. Orientiertheit ist eine Voraussetzung zur Verrichtung anderer Führungstätigkeiten. Das Orientieren von Personen ist eine wichtige Führungstätigkeit und taucht daher in der Wirkungsmatrix auf. Es ist der gedankliche Ausgangspunkt des Führungsakts. Die Formulierung der eigenen Führungsaufgabe ist zwar eine Orientierungsleistung, wird aber in der Wirkungsmatrix beim Entscheiden aufgeführt, weil sie eine gewisse ereignisbeeinflussende Wirkung hat.

Praxistipp:

Wo gibt es in der Führungsunit und im Einsatz Unordnung, die geordnet werden muss? Wo und wodurch kann in nächster Zeit Chaos auftreten? Sind die Konstellationen der Elemente der Führung (Aufgabe, Raum, Ressourcen, Zeit) und von Strukturen und Abläufen günstig? Kann die derzeitige Ordnung die gegenwärtige und künftige strukturelle Komplexität absorbieren/die funktionale Komplexität abbilden?

- Haben alle verstanden, in welche Richtung es geht bzw. sind alle orientiert? Habe ich als Führungsperson für alle verständlich das Problem und ggf. auch schon das Ziel strukturiert? Benötigen meine Geführten spezielle Ausrichtung und Anleitung?
- Gib dir deine Führungsaufgabe (Einsatzauftrag, Mission) ausdrücklich formuliert!

5.2 Funktionierende Führungssysteme organisieren

Was ist eigentlich »organisieren«? Man kann sich ein Führungsorgan als Teil eines Organismus vorstellen. Ein Organismus im Wortsinn meint ein größeres Ganzes dessen Teile zusammenwirken, ein Apparat oder ein System (Dudenredaktion, o. J.e). Demnach ist jede Stelle, jedes Sachgebiet oder auch jede natürliche Person im Führungsorgan Teil eines größeren Ganzen. Es kann helfen, sich als Führungsperson als »Nucleus« (Kern) des Organismus zu verstehen. Den Mitgliedern der Führungsunit kann es helfen, sich das Informationsmanagement als eine Art »Zentralnervensystem« vorzustellen von dem alle gewissermaßen abhängig sind. Die Veranschaulichung von sich bewegenden Personen im Führungsraum als »Lebensraum« kann zu Austausch und Zusammenarbeit anregen. Um im Bild zu bleiben ist das Organisieren das »zum Leben erwecken« des Führungsorgans. Ein »lebendiger Führungsorganismus« ist danach eine Führungsunit, die als solche funktioniert (Führungsleistung).

Nun ist ein Einsatzführungssystem ja kein Lebewesen, das man zum Leben erwecken könnte. Doch wie kann man eine Führungsunit dennoch zum »Funktionieren« bringen? Indem man sie »lebensfähig« bzw. »realitätsnah« konstruiert, was im Folgenden hergeleitet wird.

5.2.1 Organisieren nach den Grundsätzen lebensfähiger Systeme

Das Viable System Modell ist ein Modell über lebensfähige Systeme und basiert auf der Komplexitätstheorie: Es besteht aus einem *Strukturmodell* und dazugehörigen *Lenkungsmechanismen* und fußt auf folgenden drei Prinzipien. Lebensfähigkeit ist an dieser Stelle metaphorisch zu verstehen und meint die Vorstellung von der strukturellen Effektivität eines Systems. Es geht darum, eine bestimmte Konfiguration auf unbestimmte Zeit aufrecht zu erhalten, wobei das Ziel immer das Überleben des Systems ist. Dazu brauchen solche Systeme eine Struktur, um sich an wandelnde Umstände anpassen zu können, um Erfahrungen aufnehmen und verwerten zu können. Das Rekursionsprinzip bezeichnet vereinfacht die Verschachtelung immer kleiner werdender, autonomer Systeme, die jeweils die gleichen Strukturen und Lenkungsmechanismen aufweisen. Dadurch ist jedes Subsystem auf jedem Rekursionsniveau für sich lebensfähig. Das Autonomieprinzip besagt, dass jedes Subsystem völlige Verhaltensfreiheit besitzen sollte, um selbstständig handeln zu können. Dadurch kann ein hohes Potenzial an Komplexitätsbewältigung erreicht werden. Die Autonomie ist allerdings eingeschränkt, weil jedes Subsystem Teil des Metasystems ist. Das führt zum bekannten Spannungsfeld zwischen Vor- und Nachteilen

5 Realisierungstätigkeiten Orientieren, Organisieren, Koordinieren

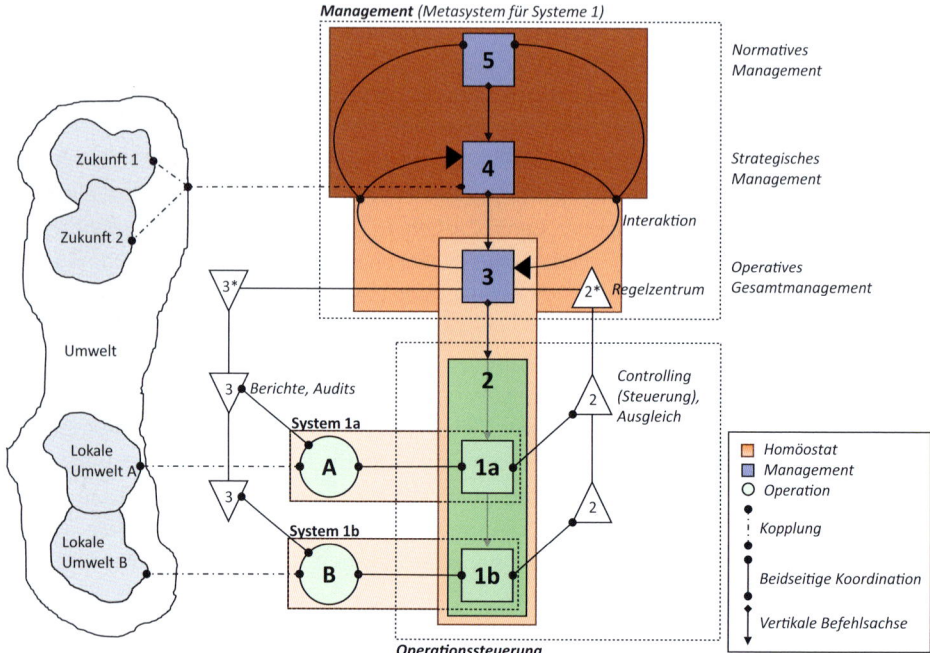

Bild 5: Schematische Struktur und Lenkung lebensfähiger Systeme nach dem Viable System Model von Beer (In Anlehnung und mit Ergänzungen an Díaz Nafría, 2017; Kirchhof, 2003 ; Malik, 2015)

von Zentralisation und Dezentralisation. Die Autonomie sollte nur eingeschränkt werden, wenn die Kohäsion des Gesamtsystems gefährdet ist, Ressourcen verteilt werden müssen, bestimmte Verhaltensweisen gefördert oder unterbunden werden müssen und wenn der Selbstausgleich zwischen Subsystemen nicht funktioniert (Malik, 2015). In Bild 5 ist die Struktur eines lebensfähigen Systems mit seinen Lenkungsbeziehungen schematisch dargestellt. Bild 6 veranschaulicht die Parallelen zum vorbildhaften Zentralnervensystem des menschlichen Organismus.

Ein lebensfähiges System hat fünf Strukturelemente die im folgenden Überblick im Kontext von Unternehmen als *arbeitsteilige Organisationen* erläutert werden:

- System 1 sind relativ *autonome Operationseinheiten*. Sie stellen selbst auch lebensfähige Systeme dar und haben ein divisionales Management (z. B. Unternehmensbereiche oder Produktgruppen). Sie stimmen sich untereinander ab, konkurrieren um Ressourcen, nehmen ihre Aufgaben

5.2 Funktionierende Führungssysteme organisieren

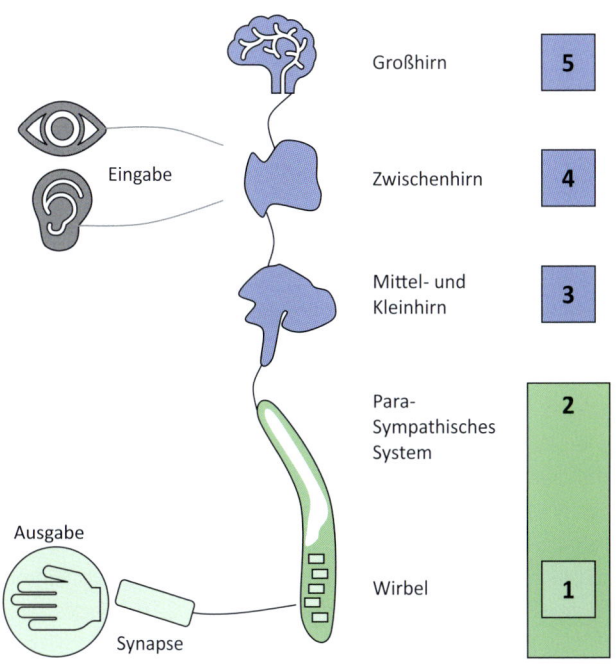

Bild 6: *Das menschliche Zentralnervensystem als Vorbild des Viable System Models (in Anlehnung an Malik, 2015)*

selbstständig wahr und koordinieren sie im Einklang mit der Gesamtstabilität. Sie sind mit ihren lokalen Umwelten gekoppelt.
- System 2 koordiniert, integriert und steuert die Systeme 1 und vermeidet dadurch Zielkonflikte. Es stützt sich stark auf *soziale und informelle Beziehungen* und kann deswegen nur bedingt institutionalisiert werden. Am ehesten lässt es sich mit Stabsmitarbeitern, Gremien und Ausschüssen vergleichen (dargestellt als Regelzentrum).
- System 3 ist das *operative Gesamtmanagement*. Es regelt und koordiniert die Systeme 1 mit den Plänen des Gesamtsystems über eine vertikale Befehlsachse. Es stimmt sich mit System 2 ab und kommuniziert auf einem direkten Kanal mit den Systemen 1 zu deren Bedürfnissen, Belastungen oder Problemen (Berichte und Audits).
- Die Systeme 1 bis 3 wirken eher in der Gegenwart und teilweise nach innen. System 4 ist das *strategische Management* und dafür mit der

Umwelt, vor allem aber der Zukunft gekoppelt. Hauptaufgabe ist die Sicherung von Erfolgspotenzialen sowie die Erschließung künftiger Betätigungsfelder.
- System 5 ist als *normatives Management* die oberste Entscheidungsinstanz. Es macht die übergeordnete Politik und gibt Philosophie und Normen aus. Es überwacht die Interaktion der Systeme 3 und 4 und gleicht divergierende Interessen zwischen diesen aus.

Die Lenkung des Systems entsteht durch die umfangreiche Verknüpfung der einzelnen Systeme zu *Homöostaten*. Diese gleichen als Selbstregulation (orange hinterlegt) die Interessen aus (Ansteuerung eines Gleichgewichtszustands als Homöostase). Alle Subsysteme haben ein stückweit divergierende Interessen, speziell aber die Systeme 3 und 4 repräsentieren mit der inneren bzw. externen künftigen Stabilität einen Widerspruch aus Bewahrung und Wandel (Interaktionspfeile) was wesentlich für die Lebensfähigkeit ist. Alle vertikalen Kanäle müssen über das gleiche Potenzial zur Varietätsbewältigung verfügen wie die Summe der horizontalen Informationskanäle sämtlicher Systeme 1 (Malik, 2015).).

Kurz und prägnant lassen sich die Systembestandteile bezüglich ihrer Zuständigkeit folgendermaßen charakterisieren (ohne System 2, da dieses die Systeme 1 koordiniert):
- System 1: Was geschieht jetzt und hier?
- System 3: Was wird demnächst und im Rahmen der kurzfristig nicht änderbaren Rahmenbedingungen passieren?
- System 4: Was könnte unter Einbezug gewisser vager Entwicklungstendenzen und bei Beseitigung interner Engpässe geschehen?
- System 5: Was sollte unter Einbezug all dieser Überlegungen geschehen? (Malik, 2015)

In Bild 5 ist die Verschachtelung in über- und untergeordnete Systeme ausgeblendet. So sind die Systeme 3, 4 und 5 des dargestellten (führenden) Systems eigentlich mit den Systemen 3, 4 und 5 der nachfolgenden (untergeordneten) Systeme 1 a, 1 b usw. verknüpft. Dadurch ergibt sich nicht nur eine Tiefenausdehnung, sondern auch eine Auffächerung in die Breite. Es gibt also nicht nur eine einzige Befehlslinie, sondern vielmehr Verknüpfungen in drei Dimensionen. Um im Bild zu bleiben stellt sich ein lebensfähiges System als Geflecht aus hierarchischen Verästelungen (Vertikale) und funktionalen Verbindungen (Horizontale) dar. Man kann es sich bildhaft auch als ineinander geschachtelte Matrjoschka (russische Talismannpuppen) vorstellen (Malik, 2015).

5.2 Funktionierende Führungssysteme organisieren

Bedeutung für die Einsatzführung
Die vorgestellten Kernaussagen zur Lebensfähigkeit von komplexen Systemen sollten unbedingt bei der Organisation von Einsätzen beachtet werden. Einsatzführung ist durch die Sprache der BWL geprägt, wie im Folgenden deutlich wird, weswegen in Organigrammen ausgleichende informelle Beziehungen zwischen Elementen im Führungssystem (System 2) nicht vorkommen. Aus dieser Vorstellung heraus werden Direktkontakte oft nicht in Erwägung gezogen oder sogar aktiv unterbunden. Dieses Beispiel ist nur eines von vielen größeren und kleineren Problemen, die im Verlauf noch aufgezeigt werden. *Der Vergleich zwischen dem Viable System Model und der gelebten Praxis zeigt einige Möglichkeiten auf, um Strukturen und Funktionen in Einsätzen zu verbessern, indem man sie lebensnäher gestaltet.*

Realitätsnähe des Viable System Model im Vergleich zu Modellen der BWL
Ein Organigramm ist eine gängige Darstellung aus der BWL, die auch in Gefahrenabwehr und Krisenmanagement etabliert ist. Es wird in der Praxis sehr oft mit der Aufbauorganisation gleichgesetzt. Das ist ungenau, weil ein Organigramm eigentlich eine Darstellungsform ist. Es kann die Aufbauorganisation (Strukturorganigramm) oder die Ablauforganisation zeigen (Harmonogramm als Arbeitsablaufschaubild), was in diesem Buch einer differenzieren Anschauung unterliegt. Die Struktur regelt Aufgaben und Verantwortlichkeit, wodurch Bereiche gebildet (Zerlegung eines Aufgabenkomplexes in Teilaufgaben) und Beziehungen geregelt werden (z. B. Einlinien- oder Stab-Linienorganisation, Matrixorganisation). Genaue Arbeitsabläufe können damit allerdings nicht dargestellt werden, weswegen zusätzlich separate Prozessschaubilder notwendig sind. Hieraus können sich ganze Prozesslandkarten ergeben an denen auch Arbeitsanweisungen angehängt sein können. Hierdurch können Vorgänge in ihrer zeitlich-funktionalen Richtung gut veranschaulich werden. Dabei bleiben allerdings die aufbauenden Aspekte wieder außen vor. Organigramme zu Aufbau- und Ablauforganisation müssen sich also stets ergänzen, um Struktur und Funktion einer Organisation umfassend abbilden zu können.

Die Trennung zwischen Aufbau- und Ablauforganisation bringt Schwierigkeiten mit sich. Es ist allgemein der Anspruch, dass ein Modell die wesentlichen Aspekte der Realität ausreichend wiedergeben muss. Bei Einsätzen (bei sozio-technischen bzw. bei komplex-adaptiven Systemen) werden hierunter die Merkmale struktureller und funktionaler Komplexität verstanden. Strukturorganigramme und Arbeitsablaufschaubilder sind als isolierte Anschauungen jeweils dahingehend unvollständig, weil sie ohne das jeweils andere Modell keine umfassende Erklärung liefern.

Einlinien- oder Stab-Linienorganisationsformen sind die etablierte Standardstruktur der Einsatzführung. Diese Darstellungen bieten für alltägliche Phänomene, wie das Durchgreifen an der Hierarchie oder für informelle Beziehungen, die faktisch eine sehr wichtige Rolle spielen, keine Erklärung und sind daher nicht sehr realitätsnah (Erklärungen für Regelmäßigkeiten und Ausnahmen). In der Einsatzführungspraxis werden die Strukturorganigramme erfahrungsgemäß sehr selten und wenn eher bei Wirtschaftsorganisationen um Arbeitsablaufschaubilder ergänzt. Wo durch Verantwortliche nur ein Aufbauorganigramm vorgegeben wird (was nach eigenen Beobachtungen auf allen Verwaltungsebenen im Pandemiejahr 2020 Gang und Gäbe war und auch in der VwV Stabsarbeit vom Innenministerium Baden-Württemberg (2004) so vorgegeben ist), bleiben damit zwangsläufig alle Fragen zum Ablauf, zur Zusammenarbeit, zu technischen Schnittstellen usw. ungeregelt. Das sorgt insbesondere in Ressortstäben für größte Friktionen. Wo Strukturorganigrammen keine Arbeitsablaufschaubilder beigestellt werden, bleibt das Modell über die Führungsunit bzw. die Einsatzorganisation quasi »zur Hälfte« unvollständig. *Die beiden Organigrammformen (Darstellungen)* sind alleine gesehen also nicht umfassend, weil sie nicht ohne weiteres Modell auskommen. Zusammengefasst kann mit isolierten Modellen aus der BWL die effektive innere Komplexität von Einsätzen nicht ausreichend wiedergegeben werden.

In den Nachteilen der BWL-Modelle liegt der Vorteil des Viable System Model. Aus Sicht der BWL bildet es Aufbau und Ablauf gleichermaßen in einem Modell ab (integriert). Es berücksichtigt informelle Abläufe, die sich auch in sozialen Beziehungen realisieren (v. a. System 2, aber auch die anderen Homöostaten). Dadurch vermag es das Aushandeln von internen »Deals« als Streben nach Gleichgewichtszuständen zu erklären. Es erlaubt veranlagte Kontaktpunkte der Organisationseinheiten zu identifizieren. Regeln wie auch Ausnahmen können auf Mechanismen zurückgeführt und erklärt werden. Zudem bietet es mit der Kybernetik eine fundierte Erklärung, wie Organisationen nach Stabilität streben. Insgesamt ist das Modell lebensfähiger Systeme umfassender als die verbreiteten Einlinien- oder Stablinienmodelle. Aus systemtheoretischer Perspektive kann es die innere Komplexität einer Führungsunit bzw. Einsatzorganisation, die durch Struktur und Funktion entsteht, mittels des Lenkungsmechanismus sehr realitätsnah abbilden. Diese Vorteile können für die Einsatzführung genutzt werden, indem Führungssysteme nach den Grundsätzen des VSM-Modells organisiert werden. Eine besondere Bedeutung kommt dem informellen System 2 zu, mit dem typischen Problemen in der Einsatzführung entgegengewirkt werden können.

5.2 Funktionierende Führungssysteme organisieren

5.2.2 Probleme in Einsatzführungssystemen und deren organisatorische Ursachen

Aus theoretischer Sicht wird mit dem Übergang von einer integral geführten Organisation (eine Führungsperson) zu einer arbeitsteiligen Organisation (mehrere Führungspersonen) eine Komplexitätsbarriere überschritten, weil sich die möglichen Zustände in Bezug auf die Führung verändern (Malik, 2015). Diese Anschauung kann helfen, sich oft auftretende Probleme in Führungssystemen zu erklären. Es gilt, dass Strukturen unbedingt verschriftlicht sein sollten. Bei Abläufen dahingehen kann eine sprachliche Festlegung manchmal ausreichend sein. Wenig Festlegungen können sogar beweglich halten. Voraussetzung dafür ist allerdings ein tiefes generisches Verständnis aller Führungspersonen über Output und Outcome der Führungsunit. Erfahrungsgemäß ist jedoch häufig das Gegenteil der Fall. Wo es keine (schriftlich oder mündlich) festgelegten Abläufe gibt, versucht man sich häufig zu behelfen, indem man von Strukturen auf Abläufe schließt. Diese folgen allerdings nicht derselben Logik (Aufgabenzuschnitt vs. Vorgangsfestlegung) worin die Hauptursache für die folgenden typischen Probleme in der Einsatzführung gesehen wird:

- Eine strenge Auslegung von Linienorganisationen führt zu starren Vorstellungen, Hierarchie-, Silo- und Zuständigkeitsdenken. Am Arbeitsplatz sitzende Stabsmitglieder, die darauf warten, dass »andere zu ihnen kommen«, werden dadurch geradezu provoziert. Die Steigerung ist »mangelndes Mitdenken.« Das führt zu einer eingeschränkt beweglichen Führungsunit, die im ungünstigsten Fall Anforderungsveränderungen im Einsatz nicht genügen kann.
- Sog. Verbindungspersonen sind zwar oft strukturell dargestellt, ihre Rollen und Kompetenzen bleiben durch fehlende Ablauf- und Aufgabenbeschreibungen aber oft unklar. Die eigene Rolle muss daher individuell interpretiert werden, was vom Verständnis des Schnittstellenpartners oder der Führungsperson abweichen kann. Das kann zu Koordinations- und Entscheidungsmängeln führen.
- Arbeitsbeziehungen zu Stellen außerhalb der Führungsunit (über Verbindungspersonen hinaus) tauchen in Strukturorganigrammen kaum auf – obwohl sie zum Einsatz gehören. Die theoretische Struktur entspricht nicht der gelebten Vernetzung. Wo dem theoretischen Bild streng gefolgt wird, kann dies die Kooperationsbereitschaft hemmen und das häufig propagierte »in der Krise Köpfe kennen« konterkarieren.
- Fehlende Arbeitsbeziehungen werden nicht selten mit einem zentralistischen Informationsmanagement ausgeglichen, weil Strukturorganigram-

me fälschlicherweise annehmen lassen, dass »alles über eine zentrale Stelle laufen müsse«. Strukturorganigramme sind aber kein Informationsflussdiagramm. Wo Informationsflüsse entlang der Struktur erfolgen, können an höherliegenden Knoten Überlastungen entstehen. Zeitverzüge und inhaltliche Versäumnisse können die Folge sein. Beim heutigen Einsatzcharakter folgt daraus früher oder später der zwangsläufige Kollaps des Informationsmanagementsystems. Daneben kann die Vorstellung, dass eine Information eine Stelle, zu der keine Linie führt, nichts angehe, gerade bei angrenzenden oder sich überschneidenden Aufgabengebieten zu Informationsungleichgewichten führen.

- Aufgaben, die in einem Liniensystem nicht ganz eindeutig genau einer Stelle zugeordnet werden können, erzeugen Verständnisprobleme, weil die klare Diagrammsprache eine scharfe Abgrenzung suggeriert. Vor pragmatischen Lösungen wie einer übergreifenden Arbeitsgruppe (quasi Matrixbildung) wird nicht selten zurückgeschreckt. In feststehenden Aufbauorganisationen kann dadurch die Ausdifferenzierung neuer (Spezial-)Aufgaben aus bestehenden Bereichen gehemmt sein. Zudem kann es zu Kompetenzstreitigkeiten (Zuweisung wie Abweisung), Zeitnachteilen oder inhaltlichen Versäumnissen kommen.

Latente Gefährdung der Performanz durch systematische Mängel
In den beispielhaften Diskrepanzen zwischen der Aufbau- und Ablauforganisation liegen Ursachen für Zeitnachteile sowie für ungenaue oder nicht richtige Entscheidungen. Jeder Punkt für sich und insbesondere mehrere zusammen können den Einsatzerfolg gefährden. *Mängel bei der Operabilität zwischen normativen Modellen über Struktur und Funktion können das Funktionieren des Stabes als Stab beeinträchtigen.* Diese Mängel sind systematischer Art, deren Ursache in den Schwächen der Modelle liegen. In der BWL verspricht man sich von Agilitätskonzepten eine gewisse Kompensation. Die dazugehörigen Methoden wie SCRUM scheinen für die Anwendung im Einsatz ungeeignet. Diese Mängel können in jedem so konstruierten Führungssystem potenziell jederzeit zutage treten. Aus Sicht einer Einsatzführungstheorie ist diese latente Gefährdung der Performanz nicht tolerierbar. Eine Minderung der Problemursachen verspricht eine gleichzeitige Sicht auf Struktur und Funktion wodurch auch generell die Funktionalität, Effizienz und Effektivität verbessert werden kann. Dazu muss die Aufbau- und Ablauforganisation eines Führungssystems grundsätzlich

1. die effektive Komplexität des Einsatzes wiedergeben.
2. realitätsnah sein und dabei Regeln und Ausnahmen erklären können.

5.2 Funktionierende Führungssysteme organisieren

3. den kapazitiven und qualitativen Anforderungen zur Führbarkeit an das Führungssystem entsprechen.
4. idealerweise umfassend in einem einzigen integrierenden Modell dargestellt werden.
5. als Alternative zu 4. zueinander passen, wenn zwei separate Modelle verwendet werden.

Ein Ansatz nach dem Viable System Model wird als geeignet beurteilt, um diese Anforderungen erfüllen zu können. Dieser Befund ist die Grundlage für ein *Zielbild über ein wirksames, bewegliches und selbstorganisierendes Einsatzführungssystem*.

5.2.3 Zielbild eines wirksamen, beweglichen und selbstorganisierenden Einsatzführungssystems

Ein Führungssystem, das den vorhergehenden Anforderungen entspricht und den wesentlichen Aussagen des Viable System Models folgt, stellt sich als wirksame, bewegliche und selbstentwickelnde Organisation dar. Die Struktur der Führungsunit generiert sich von einer Ausgangsstruktur aus als Reaktion auf die Umwelt des Einsatzes bzw. anhand der konkreten Problemlage. Diese Weise des Aufbauens ermöglicht eine situative Absorption der Umwelt- bzw. Einsatzkomplexität über den Zeitverlauf. Die Struktur ist zweigeteilt in Operationssteuerung und Management. Spezialisierte Managementfunktionen ermöglichen durch die Funktionstrennung (*Mehrfachspitze*) eine angemessene Ausrichtung auf die Zukunft, den engen Schluss an übergeordnete Gesellschaftssysteme und die adäquate Bereitstellung notwendiger Zeitressourcen für die Operationssteuerung. Die Elementrelationen und damit die Funktion passen sich anhand der Erfordernisse über den Zeitverlauf an. Diese Evolution erfolgt auf Basis der vorhandenen Anlagen aus eigenem Antrieb von selbst (*Selbstorganisation*). Die funktionalen Abläufe folgen in erster Linie dem Koordinations- und Steuerungsbedarf und in zweiter Linie der Struktur bzw. der Geschäftsverteilung. Formale Lenkungsbeziehungen sorgen für eindeutige Steuerungsimpulse zu den Aktoren. Die Aktoren agieren so autonom wie möglich (Führung mit Auftrag). Sie sind spezialisiert und auf ihren Umweltausschnitt (Aufgaben, Räume und Ressourcen) des Einsatzes ausgerichtet. Koordinationsbeziehungen innerhalb und zwischen der Operations- und Managementebene entstehen situativ in formeller wie informeller Form. Sie ermöglichen einen unverzüglichen Informationsausgleich und schaffen so die Voraussetzung für eine effektive Operationssteuerung. Die Fähigkeit zur Anpassung an die Umwelt (*Beweglichkeit*) wohnt dem Einsatzführungssystem durch die generische Struktur inhärent inne. *Ein so konstruiertes Einsatzführungssystem ist strukturell effektiv im Sinne der Lebensfähigkeit, was im weitesten Sinne als wirksam verstanden wird.* Ein in dieser Symbolsprache dargestelltes (abgebildetes) Einsatzführungssystem kann der Realität näher sein, als es die Sprache der BWL ermöglicht. Auf dieser Basis können lebensweltlichere (realistischere) Modelle von Einsatzführungssystemen entwickelt werden.

Das Struktur- und Funktionsmodell des wirksamen, beweglichen und selbstorganisierenden Einsatzführungssystems kommt mit einem einzigen Organigramm aus; allenfalls ist der Detaillierungsgrad zu erhöhen. Es ermöglicht durch die rekursive Verschachtelung seiner Subsysteme die durchgängige Konstruktion und Erklärung von Strukturen und Lenkungsmechanismen. Es ist generisch und kann deswegen die effektive Komplexität jeglicher Einsätze wiedergeben. Die in der Praxis vorhandenen informellen Kanäle werden mit abgebildet. Es nimmt die Flexibilisierung der Struktur auf, die in längeren bzw. weniger gewöhnlichen Ereignissen praktisch zu beobachten ist. Weil es keine Regel gibt, sondern von der Funktion her gedacht wird, gibt es auch keine zu erklärenden Ausnahmen. Nach dem Invarianztheorem sind Struktur und Lenkung von Einsätzen angelegt wie in einem lebensfähigen System, aber es muss eben nicht zwingend sein, dass sie so funktionieren. Wo die Anlagen also vorhanden sind und sich nur unter bestimmten Umständen ausprägen, gibt es kein Argument dagegen, weswegen Einsätze nicht in Anlehnung an das Viable System Model konstruiert werden sollten.

Summa summarum erfüllt ein Modell eines wirksamen, beweglichen und selbstorganisierenden Einsatzführungssystems die zuvor definierten Anforderungen. Durch die gleichzeitige Sicht auf Struktur und Funktion kann es Ursachen für typische Probleme in der Praxis mindern. Es wird daher aus theoretischer Sicht als geeigneter Organisationsgrundsatz beurteilt, um funktionierende Führungssysteme und Einsätze zu konstruieren.

Organisationsgrundsatz: Strukturell und funktional flexibles Einsatzführungssystem

Damit ein Stab als Stab bzw. ein Führungssystem funktionieren kann, müssen Struktur und Funktion bzw. Aufbau und Ablauf der Organisation gleichzeitig betrachtet werden. Das gilt bei der normativen Gestaltung von Führungssystemen wie auch beim *permanenten Reorganisieren* im Einsatz. Ein Einsatzführungssystem muss »funktionieren.« Dazu sollte es nach den Grundsätzen des Modells lebensfähiger Systeme konstruiert sein. Es wäre allerdings ein Trugschluss davon auszugehen, dass ein Einsatzführungssystem genau so aussehen muss. Einsätze »wachsen« umgangssprachlich »an.« Daher muss auch das Führungssystem

5.2 Funktionierende Führungssysteme organisieren

»mitwachsen.« Um im Bild zu bleiben, sollte man einen Einsatz als »lebendigen Organismus« verstehen (was wächst, das lebt), ihn ganzheitlich betrachten (Wachstum in Zusammenhang mit der Umgebung) und davon ausgehen, dass es anders kommt als man erwartet (Wachstum in eine andere Richtung oder unerwünschtes Wachstum). Was wächst und damit ein »Eigenleben« hat, kann von Vorstellungen abweichen. Lebensfähig ist an dieser Stelle metaphorisch zu verstehen in dem Sinne, dass das Einsatzführungssystem

- beweglich und selbstorganisiert sein muss,
- wachsen und schrumpfen kann und sich das Aufgabenspektrum verbreitern bzw. sich verengen kann,
- dass sich Absorber auf tatsächliche Probleme und Aufgaben richten und
- sich Fähigkeiten aus den vorhandenen Kompetenzen und Ressourcen generieren.

Daraus ergibt sich die entscheidende Eigenschaft: Ein Einsatzführungssystem nach diesem Zielbild ist *strukturell (vom Aufbau) und funktional (von Abläufen) her flexibel*, wodurch es der Komplexität des Einsatzes strukturell und funktional gerecht werden kann. Dieser Organisationsgrundsatz ist wichtig und taucht daher in der Wirkungsmatrix auf.

Modellierung und praktische Anwendung
Über das Einsatzführungssystem muss ein grafisches Modell gebildet werden. Es steht gleichberechtigt neben dem Steuerungsmodell vom Einsatz. Optisch kann es an Bild 4 angelehnt werden. Die Visualisierung kann im Analogen (in Gesprächen) entworfen und danach in digitalen Applikationen gepflegt (gesichert) werden. Im Vordergrund sollten unbedingt die Funktionen (Abläufe, Zusammenarbeit, Vorgänge) stehen (Prozessorientierung) und nicht die Aufgabenzuschnitte (verbreitete Strukturorganigramme). Das Modell dient der Reduzierung der wahrgenommenen funktionalen Komplexität aus Sicht der Führungsperson, weil durch die Sichtbarmachung von Beziehungen das Gefühl von Orientiertheit entsteht. Es entspricht dem Systemdesign bei der normativen Gestaltung im Voraus und beim permanenten Reorganisieren. Das Modellieren ist eine wichtige Tätigkeit und taucht daher in der Wirkungsmatrix auf. Bei der Konstruktion sind folgende wichtige Punkte zu beachten.

- Jeder Unit, insbesondere den operativen Einheiten (Systeme 1), ist weitestgehende Autonomie einzuräumen. → *Führung mit Auftrag*.

- In Stäben müssen strategische Managementaufgaben vom operativen Management getrennt werden (Unterscheidung in Systeme 3 und 4). → *Mehrfachspitzen*.
- Alle Aufgaben, Räume und Ressourcen, die bei den Systemen 1 über die Zeit relevant sein können, müssen im System 2 abgebildet werden, damit die Führbarkeit gegeben ist → Regeln zu *Führungsspanne* (Gliederungsbreite) in Verbindung mit Regeln zur Kommunikation (siehe nächster Punkt).
- Die vertikalen Kanäle (Befehlsachsen) müssen über das gleiche Potenzial zur Varietätsbewältigung verfügen wie die Summe sämtlicher horizontaler Informationskanäle (zwischen Systemen 1, 2 und 3 sowie zwischen Systemen 3, 4 und 5).
    - Die jeweiligen Funktionsträger müssen erreichbar sein (vor allem aus Sicht der nachgeordneten Stellen).
    - Die Kanäle müssen die Informationsmenge und das Datenformat in der notwendigen Zeit verarbeiten können.
    - Der »Umfang« und die »Dynamik« des Einsatzes müssen kommunikativ abgebildet werden können. Eine Kapazitätssteigerung auf den Kanälen zwischen den Systemen 1 und 2 ist durch Abstufung (zusätzliche Hierarchieebene) oder durch Ausbau der Systeme 2 möglich.
    - Die Koordinationsbeziehungen zwischen den einzelnen Systemen müssen flexibel und generisch sein. Zusätzliche Führungs- und Ausführungsunits müssen stets unverzüglich ins Informationsmanagementsystem integriert werden können.
    - Kritische Situationen können es erfordern, dass die Funktionsträger der Managementsysteme 3, 4 und 5 gemeinsam über den Auditkanal des Systems 3 Berichte von den Systemen 1 empfangen und gemeinsam ad hoc über die Befehlsachse das System 2 ansteuern.
- Im Einsatz und in Führungsunits muss es *formelle Kanäle* (Befehlsachsen) und *informelle Kanäle* geben (Homöostaten bzw. System 2).
    - Diese »Klammer« soll Oszillationen zwischen den Systemen 1 aufgrund mangelnder Abstimmung verhindern.
    - Weil in der Praxis dieselben Personen über dieselben Kanäle formell und informell miteinander sprechen, muss das Anweisungswesen vom Abstimmungswesen unterscheidbar sein → sprachliche Kennzeichnung (z. B. »Das ist eine Anweisung« vs.

5.2 Funktionierende Führungssysteme organisieren

»ich sondiere Handlungsmöglichkeiten«) und entsprechende Selbstdisziplin.
- *Koordinieren* (Homöostase) muss als Führungsaufgabe verstanden werden, die mehr Aufwand verursacht als Entscheiden und Anweisen (Befehlsachse).
  - Koordination zwischen zwei Stellen ist eine gegenseitige Sache. Die Beteiligten müssen die Interessen der Gegenseite einschätzen können und bei Bedarf proaktiv auf die Schnittstelle zugehen.
- Die *Vernetzung von Spitzenfunktionen* beteiligter Organisationen muss als eigene Aufgabe verstanden werden (System 5 als normatives Management).
  - Die verantwortlichen Instanzen (z. B. der Polizeipräsident mit dem Leiter der Berufsfeuerwehr oder die COOs von Konzerntöchtern) stehen untereinander in Kontakt → Abgrenzung von den strategischen und operativen Aufgaben, Abstimmung mit der Mehrfachspitze des Stabes (Kopplung System 5 mit Homöostat Systeme 3 und 4).
  - System 5 umfasst sprachlich gesehen die Leitungsfunktion (in deren Auftrag gehandelt wird)
- Das Antizipieren der Zukunft obliegt der Verantwortung des strategischen Managements (System 4).
  - »Lagedarstellung« ist als Aufgabe zu kurz gegriffen → eine Intelligence-Einheit (Sektion) muss im Auftrag der Mehrfachspitze Vorhersagen über die Umwelt in naher und ferner Zukunft entwickeln.
  - System 4 und 3 umfasst sprachlich gesehen die Führungsfunktion (Einsatzleiter, Stabsleiter)
- Die operativen Strukturen müssen regelmäßig überprüft werden, ob sie den Erfordernissen der Umwelt noch entsprechen (System 1, 1a und System 2).
  - Die strukturelle Effektivität der Führungsunit (Überlebensfähigkeit) hängt von der Anpassungsfähigkeit ab, weswegen Strukturen flexibel sein müssen → eher dauerhaft: Restrukturierung von Arbeitsbereichen (Zusammenlegung, Trennung) → eher temporär: Bildung von Arbeitsgruppen.
- Die Informationsmanagementsysteme aller Subsysteme des Einsatzes müssen anschlussfähig und effizient sein.

- Alle Organisationen kommunizieren im Einsatz nach demselben Standard (Ideal: gleiche Sprache, keine Medienbrüche, gleiche Kommunikationsnetze) wozu der Workflow modelliert werden sollte.
- Direktverbindungen zwischen Stellen, die sich koordinieren müssen, sind schneller als Umwege über übergeordnete Stellen. Übergeordnete Stellen benötigen allerdings den Überblick über die nachgeordneten Systeme (System 2).
- Es kommt jedem Beschleunigungspotenzial im Führungssystem hohe Bedeutung zu. *Abläufe müssen wo möglich bezüglich Zeitaspekten optimiert werden* → Zulassen von informellen Koordinationsbeziehungen neben der Befehlsachse.
- *Führungssysteme müssen je nach Steuerungsbedarf abgestuft sein* → Bei Einsätzen, in denen es um Abfedern und Wiedereinlenken geht, reicht ein Führungssystem auf operativer und strategischer Managementebene aus. Geht es um das Weiterentwickeln des Zielsystems, muss das Führungssystem auch das normative Management umfassen.

Nutzen

Im Vergleich zu zweigeteilten Aufbau- und Ablauforganigrammen stellt das Modell eines wirksamen, beweglichen und selbstorganisierenden Einsatzführungssystems höhere Anforderungen an den Betrachter und den Konstrukteur. Mit zunehmendem Verständnis für den intendierten Organisationsgrundsatz wird die Anwendung allerdings leichter fallen. Selbstorganisation erfordert großes Vertrauen vonseiten der Führungsperson, weil die Koordination zwischen den Elementen des Einsatzes Großteils ohne ihre Einbindung erfolgt. Gleichzeitig wird ihre Selbstdisziplin zur Einhaltung der Lenkungsbeziehungen und zur »Mitarbeit« in den Homöostaten stärker gefordert. Beides sind keine neuen Anforderungen, sondern aus der Führung mit Auftrag bereits bekannt. Durch das potenziell reibungslosere Funktionieren der Führungsunit als solches und die Selbstorganisation über den gesamten Einsatz gesehen sinkt der Koordinationsaufwand der Führungsperson. Allerdings kann der hohe Freiheitsgrad bei den Abläufen bei Geführten für Unsicherheit sorgen, was den Koordinationsaufwand kurzeitig erhöhen kann. Der Mehrwert des Zielbilds dürfte bei Einsätzen mit hohem Steuerungsbedarf (echte Krisen) höher ausfallen als bei kleineren Einsätzen oder bei eher operativ geprägten Führungsunits. Insgesamt führt ein selbstorganisierendes Führungssystem zu einer deutlichen Entlastung der Führungsperson, was mögliche höhere Anforderungen rechtfertigt.

5.2 Funktionierende Führungssysteme organisieren

Man muss sich ein stückweit von der Idee verabschieden, dass Einsätze im Voraus bis zum Ende durchgedacht sein können. Gerade in echten Krisen und bei neuartigen Einsätzen ist vieles nicht absehbar. Daher können auch die erforderlichen Strukturen und Funktionen nicht vorhergesehen werden. Das ist ein gewichtiger Grund dafür, um Aufbau und Abläufe generell beweglich zu halten. Strukturen und Lenkungsmechanismen, die für »alltägliche« Situationen »zu viel sind«, sollten als »Anlage« verstanden werden (Invarianztheorem), die sich erst bei Erfordernis ausbilden. In der Praxis sollten für die Einsatzerstphase eine Ausgangsstruktur und dazugehörige grundlegende Abläufe standardisiert sein. So können Zeitnachteile minimiert werden. Von diesem Anfangszustand aus kann sich das Führungssystem nach den tatsächlichen Erfordernissen aus Umwelt, Problemkonstellation und Einsatzaufgaben entwickeln. Das bedeutet nicht, dass bisher bewährte Aufbau- und Ablauforganisationen »auf Null« zurückgesetzt werden sollen. Vielmehr sollen diese als Ausgangszustand definiert und flexibilisiert werden. Der Transformationsaufwand vom Status Quo zum vorgeschlagenen Zielbild ist gering.

Einsatzführung im Kontext des Staatenwesens
Nicht selten wird China als vermeintliches Musterland der Corona-Pandemiebekämpfung angesehen und als zentrales Argument die Wirksamkeit, Geschwindigkeit und Einheitlichkeit des staatlichen Handelns angeführt. Diese Argumentation ist allerdings zu kurz gegriffen. Das vermeintlich bessere Funktionieren »hierarchischer« Systeme bedarf einer sorgfältigen Analyse. China als Stellvertreterbeispiel für ein zentralistisches und autoritäres Staatensystem kann im Vergleich zu föderalen, demokratischen und rechtsstaatlichen Ländern nur deswegen so agieren, weil es sich nicht an dieselben Prinzipien hält. Dadurch kommen Maßnahmen in Betracht, die andere Staaten sich selbst versagen. Die politischen Systeme unterscheiden sich in ihren zugrundeliegenden Werten (z. B. informationelle Selbstbestimmung) derart, dass ihr Vergleich kaum zur Gegenüberstellung von Hierarchie- und Netzwerkstrukturen taugt. Einsatzführung im öffentlichen Bereich ist eng verbunden mit der gesetzlichen Legitimität von (wünschenswerten) Maßnahmen. Hierüber gilt es vorab zwischen bürgerlichen Abwehrrechten und staatlichen Durchgriffsrechten abzuwägen und die jeweilige Konstellation als Rahmenbedingung für den Einsatz zu verstehen. Das führt zu einem wichtigen Unterschied der bei der Beurteilung staatlichen Krisenmanagements wie in der Corona-Pandemie zu berücksichtigen ist. So seien Gesellschaften keine Organisationen wie z. B. abgegrenzte Wirtschaftsunternehmen weswegen man ihre Praktiken nur begrenzt steuern könne (Nassehi, 2020). Das zeigt auch das Präventionsparadoxon (vgl. Nemat, Priddat & Vasek, 2021). Danach sind vorbeugende Maßnahmen für alle nützlich, aber bringen für den

einzelnen nur wenig (und umgekehrt). Es handelt sich um einen Feedforward-Effekt. Solche Präventionsmaßnahmen können nur schwer über Einsicht vermittelt werden, sondern bedürfen eines Regimes. Zudem funktioniert demokratische Meinungsbildung anders als Entscheidungsfindung im Einsatz. Politische Entscheidungen beruhen vor allem auf Mehrheiten, Anschauungen und Akzeptanz, wohingegen sich Expertenentscheidungen stärker an Tatsachen und Richtigkeit orientieren. Das erklärt, warum zu Herbstbeginn 2020 Einschränkungen zur Pandemiebekämpfung von Experten weitsichtig gefordert wurden, aber die politischen Akteure anders agieren. »Das ist Politik« brachte es Bundeskanzlerin Merkel auf den Punkt (Siemons, 2020). Diese Gegenüberstellung zeigt, warum demokratische Prozesse mitunter zu »falschen« Ergebnissen führen. Demokratische Politik ist ein Aushandlungsprozess. Bei der Einsatzführung ist der Rahmen bereits ausgehandelt und gibt die Grenzen der Steuerungsmöglichkeiten vor. Autoritäre Systeme (unscharf »hierarchisch«) haben verkürzte oder keine Aushandlungsmechanismen. Unter diesen Vorbedingungen können Einsätze bzgl. Zeitvorteilen und Wirkungen bzw. hinsichtlich des Nebenwirkung-Nutzen-Verhältnisses kaum verglichen werden. Aus dieser Analyse folgt, dass sich Führungspersonen den Mechanismen in ihren Organisationen bewusst sein müssen, um ein funktionierendes Führungssystem organisieren zu können und darüber wirksam Einfluss auf das organisationale Handeln nehmen zu können.

Stellung von Task-Forces
Task-Forces (Arbeitsgruppen) sind ein organisatorisches Mittel, um eine Fragestellung forciert zu behandeln. Sie dienen der (temporären) Auslagerung von Fragestellungen (aus dem Stab, aus der Alltagsorganisation). Je nach Organisation werden sie auch als Vorstufe zur Eskalation eines Einsatzes zu einem Stab verstanden und können mit Handlungskompetenz ausgestattet sein. Weil sich hinter dem Begriff unterschiedlich ausgestattete bzw. agierende Organe verbergen können, kann die Task-Force in Bezug auf einen »ganzen Stab« (Vollausprägung eines Einsatzführungssystems) nicht genauer definiert werden. Vorteile (u. a. Gewinn von Arbeitskapazität, guter Einbezug von Spezialisten) müssen sorgfältig gegen Nachteile (zusätzliche Schnittstellen, hoher Koordinierungsaufwand bei Querschnittsthemen, oft unklares Selbstverständnis bezüglich Handlungskompetenz) abgewogen werden.

Schlussfolgerung: Funktionierende Führungssysteme organisieren
In der Gesamtschau sprechen theoretische und praktische Gründe klar dafür, Führungssysteme nach den Grundsätzen lebensfähiger Systeme zu konstruieren und damit realistischere Modelle über die Einsatzführung als Institution und deren Funktionieren als bisher zu verwenden. Das entwickelte Zielbild eines funktionie-

5.3 Organisieren von Elementen

renden Führungssystems begünstigt die Voraussetzungen für positive Führungsleistungen, weil dadurch die effektive Komplexität wiedergegeben werden kann. Dadurch wird typischen Problemen entgegengewirkt oder deren Ursachen sogar vermieden. Für die drei realisierenden Führungstätigkeiten Organisieren (Abschnitt 5.3), permanentes Reorganisieren (5.5) und Koordinieren (5.6) ergibt sich, dass stets gleichzeitig auf Struktur und Funktion geblickt werden muss. *Das Zielbild wirksamer, beweglicher und selbstorganisierender Einsatzführungssysteme ist ein wichtiger Grundsatz zur Konstruktion funktionierender Einsatzführungssysteme und findet sich daher in der Wirkungsmatrix wieder.*

Praxistipp:

Organisiere das Einsatzführungssystem so, dass es strukturell (Aufbauorganisation) und funktional (Ablauforganisation) flexibel ist (Organisationsgrundsatz). Betrachte Struktur und Funktion bzw. Aufbau und Ablauf der Organisation gleichzeitig. Entwickle das Einsatzführungssystem von einem Ausgangspunkt aus (normative Festlegung vor dem Einsatz) während des Einsatzes kontinuierlich weiter, so dass es funktionieren kann (permanentes Reorganisieren).
Um Funktionieren zu können, muss ein Einsatzführungssystem im Zielbild
- beweglich und selbstorganisiert sein,
- Komplexitätsabsorber müssen auf tatsächliche Probleme und Aufgaben gerichtet sein und
- Fähigkeiten müssen sich durch die Kombinationsmöglichkeit aller Kompetenzen und Ressourcen generieren können.

5.3 Organisieren von Elementen

Das Organisieren wird vom Koordinieren abgegrenzt und als Zerlegung einer Gesamtaufgabe in Teilaufgaben bzw. als das entwickelnde Aufbauen und Strukturieren verstanden, dessen Ergebnis die Aufbauorganisation ist. Bestandteile des Organisierens sind einzelne Elemente, die damit die grundlegenden Komponenten der Führungsarbeit darstellen. Organisieren wird als Ordnen verstanden (Mallik, 2015).

Die Bestandteile der Führung wurden bereits in der historischen Militärliteratur beschrieben. Clausewitz bestimmt in seinem Buch Vom Kriege im Jahr 1832 das allgemeine Wesen des Krieges. Dabei spricht er im Kontext *»von der Strategie überhaupt«* vom *»Erfolg des Kalküls mit Raum, Zeit und Größe«* (Von Clausewitz, 1995). Damit hat er die Grundkomponenten der Führung abstrakt skizziert:

- Zielerreichung (Erfolg),
- geplantes Vorgehen, Strategie und Taktik (Kalkül),
- Eingrenzung, Betrachtungsbereiche (Raum),
- Abfolge und Dauer (Zeit),
- elementare Gesetze, Naturgewalten, Ressourcen und militärische Kräfte (Größe).

Aus diesen grundlegenden, nicht weiter zu reduzierenden Einzelpunkten kann jeder Militäreinsatz entwickelt werden. Mutmaßlich hat hierin die Redewendung »*Raum, Zeit, Kräfte*« ihren Ursprung, die heute in Militär und bei Blaulichtorganisationen immer wieder anzutreffen ist. In einem ganz anderen Bereich, nämlich in der Physik, gibt es eine ähnliche Definition. Die allgemeine Relativitätstheorie beschreibt die Wirkungen zwischen *Materie, Raum und Zeit* (Spektrum Akademischer Verlag, 1998), was verblüffend Clausewitz' Größe, Raum und Zeit ähnelt. Diese Ähnlichkeiten zwischen einer sehr konkreten (Vom Kriege) und einer sehr allgemeinen Theorie (Relativitätstheorie) legen nahe, dass sich eine Einsatzführungstheorie auf ähnliche Größen zurückführen lässt.

Zwei der drei Elemente von Clausewitz sind nahezu genauso auf Gefahrenabwehr und Krisenmanagement übertragbar: Raum und Zeit sind universale Elemente und in der Einsatzführung auch heute relevant. Die *Größe* als Clausewitz' drittes Element erscheint heute begrifflich unpräzise. In seinem militärischen Kontext verfügten die Kräfte jeweils über spezielle Fähigkeiten. Was z. B. ein Pionier-Bataillon zu leisten vermochte, wusste er vermutlich genau. Mutmaßlich bezeichnete er das als Größe. Zudem war der Verwendungszweck auch anhand der Truppengattung und Einheitsbezeichnung eindeutig klar. Clausewitz' Größe (taktische Einheit) war also zweckgebunden. Andere Größen standen ihm nicht zur Verfügung. Das ist dem Zeitgeist geschuldet, auch weil die Kriegsführung zu seinen Zeiten (vereinfacht) eher monozentrisch war. Das ist heute a) anders und b) sind Einsätze in Gefahrenabwehr und Krisenmanagement polyzentrisch und weisen mehrschichtige Problemlagen auf. Zudem geht es heute nicht mehr nur taktische Einheiten, sondern viel weiter gefasst z. B. auch um Kraftstoff, Schulungskapazität oder Rechenzentrumsleistung. Dies als »Größe« zu bezeichnen, erscheint unpräzise. Teleologisch produziert der Begriff der »Größe« zudem einen Ringschluss, weil Räume und Zeiten ebenso Größen sind. Semantisch meinte Clausewitz mit Größe eine »Ressource«. Dieser Begriff wird heute als passend beurteilt und schließt an Clausewitz' mutmaßliche Intention an. *Daher wird in der vorliegenden Einsatzführungstheorie bedeutungsgleich mit Clausewitz' Raum, Zeit und Größe modern von Raum, Zeit und Ressource gesprochen.* Allerdings

5.3 Organisieren von Elementen

ist im Kontext von Gefahrenabwehr und Krisenmanagement noch die Ergänzung eines vierten Grundelements notwendig.

Einsätze werden arbeitsteilig erledigt (Geschäftsverteilung, Einzelaufgaben). Der folgende exemplarische Einsatz einer Hilfsorganisation zeigt, dass Raum, Zeit und Ressource ohne Zuordnung einer Aufgabe bedeutungsleer bleiben.

- *Ein Einsatz wird räumlich aufgeteilt.* Das kann relativ grob erfolgen wie z. B. am Unglücksort/an abgesetzten Betreuungsstellen/abgesetzt bei der rückwärtigen Führungsstelle. Einsatztaktische Raumaufteilungen sind kleinteiliger wie z. B. Einsatzabschnitt Ost/West/Brücke. Der Raum bezeichnet eine physische Lokation. Er sagt nichts über die Wirkung aus, die dort erzielt wird bzw. die Aufgabe die dort erledigt wird.
- *Ressourcen werden bestmöglich eingesetzt (taktisches Arbeiten).* Zukünftige Ressourcenbedarfe werden ermittelt und bereitgestellt (strategisches Arbeiten). Bergungszug, Kraftstoff, Schulungskapazität oder Rechenzentrumsleistung lassen ihre Zwecke zwar vernünftigerweise erkennen. Die Ressource allein sagt jedoch nichts über ihre Verwendung bzw. ihre Aufgabe aus.
- *Der Einsatz unterliegt der fortschreitenden Zeit.* Daraus entsteht einerseits ursächlicher Handlungszwang, weil z. B. durch Zeitverzug Schaden droht. Einsätze laufen deswegen gegen die Zeit. Andererseits ordnen Zeitphasen den Einsatzablauf (z. B. Rettungsphase, Bergungsphase oder Aufräumphase). Damit wird zwar phänomenologisch eine Wirkung beschrieben, die erzielt werden soll, was aber nichts über die zu erledigende Aufgabe der jeweiligen Ressource aussagt.

Bis hierhin ist noch nicht klar, welche Aufgabe durch die bzw. mit den Ressourcen an welchem Ort zu welcher Zeit durchgeführt werden soll. Erst, indem den Elementen Ressourcen, Zeit und Ort die Aufgabe übertragen wird, können sie eingesetzt werden. Erst mit Klarheit der Aufgabe, ergibt sich die Bedeutung des Einsatzes.

Das übertragbare Beispiel belegt, dass ein Einsatz anhand der *vier Elemente Aufgabe, Raum, Ressource und Zeit* erklärt werden kann. Sie sind daher substanziell für den Einsatz.

Schlussfolgerung: Elemente als Substanz
Die von Clausewitz 1832 formulierte Theorie vermag mit einer Ergänzung (Aufgabe) und begrifflicher Schärfung (Ressource) auch heute Einsätze zu erklären. Aufgabe, Raum, Ressource und Zeit finden sich allgemein in jedem Einsatz und bei allen Arten von Organisationen wieder. Aus diesen vier Elementen besteht der eigentliche

behandelte Inhalt der Führungsarbeit. Sie stellen die Substanz der Genese der Führungsleistung dar. Vereinfacht gesagt sind sie der Rohstoff oder die Grundkomponenten, aus denen der Einsatz aufgebaut wird. Das Organisieren der substanziellen Elemente ist für die Einsatzführung von grundlegender Bedeutung, weil sich daraus die Struktur des Einsatzes ergibt (Aufbauorganisation). Es ist eine sehr weitreichende Tätigkeit und taucht deswegen in der Wirkungsmatrix auf.

Verrichtungs- oder Objektorientierung
Das Organisieren der substanziellen Elemente wirkt über die Struktur auf den gesamten Einsatz. Stark vereinfacht kann man sagen, dass die Aufbauorganisation des Einsatzes »steht«, wenn die Elemente funktional strukturiert sind. Die Elemente sind daher ein wichtiger Bestandteil eines Strukturorganigramms. Darin werden die Elemente entweder anhand von Aufgaben (mit Problemen) und Zeit zu Verrichtungen gegliedert oder nach Räumen und Ressourcen zu Objekten gebündelt. In der Realisierung überschneiden sich Verrichtungen und Objekte. Das kann nicht vermieden werden und trifft insbesondere auf die Gefahrenabwehr mit hohem Anteil physisch wirkender Maßnahmen zu. Um die Überschneidungen gering zu halten, muss von Anfang an buchstäblich auf eine »sinnvolle Organisation« geachtet werden. Die Struktur der Elemente (Organisationsergebnis) geht daher im Zielbild des wirksamen, beweglichen, selbstorganisierenden Einsatzführungssystem auf.

Aufgrund der Tragweite ist das Organisieren von Elementen auch die Bezeichnung der gleichnamigen, übergeordneten Kategorie. Es steht wegen seiner strukturellen Bedeutung für eine wesentliche Führungstätigkeit, aus der weitere Tätigkeiten abgeleitet werden können. Die Führungstätigkeiten in den folgenden Abschnitten schließen hieran an.

Merke:
Durch das Organisieren substanzieller Elemente wird der Einsatz aufgebaut/strukturiert.
- Wie müssen Aufgaben, Räume und Ressourcen über den zeitlichen Einsatzverlauf organisiert werden?
- Gliedere Probleme, Aufgaben und Zeit zu Verrichtungen! Bündle Räume und Ressourcen zu Objekten!
- Organisiere sinnvoll, weil sich Verrichtungen und Objekte bei der Realisierung überschneiden.

5.4 Komplexität des Einsatzes beherrschen

Die Komplexität von Ökologie, Gesellschaft und Ökonomie übersteigt jede individuelle Übersicht. Einsätze laufen in diesem Kontext ab und sind komplex-adaptive Systeme wie im Abschnitt 3.1 gezeigt wurde. *Führungspersonen in Führungsunits müssen die Komplexität beherrschbar machen können, um in diesem Kontext operieren zu können.* Im Folgenden wird aufgezeigt, wie die Komplexität des Einsatzes beherrschbar gemacht werden kann (erstens die subjektive Komplexität *reduzieren* und zweitens die strukturelle und funktionale Komplexität des Einsatzes durch das Organisieren des Führungssystems *absorbieren*). Der Fokus liegt auf der praktischen Anwendung. Deswegen wird die *effektive* und nicht die potenzielle Komplexität betrachtet. Im konkreten Anwendungsfall muss die tatsächliche Konfiguration des jeweiligen Einsatzes herangezogen werden. Relevant sind die jeweiligen Komplexitätstreiber. Diese Treiber sind konkrete Ursachen, Auslöser oder Faktoren und lassen sich auf systemtheoretische Grundlagen zurückführen. In Tabelle 7 werden identifizierte allgemeine Komplexitätstreiber nach äußerer und innerer Ursache unterschieden.

Je nachdem, wo die Grenze zwischen den jeweiligen Systemen gezogen wird, verschieben sich die Ursachen zwischen Innerem und Äußerem. Die *strukturelle Komplexität* wird vor allem getrieben durch die substanziellen Elemente des Einsatzes mit allen Unterelementen in der Führungs- und Ausführungsunit sowie dem Zielsystem. Die Über- und Unterordnung der einzelnen Organe ist dafür weniger ausschlaggebend als ihre konkreten Interaktionen im Zeitverlauf. Das führt zur *funktionalen Komplexität*, die einerseits getrieben wird durch das Systemverhalten – also von den Wirkungen von Führungs- und Ausführungsunit auf das Zielsystem sowie die Rückwirkungen daraus. Andererseits wird sie getrieben von den speziellen Abläufen im Führungssystem. Die funktionale Komplexität ist eine Beschreibung über den Zeitablauf, weswegen Momentan- oder Zeitspannenbetrachtungen sinnvoll sein können.

Wahrgenommene Komplexität reduzieren

Die Reduzierung der von der Führungsperson wahrgenommenen Komplexität ist keine tatsächliche Vereinfachung des Systems, sondern nur eine *Verringerung durch Betrachtung*. Die wesentlichen Eigenschaften des Einsatzes als komplex-adaptives System dürfen keinesfalls weg-vereinfacht werden. Die Schwelle für zu einfache Darstellungen und damit zur Reduzierung auf triviale Systeme ist schnell überschritten. Häufige beobachtete Fehler sind, dass unbekannte bzw. nicht-lineare

Funktionen als deterministisch oder linear dargestellt werden, Beziehungsmuster nicht durchdrungen und deshalb nicht wiedergegeben werden, »weiche« Faktoren wie Vertrauen oder Verstärker wie Aufmerksamkeit außer Acht gelassen werden, Wechselwirkungen mit der Umwelt nicht beachtet werden oder – ganz lapidar – die Zeit vergessen wird.

Tabelle 7: *Überblick über allgemeine Treiber für strukturelle und funktionale Komplexität im Einsatz (alphabetische Ordnung)*

Exogene Komplexitätstreiber	Endogene Komplexitätstreiber
• Abläufe und Beziehungen im Zielsystem und in der Umwelt	• Abläufe und Prozesse im Einsatz
• Äußerungen von Schlüsselpersonen mit faktischer Wirkung	• Abläufe speziell im Führungssystem
• Dynamik (Geschwindigkeit, Kraft von Veränderungstreibern) und Volatilität (Veränderungen über die Zeit)	• Akteure als Mensch
	• Eigeninteressen von Akteuren
	• Geschäftsverteilung, bzw. aufgabenteiliges Arbeiten im Führungssystem (gebündelte Zuständigkeiten für Aufgaben, Räume, Ressourcen und Zeitabschnittschnitte des Einsatzes)
• Erwartungen, Vertrauen von interessierten Parteien	
• Falschinformationen, Gerüchte	• Informationsmenge
• Fehlende Problemanfänge und -enden	• Misstrauen im Führungssystem, dadurch erhöhte Kontrolle
• Gesellschaft (Virtuell, Physisch)	
• Gezieltes Unterlaufen von Fähigkeiten	• Neuartigkeit des Einsatzes bzw. Nicht-Vorbereitung
• Mediatisierung, Medienberichterstattung, öffentliche Aufmerksamkeit	• Produkt-, Kunden-, Prozess- und Produktionskomplexität der Mutterorganisation
• Politik, langwierige Aushandlungsprozesse	
• Recht und Norm	• Selbstrestriktive Ziele
• Ressourcenbeschaffung	• Technologie
• Schadenereignis (Ursache, Auswirkungen, Zusammenhänge und Veränderlichkeit)	• Zusammenarbeit paralleler Führungssysteme (BAO/AAO)
	• Zusammenarbeit unterschiedlicher Organisationen (Kultur, Führungssysteme)
• Symbolwirkungen	
• Umfeld (Markt bei Wirtschaftsorganisationen, Staatengemeinschaft bei Nationen)	• Zusammenarbeit von Führungs- und Ausführungsunit
• »Unbekannte«	• Zwänge aus der Alltagsorganisation
• Weiterentwicklung von Ursache und Auswirkung	
• Zeitfortschritt (Tages-/Nachtzeit, Deadlines)	

5.4 Komplexität des Einsatzes beherrschen

Die subjektive Komplexität kann durch vier Punkte reduziert werden. *Erstens gilt es, das Zielsystem, Umwelt und Problem anhand kritischer Variablen grafisch-textsprachlich zu modellieren.* Es ist eine unabdingbare Voraussetzung, das Zielsystem (»die Stadt«, »den Betrieb« oder »das Asylsystem«) möglichst gut zu kennen. Diese Methode zählt zum Entscheiden und wird im Kapitel 6 erläutert. Die zu lösenden Probleme liegen nicht in Klarform vor und müssen daher extrahiert und interpretiert werden, wodurch sich das erforderliche Lagebewusstsein entwickeln kann. *Die wahrgenommene Komplexität reduziert sich, indem ein Überblick über die Situation erlangt wird und das Gefühl der Orientiertheit entsteht.* Dabei laufen Verlautbarung (sprechen über ein vorhandenes mentales Modell) und Erschaffung (Zusammentragen und Ordnen von Informationen) gleichzeitig ab. Faktisch vorhandene (Ausgangs-)Modelle werden dadurch geschärft und verbessert. Damit wird auf erfahrungsbasierte Muster und Schemata zurückgegriffen. Wo Ähnlichkeiten zu bereits Erlebtem wiedererkannt werden, sinkt die subjektiv empfundene Komplexität deutlich, weil die Situation die Neuartigkeit verliert. Mit der Modellierung des Einsatzes anhand kritischer Variablen hat das Erfassen der Komplexität einen intuitiven Ausgangspunkt. Die folgenden Punkte erinnern allerdings stark an analytische Entscheidungsmethoden. Insgesamt ist es eine ganz erhebliche analytische Leistung, den Einsatz in seiner Komplexität zu erfassen. Für die praktische Anwendung muss sich die Führungsperson dafür Zeit nehmen, um die erforderliche kognitive Leistung erbringen zu können.

Nach dem Einsatzmodell gilt es zweitens das in Abschnitt 5.2.3 beschriebe *Modell des Einsatzführungssystems zu bilden*. Damit wird die subjektive funktionale Komplexität speziell der Führungsunit reduziert. Wie beim Einsatzmodell entsteht dadurch das Gefühl der Orientiertheit. In der Praxis geht die Modellierung des Istzustandes oft in einen Ordnungsprozess hin zum Sollzustand über. Wo es vorbereitete Organigramme gibt, gilt es diese an die tatsächliche Besetzung anzupassen.

Drittens gilt es, den *Wirkpfad der Einsatzsteuerung zu visualisieren*. In Bild 7 ist er schematisch dargestellt. Detailliert erläutert wird er im Abschnitt 6.3.3. Seine (idealisierten) Schritte sind in Wirklichkeit nicht stratifiziert, sondern haben nur eine inhaltliche Logik. Durch seinen Aufbau leitet er dazu an, das Handeln auf die Wirkung auszurichten. Er ist zudem eine Blaupause, um generisch eine Einsatzstrategie zu entwickeln. Der Wirkpfad ist ein wichtiges Hilfsmittel und daher im Einsatzführungsalgorithmus eingezeichnet. Seine Sichtbarmachung schafft Eindeutigkeit. Der Beitrag der Führungsunit zum Einsatz wird für die Führungsperson und die Geführten erfassbar und das eigene Handeln erfährt eine Richtung. Insgesamt wird durch die Visualisierung des Wirkpfads Klarheit geschaffen, wodurch die subjektive Komplexität deutlich sinkt.

5 Realisierungstätigkeiten Orientieren, Organisieren, Koordinieren

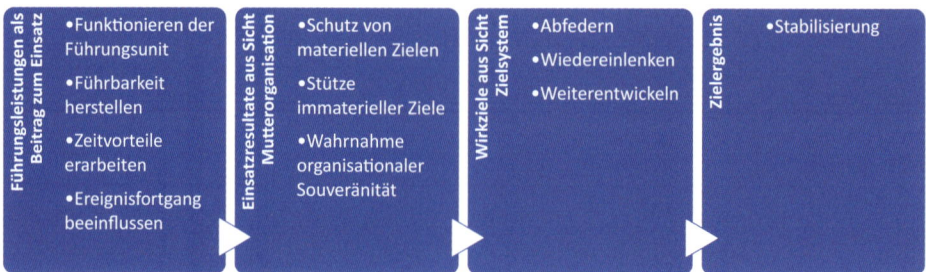

Bild 7: *Schematischer Wirkpfad der Regelungstätigkeit durch die Führungsunit*

Viertens gilt es durch Filtern und Strukturieren die Informationsmenge zu verringern, die die Führungsperson erreicht. Praktisch besehen ist Filtern die Auswahl nach Relevanz z. B. zum gegenwärtig dringendsten Problem. Systemtheoretisch werden dabei nur spezielle Ausschnitte des Einsatzes betrachtet. Aus Sicht der Führungsperson handelt es sich um Präferenzbildung, wodurch andere Punkte ausgeblendet werden. Dabei muss es Bypässe oder Trigger geben, die die Umgehung der Filter und Stimuli erlauben. Beispiele sind das dringende Bitten eines Geführten um ein Gespräch mit der Führungsperson oder auch die altbekannte »Blitzmeldung.« Man kann es unscharf auch als »kurzer Dienstweg« bezeichnen. Im VSM-Modell entspricht dies zu Teilen einem Homöostaten. Dieser Punkt markiert eine wichtige funktionale Anforderung und muss im Zielbild des wirksamen, beweglichen, selbstorganisierenden Einsatzführungssystems eine besondere Beachtung finden. Filtern findet eher beim Empfänger statt, wohingegen Strukturieren zur Ordnung der Informationsmenge eher beim Sender ansetzt. Kategorisierung ist ein weiterer wichtiger Vereinfachungsmechanismus, mit dem Informationen übersichtlicher dargestellt werden können. Diese Schemata können Aufgaben, Raum, Ressourcen, Elementen oder auch gegenwärtigen Problemfeldern, Lösungsansätzen oder Ansprechpartnern folgen. In der Praxis können für Lageberichte oder Reports Strukturen, inhaltlich relevante Punkte oder auch Umfänge vorgegeben sein. Insgesamt wird durch diese *Verdichtung* auf die Bedeutung zwar die Informationsmenge für die Führungsperson verringert, aber die Summe aller im Einsatz kursierenden Informationen kaum beeinflusst. Darauf wird weiter unten eingegangen.

Unsicherheit als Bedingung und »hyperkomplexe« Probleme als Maßstab
Was uns Menschen heute im Allgemeinen (über-)fordert ist die *Gleichzeitigkeit* und die *Geschwindigkeit* (u. a. von technologischem Wandel, Regulatorik, Globalität, Mobilität). Das Gefühl der *Beschleunigung* ist allgegenwärtig, was sich nach Höcker

5.4 Komplexität des Einsatzes beherrschen

(2021) auf die exponentiellen Prozesse Digitalisierung/maschinelles Lernen, Biotechnologie, Wirtschafts- und Bevölkerungswachstum sowie Artensterben und Klimawandel zurückführen lässt. Dem steht entgegen, dass Europa auf eine Zeit hoher Stabilität, Sicherheit und Beständigkeit zurückblickt, was unsere Weltsicht geprägt hat: Kaum etwas mag der Mensch weniger als Unsicherheit, die oft als Kontrollverlust empfunden wird. Beim Umgang mit Unsicherheit hilft allgemein Ambiguitätstoleranz, was aus Sicht von Psychologen und Risikoforschern konkret ein bewusster, ausdrücklicher Umgang mit Unsicherheit und ein *Gefühl der Selbstwirksamkeit* bedeuten kann (Schnabel, 2020). Auf diesem Schauplatz der Empfindungen findet die Einsatzführung gewissermaßen als Add-on statt. Diese Rahmenbedingung ist ungünstig und kann sich durch einen bestimmten Problemtypus verschärfen. Wicked-Problems (bösartige Probleme) sind der Gegensatz zu zahmen Problemen: Sie zeichnen sich u. a. dadurch aus, dass sie nicht definitiv formuliert werden können, keine Stopp-Regel haben, Lösungen nicht wahr/falsch sondern nur gut/schlecht und einmalige Vorgänge mit nur einer Chance sind (One-Shot-Operation), sowie dass Probleme als Symptome von anderen Problemen betrachtet werden können (Rittel & Webber, 1992). Ein stückweit ist dieser Problemtypus »normal« für die heutige verschachtelte Welt. Er kann in allen Maßstäben auch in Einsätzen auftreten. Superwicked ist ein Problem wie z. B. der Klimawandel wenn die Zeit davonläuft, es keine zentrale Stelle gibt, die sich des Problems annehmen kann, die Problemlöser gleichzeitig auch die Problemverursacher sind und wenn die Lösungen die Zukunft auf eine eigentlich irrationale Weise einschränken (Levin, Cashore, Bernstein & Auld, 2009). Im Vergleich zur »normalen Komplexität« könnte man solche Einsätze »hyperkomplex« nennen (was genauso wie »hochkomplex« nur sinnbildlich verstanden werden kann). Der wesentliche Komplexitätstreiber dabei sind fehlende Anfänge und Enden wegen denen ein Problem nicht auf greifbare Punkte gebracht werden kann. Verschachtelte Probleme können (vielleicht) von (irgendeiner) obersten Instanz gelöst werden, die es bei bösartigen Problemen wie z. B. einer weltweite Pandemie nicht gibt. Vielmehr müssen alle Ebenen in ihrem Bereich horizontal wirken und sich vertikal vernetzen. Keinesfalls darf abgewartet werden, dass »von oben« eine Lösung kommt – denn auf keiner Ebene werden die Problemanfänge zu finden sein. In Einsätzen müssen (ggf. in kleinerem Maßstab) »hyperkomplexe« Probleme durchdrungen werden können, weshalb dieser Typus gewissermaßen das obere Schwierigkeitsmaß beschreibt. Um »hyperkomplexen« Problemen überhaupt annähernd begegnen zu können, müssen Einsatzführungssysteme zwingend wirksam, beweglich und selbstorganisierend sein, weil dieses Zielbild am ehesten der Systemstruktur entspricht aus der das Problem resultiert.

Eine spezielle Problemstruktur ist die Knowledge-Action-Gap (Lücke zwischen Wissen und daraus resultierender notwendiger Handlung). Dieses Problem betrifft nicht nur »große« Fragen wie den Klimawandel, sondern kann allgemein in Organisationen in Form von lähmenden Konstellationen auftreten. Diese können u. a. politische, machttaktische oder psychologische Ursachen haben und werden oft damit begründet, dass es »noch nicht so dringend« sei oder »man noch Zeit habe.« In Einsätzen gilt es diesbezüglich, Bewegungspotenziale und Hebel zu erkennen und die Lähmung aufzulösen.

Einsatzbeispiel: G20-Gipfel in Hamburg
Der G20-Gipfel in Hamburg 2017 gilt mit 31.000 Polizeikräften nicht nur als der bis dahin größte Polizeieinsatz Deutschlands, sondern mithin auch als einer der komplexesten. Getrieben wurde die Komplexität von außen u. a. durch den städtischen Einsatzraum, die große und gut organisierte linke Szene sowie die Sicherheitsanforderungen und -maßnahmen internationaler Akteure. Ein innerer Komplexitätstreiber waren die parallelen, teils konkurrierenden Anforderungen an die Polizei: Sie sollte für den Gipfel und die Bevölkerung ein Höchstmaß an Sicherheit garantieren, den normalen Alltag der Bürger dabei möglichst wenig einschränken und so weit wie möglich auf die Einschränkung von Bürgerrechten verzichten. Zwar konnte die Durchführung des Gipfels effektiv geschützt werden, aber andere wichtige Einsatzziele wurden verfehlt. U. a. kam es zu einem großflächigen Verkehrschaos bei der Anreise der Delegationen, Journalisten wurden unzulässiger Weise von der Berichterstattung ausgeschlossen, gewalttätige Demonstrationsverläufe konnten nicht vermieden werden und in der Gefangenensammelstelle konnten die rechtsstaatlichen Verpflichtungen gegenüber den Gefangenen nicht immer eingehalten werden (Bürgerschaft der Freien und Hansestadt Hamburg, 2018). Aus Sicht des Entscheidens führen solche Zielkonflikte in Situationen mangelnder Ressourcen zu einem Dilemma, weil eine Entscheidung zu (Un-)Gunsten gleichrangiger Ziele erforderlich ist.

Am 7. Juli kam es in Teilen der Stadt zu Situationen, in denen die Sicherheit der Bürger nicht mehr angemessen gewährleistet war: Auf Notrufe, Brandstiftungen und Plünderungen konnte zeitweise nicht adäquat reagiert werden. Eine nicht durchdringende und zum Teil auch nicht mehr mögliche polizeiliche Krisenkommunikation (sic!) führte dazu, dass sich zahlreiche Betroffene von den staatlichen Institutionen nicht geschützt fühlten. Entscheidend waren mehrere zusammenkommende Faktoren. An einer Stelle entwickelte sich ein unvorhergesehener Freiraum, in dem sich für kurze Zeit die Machtverhältnisse trotz der starken Polizeipräsenz umkehrten. Dies wurde von militanten Gruppen als Erfolg angesehen, zog aber auch viele an, denen es

5.4 Komplexität des Einsatzes beherrschen

darum ging, die Gelegenheit zu nutzen, um sich (aus verschiedenen, teils unpolitischen Motiven) an den Ausschreitungen und Plünderungen zu beteiligen. Treibende Kräfte bei diesen Ausschreitungen dürften vor allem aus dem Ausland angereiste Gewalttäter gewesen sein. Mitgewirkt haben überraschenderweise auch unpolitische, erlebnisorientierte Akteure wie Jugendliche, die über Live-Berichterstattungen angezogen wurden. Diesbezüglich fokussierten sich die polizeilichen Lagebilder auf geplant und gezielt handelnde Gruppen. In einer akribisch vorbereiteten Aktion wurden durch ca. 200 Personen in etwa 19 Minuten gezielt mehrere Autos in Brand gesetzt und umfassende Zerstörungen angerichtet. Brandstiftungen gefährdeten auch Wohnhäuser, was dem sonst auch in der militanten Szene geltenden Grundsatz widerspricht, Unbeteiligte nicht zu gefährden (Bürgerschaft der Freien und Hansestadt Hamburg, 2018). Aus Sicht der Komplexitätsabsorption bedeuteten diese Geschehnisse, dass Lagebilder zu potenziellen Störern dynamisch, offen und soziologisch gedacht werden müssen und insbesondere die aktuellsten (teils kurzlebigen) Verhaltensweisen der Zielgruppen berücksichtigen müssen. Solche Lagebilder sollten als Teil des Einsatzmodells verstanden werden und aus der Vorbereitungsphase bis in den Einsatz hinein durch feste Ansprechpartner fortgeschrieben werden die bei Antizipationsbesprechungen (szenariobasierte Planbesprechung) den entsprechenden Komplexitätstreiber repräsentieren. Es muss konsequent auch der Worst Case bedacht werden, wie dass Aktionskonsense aufgekündigt werden oder neue (Gewalt-)Dimensionen erreicht werden. Die schlechteste anzunehmende Entwicklung muss zumindest antizipiert werden; ob sie in Planungen mündet, ist eine separate Frage der Verhältnismäßigkeit. Die Strategie militanter Tätertypen steht für einen Komplexitätstreiber, der den Einsatz an den Schwachstellen der operativen Kräfte (Flächenabdeckung, Beweglichkeit) gezielt unterläuft und letztlich nur durch Ressourcenerhöhung absorbiert werden kann. Die Herausforderungen an die Einsatzkommunikation bei Großlagen und Demonstrationen v. a. in Sozialen Medien zeigen den mittlerweile hohen (zentralen) Stellenwert dieser Einsatzmaßnahme. In der Gesamtschau kann ein Einsatz dieser Dimension nicht eng eingegrenzt als »Polizeimaßnahme« verstanden werden, sondern muss als Steuerung des offenen, komplexen Zielsystems in Form der »Stadt« mit all ihren Subsystemen und Funktionen gesehen werden.

Insgesamt war der Polizeieinsatz beim G20-Gipfel wegen seines Komplexitätsgrades höchst anspruchsvoll. Er wird aber nicht zu komplex im Sinne einer Überforderung des Einsatzführungssystems beurteilt, wobei allerdings eindeutig einzelne Komplexitätstreiber nicht angemessen absorbiert werden konnten. Das Einsatzergebnis als Zielsystemzustand wird richtigerweise an den gestellten Erwartungen gemessen, die durch ihre Selbstrestriktion die Erreichung mit einem verhältnismäßigen Ressourceneinsatz aber nahezu unmöglich gemacht haben. Das Beispiel markiert in vielen Punkten (aktuell die denkbaren) höchste Anforderungen.

Zusammengefasst ermöglicht das Reduzieren der wahrgenommenen Komplexität, die Situation erfassen und begreifen zu können. Das ist gewissermaßen Voraussetzung für den nächsten Schritt – nämlich ein Führungssystem so zu konstituieren, dass es der Varietät des Einsatzes die entsprechende Kapazität gegenüberstellen kann.

Praxistipp:
Gleichzeitigkeit, Geschwindigkeit und Unsicherheit wirken auf Menschen bedrohlich.
- Kenne die Struktur des Problems (z. B. fehlende Anfänge und Enden, gezieltes Unterlaufen von Fähigkeiten)!
- Benenne eindeutig und ausdrücklich, was du nicht weißt (gegenüber Geführten und in der Bevölkerungssteuerung)!
- Richte dein Handeln auf die Wirkungen aus!
- Sei selbstsicher, indem du das Führungshandwerk souverän beherrschst!

Einsatzführung ist höchst anspruchsvoll, wo Probleme Symptome von Problemen sind und es nur bessere und schlechtere Lösungen gibt. Visualisiere diese Konstellationen, um sie durchdringen zu können!

Komplexität strukturell und funktional absorbieren
Die strukturelle Komplexität ist konstitutiv für den Einsatz. Das heißt, sie »macht« den Einsatz zu dem, was er ist. Getrieben wird sie von den Ursachen, Auslösern und Faktoren in Tabelle 7. Die *Komplexitätstreiber beschreiben ein gewisses Anforderungsportfolio*, das es zu beherrschen gilt. Dazu muss ein Führungssystem vereinfacht gesagt so komplex sein können, wie es der Einsatz potenziell sein kann. Das ergibt sich aus einem der Managementaxiome nach Ashby welches besagt: »Only variety can absorb variety« was nach Malik (2013) bedeutet, dass man, um ein System unter Kontrolle bringen zu können, mindestens genauso viel Varietät bzw. Komplexität benötigt, wie das System selbst hat. Dazu muss ein Führungssystem alle Subsysteme und substanziellen Elemente abbilden sowie sämtliche Funktionen und Verhaltensweisen wiedergeben können, die für die Einsatzsteuerung relevant sind. Beispielhaft werden dazu in Tabelle 8 Elemente, Subsysteme und Komplexitätstreiber gespiegelt und wesentliche Kapazitäten dazu qualitativ formuliert. Diese müssen im konkreten Fall quantifiziert werden. Man kann sich das Führungssystem bildlich als ein »schematisches Spiegelbild« des Einsatzes vorstellen. Darin muss es für jedes Element und jedes Organ ein »Spiegelneuron« (Absorber) geben und die »Spiegel-

5.4 Komplexität des Einsatzes beherrschen

fläche« muss so groß sein, dass die Funktionsbeziehungen des Originals im Modell Platz finden (Kapazität). Mit dem schematischen Spiegelbild ist keine detailgenaue Entsprechung gemeint, sondern die Reproduktion der wesentlichen Eigenschaft im Modell über das Einsatzführungssystem.

Tabelle 8: Exemplarische Schemaspiegelung des Einsatzes zur Komplexitätsabsorption (alphabetische Ordnung)

Elemente, Subsysteme und Komplexitätstreiber aus dem Einsatz	Absorber im Führungssystem	Kapazität (qualitativ)
Abläufe im Führungssystem, speziell Informationsmanagement	Arbeitsablaufschaubild	- Erreichbarkeit - Datenübermittlungs- und Speicherkapazität - Übermittlungsgeschwindigkeit - Eignung - Effizienz
Aufgabe im Einsatz oder Zeitabschnitte des Einsatzes	Zuständige Stelle innerhalb der Führungsunit	- Fachkompetenz, Zeitressourcen (mit Vollzeitäquivalent) - Federführung bzw. eindeutig zugewiesene Zuständigkeit
Beziehungen im Einsatzführungssystem u. a. zwischen Organen und substanziellen Elementen	Modell des Einsatzführungssystems	- Praktikabilität - Format, Größe, Skalierbarkeit - Geeigneter Zeichenvorrat z. B. um Prozesse darstellen zu können - Einheitliche Sprache für semantisch eindeutige Kommunikation (»taktische Zeichen« im weitesten Sinne, Datenformat in Bezug auf IT-Systeme und -Schnittstellen)
Dynamik	Intelligence-Sektion oder Subsystem als Puffer, Filter und Bündelungsfunktion	- Fachkompetenz, Zeitressourcen

5.4 Komplexität des Einsatzes beherrschen

Tabelle 8: *Exemplarische Schemaspiegelung des Einsatzes zur Komplexitätsabsorption (alphabetische Ordnung) – Fortsetzung*

Elemente, Subsysteme und Komplexitätstreiber aus dem Einsatz	Absorber im Führungssystem	Kapazität (qualitativ)
Einsatzabschnittsleitung bzw. Arbeitsgruppe	Zugeordneter Funktionsträger im Stab bzw. Arbeitsgruppenleiter als temporäres Mitglied im Krisenstab	- Fachkompetenz, Zeitressourcen - Zugewiesene Zuständigkeit - Erreichbarkeit
Geschäftsverteilung im Führungssystem	Strukturorganigramm	- Führbare Spannweite - Zugewiesene Zuständigkeit - Erreichbarkeit
Livebilder als Video von der Einsatzstelle	Zuständige Stelle innerhalb der Führungsunit	- Fachkompetenz, Zeitressourcen
Politische Funktionsträger	Normatives Management	- Fachkompetenz, Zeitressourcen - Zugewiesene Zuständigkeit - Erreichbarkeit
Problem im Zielsystem, z. B. Medienberichterstattung, öffentliche Aufmerksamkeit	Control in der erfahrungsgeleiteten Einsatzführung	- Wissen, Bewusstsein, Fähigkeit, um das Problem zu erkennen - Kompetenz, Ressourcen, Wille, um das Problem behandeln zu können
Raum, Schadenereignis oder Abläufe und Beziehungen im Zielsystem und in der Umwelt	Strukturelle Abbildung im grafisch-textsprachlichen Einsatzmodell	- Wissen, Bewusstsein, Kompetenz - Informationen, Schnittstellen - Format, Größe, Skalierbarkeit - Geeigneter Zeichenvorrat
Ressource	Zuständige Stelle innerhalb der Führungsunit	- Federführung bzw. eindeutig zugewiesene Zuständigkeit

Tabelle 8: *Exemplarische Schemaspiegelung des Einsatzes zur Komplexitätsabsorption (alphabetische Ordnung) – Fortsetzung*

Elemente, Subsysteme und Komplexitätstreiber aus dem Einsatz	Absorber im Führungssystem	Kapazität (qualitativ)
Vielzahl (Aufgaben, zu lösende Probleme)	Priorisierung, zeitlich begrenztes Ausklammern	- Ressourcen
Zeitfortschritt	Zeitstrahl und Prognose	- Intelligence-Sektion - Fachkompetenz, Zeitressourcen - Federführung bzw. eindeutig zugewiesene Zuständigkeit
Zusammenarbeit paralleler Führungssysteme (BAO/AAO)	Ebenenadäquate Schnittstellen zu normativem, strategischem und operativem Management des Führungssystems	- Fachkompetenz, Zeitressourcen - Zugewiesene Zuständigkeit - Erreichbarkeit

5.4 Komplexität des Einsatzes beherrschen

Wie prägnant der Absorber im Einsatzführungssystem in Erscheinung tritt, hängt mit der generellen Bedeutung des Komplexitätstreibers für den Einsatz, mit dem Abstimmungsbedarf und mit der Dynamik zusammen. Ein kleiner Vermerk im Strukturorganigramm kann ausreichend sein (z. B. Ansprechpartner Umweltbehörde mit Kontaktdaten), wenn nur ein untergeordneter Komplexitätstreiber gespiegelt werden soll (eventueller Verstoß gegen BImSchV). Eine instantane Spiegelung eines Komplexitätstreibers (z. B. in Form einer Verbindungsperson zum Sondereinsatzkommando) kommt in Betracht, wenn die Aufgabe wesentlich für den Einsatz ist (Zugriff bei einer Geiselnahme). Solche Situationen sind zudem dynamisch und haben hohe Abstimmungsbedarfe, weswegen als Verbindung zwischen SEK und Führungsstab eigentlich nur eine ständige Sprachverbindung (mindestens, ggf. auch noch Livebilder im Einsatzmodell) in Betracht kommt. Fest eingerichtete und ständig verfügbare Abschnittsbetreuer sind eine Möglichkeit, um Lageveränderungen aus dem Einsatz nahezu in Echtzeit im Führungssystem spiegeln zu können. Dabei stellen benannte Stabsmitglieder exklusiv die Verbindung des betreffenden Einsatzabschnitts in den Führungsstab sicher (Heimann, 2016).

Wo Komplexitätstreiber einsatzprägend sind, tritt der dazugehörige Absorber im Führungssystem (situativ) sehr stark hervor. Weil sich auf den ersten Metern entscheidet, ob für die Einsatzkommunikation die erforderlichen Zeitvorteile erarbeitet werden, hat ein Chemiepark eine Arbeits-App entwickelt, die komplett auf Geschwindigkeit ausgelegt ist und insbesondere ein vollwertiges mobiles Redaktionssystem umfasst. Damit lassen sich in Sekundenschnelle Erstinformationen zusammenstellen und auf relevanten Kanälen veröffentlichen (van Galen, 2019). Dieser Fall zeigt, wie ein Führungssystem bis auf die Technologieebene auf einen speziellen Komplexitätstreiber ausgerichtet wurde.

Livebilder von der Einsatzstelle sind ein Spezialfall. Sie haben eine hohe psychologische Wirkung, weil sie die Aufmerksamkeit binden. Andererseits sind sie sehr gehaltvoll und vermitteln viel Bedeutung in kurzer Zeit. Es gilt, die von ihnen ausgehende, wahrgenommene Komplexität im Sinne einer Stufenreaktion zu reduzieren, indem sie bei einer zuständigen Stelle (z. B. der Intelligence-Sektion) auflaufen, die sie auswertet. Allenfalls einzelne Schlüsselsequenzen sollten in der gesamten Führungsunit zu sehen sein. Keinesfalls sollten z. B. Livebilder vom Polizeihubschrauber oder ein Nachrichtensender auf »Dauersendung« laufen (Bindung von Aufmerksamkeit).

Die Absorber im Führungssystem müssen über die erforderliche Kapazität verfügen. Exemplarisch wurden in Tabelle 8 einzelne Kapazitäten qualitativ beschrieben. *Fehlt ein Absorber oder ist die mengenmäßige Kapazität unzureichend, läuft der Einsatz systemtheoretisch in die Entropie – also ins Chaos.* Auf dem Weg dahin geht sukzessive die Steuerbarkeit der Aktanten zurück, was sich zuerst in kleineren, dann in größeren Zielabweichungen äußert. Wenn die Informationslage des Einsatzes im Führungssystem nicht abgebildet (»gemanagt«) werden kann, kommt es zu Informationsdefiziten, zu abweichenden Vorstellungen über die Realität und danach zu unpassenden oder falschen Entscheidungen und Steuerungsimpulsen. Wo insbesondere die Zeit nicht gemanagt werden kann, kommt es zu Zeitnachteilen. Wenn dazu kein passendes Modell über Ressourcen, Aufgaben und Räume bereitsteht, kommt es zu Ineffizienzen und die Steuerbarkeit geht verloren. Gleiches gilt für die Zusammenarbeit von Organisationen bzw. von BAO und AAO, wo es zusätzlich noch zu Blockierungen kommen kann. Ist in einem Bereich die Varietät des Einsatzes zu hoch für die Kapazität des Führungssystems, z. B. durch eine Verschärfung in einem Einsatzabschnitt, kann es durch Selektion zu Vereinfachungen kommen, wodurch wesentliche Eigenschaften verloren gehen können. Starke »Kräfte« aus der Umwelt des Einsatzes wie politische Einmischungen, öffentliche Aufmerksamkeit oder auch Verschwörungstheorien suchen sich ein »Ventil in die Umwelt«, wenn es dafür im Führungssystem keinen Absorber gibt, der diese Kräfte registriert und dagegenwirkt. Schwierig zu erkennen sind weiche Faktoren wie Vertrauen, Beziehungen zwischen Personen und Organisationen oder versteckte Agenden. All dies sind Systemfunktionen des Einsatzes für die es im Führungssystem bildlich gesprochen eine »Projektionsfläche« geben muss, damit sie sichtbar werden. Wo ein Krisenstab einer Wirtschaftsorganisation die Prozesse und Produkte, die Belange der Kunden und die Produktion nicht abdecken kann, kommt es zuerst zu Ineffizienz, danach zu Ineffektivität und dadurch zur Gefährdung des Überlebens des Unternehmens. Ähnliches gilt für öffentliche Verwaltungen, deren Rolle als Dienstleister allerdings von der Aufgabe staatlicher Daseinsfürsorge überlagert wird. Ineffektivität führt hier zum Behördenversagen und damit zur Verletzung des staatlichen Schutzversprechens. Diese Beispiele illustrieren die Folgen, wenn die Einsatzkomplexität im Führungssystem durch eine vergleichsweise Unterkomplexität nicht absorbiert werden kann. Es wird deutlich, dass der *Einsatzerfolg gefährdet ist, wenn dem Anforderungsportfolio der Komplexitätstreiber nicht entsprochen werden kann.*

Zwischenfazit:

Ein Einsatzführungssystem muss aus theoretischer Sicht die effektive Komplexität des Einsatzes wiedergeben (absorbieren) können. Einfache Einsätze kann man mit einfachen Führungssystemen führen; Komplexe Einsätze brauchen Führungssysteme, die zu Komplexität fähig sind.

5.4 Komplexität des Einsatzes beherrschen

Um im Führungssystem die erforderliche Absorptionskapazität für die Einsatzkomplexität zu erzeugen, gibt es mehrere konstitutive Möglichkeiten auf die im Folgenden eingegangen wird.

Bündeln, Abstufen, Lose Kopplung
Bei der Absorption von Komplexität ist erstens zu berücksichtigen, dass die Komplexität im Einsatz hierarchisch von unten (Ausführungsunit) nach oben (Führungssystem) zunimmt. Jede »Stufe« und jede »Auffächerung« bedeutet mehr Varietät. Diese einfache Regel kann wirkungsvoll umgekehrt werden – indem abgestuft und gebündelt wird. *Abstufen und Bündeln* (Luhmann, 2011) sind Mittel, um die effektive Komplexität eines Einsatzes im Führungssystem zu verringern. Beides erfordert systematische Strukturierung und funktionale Regeln. Bündelung heißt, verschiedene Dinge auf den gleichen Namen zu bringen, um sie identisch oder unter veränderten Bedingungen unverändert zu sehen. Mehrere Stimuli können ein Reaktionsmuster bzw. Stimulus kann mehrere Reaktionsmuster hervorrufen. Bündelung ist also *Verringerung von Varietät* (z. B. Zusammenfassung von ähnlichen Anfragen). Man darf dabei aber nicht zum »one size fits it all« – also zur Universalmethode greifen und nur noch Generalantworten geben. Stufenreaktionen können bedeuten, dass das System auf Störungen unterschiedlicher Grade stufenweise reagiert. Ereignisse werden abgefangen und lokal behandelt. Die dazu notwendige Wirkungsentkopplung kann praktisch durch Auftragstaktik erfolgen. Dadurch werden bestimmte Aufgaben in nachgeordneten Organen behandelt. Ferner können Lokationen, Aufgaben und Ressourcen untereinander bzw. mit dem Führungssystem lose statt eng gekoppelt werden. Hierdurch können Wechselwirkungen vermieden werden.

Wo von unten nach oben gebündelt wird, muss von oben nach unten aufgefächert werden. Steuerungsimpulse bedürfen bei Führung mit Auftrag von oben nach unten einer immer stärkeren Konkretisierung, damit sie operationalisierbar werden. *Auffächern ist die Umkehr der Bündelung, wodurch die Varietät erhöht wird.* Die Varietät zu erhöhen klingt zunächst paradox, weil die Führungsperson ja eigentlich danach strebt, die Komplexität gering zu halten. Tatsächlich ist es allerdings regelmäßig notwendig, die Komplexität im Führungssystem zu erhöhen, um mit dem Einsatz »Schritt zu halten.« Komplexität zu absorbieren bedeutet daher nicht nur Reduktion, sondern auch Erhöhung. Darauf wird im Folgenden eingegangen.

Geschäftsverteilung in normierten Führungssystemen
Zweitens gilt es zur Absorption von Komplexität die Auslegung der Führungsunit zu berücksichtigen. Führungssysteme werden für das zu erwartende Einsatzspektrum

normiert. Je weiter das Spektrum gefasst wird, desto allgemeiner wird zwangsläufig die Norm und umso weniger konkret kann die genaue Geschäftsverteilung erfolgen. Beispiele für normierte Führungssysteme sind Stäbe nach FwDV 100, PDV 100, nach Verwaltungsvorschrift Stabsarbeit, das amerikanische ICS oder die Schweizerische FSO 17. Bei entsprechender Auslegungspraktik sind solche Führungssysteme ein generischer Ausgangspunkt für den konkreten Einsatz. Erfahrungsgemäß können die im jeweiligen Einsatz tatsächlich relevanten Komplexitätstreiber im Voraus allerdings kaum genau abgesehen werden. Bei strenger Auslegung sorgen feststehende Führungssysteme deswegen für eine geringe Flexibilität. *Normierte Führungssysteme sind daher eigentlich immer über- oder unterkomplex* und bedürfen einer Justierung. Um diese Feineinstellung zu finden, muss man den Grundgedanken des Organisierens im institutionellen Sinne heranziehen – nämlich das Verteilen des Geschäfts. Demnach dient das Organisieren dazu, die Gesamtaufgabe (Einsatzdurchführung) in sinnvolle Teilaufgaben zu zerlegen, um die Aufgabe überhaupt handelbar zu machen (»Ordnen« i. S. von Malik, 2015). Im komplexitätstheoretischen Sinn wird dabei einem Komplexitätstreiber ein Absorber in Form einer Teilaufgabe gegenübergestellt. Wo ein Führungssystem gänzlich neu aufgebaut wird, ist das unproblematisch. In normierten Führungssystemen steht die Aufgabenteilung allerdings fest. Zusätzlich festigt sich bei den Praktikern ein gewisser kultureller Usus, der Flexibilisierungen erschwert. Deswegen muss die Geschäftsverteilung durch die Führungsperson angepasst werden, wenn es Komplexitätstreiber gibt, die mit der bestehenden Aufgabenteilung nicht absorbiert werden können. *Normierte Führungssysteme müssen also für jeden konkreten Einsatz justiert werden.*

Normierte Führungssysteme klammern Aufgaben aus und weisen sie anderen Führungssystemen zu, was in der Praxis zu Anwendungsschwierigkeiten führt. So weist das in Deutschland im öffentlichen Bereich weit verbreitete Zweistabsmodell die (vereinfachte) Aufgabe der »Finanzen« der administrativ-organisatorischen Komponente zu (Verwaltungsstab/Krisenstab). Wenn in der operativ-taktischen Komponente (Führungsstab/Einsatzleitung) Ausgaben getätigt werden müssen, die über die verfügbaren Ressourcen und ausdrücklich benannten Aufgaben hinausgehen tut man sich in Übung und Einsatz erfahrungsgemäß schwer. In den allermeisten Fällen wird geschlussfolgert, dass man »nun den Verwaltungsstab einberufen müsse.« Das ist wegen eines niedrigen fünfstelligen Betrags für Baumaterial, lapidar gesagt, unverhältnismäßig. Nur wenige Führungspersonen haben die Chuzpe im Führungsstab einen Aufgabenbereich Finanzen einzurichten und diesen mit z. B. einem Mitarbeiter der Kämmerei zu besetzen. Diese Problemkonstellation tritt immer dann ein, wenn der Einsatz über die Kompetenzen der Gefahrenabwehr hinausgeht. Die Trennung der Gesamtaufgabe (»der Einsatz«) in die eine jeweils operativ-

5.4 Komplexität des Einsatzes beherrschen

taktische und administrativ-organisatorische Komponente (»Teilaufgaben«) klammert also Aufgaben aus dem einen Bereich aus und verlagert sie in den anderen.

Der Impuls zur Entwicklung einer Führungsstruktur für größere und größte Einsätze ging im nichtpolizeilichen Bereich von der Waldbrandkatastrophe in Niedersachsen im August 1975 aus: Binnen neun Tagen wurden ca. 8.000 Hektar Wald vernichtet und es waren sechs Todesopfer zu beklagen. Mit ca. 24.000 Einsatzkräften und allein ca. 3.800 Feuerwehrfahrzeugen gilt der Einsatz als bis dahin größter Einsatz des deutschen Katastrophenschutzes. Bei Führung und Organisation traten große Probleme auf. Ursächlich waren u. a. eine unklare Rechtslage, Führungsstrukturen, die nicht oder nur rudimentär entwickelt waren, um derart große Einsätze zu führen, und eine fehlende taktische Ausbildung oberhalb der Zugführerebene. In den Bundesländern wurden daraufhin Katastrophenschutzgesetze erlassen, Lehrgänge für Verbandführung und Stabsarbeit eingerichtet und letztlich die KatS-Dv 100 »Führung und Einsatz« eingeführt. Die darin festgelegten Stäbe der Katastrophenschutzeinsatzleitungen waren eher schwerfällig und hatten Probleme, die Strukturen zwischen dem Stab des Hautverwaltungsbeamten und der Technischen Einsatzleitung zu spiegeln. Offensichtlich wurden diese Probleme beim Einsatz wegen des Erdbebens im Zollernalbkreis am 03.09.1978, woraufhin Farrenkopf & Feil im in der deutschen Feuerwehrzeitung 4/1979 erstmals die Trennung des politisch-administrativen vom technisch-taktischen Einsatzleitungsbereich forderten. Letztlich eingeführt wurde dieses Zweistabsmodell mit der FwDV 100 im Jahr 1999 und den Hinweisen zur Bildung von Verwaltungsstäben 2003 (Lamers, 2016). Seither ist es in den allermeisten deutschen Bundesländern üblich, im Bevölkerungsschutz in administrativ-organisatorische und operativ-taktische Führungsbereiche zu unterscheiden. Die im Wirtschaftsgrundschutz Standard 2000-3 vorgeschlagene Trennung in Notfall- und Krisenstab wird an dieser Stelle nicht weiter betrachtet.

Die Historie zeigt, dass die Trennung in die beiden Führungsbereiche für »Maximalereignisse« gemacht ist. Intention dürfte es gewesen sein, die Grenze entlang der Fachkompetenz zwischen Verwaltung und Gefahrenabwehr zu ziehen. Dabei bleibt unberücksichtigt, dass es Einsätze gibt, die zu »klein« sind, um den Mehrwert der Zuständigkeitstrennung überhaupt generieren zu können – nämlich sicherzustellen, dass Fachentscheide von Fachpersonen getroffen werden. Würde man die zuvor angesprochenen historischen Einsätze von der »grünen Wiese« aus mithilfe von Komplexitätstheorien aufbauen, würde man sie nach »Raum und Problem/Aufgabe« gliedern. Wenn man nach der Wirkung des Einsatzes fragt, liegt es sehr fern, den stärksten Schnitt zwischen Operation und Administration zu setzen, weil dadurch die administrative Komponente mental quasi aus der Verantwortung entlassen wird. Es spricht kein vernünftiger Grund dagegen, die zuvor am Beispiel der

Finanzen aufgezeigte Trennung zwischen den beiden normierten Komponenten *situativ aufzuheben*. Damit wird ein wesentlicher Komplexitätstreiber ausgeschaltet – nämlich die Zusammenarbeit zweier Führungsorganisationen. Die Schwäche der deutschen Regelungen, speziell beim Aufgabenbereich Finanzen, wurde mutmaßlich erkannt; so findet sich in der DIN ISO 22320:2018 ein entsprechendes Aufgabengebiet wieder.

Aus der Praxis gibt es sowohl mit dem weit verbreiteten Zweistabsmodell wie auch mit dem selteneren Einstabsmodell gute und weniger gute Erfahrungen. In der Gesamtschau kann gesagt werden, dass die Aufgabentrennung in zwei Komponenten (Zweistabsmodell) für die zu erwartenden, aber seltenen Maximalereignisse gemacht ist. Die Vorteile dieses Modells (Herstellung der Führbarkeit) entfalten sich bei kleineren Einsätzen noch nicht. Für die häufigeren, kleineren Ereignisse ist es aus komplexitätstheoretischer Sicht sinnvoller, das Geschäft nach den konkreten Erfordernissen innerhalb nur einer Unit zu verteilen. Der Usus des Zweistabsmodells verhindert diese situative Anpassung allerdings ein stückweit. Ein vielversprechender, aber auch nicht perfekter Zuschnitt ist die Trennung in Führungsbereiche mit abwehrender und wiederherstellender Ausrichtung. Wo die Geschäftsverteilung nach diesen Aspekten erfolgt ist, braucht man die beiden Organe einer Krisenorganisation nicht gleichzeitig, sondern mit gewissen Zeitversätzen und Überlappungen nacheinander. Mit dieser Gliederung würden die Aufgabenbereiche mit präsenter Arbeitsweise eher umfasst und von Gebieten separiert, die eher konferierend arbeiten können bzw. müssen. Die Arbeitsmodi der beiden Führungsbereiche würden den Komplexitätstreibern bzw. -absorbern eher entsprechen. Dadurch würden Schnittstellen zu Organen mit anderem Arbeitsmodus und dadurch Friktionen und Zeitverzüge vermieden.

Skalierbarkeit und ereignisspezifische Konstitution
Die Geschäftsverteilung führt zur Skalierbarkeit als drittem Punkt. Umfangmäßige Vergrößerungen des Einsatzes bedeuten eine zunehmende Komplexität aufgrund einer zunehmenden Zahl von Elementen und einer noch stärker zunehmenden Zahl potenzieller Relationen. Dabei wirkt sich die rein zahlenmäßige Zunahme der Einsatzkräftezahl anders aus (z. B. mehr Ordnungskräfte zur Erweiterung einer Absperrung) als die Verbreiterung des Aufgabenspektrums (z. B. Brand eines leeren/vollen Personenzugs ohne/mit Betreuung von Fahrgästen). Um jederzeit eine Vergrößerung des Einsatzumfangs abbilden zu können, müssen Struktur und Funktion (Aufbau- und Ablauforganisation) des Führungssystems zahlenmäßig und inhaltlich verbreitert werden können (Skalierbarkeit). Hemmnisse dafür können unter anderem mangelndes Bewusstsein bei der Führungsperson, eine geringe strukturelle Flexibi-

5.4 Komplexität des Einsatzes beherrschen

lität (Aufbauorganisation), ein eingeschränkter Personalkörper oder Mängel bzw. Nichtverfügbarkeit von Kommunikationsmitteln sein. Weitere Punkte zur Skalierbarkeit aus dem speziellen Blickwinkel des permanenten Reorganisierens finden sich im Abschnitt 5.5.

Das Hochskalieren des Führungssystems erfordert in Aufgabenstäben wie nach der FwDV 100 eine hohe Organisationsleistung. Die Aufgaben sind dort in fünf einsatzbezogenen Sachgebieten (S2 ausgenommen) normativ vorgegeben. In diesem Zuschnitt müssen Räume, Ressourcen und Zeit organisiert werden, was immer wieder zu Querschnittsaufgaben und damit zu Schnittstellen führt. Für neuartige Aufgaben wie z. B. die Bevölkerungssteuerung gibt es noch keine flächendeckenden Prozeduren. Der S5 ist mit der bisherigen Vorstellung über seine Aufgabe dafür nur eingeschränkt geeignet. Die Führungsperson muss hier organisatorisch besonders intensiv wirken. Gleiches gilt für S3 und S4, wo bei größeren Einsätzen verhältnismäßig hohe Gliederungsbreiten und -Tiefen zu erwarten sind. Im Bereich von Verwaltungen und Wirtschaftsorganisationen, die mit Ressortstäben arbeiten, muss die Skalierbarkeit innerhalb der Ressorts bzw. die Ausdehnung auf bislang nicht betroffene Ressorts sichergestellt werden. Querschnittsaufgaben erstrecken sich über die Ressortgrenzen der Alltagsorganisation, was ein intensives organisatorisches und koordinierendes Wirken von der Führungsperson erfordert. *Praktisch geht das Hochskalieren des Führungssystems im laufenden Einsatz im permanenten Reorganisieren auf.*

Genauso wie zunehmende Einsatzumfänge eine Hochskalierung des Führungssystems erfordern, können kleinere Einsätze eine Verringerung der Fähigkeit zur Komplexitätsabsorption notwendig machen. Speziell in Ressortstäben sind die zu besetzenden Funktionen in der Regel vorgeplant. Richtiger Weise werden dabei die zu erwartenden Szenarien zugrunde gelegt. Das führt dazu, dass diese Stäbe faktisch dafür konstituiert werden, die Komplexität der Maximalereignisse aufzunehmen. Treten allerdings – wahrscheinlicher Weise – die kleineren Ereignisse ein, ist das Führungssystem »überkomplex.« In der Praxis kann immer wieder beobachtet werden, wie in Behörden gezögert oder gar darauf verzichtet wird, die Einsatzleitung an einen Stab zu übergeben. Der Begründungstenor lautet in etwa, dass der Stab zu groß sei oder man nicht überreagieren wolle – was ein umgangssprachlicher Ausdruck für die Überkomplexität des Stabes im Verhältnis zum Einsatz ist. Ferner ist es für große (überkomplexe) Stäbe auch deutlich anspruchsvoller, als Stab zu funktionieren (Führungsleistung als Selbstzweck) als für kleinere. Die Stabsarbeit wird dadurch unnötig erschwert. In Aufgabenstäben wie bei Feuerwehr und Polizei kann ähnliches beobachtet werden. Es gibt keine »Richtgröße« für die Größe von Führungsunits, sondern nur »Komplexitätsabsorption.« Eine Lösungsmöglichkeit für das Problem der Überkomplexität ist die ereignisspezifische Konstitution. Man sollte sich dazu umgangssprachlich davon verabschieden, »den Stab zu rufen.« Vielmehr sollte man davon sprechen, einen »Stab aufzubauen« oder »zusammenzustellen.« Das meint im systemtheoretischen Sinn, ein Einsatzführungssystem zu konstituieren, das die erforderliche Komplexität des Einsatzes absorbieren kann. Dabei werden nur bzw. genau diejenigen Ressorts und Aufgabenbereiche eingesetzt, die tatsächlich gebraucht werden. Das hat mehrere Vorteile. Es werden Ressourcen geschont, weil weniger Überbesetzung erfolgt. Die Akzeptanz zur Mitarbeit und die Bereitschaft sich des Stabes zu bedienen dürften steigen. Weil das Einsatzführungssystem quasi zu jedem Einsatzbeginn neu konfiguriert wird, reduziert sich der Reorganisationsaufwand während dem Einsatz. Zudem wohnt dieser Herangehensweise eine hohe Flexibilität inne, was die Skalierbarkeit stützt. Davon unbenommen muss es vorkonfigurierte Führungsunits für ad-hoc-Alarmierungen geben, wenn für eine ereignisspezifische Zusammenstellung keine Zeit bleibt.

Bevölkerungssteuerung als Funktion
Bei der Komplexitätsabsorption ist viertens zu beachten, ob es einsatzförderliches Verhalten der Bevölkerung (oder allgemein von Personen im Zielsystem) zu erzeugen gilt. Die Anforderungen aus diesem Einsatztyps sind relativ neu und entstehen durch Kombination (althergebrachter) Ereignisse mit Phänomenen der Mediatisierung. Rahmenbedingungen sind große Informationsmengen, hohe Umsatzgeschwindigkeiten sowie unklare Wahrheitsgehalte. Die physische und mediale Situation bedingt sich gegenseitig. Die Bezeichnung von Einsatzkommunikation als »Bevölkerungsinformation und Medienarbeit« wird den Anforderungen an die mediale Komponente nicht mehr gerecht. So hat sich die Kommunikationsstrategie zu einem elementaren Teil der Einsatzstrategie entwickelt. Aus komplexitätstheoretischer Sicht müssen Informationsbedürfnissen, falschen oder irreführenden Informationen und unerwünschten Verhaltenstendenzen der Bevölkerung jeweils Absorber gegenübergestellt werden. Botschaften müssen in einem relevanten Setting von einflussreichen Stellen verbreitet werden, gute Gründe für Verhaltensänderungen liefern und Anreize setzen. Vor diesem Hintergrund wird das Verständnis als Bevölkerungssteuerung als passender erachtet, was es daher als Funktion bereitzustellen gilt. Der Begriff darf dabei nicht negativ (»manipulativ« oder agitierend) verstanden werden, sondern positiv im Sinne eines begünstigenden Einsatzbeitrages.

Lageinformationsgewinnung und Bevölkerungssteuerung laufen heute zu gewissen Teilen uno actu über dieselben Kanäle. Für den Aufgabenzuschnitt in der Führungsunit bedeutet dies, dass ein- und ausgehende Einsatzkommunikation nicht sinnvoll getrennt werden kann. Weil die FwDV 100 diesbezüglich nach aus- und

5.4 Komplexität des Einsatzes beherrschen

eingehenden Informationen (S5, S2) trennt und die Trennung der Ströme nicht möglich ist, stellt sich die Frage nicht, wie die Zuordnung zu S5 oder S2 erfolgen könnte. Das Auslagern an eine Aufklärungsunit wie das VOST des Technischen Hilfswerks (Virtual Operating Support Teams) ist strenggenommen nur eine kapazitive Entlastung und löst nicht die Frage des Aufgabenzuschnitts. Die Zuordnung zu S3 wäre von der zentralen Bedeutung der Aufgabe her zwar folgerichtig, aber von der Kapazität her nicht ratsam. *Die Bevölkerungssteuerung erfordert (in jedem Führungssystem) eine enge Zusammenarbeit zwischen operativem und strategischem Management sowie dem jeweiligen Kommunikator in synchronen, gegenläufigen Prozessen.* Zudem müssen Zielgruppen und Kanäle dezidert angesteuert werden, was in der CEN/TS 17091:2018 zumindest strukturell Berücksichtigung findet, indem für das sog. Kommunikationsteam sieben Rollen unterschieden werden (Pressesprecher, Leiter Organisationskommunikation, Medienbeobachtung, Beobachter Soziale Medien, Bürgertelefon, interne Kommunikation sowie Kommunikation mit Beteiligten). Die Frage nach funktionierenden Abläufen bleibt darin allerdings offen. Generell erfordern schnelle (quasi instantane) Reaktionen entsprechende Strukturen und Funktionen. Hierarchien erzeugen Abstimmungsbedarfe, wenn nicht gleichzeitig Kompetenzen per Führung mit Auftrag weitreichend nach unten delegiert werden. Wo eine Vorstellung vom hierarchischen »Dienstweg« vorherrscht, lässt sich die erforderliche Geschwindigkeit für diesen Einsatztypus kaum erbringen. Vereinzelt und insbesondere im Polizeibereich wurde dies erkannt und Bypässe vom Kommunikator direkt zum operativen bzw. strategischen Management gelegt (Stabsleiter bzw. Polizeiführer).

Einsatzbeispiel: Verhaltenssteuerung in der Corona-Pandemie
Ein Medienwissenschaftler bezeichnet gutes (staatliches) Krisenmanagement in einer modernen Demokratie im Wesentlichen als Kommunikationsaufgabe: Alles muss erklärt und besprochen werden. Leitformeln können helfen, die Grundidee zu erklären und Unruhe zu dämpfen (»Wir schaffen das« wie bei der Flüchtlingskrise 2015). Menschen brauchen Meilensteine, anschauliche Pläne, klare Ziele, Auseinandersetzung mit Szenarien und Alternativen sowie Einigkeit. Widersprüchlichkeit weckt Zweifel. Im Ton muss ein sich verbrauchender Alarmismus vermieden werden. Die Corona-Pandemie zeigt, wie über Monate hinweg eine Stimmung warnender Achtsamkeit erzeugt werden musste. Die Krux dabei ist, dass mit dem Erreichen der beabsichtigen Wirkung die mahnenden Worte ihre Kraft verlieren. So blieben in Deutschland Bilder wie im italienischen Bergamo aus, wo im Frühjahr 2020 nachts vom Militär die Särge Verstorbener abtransportiert wurden. Das ist kommunikativ insofern schwierig, weil Bilder eine hohe Überzeugungskraft besitzen. Sie sind

konkret, direkt und emotionaler als Worte. Im Spätjahr 2020 ließ sich nachvollziehen, wie die Krisenkommunikation der Bundesregierung von der sachlichen Ebene (AHA-Formel) aufs Emotionale umgestellt wurde. So startete das Gesundheitsministerium eine Videokampagne, in der Betroffene von ihrer Corona-Erkrankung berichteten, um das narrative Vakuum fehlender Bilder zu füllen. In einer Rede der Bundeskanzlerin im Bundestag am 9. Dezember sprach sie auffallend gefühlsbetont. (»[…] es tut mir wirklich im Herzen leid.«) (Brost & Pörksen, 2020). Die Corona-Pandemie steht für einen Einsatztypus, bei dem es überwiegend nur um Verhaltenssteuerung geht. Die angesprochenen Punkte sind auf jegliche Einsätze übertragbar, wo förderliches Verhalten erzeugt werden muss. Dabei muss unbedingt in Systemen gedacht werden, um Komplexitätstreiber zu erkennen (u. a. Interessenslagen, Influencer, Gatekeeper, Hygienefaktoren, Störeinflüsse, Umgebungen) und die Kommunikationsstrategie darauf ausrichten zu können. Es ist sinnvoll, Soziologen und Kommunikationsexperten einzubeziehen. Zudem muss beachtet werden, dass sich Verhalten am ehesten in organisierten Settings (z. B. Konzerte, am Arbeitsplatz) steuern lässt.

Das Zielbild des Einsatzführungssystems in Abschnitt 5.2.3 stellt eine Lösung für eine leistungsfähige Einsatzkommunikation bereit: Bevölkerungssteuerung als Gesamtaufgabe (als Funktion, als Komplexitätsabsorber) ergibt sich aus drei nicht trennbaren Aufgabenbereichen. Sie erfordert eine federführende Kommunikations-Sektion (überwiegend Informationsausgang), die beweglich mit der Intelligence-Sektion zur Aufklärung und Prognostizierung (überwiegend Informationseingang) zusammenarbeitet und selbstorganisiert sowie anlassbezogen direkt das lose gekoppelte operative und/oder strategische Management (Stabsleitung, Einsatzleitung) konsultiert. Bei Bedarf werden weitere Ressorts einbezogen, wodurch die Funktion (kurzzeitig) spezialisiert wird. Mit dieser Organisationsform wird erreicht, dass Bevölkerungssteuerung ein echter Teil der Einsatzstrategie ist und Informationen im Gegenstromverfahren schnell, wahrhaftig, und richtig verarbeitet werden können. Durch die lose Kopplung wird Dynamik vom Management abgekoppelt, was innerhalb desselben Führungssystems das Arbeiten in unterschiedlichen Geschwindigkeiten und Zeitbereichen (Gegenwart, Zukunft) erlaubt.

Verarbeitungskapazität für Dynamik
Fünftens gilt es, die Dynamik in Form von *Veränderungen über die Zeit* als wichtigen Komplexitätstreiber zu beachten. Die meisten Einsätze erfordern Führungssysteme, die viele Lageveränderungen in kurzer Zeit verarbeiten können müssen (funktionale Komplexität absorbieren können). Die Ursache liegt im Zielsystem (mobiler Täter bei der Polizei vs. Abtransport einer fixen Anzahl Verletzter vs. Aufbau einer Behelfs-

5.4 Komplexität des Einsatzes beherrschen

brücke). Dabei begrenzt das Informationsmanagement die Verarbeitungskapazität hauptsächlich von technologischer Seite. So können Kommunikationsmittel schlicht zu langsam sein, um Informationen binnen adäquater Frist zur richtigen Stelle zu leiten. Als generelle Anforderung müssen Informationsmanagementsysteme daher der Informationslage und dem Einsatzcharakter genügen, wie im Online-Zusatzmaterial detailliert begründet wird. Standleitungen über Mobiltelefonie oder Festnetz, Videotelefonie, Digitalfunk sowie eine Produktivitätscloud aus kollaborativen »Officeanwendungen« und E-Mail bieten ein breites Spektrum an individuellen Lösungsmöglichkeiten.

Der Austausch zwischen Einsatzführungssystem und dem Einsatz ist eine ständige Verringerung (tatsächlich) bzw. Reduzierung (subjektiv) und Erhöhung der Varietät von Informationen, was sich als Kreislauf aus beständiger Ab- und Zunahme von Komplexität darstellt. Dabei fungieren die Intelligence-Sektion und jedes Subsystem mit Puffer- bzw. Filterwirkung über ihre Knotenfunktion hinaus als Übertragungsstelle. Sie sind nicht bloß Übermittler, sondern Verarbeiter von Informationen in beide Richtungen. Dafür müssen sie erstens über die notwendigen Fähigkeiten verfügen. Sie müssen die Bedeutung der Information erfassen und potenzielle Adressaten ausmachen. Zweitens müssen sie aus den möglichen Kopplungen, Berichtslinien (buttom-up) und Befehlsachsen (top-down) die passende auswählen. Dazu müssen sie drittens den jeweils am besten geeigneten technologischen Übertragungsweg auswählen und bedienen können. Zusammengefasst stellen die Übertragungsstellen die Relation her. Sie konkretisieren, indem sie die genaue Struktur generieren. Strukturelle »Verbote« von Bypässen und Direktverbindungen begründen latente Zeitverzüge. Im Zielbild eines wirksamen, beweglichen, selbstorganisierenden Einsatzführungssystems sind Übertragungsstellen und -wege deswegen generisch: *Die konkrete Struktur ergibt sich aus der Bedeutung der Information.*

Die Geschäftsverteilung und Kommunikationswege sind wichtige strukturelle Voraussetzungen für das Zurechtkommen mit Dynamik. Es kann aufgrund der Natur der Sache nicht vermieden werden, dass Dynamiken »durchschlagen.« Die Folge können chaotische Zustände im Führungssystem selbst oder auch Blockierungen sein. Dem muss konstitutiv in zwei Bereichen entgegengewirkt werden. Erstens muss es im Führungssystem eine Intelligence-Sektion mit genügend Fachkompetenz und Zeitressourcen geben, um den Lageänderungen zu folgen, die Informationen zu filtern, diese gezielt weiterzugeben. Indem Informationen gebündelt werden, wird Dynamik abgepuffert. Dieses Subsystem ist zwar ein überwiegend zentralistisches Instrument. Weil es von zentraler Stelle nicht adäquat möglich ist, eine Fachlage nachzuverfolgen, zu beurteilen und vorauszudenken, müssen zweitens anlassbezogen spezielle Funktionen bei der Intelligence-Arbeit aus dezentraler Richtung ergänzt werden. Hierdurch werden ähnlich wie bei der Führung mit Auftrag Dynamiken abgepuffert, weil Informationen nicht eins zu eins weitergegeben werden.

In Polizeiführungsstäben werden regelmäßig Livebilder von Einsatzstellen gezeigt. Damit soll das üblicher Weise große Informationsbedürfnis des Polizeiführers zufriedengestellt werden und vermieden werden, dass Bedeutungen (z. B. Stimmung) missverständlich übertragen werden. Durch diese direkte Anbindung des Geschehens an das strategische Management bleiben wünschenswerte positive Pufferwirkungen allerdings gänzlich ungenutzt. Bewegtbilder jeder Art fesseln zudem generell die Aufmerksamkeit und sind aus Human-Factors-Sicht daher eine Ablenkungsursache. Interaktive Karten z. B. mit Positionsdaten haben ähnliche Effekte. Es gilt deswegen, Livebilder dosiert und überlegt einzusetzen. Ein praktikabler Modus ist die Beobachtung durch eine Intelligence-Sektion, die zu Schlüsselmomenten den Polizeiführer mit einem inneren Zirkel involviert.

Die Kommunikationswege im Einsatzführungssystem entsprechen systemtheoretisch in etwa der Relationenkomplexität. Diese sollte so gering wie möglich sein, was bedeutet, dass Informationen über möglichst wenige Knotenpunkte zum Empfänger gelangen sollten. Hierarchische Informationsweitergaben sorgen in jeder Ebene für Dynamiken und binden dadurch Kapazitäten. Zudem steigt durch den »Stille-Post-Effekt« mit jeder involvierten Stelle die Fehlerwahrscheinlichkeit. Die Pufferwirkung vieler aufeinanderfolgender Stellen mag sich in der Theorie addieren. In Einsätzen löst jede Stelle auf ihrer Ebene jedoch Dynamiken aus. Es gibt daher einen imaginären Punkt, an dem die Negativwirkung der internen Dynamik im Führungssystem die Positivwirkung der Abpufferung der Einsatzdynamik übersteigt. Hierarchisch gesprochen muss es »Direktverbindungen zu höheren Stellen geben, bei deren Nutzung übersprungene Stellen nachrichtlich eingebunden werden.« Im Zielbild des Einsatzführungssystem muss die Führungsstelle aus strategischem und operativem Management sowie der Intelligence-Sektion daher von einem Homöostaten umfasst werden, in dem ein Informationsausgleich stattfindet. Die Knotenanzahl wird dadurch geringgehalten. Weil Informationen an Knoten vervielfältigt werden, werden durch eine geringe Knotenzahl die im Einsatz kursierenden Informationen geringgehalten. Die Intelligence-Sektion bildet den Puffer zum operativen Management; die gesamte Führungsstelle bildet wiederum den Puffer zum strategischen Management. Politische Einbringungen sind als Dynamikauslöser ein Spezialfall. Sie wirken bildlich gesehen nicht von unten nach oben, sondern über die Kopplung der Leitungsstelle mit der Politik von oben nach unten. In diesem Fall muss das strategische Management die Pufferfunktion übernehmen.

Es gibt Fälle, in denen Entscheidungen in dynamischen Situationen aus Kompetenzgründen von der strategischen Ebene getroffen werden müssen. Ein typisches

5.4 Komplexität des Einsatzes beherrschen

Beispiel ist der Zugriff in einer Geisellage in einem Polizeieinsatz. Dabei fallen die Pufferwirkungen vorgeordneter Stellen weg, weil der Polizeiführer (bzw. die strategische Ebene) aufgrund seiner Rolle unmittelbar an der Dynamik teilhaben muss. Diese Konstellation ist daher besonders, weil (hierarchisch gesehen) die unterste (operative Einheit) und die zweitoberste Ebene (strategisches Management) stark eingebunden sind, die mittlere Ebene (Großteil der Sachgebiete im Führungsstab) jedoch eher weniger. Erfahrungsgemäß hängt man in solchen Situationen »am Tropf der Lage« und ist gänzlich mit der Situation beschäftigt. Für einen gewissen Zeitraum steht die strategische Ebene für andere, weil weniger wichtige Fragestellungen quasi nicht zur Verfügung (Blockierung). Fragestellungen außerhalb der Zugriffssituation müssen so lange ohne den Polizeiführer auskommen. Dafür gibt es zwei Möglichkeiten: Grundlegend läuft das Verfahren nach der Organisationsphilosophie Führung mit Auftrag weiter, was den nachgeordneten Einheiten weitgehende Kompetenzen einräumt und Autonomie verleiht. Wo dennoch die Führungsstelle konsultiert werden muss, fungiert der Stabsleiter (operatives Management) als Stellvertreter des Polizeiführers. Dieser Spezialfall zeigt, dass die Stellen im Einsatzführungssystem generell möglichst autark sein müssen, um von einer blockierten Führungsspitze nicht auch blockiert zu werden.

Dynamiken erschweren die Übergabe von Zuständigkeiten stark. Die Verantwortung für einen Einsatz(-bereich) von einem Führungsorgan zum andern (z. B. Übergabe der Zuständigkeit bei einer LEBFI vom Polizeipräsidium in der Fläche an ein zentrales Kompetenzpräsidium) sollte daher nur erfolgen, wenn die Lage »statisch genug« ist. Während der Übergabe darf sich die Lage nicht allzu sehr verändern. Hierdurch wird vermieden, dass der Anschluss verloren geht. Oftmals wird auch Wissen über den Einsatzverlauf gebraucht, um Veränderungen korrekt deuten zu können. Die Weitergabe dieses Hintergrundwissens erfordert viel Aufwand. Daher gilt es für die Übergabe den bestmöglichen Zeitpunkt abzuwarten, ab dem die Veränderungen auch ohne umfangreiches Hintergrundwissen verstanden werden können. Eine gute Alternative ist die Mitverfolgung des Einsatzgeschehen der übernehmenden Stelle in Echtzeit wodurch sie sich »übernahmefähig« machen kann.

Zwischenfazit:

Aus der Dynamik als Komplexitätstreiber ergeben sich hohe Anforderungen an das Führungssystem. Funktional begrenzen das Informationsmanagementsystem und die eingesetzte Technologie mengenmäßig die Verarbeitungskapazität. Die Struktur (Knoten, Kommunikationswege und Autarkie) bedingt, ob im Einsatzführungssystem Dynamiken abgefangen werden können und es bei einsatztypischen Blo-

> ckierungen der Führungsstelle trotzdem handlungsfähig bleibt. Insgesamt müssen Einsatzführungssysteme der konkret erwartbaren Dynamik die erforderliche Verarbeitungskapazität gegenüberstellen (die Dynamik absorbieren können).

Schlussfolgerung: Philosophie der Komplexitätsbeherrschung
Praktisch gesehen ist das Beherrschen der Komplexität zwar eine eigene Führungstätigkeit und taucht daher in der Wirkungsmatrix auf. Weiter gegriffen ist es vielmehr eine Philosophie der Führungsarbeit. Das Beherrschbarmachen als Zugang-schaffen ist der elementare Schritt, um einen Einsatz überhaupt zur Steuerung zu erschließen. Anders gesagt: Der Einsatz wird führbar. Es sollte daher die Geisteshaltung von Führungspersonen sein, nach der Beherrschung der Komplexität des Einsatzes zu streben. Der Begriff der Beherrschung impliziert, dass man einer vermeintlichen Herrschaft erliegen bzw. dass man seine Fähigkeiten verlieren kann. Beherrschbarkeit ist als Fähigkeit wirksam Einfluss zu nehmen zu verstehen und nicht als absolute Kontrollierbarkeit (Vgl. Malik, 2015). Die Führungsperson muss daher sich und das Einsatzführungssystem wiederkehrend hinterfragen und beständig daran arbeiten, den Überblick und die Steuerbarkeit zu erhalten.

Am Anfang stehen Komplexitätstreiber, die ein Anforderungsportfolio an das Führungssystem beschreiben. Die Führungsperson kann die Einsatzkomplexität beherrschbar machen, indem sie die subjektive Komplexität reduziert, Varietät und Dynamik verringert sowie den Komplexitätstreibern Absorber gegenüberstellt. Dazu werden Strukturen aufgebaut und Funktionen eingeführt. Diese Tätigkeit verkörpert ein stückweit das institutionelle Organisieren. Somit kann die Geschäftsverteilung im Einsatzführungssystem maßgeblich mit der Komplexitätstheorie erklärt werden (neben bzw. umfassender als mit der BWL). Komplexitätsbeherrschung ist Anspruch und Leistungsmerkmal zugleich. Einsatzführungssysteme sind allgemein über- oder unterkomplex im Vergleich zu der zu bewältigenden Situation. *Ziel ist, dem Einsatz ein Einsatzführungssystem gegenüberzustellen das genau das »richtige Maß« Komplexität hat, um die Einsatzkomplexität absorbieren zu können.* Dazu müssen alle, insbesondere feststehende, normierte Führungssysteme kontinuierlich überprüft und (nach-)justiert werden. Das gilt in der kalten Lage, bei einer konkreten Einsatzvorbereitung wie auch im gegenwärtigen Einsatz. Der letzte Punkt bezeichnet in Form des permanenten Reorganisierens eine wichtige Führungstätigkeit. In dieser Justierung realisiert sich letzten Endes die Komplexitätsbeherrschung.

5.4 Komplexität des Einsatzes beherrschen

Schlussfolgerung: Ereignisspezifische Konstitution als Regel

Komplexität absorbieren bedeutet, auf die konkreten Einsatzspezifika einzugehen. Um die zu- und abnehmende Komplexität von Einsätzen aufnehmen zu können, müssen Struktur und Funktion des Führungssystems nach oben und unten skalierbar sein. Das Führungssystem muss dafür flexibel sein. Normierte Führungssysteme haben durch die festgeschriebene Struktur nur eingeschränkte Freiheitsgrade. Dahingegen ist das ereignisspezifische Konstituieren des Einsatzführungssystems eine inhärent flexible Herangehensweise, die u. a. auch Ressourcen schont und die Akzeptanz für einen Einsatz fördern kann. Aus dem Hauptblickwinkel der Komplexitäts- und Systemtheorie spricht nichts dagegen, Führungssysteme ereignisspezifisch zu konstituieren. Es ist plausibel, dass die Komplexität von Einsätzen dadurch besser beherrscht werden kann. Das ereignisspezifische Konstituieren sollte daher zur Regel werden. Praktisch gesprochen sollte für jeden Einsatz eine individuelle Führungsunit »aufgebaut« oder »zusammengestellt« werden, die die konkret gegebene effektive Komplexität absorbieren kann. Den Führungspersonen muss das notwendige Hintergrundwissen und das erforderliche Instrumentarium vermittelt werden. Die ad-hoc-Alarmierung von vorkonfigurierten, tendenziell überkomplexen Stäben in zeitkritischen Fällen sollte die Ausnahme sein. *In toto führt das Streben nach Komplexitätsbeherrschung im Idealfall zu einem instantan anforderungsspezifisch konstituierten Einsatzführungssystem.*

Merke:
Das Beherrschen der Komplexität des Einsatzes durch Reduzieren, Verringern und Absorbieren ist grundlegend für die Führungsarbeit. Wesentliche Eigenschaften des Einsatzes dürfen nicht weg-vereinfacht werden. Einfache Einsätze kann man mit einfachen Führungssystemen führen; Komplexe Einsätze brauchen Führungssysteme, die zu Komplexität fähig sind.

Die subjektive Komplexität kann reduziert werden durch
- Modellierung des Einsatzes anhand kritischer Variablen (Orientierung und Übersicht erlangen),
- Visualisierung des Wirkpfades (Klares Sichtbarmachen des Beitrags der Führungsunit),
- Verringerung der Informationsmenge (Filtern, Strukturieren, Verdichten).

Die tatsächliche Komplexität kann bezogen auf Varietät und Dynamik von unten nach oben verringert werden durch
- Bündeln (Einheitliches, möglichst universelles Reagieren),
- Abstufen (Abfangen und lokales Behandeln von Problemen durch Führung mit Auftrag),

- Lose Kopplung (Vermeiden von ungünstigen Wechselwirkungen zwischen den Units),
- Abfangen von Dynamik (Puffern, Filtern sowie eine geringstmögliche Anzahl Knotenpunkte).

Von oben nach unten muss die Komplexität durch Auffächern erhöht werden. Das Einsatzführungssystem muss die Komplexität des Einsatzes wiedergeben können. Dazu muss ereignisspezifisch jeder Unit, jedem substanziellen Element und jedem Komplexitätstreiber ein Absorber gegenüberstehen.

- Reicht die Kapazität der Absorber qualitativ und mengenmäßig aus?
- Bedarf es insbesondere in normierten Einsatzführungssystemen einer Justierung der Geschäftsverteilung?
- Gibt es für jedes Problem im Einsatz eine dazugehörige Teilaufgabe als Absorber im Führungssystem?
- Wenn der Einsatzumfang zu- oder abnimmt: Muss das Einsatzführungssystem zahlenmäßig und/oder inhaltlich verbreitert oder verkleinert werden (Skalierung)?
- Kann das Informationsmanagementsystem und die eingesetzte Technologie die Dynamik mengenmäßig verarbeiten?
- Wo Führungsstellen blockiert sein können: Ist das Führungssystem durch Führung mit Auftrag oder Stellvertreterregelungen ausreichend handlungsfähig?

5.5 Permanentes Reorganisieren mittels Stellschrauben für die Leistungsfähigkeit

Stellschrauben sind Einstellmöglichkeiten, mit denen innerhalb gewisser Grenzen die Leistungsfähigkeit des Einsatzführungssystems justiert werden kann. Sie dienen gewissermaßen der Übersetzung der Führungsidee bzw. der Realisierung der behandelten konstitutiven Aspekte. Ihnen liegen Mechanismen zugrunde, die das Funktionieren von Einsatzführungssystemen grundlegend erklären. Diese Mechanismen wiederum haben gewisse funktionelle Grenzen, aus denen sich Beschränkungen der Leistungsfähigkeit ergeben. Manche dieser Mechanismen sind variabel. Indem die dazugehörigen Stellschrauben justiert werden, kann die Leistungsfähigkeit des Führungssystems in einigen Bereichen angehoben werden.

5.5 Permanentes Reorganisieren mittels Stellschrauben

Anwendung der Stellschrauben

Wenn es im konkreten Einsatz »hakt,« muss ad hoc nachjustiert werden. Wenn sie den Einsatzerfolg gefährden, betrifft dies auch Fragen, die eigentlich eher aus der Alltagsorganisation stammen (z. B. Kultur, Handlungskompetenz) oder eigentlich wohlüberlegt sein wollen (Wechsel zu Remote-Arbeitsweise ohne Vorerfahrung). In so einem Fall bleibt kaum eine andere Wahl, als grundlegende, konstruktive Stellschrauben im laufenden Betrieb zu justieren. Dies sollte vermieden werden, weswegen die folgenden Punkte bestenfalls alle im Voraus geklärt sind.

Führungsarbeit ist mit Blick auf Mechanismen gewissermaßen das Herausfinden und Einstellen der einsatzspezifischen, *optimalen Arithmetik aus Struktur und Funktion des Führungssystems*. Wenn man sich die Einstellungsvielfalt vergegenwärtigt, rücken fachlich-inhaltliche Aspekte plötzlich in den Hintergrund. Aus theoretischer Sicht geht es um die Steuerung des Führungssystems, welches dann erst der Steuerung der fachlichen Arbeit dient. Man kann sich das Einstellen der Stellschrauben als bedienen eines Mischpults vorstellen. Was in der Musik das Abmischen für einen harmonischen Klang ist, entspricht in der Führungsarbeit dem *permanenten Reorganisieren* für eine hohe Performance. Unter diesem Überbegriff werden das grundlegende Einstellen und andauernde Nachstellen sämtlicher Stellschrauben zusammengefasst. Durch das Justieren richtet die Führungsperson den Einsatz mittelbar auf die zu erzielenden Resultate aus – sie nimmt also quasi die Wirkung beständig in den Blick.

Für die Bedienung der Stellschrauben braucht es von der Führungsperson eine gewisse Distanz für einen unbefangenen Blick, ein Verständnis über die mechanistischen Zusammenhänge sowie die Bereitschaft und Energie, die permanente Reorganisation durchzuführen. Das erfordert Zeit und kognitive Aufwände. Bei hochdynamischen Einsätzen oder hoher Gliederungsbreite und -tiefe ist es für eine alleinige Führungsperson unmöglich, sich für »organisatorische Aufgaben« frei zu machen. Gerade bei solchen Einsätzen ist es aber unabdingbar, die größtmögliche Leistungsfähigkeit des Führungssystems nutzen zu können. Das permanente Reorganisieren erfordert daher eine Mehrfachspitze, in der diese Aufgabe der *prozesswahrenden Rolle* zufällt (operatives Management, Stabsleiter). Reorganisieren entspricht ein stückweit der Manipulation von Arbeitsumfeld und Regeln, was die kognitive Komfortzone des Menschen berühren kann. Das ist umso schwieriger, wo der Handelnde die Regeln selbst macht. Dem Prozesswahrer kommt aus psychologischer Sicht eine hohe Bedeutung zu, weil er die Einhaltung, aber auch die Veränderung von Abläufen verkörpert. Seine Rolle trennt daher die Regulierung von den inhaltlichen Handlungen ab und »schützt« somit den Einsatzleiter.

Reorganisationsbedarfe können durch Reflektieren erkannt werden. Bei semiprofessionellen Stäben, bei »schwachen« Schnittstellenbesetzungen oder bei neuartigen Ereignissen muss bei der Reflexion von einem gewissen »Nichtwissen« der Mitglieder der Führungsunit ausgegangen werden. Je mehr Nichtwissen beim Gegenüber vorhanden ist (z. B. zur eigenen Rolle, über Inhalte), umso exakter müssen grundsätzlich die Kommunikation und die Zusammenarbeit sein. Es gilt daher beim Reorganisieren stets mit zu prüfen, ob das Verständnis für die gedachten Abläufe vorhanden ist.

Zusammengefasst dient das permanente Reorganisieren dem Funktionieren des Einsatzführungssystems als Selbstzweck. Es ist eine grundlegende Führungstätigkeit und taucht in der Wirkungsmatrix auf. Reorganisieren ist systemtheoretisch ein Ausdruck von Autopoise (Selbstbeobachtung des Einsatzführungssystems).

Praxistipp:
Die höchstmögliche Leistungsfähigkeit erfordert jederzeit die bestmögliche Einstellung der Stellschrauben der Führungsunit. Beauftrage mit dem permanenten Reorganisieren eine Funktion in der Mehrfachspitze!
- Reflektiere, ob die Führungsunit gerade »gut« funktioniert und wo es angesichts der kommenden Lageentwicklung Schwachpunkte oder spezielle Anforderungen geben könnte!
- Stelle dir dazu ein »Mischpult« aus Strukturen (Aufbau), Funktionen (Abläufe), Mechanismen und Zusammenhängen vor!

5.5.1 Konstitutive Prinzipien

Der Leistungserbringung in Stäben liegen Mechanismen zugrunde, die als feststehende Grundsätze die logische Systematik einer jeden Führungsunit beschreiben: Durch Zusammenfassung zu drei konstitutiven Prinzipen wird die höchste Abstraktionsebene erreicht, die darauf abzielt, die Konstitution von Führungsunits sowie Beschränkungen und Stellgrößen für Leistungsaspekte zu erklären. Diese drei Prinzipien vermögen daher die Grenzen der Leistungsfähigkeit eines Stabes zu beschreiben. Die Leistungsfähigkeit wird dabei allgemein verstanden als eine diagnostische, pro- oder retrospektive Aussage darüber, ob die erwartete Leistung mit einer hinreichenden Wahrscheinlichkeit erbracht werden kann. Die drei Grundsätze folgen derselben Systematik, nach der die Leistungen von Stäben im Abschnitt 2.1 in drei Hauptkategorien klassifiziert wurden. Das erste Prinzip beschreibt die Mechanismen zur Herstellung der Führbarkeit des Einsatzes. Die Mechanismen zur Erarbeitung von Zeitvorteilen werden im zweiten Prinzip beschrieben. Der dritte Grundsatz beschreibt die Steuerungsmechanismen des Stabes zur Beeinflussung des Ereignisfortgangs (Gißler, 2019a).

1. Prinzip der Führbarkeit
Das Organisieren der Führungsstelle in Stabsformation ist ein Mittel, um einen Einsatz in eine führbare Form zu bringen und die Leistungsfähigkeit der Leitungsstelle gegenüber einer Person zu erhöhen. Die Aufbauorganisation wird bedingt durch die Struktur des Stabes und die Stabsmitglieder. Die Skalierbarkeit des Stabes zur Absorption von Komplexität begrenzt die Leistungsfähigkeit. Dies wird bedingt durch die Universalität des Führungssystems, durch Anzahl und Kompetenzen der Stabsmitglieder, durch die Vorbereitung des Führungssystems sowie den Sitz der Führungsstelle.

2. Prinzip des Zeitvorteils
Die Mechanismen hinsichtlich der Minimierung führungssystemimmanenter Zeitnachteile sowie die Steuerungsmechanismen zur Erarbeitung von Zeitvorteilen gegenüber dem natürlichen Zeitverlauf bei der Herbeiführung von Wirkungen begrenzen die Leistungsfähigkeit. Sie werden begrenzt durch Voraussetzungen des gesamten Führungssystems und die Verantwortlichkeit sowie bedingt durch die Segmentierung der Führung in Teilaufgaben.

3. Prinzip der Wirkung
Die Steuerungsmechanismen des Stabes hinsichtlich der Beeinflussung des Ereignisfortgangs zur Herbeiführung von Wirkungen begrenzen die Leistungsfähigkeit. Wirkung wird bedingt durch die richtige Entscheidung zum richtigen Zeitpunkt.

Ausgehend von diesen drei Prinzipien mit ihren zugrundeliegenden mechanistischen Zusammenhängen werden in den folgenden Abschnitten konkrete Einstellmöglichkeiten vorgestellt.

5.5.2 Skalierbarkeit

Die Skalierbarkeit bezeichnet die Fähigkeit eines Führungssystems, zahlenmäßig und inhaltlich wachsen zu können. Damit können größer bzw. umfangreicher werdende Einsätze trotz Zunahme weiter führbar gehalten werden. Aus komplexitätstheoretischer Sicht ist das Skalieren weiter gefasst. Es bezeichnet den Vorgang, einer zunehmenden Einsatzkomplexität mehr Absorptionskapazität gegenüberzustellen. Vom Worst Case her gedacht sollte trotz vermeintlich erreichtem größtmöglichen Einsatzumfang immer noch eine weitere Skalierbarkeit gegeben sein.

Beim Hochskalieren des Führungssystems werden Aufgaben, Räume, Ressourcen und Zeitabschnitte unterteilt. Dadurch wird die Gliederungsbreite vergrößert, wofür mehr Führungspersonen benötigt werden. Die verfügbare Anzahl der Führungspersonen ist daher eine grundlegende Bedingung dafür, wie viele nachgeordnete Stellen überhaupt geführt werden können. Wie weit die Führungsspanne sein kann (wie viele nachgeordneten Stellen eine Person führen kann), hängt vom konkreten Einsatz ab (u. a. Dynamik, Informationsmenge, erforderliche Betreuungsintensität von Einsatzabschnitten). Neben einer rein zahlenmäßig höheren Anzahl müssen Führungssysteme auch neue (also: zusätzliche) Aufgaben wahrnehmen können. Aus dieser Sicht bedingen die fachlichen und persönlichen Kompetenzen der Führungspersonen, wie gut den neuen Anforderungen entsprochen werden kann. Um zusätzliche Aufgaben erfüllen zu können, muss fehlendes Wissen und Können rasch akquiriert werden können. Im Trainingsjargon wird dies manchmal als »Inkompetenzkompensationskompetenz« bezeichnet. Damit ist gemeint, dass ein Führungsorgan seine (Fach-)Kompetenz selbst beurteilen und anpassen können muss. Im ungünstigsten Fall ist die Anzahl der Stabsmitglieder niedrig und deren Fähigkeiten begrenzt, was die Skalierbarkeit stark einschränkt. Das ist tendenziell bei Ressortstäben der Fall, deren Mitglieder fachlich stark spezialisiert (eingeschränkt) sind. Das führt zu einer geringeren Universalität, weil das abzudeckende inhaltliche Spektrum kaum erweitert werden kann. Ob ein Führungssystem skaliert werden kann, hängt also stark von Anzahl und Kompetenz der Führungspersonen ab. Um einen zu kleinen Personalkörper auszugleichen, kann versucht werden, die subjektive Komplexität für die Führungspersonen zu reduzieren bzw. zu verringern. Dadurch können freie Kapazitäten für eine Erweiterung geschaffen werden.

Ein spezieller Aspekt der Skalierbarkeit ist die Bereithaltung von Führungsreserven. Im Einsatz sollte mindestens vorgeplant werden, wie die Gliederungstiefe und Führungsspanne des Strukturorganigramms justiert werden kann, wenn das Führungssystem zusätzliche Aufgaben wahrnehmen muss. In Feuerwehrstäben sollten im S3 personenmäßige Kapazitäten (zumindest gedanklich) freigehalten werden, um ihnen hinzukommende Aufgaben übertragen zu können. Dabei sollte vom schlechtesten Fall ausgegangen werden, z. B. dass alle vier statt nur zwei Landkreisabschnitte vom Unwetter betroffen sind. In dem Fall sollten die Abschnittsansprechpartner proaktiv personell verstärkt werden, was vier Personen zur Spiegelung von vier Abschnitten entsprechen kann (statt zwei Einzelpersonen, die jeweils zwei Abschnitte

5.5 Permanentes Reorganisieren mittels Stellschrauben

betreuen). Führungsreserven können von einer reinen Vorplanung bis hin zu einer proaktiven Kapazitätserhöhung reichen.

Die Vorbereitung des gesamten Führungssystems und seiner Mutterorganisation bedingt die Skalierbarkeit ebenso wie der räumliche Sitz der Führungsstelle. Beide Punkte sind während eines Einsatzes nur schwer zu justieren. So können fehlende Planungen und Ausbildungen, z. B. zur Vorbereitung auf eine Pandemie, kaum mit der erforderlichen Qualität ad hoc durchgeführt werden. Mobile Einsatzleitungen, die sich in der Nähe von Einsatzstellen positionieren, stoßen aufgrund der Enge in Führungsfahrzeugen rasch an Kapazitätsgrenzen. Zu kleine Führungsräume dürfen kein Argument dafür sein, einen Stab »klein zu halten«, obwohl man zur Absorption der Komplexität mehr Führungspersonen bräuchte. Ferner können Führungsstellen selbst von der Gefahrenausdehnung an der Einsatzstelle tangiert sein.

Die aufgezeigten Mechanismen zeigen deutlich, wie sich auch scheinbar nebensächliche Fragen wie die Raumgröße über die Skalierbarkeit auf den Einsatzerfolg auswirken können. Anzahl und Kompetenz der Führungspersonen, Vorbereitung und Sitz der Führungsstelle sind daher wichtige Stellschrauben für ein leistungsfähiges Führungssystem, die allerdings eher in der kalten Lage implementiert werden müssen.

> **Praxistipp:**
>
> Das Einsatzführungssystem sollte zahlenmäßig und inhaltlich noch erweitert werden können, auch wenn der größtmögliche Einsatzumfang vermeintlich schon erreicht ist.
>
> - Ist der Personalkörper groß genug, um die Gliederungsbreite vergrößern zu können? Müssen Führungsreserven geplant oder proaktiv gebildet werden?
> - Sind die Kompetenzen der Führungspersonen ausreichend, um neue Aufgaben wahrnehmen zu können?
> - Sind Führungssystem und Mutterorganisation ausreichend vorbereitet, um den Einsatz skalieren zu können?
> - Erlaubt der räumliche Sitz der Führungsstelle eine Skalierung?

5.5.3 Reduzierung von Zeitnachteilen

Bei der Einsatzführung entstehen auf natürliche Art und Weise Zeitnachteile. Diese sind mehr oder weniger beeinflussbar und müssen, wo möglich, konsequent reduziert werden. Die Reduzierung von Zeitnachteilen ist kein aktiver Vorgang wie die Erarbeitung von Zeitvorteilen, sondern vielmehr eine strukturell-funktionale Angelegenheit.

Der Eskalationsvorgang von der Alarmierung bzw. ab einer Verschärfung bis zum Zeitpunkt der Führungsübernahme durch die letztendliche Führungsunit erfordert eine gewisse Zeitspanne. Es muss angestrebt werden, jegliche Zeitverzüge so weit wie möglich zu reduzieren, damit durch den unweigerlichen Ereignisfortschritt keine Nachteile entstehen. Dafür muss die Alltagsorganisation grundlegend so leistungsfähig sein, dass sie bis zum Zeitpunkt der Übernahme der Führung ausreichend handeln kann. Die Entscheidungskompetenz über den Einsatz des Stabes sollte der Alltagsorganisation übertragen sein (z. B. Dienstchef in der Zentrale) und es sollte keinen personenabhängigen Entscheidungsvorbehalt geben (Konsultation des Amtsleiters). Hierdurch können Zeitverzüge bei der Entscheidung zur Eskalation vermieden werden. Die verschiedenen Stufen des Führungssystems müssen reibungslos ineinander übergehen und keine Systemwechsel darstellen, was genauer im Abschnitt 5.5.4 behandelt wird.

Das Abstimmen und Beauftragen im Einsatz erfordert Zeit. Stäben sollten unter den jeweiligen Voraussetzungen Handlungsspielräume soweit übertragen werden, dass sie quasi zum bevollmächtigtem Handlungsorgan werden, wie in Abschnitt 5.5.8 ausgeführt wird. Einerseits kann dadurch die Abstimmungszeit mit dem strategischen und normativen Management minimiert werden. Andererseits kann hierdurch ein Entscheidungsvakuum vermieden werden. Im Fall kurzer Abwesenheit bzw. bei vorkommenden Blockierungen von Entscheidern kann die Führungsarbeit zum Erliegen kommen. Mittels Auftragstaktik können nachgeordnete Führungsstellen (Einsatzabschnitte, Ressorts, Unternehmensbereiche) im Rahmen ihrer Kompetenzen selbstständig gemäß dem ausgegebenen Einsatzziel agieren. Üblicherweise werden beim Erteilen von Aufträgen gewisse Entscheidungsvorbehalte ausgesprochen. Der Einsatz hat dadurch Stoppunkte. Die Formulierung von guten und durchdachten Einsatzaufträgen erfordert erfahrungsgemäß viel Zeit. Für zu erwartende Einsätze sollten die Aufträge daher im Rahmen der Einsatzvorbereitung vorformuliert werden. Die dazugehörigen Stoppunkte können dadurch in die Ausbildung u. a. der operativen Kräfte einfließen. Ein gutes Beispiel ist die Polizeitaktik für Geiselnahmen, deren Stoppunkte allen Einsatzkräften bekannt sind. Dadurch werden inhärent Zeitnachteile minimiert.

Im Führungsakt entstehen Latenzzeiten. In Besprechungen und Planungsphasen wird nicht »gewirkt«. Diese Zeiträume sind zwar notwendig, aber für den Moment sind sie wie wirkungslos. Besprechungszeiten sind insbesondere bei dynamischen Einsätzen die zentrale Stellschraube schlechthin, weil sie kurze Reaktionszeiten und daher enge Führungszyklen erfordern. Besprechungszeiten müssen je nachdem konsequent minimiert werden. Ein möglicher Lösungsansatz kann sein, das Ent-

5.5 Permanentes Reorganisieren mittels Stellschrauben

scheiden und Ausführen organisatorisch zu trennen, wodurch die Dauer der Stabszyklen theoretisch deutlich verkürzt werden kann. Diese Optimierung der Segmentierung der Führung scheint insbesondere beim Führungsvorgang nach FwDV 100 möglich zu sein, worauf im übernächsten Abschnitt eingegangen wird. Erfahrungsgemäß können durch klare Agenden, die Nutzung von Sprechzetteln, vorbereitete Entscheidungsvorlagen oder -anträge und stringente (rollengeteilte) Moderation Besprechungen optimiert und dadurch verkürzt werden.

Zeitnachteile entstehen ferner durch Zusammenarbeitszeiten mit Schnittstellen jeder Art. Diese Zeitbedarfe müssen durch effiziente Organisation und souveränes Personal gering gehalten werden. Das umfasst technologische wie auch funktionale Gesichtspunkte. An dieser Stelle kommt hinzu, dass es beim parallelen Betrieb von (unterschiedlichen) Führungssystemen zu Schwachpunkten an den Schnittstellen und zu Kompatibilitätsproblemen kommen kann, worauf im nächsten Abschnitt eingegangen wird.

Praxistipp:
Natürlicherweise entstehende Zeitnachteile bei der Einsatzführung müssen konsequent reduziert werden.

- Gibt es Stellen, an denen im Eskalationsvorgang Zeitverzüge entstehen können (Vorbehalte, Leistungsdefizite, Systemwechsel)?
- Sind Besprechungen und Planungsphasen so kurz wie möglich (Besprechungskultur, Segmentierung des Führungsvorgangs)?
- Sind Handlungsspielräume soweit wie möglich übertragen, um Zeit für Abstimmungen und Beauftragungen zu sparen (Auftragstaktik)? Sind dazugehörige Vorgänge schlank gehalten?
- Kann bei der Zusammenarbeit mit externen Stellen Zeit eingespart werden?

5.5.4 Anschlussfähigkeit und Zusammenarbeit zwischen AAO und BAO

Parallel betriebene Führungssysteme müssen aneinander anschlussfähig sein. Darunter fallen parallele Einsatzführungssysteme (interorganisationale Zusammenarbeit), was separat betrachtet wird. Im Folgenden wird das Nebeneinander von *Besonderen Aufbauorganisationen (BAO) und Allgemeiner Aufbauorganisationen (AAO)* behandelt. Dies umfasst die Eskalation, die Arbeitsweise und den Aufbau.

Großeinsätze können geplant sein oder ihren Ursprung in der AAO haben, indem ein »kleines« Ereignis anwächst und zu einem Einsatz auf der obersten Führungsstufe eskaliert. Beim Anwachsen solcher Einsätze können große Zeitnachteile entstehen. Diese gilt es im Voraus so weit wie möglich zu minimieren. Die Eskalation von der AAO in die BAO muss unterbrechungsfrei und idealerweise ohne Reibungsverluste (Informations- und Wissensverlust, Zeitnachteile) möglich sein. Eine gute Verfahrensweise ist, dass die von Anfang an mit dem Ereignis befassten Personen aus der AAO in den Stab wechseln und gleichzeitig eine Art Rumpf-Stab bilden, der unmittelbar ohne Alarmierungszeit eingesetzt werden kann (Köstler, 2016). Der zentrale Mechanismus dabei ist, dass die Führungspersonen der »ersten Minute« den Einsatz durchgehend begleiten und aus der AAO in die BAO wechseln. In der AAO kann ihre dadurch vakante Funktion deutlich einfacher ersetzt werden, als dass die Einsatzlage an eine andere Führungsperson übergeben wird. Parallel müssen vorab implementierte Einsatzabschnitte aufgerufen und besetzt werden, wofür es standardisierte Rolleninhaber, Arbeitsmittel und Kommunikationsschemata braucht.

Der Einsatzbetrieb muss dem Alltagsbetrieb möglichst ähnlich sein. Dazu gehört grundlegend der kulturelle Umgang miteinander. Softwareanwendungen und Kommunikationseinrichtungen sollten nicht nur auf der höchsten Führungsstufe, sondern generell im Einsatzbetrieb und noch besser auch im Alltag genutzt werden. Das Informationsmanagementsystem sollte allgemein nicht und schon gar nicht »nur bei einer bestimmten Führungsstufe« umgestellt werden. So gibt es im Feuerwehrbereich wenig wirklich stichhaltige Gründe, warum ab der Führungsstufe D (überspitzt) nur noch schriftlich kommuniziert werden sollte, wo man sich vorher (fern-)mündlich einfach abgesprochen hat. Ferner sollten sich die verwendeten Problemlösungs- und Entscheidungsmodelle nicht unterscheiden. Große Wirtschaftsorganisationen, in denen gewisse Managementmethoden vorgegeben sind, können dafür Vorbild sein. Nach solchen Standards wird auf allen Ebenen und in allen Situationen gearbeitet – sowohl im Alltag wie auch in Ausnahmesituationen. Bekannte Beispiele sind Adidas, Moovel oder die EnBW, die firmenweit auf agile Methoden wie Scrum, Design Thinking und Holokratie setzen und damit interne Arbeitsnormen festlegen. An dieser Stelle muss kritisch gefragt werden, welche Organisation im Bevölkerungsschutz generell ein Führungsmodell für den Alltag hat bzw. warum Modelle für den Einsatz nicht auch im Alltag angewendet werden. Durch alltagsnahen Einsatzbetrieb wird das Arbeiten in AAO und BAO wirkungsvoller. Dadurch werden einerseits Zeitnachteile verringert. Andererseits werden dadurch Voraussetzungen geschaffen, dass die BAO auf die AAO zugreifen kann bzw. dass kleinere Einsätze in der AAO weiterlaufen (z. B. unter der Leitstelle) und die BAO den Großeinsatz steuert (z. B. als Stab).

5.5 Permanentes Reorganisieren mittels Stellschrauben

Die AAO muss sich in der BAO widerspiegeln. Bei normierten Ressortstäben (Verwaltung, Wirtschaft) ist das Großteils relativ einfach, weil sich die Struktur des Stabes aus dem alltäglichen Aufgabenzuschnitt ergibt. Die Praxis zeigt, dass eine gute kollegiale Zusammenarbeit von Schlüsselpersonen aus der AAO dem Funktionieren der BAO sehr zuträglich ist. Unwuchten treten dabei allerdings bei Unterstützungsfunktionen sowie regelmäßig auch in Aufgabenstäben auf, bei denen es nur geringe oder keine Entsprechungen in der Alltagsorganisation gibt. So gibt es für den »Inneren Dienst« im Stab (VB1 bzw. S1) in der Regel weder bei Verwaltungen, in Polizeipräsidien noch in Berufsfeuerwehren eine Stelle in der Alltagsorganisation, die dieses Portfolio genau abzudecken vermag. Dadurch entstehen Querschnittsaufgaben, in die sich die »Hierarchien« des Alltags nicht einordnen lassen, weil sich z. B. im Alltag gleichrangige Führungspersonen im Einsatz in einem Unterstellungsverhältnis wiederfinden. Ungenaue Schnittstellen oder gar »Brüche« zwischen BAO und AAO können im Einsatz zu Kompetenzunklarheiten und großen Reibungsverlusten führen.

Besonders wichtig ist eine passgenaue Spiegelung bei mehrtägigen Einsätzen. In Wirtschaftsorganisationen wie auch in Verwaltungen arbeitet der Stab dabei nicht immer in Präsenz, sondern tritt konferierend zusammen. Besonders tangierte Ressorts bedienen sich dabei ein stückweit der Alltagsorganisation. Manche Funktionen arbeiten oftmals aus dem Hintergrund zu, ohne überhaupt im Stab präsent zu sein. Hierdurch wird die Ereignisbewältigung sichtbar in die Alltagsorganisation verlagert. Die Verantwortlichkeit für das Ereignis liegt allerdings in der BAO. Es entsteht ein projektartiger Charakter. Aus Sicht der BWL ist dies eine Matrixorganisation, bei der Prozesse nach Verrichtung oder spezialisierten Funktionen geregelt werden. Im Zielbild des Einsatzführungssystems steht dies für Beweglichkeit und situative Generierung von Funktionen. Um sich in diesem Fall bezüglich der Zuständigkeiten orientieren zu können, ist eine Entsprechung zwischen AAO und BAO besonders wichtig.

Der Parallelbetrieb kommt regelmäßig gerade bei Großeinsätzen vor. Kurz zusammengefasst muss das Nebeneinander von AAO und BAO bzw. die Eskalation und Entstehung der BAO festgelegt sein, um Leistungsminderungen zu vermeiden. Dieser Mechanismus ist eine wichtige Stellschraube, die sich auf die gesamte Einsatzführung auswirkt.

5 Realisierungstätigkeiten Orientieren, Organisieren, Koordinieren

Praxistipp:

Der Einsatz als besondere Aufbauorganisation (BAO) und die Alltagsorganisation (Allgemeine Aufbauorganisation, kurz AAO) müssen nebeneinander funktionieren können und daher anschlussfähig sein.

- Ist eine reibungslose Eskalation von AAO in die BAO möglich (Vermeidung von Informations- und Wissensverlust, Zeitnachteile)? Begleiten Führungspersonen den Einsatz durchgehend?
- Sind sich Alltags- und Einsatzbetrieb so ähnlich wie möglich (Softwareanwendungen, Kommunikationseinrichtungen, Problemlösungs- und Entscheidungsmodelle)?
- Spiegelt sich die AAO in der BAO wider?

5.5.5 Segmentierung des Führungsvorgangs

Die Führungsaufgabe (Institution) und Führung als Vorgang (Ablauf) sind segmentiert in Teilaufgaben und in Teilschritte. Dieses Auseinanderschneiden ist notwendig, um die Aufgabe händelbar zu machen. Der Zuschnitt des Führungsvorgangs hat weitreichende Auswirkungen, weil aus ihm der Zuschnitt von Arbeitsbereichen folgt. Ihm kommt im Vergleich zur Aufbauorganisation meist weniger Aufmerksamkeit zu, obwohl er nicht minder wichtig ist. Besprechungen und Planungen schaffen Zeiträume, in denen nichts »bewirkt« wird. Diese Latenzzeiten müssen durch optimale Aufgabenzuschnitte so gering wie möglich gehalten werden.

Generell gilt: Optimale Stellen für den Zuschnitt gibt es nicht. Die Aufgabenbereiche von Führung als Vorgehen stehen, egal wo der Schnitt erfolgt, mehr oder weniger stark in Bezug zueinander:

- Zur Umsetzung wird die Planung benötigt.
- Zur Planung wird die Beurteilung benötigt.
- Zur Beurteilung werden Informationen benötigt.

Die vorherigen Teilschritte sind stets notwendig für die folgenden Teilschritte. Das Schneiden des Gesamtprozesses ist daher immer ungünstig. Deswegen müssen die am wenigsten ungünstigen Schnittstellen gesucht werden. Die FwDV 100 ist zwischen Lageerfassung und Beurteilen (Trennung in S2 und S3) zwar nicht ungünstig geschnitten, es scheint jedoch noch eine bessere Möglichkeit zu geben. Im Folgenden wird gezeigt, wie sich in Bezug auf die FwDV 100 und allgemein ein Schnitt zwischen Planung und Umsetzung positiv auswirkt.

5.5 Permanentes Reorganisieren mittels Stellschrauben

Führungsvorgang optimieren

Führung nach FwDV 100 ist dreifach unterteilt: (1) Lageerfassung bei S2, (2) Beurteilen, Planen, Ausführen bei S3 und (3) Entscheiden bei S3 bzw. beim Stabs-/Einsatzleiter. Diese Aufgaben können parallel ausgeführt werden, weil sie von verschiedenen Stellen durchgeführt werden. Das Beurteilen, Planen und Ausführen, als wesentliche Teilaufgaben der Einsatzführung, obliegt mit dem S3 allerdings einer einzigen Stelle und kann daher nur seriell ausgeführt werden (einfache personelle Besetzung vorausgesetzt). Die serielle Ausführung dieser wesentlichen Teilaufgaben erzeugt Zeitnachteile. Bezogen auf die FwDV 100 und auch generell scheint daher ein (Neu-)Zuschnitt in die Bereiche Situationserfassung (1), Beurteilen, Planen (2), Entscheiden (3) und Ausführen (4) sinnvoll zu sein. Durch die Dreiteilung des originären S3 wird die umfangmäßige Verarbeitungskapazität zwar nicht verdreifacht, aber maßgeblich erhöht. Zudem wird dadurch die Parallelität von Neubeurteilung und Planungsanpassung ermöglicht, was dem Erarbeiten von Zeitvorteilen zuträglich ist. Das erhöht die Reaktionsgeschwindigkeit, was letztlich die Absorption von Dynamik bedeutet. Diese Überlegungen lassen plausible leistungssteigernde Effekte erwarten. Generell sollten zeitkritische Tätigkeiten soweit wie möglich parallelisiert werden.

Wo neu zugeschnitten wird, verschieben sich zwangsläufig andere Parameter. Die stärkere Unterteilung der Aufgaben führt zu mehr Schnittstellen und die Mitgliederzahl in der Führungsunit erhöht sich. Dadurch entsteht ein erhöhter Koordinationsbedarf. Das Funktionieren der Führungsunit wird dadurch anspruchsvoller, was im Umkehrschluss (theoretisch) die Fehlerwahrscheinlichkeit erhöht. Kapazität und Qualität der Informationsverarbeitung sind daher zwei Seiten derselben Einstellungsmöglichkeiten. Aus theoretischer Sicht führt ein zusätzlicher Schnitt im Führungssystem zu einer höheren Komplexität – was nicht per se schlecht ist. Vielmehr kann diese Konfiguration das entscheidende Mittel sein, um die Dynamik des Einsatzes absorbieren zu können.

Unter Beachtung aller Folgen wird es als vielversprechender Lösungsansatz beurteilt, den Führungsvorgang speziell der FwDV 100 neu zu schneiden und damit auch die Struktur der Sachgebiete zu verändern. In Bezug auf jedes Führungssystem ist zu erwarten, dass bei einer *vierfachen Segmentierung*

1. *Situationserfassung,*
2. *Beurteilen und Planen,*
3. *Entscheiden und*
4. *Ausführen*

und entsprechender arbeitsteiliger Arbeitsweise die Geschwindigkeit und Kapazität noch in einem angemessenen Verhältnis zur inneren Komplexität des Führungssystems stehen. Diese Segmentierung muss sich im Zielbild des wirksamen, beweglichen, selbstorganisierenden Einsatzführungssystem wiederfinden. Beim permanenten Reorganisieren ist der Zuschnitt des Führungsvorgangs eine wichtige Stellschraube, mit der die Leistungsfähigkeit des Einsatzführungssystems hinsichtlich der Verarbeitungskapazität und der Reaktionsgeschwindigkeit justiert werden kann. Auf dieses Spannungsfeld wird im Folgenden eingegangen.

Spannungsfeld aus Qualität, Geschwindigkeit und Kapazität
Informationsverarbeitung und Entscheidungsarbeit unterliegen einem Spannungsfeld mit drei Polen. Sie können erstens auf die Verarbeitungsqualität der Informationen ausgerichtet werden. Hierunter wird weniger das bloße Verteilen von Informationen verstanden (Informationsmanagement), sondern vielmehr das Investigieren, Analysieren, Validieren und Plausibilisieren, Bewerten und Beurteilen, was bei der Intelligence-Sektion gesehen wird. Informationen sollen so transformiert werden, dass sie für die Entscheidungsfindung verwendet werden können. Wenn eine hohe Qualität der Informationsverarbeitung fokussiert wird, kann zweitens nicht gleichzeitig eine hohe Reaktionsgeschwindigkeit erreicht werden. Hohe Sorgfalt erfordert allgemein hohen Aufwand, was zulasten einer schnellstmöglichen Reaktion geht. Drittens kann eine hohe Verarbeitungskapazität angestrebt werden, die im Umkehrschluss allerdings die Qualität und Geschwindigkeit einschränken kann. Diese Ausrichtungsmodi müssen aktiv avisiert und organisiert werden. Dafür gibt es zwei Stellmöglichkeiten.

Die erste Stellschraube ist die *Frequenz der Lagebesprechungen* (vgl. dazu Abschnitt 5.6.4). Eine schnelle Besprechungsabfolge sorgt für hohe Reaktionsgeschwindigkeiten. Sie reduziert im Umkehrschluss allerdings die Dauer der zusammenhängenden Arbeitsphasen. Diese Phase ist für die strategische Ausrichtung der Führungsarbeit jedoch wichtig. Die Abfolge der Lagebesprechungen muss daher anhand des Arbeitsbedarfs und des Reaktionsbedarfs festgelegt werden.

Das Spannungsfeld aus Qualität, Geschwindigkeit und Kapazität kann ein stückweit ausgeglichen werden, indem als zweite Stellschraube *Planungs-, Entscheidungs- und Ausführungssequenzen parallelisiert* werden. Dazu wird an die vorher erläuterte Optimierung des Führungsvorgangs angeknüpft. In einer idealisierten Vorstellung laufen die vier Segmente Situationserfassung, Beurteilen und Planen, Entscheiden sowie Ausführen nacheinander ab. Die Praxis zeigt allerdings, dass die Schritte teilweise gleichzeitig, mit Unterbrechungen oder auch sprunghaft ablaufen. Zudem werden in der Regel mehrere Problemfelder gleichzeitig bearbeitet, weswegen

Führungsarbeit eher einer »Puzzlearbeit aus strategisch relevanten Einzelschritten« (Gißler, 2019b) gleicht. Durch diese parallele Bearbeitung wird bereits implizit die Kapazität und die Qualität gesteigert. Diese können weiter erhöht werden, indem die Aufgabengebiete Situationserfassung, Beurteilen und Planen, Entscheiden sowie das Ausführen personell so ausgestattet werden, dass mehrere Problemfelder parallel bearbeitet werden können. Zudem ist das Abtrennen von dynamischen Problemfeldern mit hohem Entscheidungsbedarf eine gute Möglichkeit, um die Qualität der restlichen Informationsverarbeitung zu steigern. Diese Variante knüpft ein stückweit an das Organisieren von Elementen an, indem im Führungssystem ein Subsystem mit einer speziellen Zuständigkeit (für die dynamische Aufgabe, für ein spezielles Problemfeld) geschaffen wird.

Praxistipp:

Latenzzeiten durch Besprechungen und Planungen müssen durch optimalen Zuschnitt des Führungsvorgangs in einzelne Aufgaben so gering wie möglich gehalten werden.

- Sind zeitkritische Tätigkeiten soweit wie sinnvoll möglich parallelisiert (insb. Neubeurteilen und Planungsanpassung)?
- Durch die Trennung in die Aufgaben Situationserfassung (1), Beurteilen, Planen (2), Entscheiden (3) und Ausführen (4) kann die Verarbeitungskapazität erhöht werden. Doch Vorsicht – die Qualität der Informationsverarbeitung kann dadurch sinken!
- Lege die Frequenz der Lagebesprechungen anhand des Arbeits- und Reaktionsbedarfs fest!
- Erhöhe Qualität, Geschwindigkeit und Kapazität zugleich, indem du bei Bedarf Arbeitsschritte innerhalb von Problemfeldern parallel ablaufen lässt. Trenne dabei dynamische Problemfelder ab.

5.5.6 Innere Zirkel und Mehrfachspitzen

Die leitenden Rollen in einer Führungsunit bildet die *Führungsspitze*. Beim Führen mit einem Stab können dies im Kern der Einsatzleiter und Stabsleiter (strategisches und operatives Management) sowie entlastend zwei Spezialfunktionen in Form von Wissens- und Realisierungsmanager sein (operatives Management). Die Leistungsfähigkeit der Führungsspitze wirkt sich auf die gesamte Führungsunit aus. Anhand der beiden folgenden Stellschrauben kann sie für die Anforderungen des Einsatzes justiert werden.

Innere Zirkel
In der Praxis ist es nicht unüblich, dass sich um Stabs- bzw. Einsatzleiter eine Art schnelldenkende Kerngruppe bildet. Ein Polizeiführer erläutert, wie dies der Geschwindigkeit der Stabsarbeit dient: »In ad hoc-Lagen kann es bei hoher Dynamik schon mal sein, dass eine kleinere Gruppe von Fachberatern wie zum Beispiel SEK, MEK; Verhandlungs- und Beratergruppe oder Ermittlern am Polizeiführertisch kurz die Lage erörtert, bewertet und aufgrund der kleinen Gruppengröße relativ schnell zu einem Ergebnis kommt. So schnell kommt der Stab nicht mit. Deswegen wird der Stab sozusagen im Nachgang darüber informiert und auch zu Zwecken der Dokumentation wieder auf Ballhöhe gebracht. Letzteres ist von entscheidender Bedeutung. Wenn das vergessen wird, fehlt zum einen die Dokumentation und zum anderen kann der Stab seiner Planungs- und Beratungsaufgabe schlicht und einfach nicht mehr nachkommen« (Gißler, 2019 a). Solche Zirkel werden vom restlichen Stab also abgesetzt, wenn die Situation es erfordert. Die Führungsperson bezweckt dabei, sich von Spezialisten beraten zu lassen. Ziel ist es, Entscheidungen herbeizuführen. Die Abgrenzung vom restlichen Team ist keine »Geheimniskrämerei«, sondern dient der Erhöhung der Reaktionsgeschwindigkeit. Daneben kann sich durch die Fokussierung auf Fragestellung und Schlüsselfunktionen auch die Entscheidungsgüte verbessern. Allerdings können auch negative Effekte auftreten. So bleibt es bei Bildung eines informellen (nicht institutionalisierten) Zirkels dem Zufall, dem Talent oder der Kapazität des Stabsleiters überlassen, ob der Stab nachträglich informiert wird, wenn es dafür keinen etablierten Ablauf gibt. In Bild 5 (Viable System Model) entspricht ein abgesetzter Zirkel einer informelle Einrichtung des Systems 2 und ist für den Informationsausgleich von hoher Wichtigkeit. Aus Teamsicht kann eine »Gruppenbildung« negative soziologische Effekte wie Unzufriedenheit erzeugen.

Innere Zirkel sind eine spezielle Form der Segmentierung der Führung (vgl. Abschnitt 5.5.5). Darin fallen Beurteilen, Planen und Entscheiden soweit zusammen, dass die einzelnen Teilaufgaben kaum mehr zu erkennen sind. Die Segmentierung wird also umgekehrt, indem die Tätigkeiten zusammengefasst werden. Möglich ist dies nur, wenn die Problemstellung stark fokussiert ist und von den Akteuren überblickt werden kann. Ein mangelnder Überblick ist ein Ausschlusskriterium für einen inneren Zirkel! Zudem muss sich die Steuerungstätigkeit auf wenige knappe Impulse beschränken, die entweder (fern-)mündlich übermittelt werden oder durch Assistenzfunktionen schnellstmöglich adressiert werden. Diese Merkmale treffen eigentlich nur auf hochdynamische Situationen wie in Bild 8 zu.

5.5 Permanentes Reorganisieren mittels Stellschrauben

Bild 8: *Beratungssituation zwischen Polizeiführer, Stabsleiter (Mitte) und einem abgesetzten inneren Zirkel des Stabes bezüglich einer stark fokussierten Fragestellung zum Zugriff bei einer Geiselnahme in einer Übung 2019*

Insgesamt sind abgesetzte innere Zirkel als Bedarfsinstrument eine selten gebrauchte, aber wirkungsvolle Stellschraube, um in hochdynamischen Situationen Geschwindigkeitsvorteile und eine Qualitätserhöhung der Entscheidungsarbeit erschließen zu können. Systemtheoretisch wird dabei durch Eingrenzung kurzzeitig ein Subsystem gebildet. Innere Zirkel sollten im Zielbild des Einsatzführungssystems als temporäre Plattform mit flexibler, situativer Besetzung (operatives, strategisches, ggf. normatives Management, Intelligence-Sektion, Fachressorts) institutionalisiert und dazugehörige Abläufe organisiert werden.

Mehrfachspitzen
Wo Entscheidungskompetenz oder Koordination an eine Einzelfunktion gebunden ist, kann dies die Leistungsfähigkeit der gesamten Führungsunit beschränken. Solchen Schlüsselrollen gilt daher ein besonderes Augenmerk. Folgende Beispiele aus Luftfahrt und Polizei zeigen den Mehrwert von Dreifach- bzw. Zweifachspitzen.

Um die Verarbeitungskapazität maßgeblich zu erhöhen und Blockierungen vermeiden zu können, muss die Leitung in der Führungsunit aufgeteilt werden (Beistellung von Assistenz reicht dafür nicht aus). Dadurch entstehen Mehrfachspitzen. Im Fall der Swiss International Air Lines (SWISS) ist die Führungsrolle *mindestens zweigeteilt* und bei Bedarf *dreigeteilt*. Der *Stabsleiter* (Emergency Director, eigentlich

5   Realisierungstätigkeiten Orientieren, Organisieren, Koordinieren

Einsatzleiter) wird immer durch einen Prozessmanager (Emergency Committee Manager, eigentlich Stabsleiter) unterstützt und kann bei Bedarf einen Intelligence Officer (Wissensmanager, s. u.) einsetzen. Der Stabsleiter verkörpert im Stab das strategische Management. Er verantwortet als Entscheider den Einsatz und handelt im Auftrag des Accountable Managers, der in Bezug auf die BAO das normative Management verkörpert (für Security und Safety verantwortliche Rolle in der Luftfahrt; kann in anderen Org. mit dem COO verglichen werden). Der *Prozessmanager* steuert in Gänze den Stabsablauf und sorgt somit für das Funktionieren des Stabes als Stab (Selbstzweck). Diese Wirkung richtet sich eher nach innen. Damit hängt einerseits die Herbeiführung von Entscheidungen zusammen. Andererseits ist der Prozessmanager bei der zumeist konferierenden Arbeitsweise auch derjenige, der nach dem Meeting die Aufgabennachverfolgung und koordinierende Tätigkeiten übernimmt. Dabei wirkt er deutlich in Richtung operativer Einheiten. Dadurch verkörpert er Teile des operativen Managements. Der *Wissensmanager* wirkt synchronisierend (s. u.). Er verkörpert damit Teile des operativen wie auch strategischen Managements. Stabsleiter und Wissensmanager sind gleichwertig ausgebildet und können dadurch beide Rollen wahrnehmen. Prozessmanager durchlaufen eine andere Ausbildung. Diese Rolle wird vorrangig mit professionellen Mitarbeitern (hauptberuflich in der Abteilung Notfall- und Krisenmanagement) besetzt. Bei Personalmangel oder in ad-hoc-Situationen wird auf semiprofessionelle Mitarbeiter zurückgegriffen. Die drei Rollen bilden zusammen das *Führungstrio* des Stabes. *Sie vereinen grob die Aufgabenbereiche Entscheiden, Stabsablauf und Realisierung steuern sowie Wissen steuern.* Durch diese Aufteilung wird die Leistungsfähigkeit erhöht. Die Rollenteilung ist an die FSO 17 der Schweizer Armee angelehnt (Zweiteilung Kommandant/Stabschef).

Das folgende Beispiel aus dem Polizeibereich ist ähnlich gelagert. Der Einsatzleiter ist dort ein benannter Polizeiführer (Qualifikationsebene höherer Dienst). Er führt den Einsatz im Auftrag des Polizeipräsidenten. Dieser tritt in Bezug auf Einsätze zumeist eher selten in Erscheinung und übernimmt dann vor allem Kopplungen mit der politischen Ebene (normatives Management). Daher verkörpert der Polizeiführer im Einsatz das strategische Management. Unter anderem um der potenziellen Mobilität des Polizeiführers Rechnung zu tragen, wird ihm ein Stabsleiter (höherer Dienst) beiseitegestellt. Der Stabsleiter führt den Einsatz bei Verhinderung des Polizeiführers in dessen Sinne weiter. Kritische Entscheidungen stehen stets unter Vorbehalt des Polizeiführers. Durch diese Stellvertreterregelung wird vermieden, dass bei Abwesenheit Zeitverzüge auftreten. Hauptsächlich sorgt der Stabsleiter jedoch dafür, dass der Stab als Stab funktioniert und setzt Entscheidungen des Polizeiführers in bzw. mit dem Stab um. Er verkörpert also das operative Management. Polizeiführer und

5.5 Permanentes Reorganisieren mittels Stellschrauben

Stabsleiter werden jeweils von Assistenten (gehobener Dienst) unterstützt. Die Assistenzen haben hauptsächlich die Aufgabe, von zeitaufwändigen oder dynamischen Aufgabenanteilen zu entlasten (Telefonate, E-Mails, Informationsmanagement über Stabssoftware). Polizeiführer und Stabsleiter bilden das Führungsduo des Stabes. Die Leitungsrolle ist also zweigeteilt. *Das Führungsduo vereinigt grob die Aufgabenbereiche Entscheiden sowie Stabsablauf und Realisierung steuern.* Neben der Leistungsfähigkeitserhöhung dient die Aufteilung dieser Rolle auch der Vermeidung von Blockierungen. Im Feuerwehrbereich wird die Trennung zwischen Einsatzleiter und Stabsleiter ähnlich gesehen (Plattner, 2004), wobei diese Rollen in der Übungspraxis erfahrungsgemäß immer auch wieder zusammengelegt bzw. nicht klar differenziert werden, wodurch Vorteile nicht genutzt werden.

Eine spezielle Rolle in der Führungsspitze ist ein Wissensmanager. Hohe Dynamik, maximal ausgelenkte Zielsysteme und eine Vielzahl involvierter Stellen sind typische Ursachen für eine unübersichtlichen Informationslage, abweichende Wissensstände und nicht abgestimmte bzw. nicht synchrone Vorgehensweisen. Wo verschiedene Interessensgruppen aufeinanderstoßen, kann es zudem zu unterschiedlichen Interpretationen sowie Interessenskonflikten kommen. Um diesen Problemen entgegenzuwirken, hat SWISS die Rolle des Intelligence Officers (sinngemäß: Wissensmanager) installiert. Er bildet zusammen mit dem Stabsleiter und dem Prozessmanager das Leitungstrio und hat die Aufgabe, die Informationsstände vor allem zwischen den Ressorts im Stab zu synchronisieren und Missverständnisse aufzudecken. Wenn im Mutterkonzern mehrere Stäbe im Einsatz sind, hat er sich mit den anderen Intelligence Officers zu vernetzen und auf Arbeitsebene einen Austausch zu jeglichen Belangen zu etablieren. Die Rolle ist u. a. der Erkenntnis geschuldet, dass die Informationsweitergabe (horizontal und vertikal) als Belastung empfunden werden kann. Informationen scheinen gerade wegen dieser vermeintlichen Belastung mit gewissem Aufwand eingeholt werden zu müssen. Der Intelligence Officer hat einerseits die Stabsmitglieder zu vernetzen und sie zur Informationsweitergabe anzuregen sowie andererseits aus einer Metaperspektive zu überprüfen, ob es vom Stabsleiter aus gesehen Wissensabweichungen gibt. Bei kleineren Einsätzen wird die Rolle nicht besetzt. Eine ähnliche Rolle gibt es mit dem Informationskoordinator (IKo) im Verwaltungsstab (Innenministerium Baden-Württemberg, 2004).

Zusammengefasst wirkt der Wissensmanager als Führungsrolle einem speziellen Problem (Informationslage) entgegen. Im Bild des Viable System Models bildet er ungefähr einen Homöostaten zwischen dem strategischen und operativen Management bzw. steht für das System 2. Wo die Problemlage für die Führungspersonen weniger die Informationslage, sondern eher bzw. zusätzlich die Realisierung der Vorhaben und damit die Koordination operativer Einheiten betrifft, kann anstelle bzw. zusätzlich zum Wissensmanager ein Realisierungsmanager installiert werden. Diese Rolle wirkt im Bild des Viable System Models überwiegend in Richtung der Systeme 1 über das Berichts- und Auditwesen. Der Realisierungsmanager entlastet den Stabsleiter (operatives Management) von der Koordination in Richtung der operativen Einheiten. Der Stabsleiter kann sich dadurch auf die Steuerung der Führungsunit konzentrieren. Erfahrungsgemäß erfordert der Arbeitsaufwand den Realisierungsmanager eher selten und auch kaum über mehrere Tage. Wo der Koordinationsaufwand (auch für temporäre Aufgaben wie einen ad hoc notwendigen Zwischenbericht für die Geschäftsführung) die Kapazität des Stabs- und Einsatzleiters jedoch erfolgskritisch übersteigt, ist der Realisierungsmanager die effektivste, effizienteste und friktionsärmste Lösung.

Aus organisatorischer Sicht ist die Installation von Wissens- und Realisierungsmanager die Ausgliederung von kritischen und zeitintensiven Aufgaben aus dem Aufgabenbereich einer Doppelspitze. Beide Rollen dürfen nicht mit Assistenzfunktionen verwechselt werden, die hiervon unbenommen sind. Der Assistenzbedarf hängt ein stückweit auch von Mehrfachbelastungen der Leitungsrollen durch Alltagsaufgaben und von der persönlichen Arbeitsweise ab. Mehrfachspitzen können zu gewissen Teilen fehlende Routinen von weniger erfahrenen Führungspersonen ausgleichen, wenn sie mit (semi-)professionalisierten Rolleninhabern besetzt werden. Dadurch kann das operative Management (Stabsleiter, Prozesswahrer oder auch Moderatoren) die weniger routinierten Stabsmitglieder mittragen. Diese Organisationsform liegt etwa in der Mitte des Kontinuums aus einem »Stab aus neben-/ehrenamtlichen Novizen« und einem »Stab aus berufsmäßigen Führungskräften« und schafft einen Kompromiss zwischen Ausbildungsaufwand und Funktionieren der Führungsunit als solches.

Schlussfolgerung: Leistungsfähigkeit der Führungsspitze erhöhen
Innere Zirkel und Mehrfachspitzen sind Instrumente, mit denen Kapazität und Qualität erhöht werden können. Damit gehen sie weit über eine reine Entlastung des Einsatz- oder Stabsleiters hinaus. Sie sind wichtige Stellschrauben, um die Leistungsfähigkeit der Führungsunit einstellen zu können. Eine Drei- oder (selten) Vierfachspitzenkonfiguration führt zu einer deutlich erhöhten Leistungsfähigkeit der Führungsstelle im Vergleich zu einer Einpersonenspitze. Weil es ungünstige Nebeneffekte geben kann (Personalkörper, funktionale Komplexität), muss die Konfiguration der Führungsspitze im Verhältnis zu den Anforderungen des Einsatzes stehen. In der Gesamtbetrachtung überwiegt der Nutzen einer höheren Leistungsfähigkeit der Führungsstelle mögliche Nachteile bei tatsächlichem Bedarf klar. *Mehrfach-*

5.5 Permanentes Reorganisieren mittels Stellschrauben

spitzen müssen flexibel und bedarfsgerecht eingesetzt werden, weswegen sie zum permanenten Reorganisieren gezählt werden.

Praktische Anwendung

Die Stellschrauben zur Führungsspitze müssen vor dem Einsatz implementiert und eingestellt werden. Die Aufteilung der Leitungsfunktionen ist ein Bedarfsinstrument. Eine vierteilige Führungsspitze erscheint als sinnvolle Obergrenze (»maximale Aufgabenteilung«) und sollte den »Maximalereignissen« bzw. besonderen Erfordernissen aus Einsatzdynamik und Operationalisierung vorbehalten bleiben. Kleinere oder mittlere Einsätze rechtfertigen von den Anforderungen her gesehen eine Drei- oder gar Vierteilung meist nicht.

Die genaue Aufgabenverteilung muss im konkreten Fall vorgenommen werden. Es empfiehlt sich, entlang der drei Managementebenen abzugrenzen. Der inhaltliche Aufgabenzuschnitt und die die Wirkrichtungen (z. B. innerhalb Führungsunit, in Mutterorganisation, zu operativen Einheiten, zu anderen Organisationen im selben Einsatz, in die Zukunft) sollten sich so wenig wie möglich überlappen. Aus der Wirkungsmatrix können fertige Stichworte für Rollenbeschreibungen entnommen werden und dadurch Führungsleistungen, Probleme und Aufgabenarten den zwei bis vier Leitungsrollen zugeordnet werden. Das Teilen und Zusammenfassen der Rollen ist nicht ganz einfach und erfordert von den Akteuren im Einsatz ein fundiertes übergreifendes Verständnis für die Gesamtaufgabe. Zur Vorbereitung hat es sich bewährt, die Aufgaben zuerst ausgehend vom Maximalereignis auf vier Rollen zu verteilen. Danach können sie durch Bündeln (Zusammenfassen) und Verkürzen (Reduzieren, Weglassen) auf drei bzw. zwei Rollen verkleinert werden. Im Einsatz kann bei den meisten Ereignissen mit einer Doppelspitze gestartet werden, aus der mehr oder weniger zeitnah die zwei zusätzlichen Rollen bedarfsorientiert (phasenweise) ausdifferenziert werden. Eine zwingende Besetzung anhand bestimmter Eskalationsstufen erzeugt zwar Verlässlichkeit. Weil es mit Eskalationsmatrizen häufig Anwendungsschwierigkeiten gibt und mangelnde Erfahrung zu unpassenden Vorstellungen vom Führungsakt führen kann, läuft man bei einer solchen regelhaften Besetzung Gefahr, nach »Schema-F« zu verfahren oder die Rolleninhaber mangels Workload zu unterfordern. Daher sollte man bei der Besetzung der Leitungsrollen im Zielbild des Einsatzführungssystems stets beweglich bleiben.

Praxistipp:

In hochdynamischen Situationen können innere Zirkel um das operative und strategische Management herum Entscheidungen beschleunigen (Voraussetzung: Das Problem ist begrenzt und ein Überblick über die Situation ist vorhanden). Mehrfachspitzen können die Kapazität im Vergleich zu einer einzelnen Führungsrolle erhöhen und die Qualität der Führungsarbeit verbessern.

- Aufteilung der Führungsstelle in ein, zwei, drei oder (selten) vier Rollen als strategisches und operatives Management (Einsatzleiter, Stabsleiter, je nach Bedarf zusätzlich Wissensmanager, Realisierungsmanager).
- Ausrichtung der Rollen nach innen (Stellen in der Führungsunit) und nach außen (Stellen im Einsatz oder Kopplung mit externen Stellen wie z. B. politischen Funktionären).
- Zuordnung von Führungsleistungen, Problemen und Aufgabenarten zu den Rollen anhand der Wirkungsmatrix.
- Achtung – Aufgaben nicht automatisiert und nicht nur für das Maximalereignis verteilen! Situativ und flexibel vorgehen so wie es der Einsatzumfang, die Informationslage und der Koordinationsaufwand erfordern.
- Wo erforderlich: Assistenz zur Entlastung der Leitungsrollen nutzen.

5.5.7 Strukturelle Voraussetzungen aus dem Aufbau

Durch den Aufbau werden die strukturellen Voraussetzungen des Führungssystems geschaffen. Dadurch und durch die Mitglieder der Führungsunit wird bedingt, wie universal ein Einsatzführungssystem ist. Die Universalität beschreibt, wie vielseitig ein Einsatzführungssystem eingesetzt werden kann. Mit einer maximalen Universalität können theoretisch alle denkbaren Probleme und Aufgaben bewältigt werden. Eine geringe Vielseitigkeit (Spezialisierung) ist gleichzusetzen mit einer starken Beschränkung des zu bewältigenden Einsatzspektrums. Dabei geht es nicht um den fachlichen Hintergrund der Mutterorganisation, sondern um die Art und Weise wie das Einsatzführungssystem konstituiert ist.

Aufbau und Strukturorganigramm

Führungsunits werden am Beispiel von Stäben nach drei Idealtypen aufgebaut:
- nach Führungstätigkeit als *Aufgabenstab*,
- nach Ressorts als *Ressortstab* oder
- nach Kompetenz anhand der fachlichen und persönlichen *Eignung* von Personen.

5.5 Permanentes Reorganisieren mittels Stellschrauben

Stäbe von Feuerwehr und Polizei sind typische Aufgabenstäbe, die in den dazugehörigen Vorschriften normiert sind. Ihre Aufbauorganisationen sind teils verrichtungsorientiert (Organisation nach Aufgabe) und teils raum- oder objektbezogen (Organisation nach Lokalität). Ein Stab nach FwDV 100 ist weniger stark vorgedacht und hat eine geringere Gliederungstiefe (vier bis sechs Sachgebiete, eine Hierarchieebene) als ein Stab nach PDV 100 (etwa fünf Stabsbereiche mit 18 nachgeordneten Bereichen, zwei Hierarchieebenen). Die BAO ähneln den AAO teilweise (Polizei) bis nicht (Feuerwehr).

In Wirtschaftsorganisationen und Verwaltungen werden Stäbe üblicherweise als Ressortstäbe aufgebaut. Beispiele aus dem öffentlichen Bereich sind der Krisenstab nach Runderlass Krisenmanagement (Innenministerium Nordrhein-Westfalen, 2016) oder der Verwaltungsstab nach VwV Stabsarbeit (Innenministerium Baden-Württemberg, 2004). Im nichtöffentlichen Bereich gibt es zur Aufbauorganisation keine Vorgaben, sondern lediglich Empfehlungen und Normen. Die Führungsunit wird anhand der erforderlichen Abteilungen bzw. Dezernate zusammengestellt (Ressorts). Solche Stäbe ähneln der Alltagsorganisation stark und sind verrichtungsorientiert. Gerade bei Konzernen wird ergänzend noch nach divisionalen Zuständigkeiten (Standort, Business Unit, Regionen, Kontinente) und in einen Zentralkrisenstab (Konzern- oder Gruppenzuständigkeit) unterschieden, woraus sich eine zusätzliche divisionale Spezialisierung ergibt. Im Vergleich sind Ressortstäbe schadensangepasst, weil die notwendigen Fakultäten nach erforderlichen Ressorts ausgewählt werden; Aufgabenstäbe sind eher schadensüberformend, weil der Einsatz den gegebenen Strukturen des Stabes angepasst wird (Karsten, 2017).

Als letzte Möglichkeit kann der Stab nach fachlichen und persönlichen Kompetenzen von potenziellen Stabsmitglieder aufgebaut werden. Weil dieses Schema sehr personenzentriert ist, kommt es in Reinform quasi nicht vor. Oft werden Schlüsselfunktionen aus ihrer alltäglichen Stellung und Unterstützungsfunktionen (z. B. Assistenz) implizit kompetenzorientiert besetzt.

Die drei Aufbauarten kommen in der Praxis meist in Mischform vor. Zwei Beispiele spiegeln dazu einen gewissen Stand der Technik. In der DIN ISO 22320:2019-07 wird der folgende Vorschlag für eine allgemeine Führungsorganisation der Gefahrenabwehr gemacht, die im Überblick aus fünf Grundfunktionen und variablen Zusatzfunktionen besteht. Die Struktur folgt sowohl der Führungsaufgabe wie auch gewissen Ressorts, die eine Anleihe an die Alltagsorganisation haben können:

- Führung (Befehlsgewalt, Gesamtverantwortung; Vorgabe von Zielen und Verantwortlichkeiten),

- Planung (Sammlung, Bewertung und Austausch von Lageinformationen und Erkenntnissen; Lageberichte; Entwicklung und Dokumentation des Einsatzplans),
- Einsatz (Vorgabe taktischer Ziele zu Gefahrenbegrenzung, Schutz von Personen, Eigentum und Umwelt; Leitung des Einsatzes, Übergang zur Wiederherstellungsphase),
- Logistik (Einsatzunterstützung und -ressourcen; Einrichtungen, Transport, Betriebsmittel, Instandsetzung, Verpflegung, Versorgung der Einsatzkräfte, Kommunikationsmittel und Informationstechnik),
- Finanzen und Verwaltung (Entschädigung und Ansprüche; Beschaffung, Kosten- und Zeitplanung),
- Bei Bedarf zusätzliche Funktionen wie Einsatz- und Arbeitssicherheit, Öffentlichkeitsarbeit, Verbindungswesen, Fachberatung.

In der CEN/TS 17091:2018 werden folgende Grundrollen für einen Krisenstab von Wirtschaftsorganisationen vorgeschlagen. Diese können nach tatsächlichem Bedarf, vor allem um die sog. Kernbetriebsfelder, erweitert werden. Bis auf Tagebuchführer und Unterstützungsgruppe ergeben die Funktionen quasi ein Abbild der Ressorts der Alltagsorganisation:

- Leiter,
- Personalwesen,
- Betrieb,
- Recht,
- Kommunikation,
- Finanzen,
- Tagebuchführer,
- Beauftragter für Betriebskontinuität,
- andere Betriebsstäbe,
- Unterstützungsgruppe.

Aufgaben und Zuständigkeiten müssen umso stärker organisiert werden, je weniger detailliert die (normierten) Vorgaben sind. So ist das Strukturorganigramm der FwDV 100 ohne Konkretisierung auf einer dritten Rekursionsebene bzw. nach Aufgaben, Räumen und Ressourcen zu allgemein, um alle notwendigen Verrichtungen eines Großeinsatzes abbilden zu können. Die exemplarisch herangezogenen Führungssysteme können rein von ihrem Charakter her sehr spezielle Komplexitätsabsorber wie einen Datenschutzbeauftragten nicht mit abbilden. Diese Punkte zeigen auf, dass die Aufbauorganisation *stets vom tatsächlichen Bedarf* her entwickelt werden muss, um die Komplexität des Einsatzes aufnehmen zu können. Die Aufbauarten sind grundlegende Stellschrauben, mit der die Fähigkeit zur Komplexitätsabsorption justiert werden kann.

Führungsspanne und Gliederungstiefe
Bei zunehmender Aufgabenfülle nimmt meistens die Gliederungsbreite (gleichrangige Stellen auf einer Ebene) zu. Damit steigt die Führungsspanne (Anzahl unterstellte Stellen bzw. zu führende Personen). Eine hohe Führungsspanne geht mit höheren Koordinationsaufwänden und Entscheidungsbedarfen für die führende Stelle einher. Übliche Führungsspannen liegen im Bereich von ein bis sieben Stellen. Als guter Bereich werden oft zwei bis fünf Stellen bezeichnet, die einer Person unterstellt sind. Eine »optimale Spanne« gibt es allerdings nicht. Die Führbarkeit hängt im Wesentlichen von der Dynamik und dem Informationsumfang ab. So erfordert im Polizeibereich der Einsatzabschnitt des Sondereinsatzkommandos eine so hohe Aufmerksamkeit, dass quasi eine 1:1-Führung stattfindet. Eine solche direkte Kopplung darf keinesfalls mit einer »Verbindungsperson« gleichgesetzt werden. Wo die Führbarkeit eines Aufgabenbereichs für eine Einzelperson (absehbar) schwierig wird, muss die Gliederungstiefe (Anzahl Hierarchieebenen) erhöht werden. Aus komplexitätstheoretischer Sicht ist dies eine Stufenreaktion, wodurch Dynamik abgepuffert wird, der Koordinationsaufwand reduziert und Vorgesetzte durch geringeren Entscheidungsbedarf belastet werden. Allerdings entsteht dadurch eine höhere Abstufung, formale Informationswege können länger werden, das Berichtswesen wird anspruchsvoller und Entscheidungskompetenzen werden kleinteiliger. Insgesamt muss deswegen ein einsatzspezifisch angemessenes Verhältnis zwischen Führungsspanne und Gliederungstiefe gefunden werden. Dies gilt es vorbereitend bei der Konstitution und während dem Einsatzes zu beachten. Führungsspanne und Gliederungstiefe sind (bildlich) zwei Drehrichtungen derselben Stellschraube.

Strukturorganigramm als Organisationsergebnis
Am Ende des Aufbauvorgangs steht ein Strukturorganigramm über die Führungsunit und (weiter gefasst) über den Einsatz. Darin vereinigen sich Vorgaben aus normierten Führungssystemen, das Organisieren von Elementen, die Skalierbarkeit sowie die Zuweisung von Verantwortung und Befugnissen. Ein Strukturorganigramm ist Mittel und Ergebnis des Organisationsvorgangs zugleich. Aufgrund seiner Wichtigkeit taucht es in der Wirkungsmatrix auf und wird als Teil des Modells vom Einsatzführungssystem verstanden.

Universalität

Die drei vorgestellten Aufbauarten erzeugen unterschiedliche Universalitätsgrade. Es kann festgehalten werden: Je weniger der Stab nach festgelegten Ressorts aufgebaut ist, desto universaler ist er. Ein geringer Festlegungsgrad des Aufgabenzuschnitts bedeutet eine hohe Flexibilität, was eine generische Strukturierung nach tatsächlichen Problemfeldern ermöglicht. Dadurch kann die tatsächliche Komplexität des Einsatzes abgebildet werden. Der Einsatz wird durch feststehende Führungsstrukturen quasi nicht überformt. Bei Überformungen besteht immer die Gefahr, dass bestehende funktionierende Strukturen beeinträchtigt werden.

Ein Stab ohne Ressort- und Aufgabenbindung aus der AAO kann sich theoretisch einfacher und schneller auf Ereignisse einstellen, die von der Problemstellung her unterschiedliche fachliche Fakultäten erfordern, weil nicht umorganisiert (angepasst) werden muss. Feste Ressortzuschnitte bedeuten immer auch Schnittstellen, die zumeist der Regelorganisation folgen und daher Zwängen aus dem Alltag unterliegen. Innerhalb gewisser fachlicher Grenzen der Mutterorganisation kann ein Aufgabenstab ein sehr weites Einsatzspektrum bearbeiten. Er kann sich zumindest in der Theorie generisch jede Aufgabe erschließen. Ressortstäbe »können« dahingegen nichts anderes als das, was die Ressortvertreter aus ihrer Alltagsfunktion mitbringen. Solche Stäbe haben deswegen ein beschränktes Einsatzspektrum. Ein ereignisspezifisch konstituiertes (also: nicht vorstrukturiertes) Führungssystem weist die größtmögliche Flexibilität auf. Insgesamt ist ein Aufgabenstab universaler als ein Ressortstab.

Stabsmitglieder

Führungsunits sind inhaltlich auf das Wissen und Können ihrer Mitglieder beschränkt. Für Ressortstäbe ist die Auswahlmöglichkeit für das Personal sehr begrenzt, nämlich auf benannte Vertreter von Abteilungen bzw. Dezernaten. Je nachdem, ob diese Generalisten oder Spezialisten sind, variiert die Universalität. Führungsunits bei denen die personale Kompetenz stärker berücksichtigt werden kann (wie bei Aufgabenstäben) sind daher tendenziell universaler als reine Ressortstäbe.

Die Aufbauart hat Auswirkungen auf die Mitglieder der Führungsunit. Bei einem Aufbau nach Führungstätigkeit werden generalistische und generische Fähigkeiten benötigt. Insbesondere gefordert ist die Problemlösekompetenz, weil der Stab sich quasi jedes Problem zur Lösung erschließen können muss. Aufgabenstäbe stellen daher die höchsten Anforderungen an die Stabsmitglieder. Gleichzeitig ist die Anzahl der benötigten Stabsmitglieder minimal niedrig. Bei einem Aufbau nach Ressorts verhält es sich umgekehrt. In Ressortstäben sind die Anforderungen an die Mitglieder minimal, weil »lediglich« ihre Alltagskompetenzen benötigt werden. Gleichzeitig ist

5.5 Permanentes Reorganisieren mittels Stellschrauben

die Anzahl benötigter Stabsmitglieder maximal hoch, um das inhaltliche Spektrum des Einsatzes abbilden zu können.

Erfahrungsgemäß tun sich Organisationen oft schwer, Personen nur aufgrund ihrer persönlichen Eignung in einen Ressortstab zu berufen, denn sie hätten »ja keine Funktion«. In diesem Fall ist die Festschreibung einer Mischform aus ressort- und kompetenzorientiertem Aufbau ein guter Mittelweg, um einen leistungsfähigen Personalkörper zusammenstellen zu können. In Aufgabenstäben ist die Berücksichtigung persönlicher Kompetenzen einfacher.

Insgesamt ist die Aufbauart eine wichtige Stellschraube. Sie ermöglicht das Führungssystem auf neu- oder andersartige Ereignisse einzustellen, als für die es konzipiert wurde. Dieser Vorgang wird als *Modulation der Universalität* und *Spezialisierung* verstanden und wirkt sich unmittelbar auf die Führbarkeit des Einsatzes aus. Wenn die Universalität moduliert wird, stellt man damit unweigerlich auch die Anforderungen und die Anzahl an Stabsmitglieder ein. Faktisch begrenzt der gegebene Personalkörper allerdings die jeweiligen Einstellmöglichkeiten.

Praxistipp:

Es gibt drei grundlegende Arten, um Führungsunits aufzubauen:
- nach den Ressorts der Mutterorganisation,
- nach Führungstätigkeiten und (normierten bzw. vorgeschriebenen) Aufgabengebieten,
- nach fachlicher und persönlicher Kompetenz der infrage kommenden Personen.

Baue das Führungssystem nach den Anforderungen des Ereignisses auf! Überforme das Ereignis so wenig wie möglich durch festgelegte Strukturen (z. B. Ressorts aus dem Alltag, Sachgebiete)!

Neu- oder andersartige Ereignisse erfordern eine hohe Universalität des Führungssystems. Nutze in solchen Fällen unbedingt alle Kompetenzen der verfügbaren Führungspersonen!

Stelle durch ein angemessenes Verhältnis aus Führungsspanne (Anzahl unterstellte Stellen) und Gliederungstiefe (Anzahl Hierarchieebenen) die Führbarkeit her! Beachte Dynamik, Koordinationsaufwand und Entscheidungsbedarf sowie Nebenwirkungen (Abstufungen, diziplinarische/Machteinflüsse aus dem Alltag, Informationswege und Entscheidungskompetenzen)!

Fasse den Aufbau des Führungssystems in einem (stets aktuellen) Strukturorganigramm zusammen!

5.5.8 Verantwortlichkeit

Struktur, Autorität und Verantwortung sind Glieder, die eingestellt werden können und sich auf die Leistungsfähigkeit des Führungssystems auswirken. Unklare Verantwortlichkeiten können unmittelbar auch das Einsatzergebnis gefährden. »Klar« ist Verantwortung grob da, wo das Prinzip der Einheit der Führung eingehalten wird. Dieser Grundsatz wurde beim Tiroler Krisenmanagement in der Corona-Pandemie im März 2020 nicht eingehalten, was mit zum Abreisechaos von Ischgl beitrug (Hersche et al., 2020). Zwar handelt es sich beim Einsturz der Eissporthalle in Bad Reichenhall 2006 und der Loveparade- Katastrophe in Duisburg 2010 (Seibel, Klamann & Treis, 2017) nicht direkt um Einsätze, aber die Vorgänge, die zu den Ereignissen führten, sind vergleichbar. So führten falsch eingeschätzte Risiken aufgrund psychologischer Faktoren (Lagebewusstsein, persönliche Vorlieben u. a. durch politische Zusagen, Schutz persönlichen Kompetenzempfindens) zu falschen Schlüssen. Zu den fatalen Folgen kam es letztlich, weil Verantwortlichkeiten unklar waren (aufgeteilte Zuständigkeiten, fehlende Federführung oder Gesamtverantwortung, mangelnde Klärungsinitiative) und dadurch der Lauf der Dinge nicht wirkungsvoll beeinflusst werden konnte.

Befugnisse sind ein zentraler Aspekt bei der Einsatzführung. Der Einsatzleiter wird per Beauftragung durch die Instanz des normativen Managements zu Entscheidungs- und Weisungskompetenz ermächtigt. Dadurch ist er befugt, als Führungsstelle den Einsatz im Auftrag der Leitungsstelle zu führen. Neben diesem formalen Aspekt hängt der Spielraum einer Führungsperson immer auch mit der Autorität aus ihrer Alltagsfunktion zusammen. Wo Organisationen und Akteure in neuer Konstellation zusammenarbeiten, werden diese Autoritäten neu ausgelotet. Wo sich Schlüsselpersonen Anerkennung erarbeitet haben und sich auf ein tragfähiges Netzwerk stützen können, ist ihr Ansehen und Einfluss unweigerlich höher. Sie können sich gewisse Befugnisse »herausnehmen.« Dieser informelle Faktor hat in der Praxis einen nicht zu vernachlässigenden Einfluss.

Gesetze oder interne Vorschriften begrenzen die Befugnisse in Einsatzführungssystemen. Dadurch wird in manchen Fällen auch eine Kompetenzbündelung verhindert, die aus Sicht einer einheitlichen Führung eigentlich wünschenswert wäre. So besagt das deutsche Ressortprinzip nach Art. 65 Grundgesetz, dass der Minister innerhalb der durch den Kanzler vorgegebenen Richtlinien das Ministerium als seinen Geschäftsbereich selbstständig leitet (Personal-, Sach- und Organisationsgewalt) und damit auch die Ergebnisse verantwortet. Ähnliches gilt vereinfacht auch auf Landesebene und in nachgeordneten Behörden. Die strikte Trennung der Verantwortlichkeit verhindert insbesondere bei Ministerien, dass in einem interministeriellen Stab eine quasi handlungsbevollmächtigte Stabsleitung ein Weisungsrecht gegenüber Ressortvertretern ausüben kann. Das führt dazu, dass ein interministerieller Stab keine Kompetenzbündelungsfunktion unter einer gemeinsamen, einzig verantwortlichen Leitung wahrnehmen kann, weil es stets Entscheidungsvorbehalte von Ressortverantwortlichen geben kann. Ein solcher Stab kann deswegen nur koordinieren, aber nicht gesamtverantwortlich leitend sein. Die interministerielle Zusammenarbeit in Einsätzen beruht deswegen ein stückweit auf dem Kollegialprinzip. Näherungsweise kann gesagt werden, dass ein koordinierendes Performanzlevel nicht überschritten werden kann. Dabei ist natürlich nicht ausgeschlossen, dass im Rahmen einer kollegialen, der Sache dienenden Zusammenarbeit trotzdem eine so enge Koordination erreicht werden kann, die einer gesamthaften Leitung ähnelt. Typischerweise treten in solchen Konstellationen aufgrund der Entscheidungsvorbehalte immer wieder große Zeitverzüge auf, die den Einsatzerfolg gefährden können. Um dennoch ausreichende (gemeinsame) Führungsleistungen erbringen zu können, müssen im Rahmen des rechtlich Möglichen spezielle Vorgehensweisen gefunden werden. Ziel sollte die Einheit der Führung sein.

Weisungsbefugnis in Konzernstrukturen
Auch in Wirtschaftsorganisationen kann die Kompetenzbündelung an Grenzen stoßen. Konzerne bestehen oftmals aus rechtlich (weitgehend) selbstständigen Töchtern. Insbesondere operationelle Fragen, zu der das Notfallmanagement und meist auch die ersten Phasen des Krisenmanagements gehören, fallen daher in die divisionale Zuständigkeit. Demgegenüber stehen gemeinsame Werte und Leitlinien der Dachmarke. Unternehmenspolitische Spannungen unter der Oberfläche offenbaren sich erfahrungsgemäß häufig in Einsätzen. Nach außen wird dies oft in der Kommunikation sichtbar, wenn in der Berichterstattung herauskommt, dass die Tochter A im selben Land anders agiert als die Tochter B – obwohl die Bedingungen und Voraussetzungen jeweils gleich sind. Die strategische und operationelle Selbstständigkeit von Unternehmensteilen kann, ähnlich wie das gouvernementale Ressortprinzip, die Bildung eines Konzernstabes unter gesamtverantwortlicher, weisungsbefugter Instanz verhindern. Anders gesagt kann es Konstellationen geben, in denen sich die *Einheit der Führung* (siehe unten) nicht ohne Weiteres herstellen lässt.

Die wohl einzige Lösung für eine einheitliche Führung führt über eine konzernweite verbindliche Regelung gepaart mit einer guten Zusammenarbeit im Alltag. Geregelt werden müssen die Führungsmodi der übergeordneten Instanz. In einem grundlegenden koordinierenden Modus hat der Mutterkrisenstab das Vorgehen zwischen den Töchtern und den Wissensstand zu harmonisieren, Handlungen zu synchronisieren und Entscheidungen im gegenseitigen Einvernehmen herbeizuführen. Im Modus mit Richtlinienkompetenz treten die Töchterkrisenstäbe an den Mutterkrisenstab gewisse vorher vereinbarte Entscheidungsfälle ab. Allerdings ist Einheitlichkeit oft mehr ein politisches Argument als ein fachliches Argument. Die Einsatzführung muss Universalität und Spezifizität austarieren können. Wichtig ist dabei, dass nicht die »gesamte« Verantwortung abgegeben werden kann, denn das wird oft durch gesetzliche Anforderungen an die einzelnen Divisionen verhindert. Zumeist sind die möglichen »strittigen Punkte« bzw. die kritischen Entscheidungsfälle im Voraus bekannt. Sie können daher gut beschrieben werden. Aus diesem Grund kann vorab ein Konsens über die Entscheidungskompetenz einer Zentralfunktion hergestellt werden. Allgemeine Beispiele sind die landesweite Einstellung von Produktion oder die Repatriierung von Expats. Im Luftfahrbereich ist ein typischer Fall die Frage, ob dieselbe Destination durch Tochterfluggesellschaften mit unterschiedlichen Voraussetzungen bedient werden kann oder nicht.

Trotz einer theoretisch funktionierenden, guten Regelung ist der kollegiale Aspekt nicht zu unterschätzen. Ob man auf niedrigen und mittleren Eskalationsschwellen im Sinne einer gemeinsamen Sache oder angesichts moralischer Erwartungen eigene Unternehmensinteressen zurückstellt, wird immer auch durch die guten Beziehungen zu den Konzernkollegen bedingt.

Verantwortung
Befugnisse und Verantwortung gehen miteinander einher. Wer befugt ist, muss sich verantworten. Verantwortung kann durch Delegation nicht einfach »wegdelegiert« werden, sondern bleibt mindestens in Form einer Kontrollpflicht bestehen. Jede Kontrollpflicht ergibt eine Eskalationsmöglichkeit, durch die entweder Verantwortung entzogen und neu vergeben werden kann oder über die Missstände rapportiert werden können. Wo mit Mehrfachspitzen geführt wird, kann sich die Verantwortungsdelegation folgendermaßen gestalten:

1. Die gesamtverantwortliche Person, i. d. R. die Leitungsstelle der Organisation (z. B. Amtsleiter, COO), erlässt den Ordnungsrahmen der Organisation (Governance); hat eine Kontrollpflicht gegenüber dem Einsatzleiter; ist bei Missständen im Einsatz die höchste Beschwerdestelle.
2. Der Einsatzleiter wird von der Leitungsstelle beauftragt und handelt in deren Auftrag; ist dadurch ermächtigt, den Einsatz im Sinn der gesamtverantwortlichen Person zu führen; verantwortet die Durchführung der Mission; hat eine Kontrollpflicht gegenüber seinen nachgeordneten Führungspersonen.

5.5 Permanentes Reorganisieren mittels Stellschrauben

3. Der Stabsleiter wird vom Einsatzleiter beauftragt; verantwortet einen übergeordneten Aufgabenbereich; handelt letztlich auch im Auftrag der Leitungsstelle.
4. Die Stabsmitglieder verantworten im Auftrag des Einsatzleiters einen speziellen Aufgabenbereich.

Würde der Einsatzleiter alleine (integral) führen, wäre die Kontrollpflicht durch die hierarchische Abstufung zwischen ihm und der Leitungsstelle trotzdem gewahrt. Die Befugnisse für die nachgeordneten Führungspersonen ergeben sich durch Delegation von Teilverantwortungen in Form von Entscheidungs- und Handlungskompetenzen. Kompetenz wird an dieser Stelle als Bündel aus Befugnis, Wissen und Können sowie der Verfügung über die notwendigen Ressourcen verstanden. Es darf nicht sein, dass einer Führungsperson eine Aufgabe übertragen wird, sie aber nicht über die dazu notwendigen Ressourcen verfügen kann.

Der Delegationsvorgang kann mündlich oder schriftlich erfolgen. Das mindeste Delegationsmittel sind Strukturorganigramme, in denen Verantwortungsbereiche divisionsgleich abgestuft als Über- und Unterstellung den natürlichen Personen zugeordnet werden (senkrecht). Umgangssprachlich wird dies als Hierarchie bezeichnet, womit oft auch disziplinarische oder autoritäre Aspekte mitgemeint sind. Wo sich gerade bei beweglichen Einsatzführungsorganisationen Funktionen und Divisionen in Aufgaben, Räumen, Ressourcen und Zeitabschnitten überschneiden, können Verantwortlichkeiten auch funktional (waagrecht) in Arbeitsablaufschaubildern prozessbezogen zugewiesen werden. Bezüglich einer solchen Matrixorganisation ist bereits bei der Konzipierung der Aufbauorganisation sicherzustellen, dass *Aufgabe, Verantwortung und Kompetenz eine Einheit bilden* (Walitschek, 1975).

Bei der Einsatzführung muss der Grundsatz der Einheit der Führung gelten. Dieser bedeutet, dass jede Person immer nur einer vorgesetzten Person unterstellt ist (ISO 22320:2018). Wie zuvor gezeigt wurde, gestaltet sich dies gerade in Konzernstrukturen und im Regierungsbereich nicht immer einfach. Zudem gerät dieser Grundsatz überall da in Bedrängnis, wo sich die Zusammenarbeit strukturell wie auch in der gelebten Praxis eher als Matrixorganisation darstellt. So zeichnen sich bewegliche und selbstorganisierte Einsatzführungssysteme gerade dadurch aus, dass sich Absorber auf tatsächliche Probleme und Aufgaben richten und sich Fähigkeiten aus den vorhandenen Kompetenzen und Ressourcen generieren. Bei konsequenter Einhaltung der Einheit der Führung und fester zyklischer Synchronisierung entstehen zwischen den berichtsempfangenden Stellen über der vernetzten Arbeitsebene enorme Abstimmungsbedarfe. Das läuft wiederum der Einsatzführungsphilosophie der Auftragstaktik zuwider, die ein möglichst eigenständiges Arbeiten vorsieht. Eine Lösung des

Dilemmas ist, den Einsatz nach Problemfeldern aufzubauen. Dadurch werden insbesondere Aufgaben, Räume und Zeit thematisch gebündelt und Abstimmungsbedarfe von vorneherein minimiert. Die funktionale Verantwortung wird einer Person durch die Federführung zugewiesen. Der Prozess bzw. die Aufgabe wird dadurch lateral gleichberechtigt von den Beteiligten unter der Ägide der zuständigen Person betrieben. Eine andere Lösung ist, eine etwas breitere Führungsspanne zu akzeptieren, um alle Funktionen unter einer Führungsperson bündeln zu können.

Die Einheit der Führung (und damit die disziplinarische Verantwortungsdelegation) steht der Beweglichkeit des Einsatzführungssystems und der dafür erforderlichen funktionalen Verantwortlichkeit (und damit der Federführung und lateralen Zusammenarbeit) gegenüber. Senkrechte Verantwortungszuweisung ist erforderlich, aber waagrechte Zusammenarbeit unerlässlich. Aus diesem Widerspruch weist die Wirkungszentrierung einen praktikablen Ausweg: Die begründete Kontrollpflicht sollte sich in der Praxis auf Wirksamkeitsaspekte beschränken. Dadurch wird im Rahmen der Führung mit Auftrag der größtmögliche Handlungsspielraum zur lateralen Zusammenarbeit unter Federführung einer Stelle ermöglicht. Dabei auftretende, nicht auflösbare Pattsituationen werden als Entscheidungsfall nach oben gegeben und dort hinsichtlich ihrer Wirkung beschieden.

Zusammengenommen sind Autorität, Befugnisse und Verantwortlichkeit prägend für das Einsatzführungssystem und sind daher eine wichtige (mächtige) Stellschraube für die Leistungsfähigkeit. Man kann grob sagen, dass das Einsatzführungssystem umso unbeweglicher wird, je autoritärer (»hierarchischer«) und formaler der Verantwortungsaspekt sind. Die Leistungsfähigkeit kann daher im Positiven justiert werden, indem Verantwortlichkeit funktional gelebt wird. Diese Stellschraube kann im Einsatz nur schwer bedient werden, weil die Einflüsse aus dem Alltag darauf stark sind. Die Verantwortlichen müssen ihren Geführten vertrauen. Ein Führungsorgan kann auf der einen Seite ein reines Veranlassungs- bzw. Beratungsorgan sein. Auf der anderen Seite kann die Führungsunit bei einem hohen Vertrauens- und Ermächtigungsgrad als quasi bevollmächtigtes Handlungsorgan ausgeprägt sein. Diese Konstellation schafft die besten Voraussetzungen für Führung mit Auftrag und eine hohe Reaktionsgeschwindigkeit. Dadurch wiederum wird die Erarbeitung von Zeitvorteilen begünstigt. Diese Zusammenhänge verdeutlichen die Vielschichtigkeit der Prämissen für ausreichende Führungsleistungen und zeigen den hohen Einfluss des Verantwortlichkeitsfaktors.

Ergänzend sei darauf hingewiesen, wie Unterstellungsprobleme umgangen werden können. Durch die »Aufhebung« der alltäglichen Ressortzugehörigkeit für die Missionsdauer können autoritäre Rangaspekte (z. B. durch Dienstgrade) zumindest etwas reduziert werden. Darauf aufbauend sollte als Auswahlargument

5.6 Abläufe koordinieren

die fachliche und persönliche Eignung der Personen angeführt werden (und nicht ihre Alltagsfunktion). Dadurch können sich die Teammitglieder eher als gleichrangig anerkennen.

> **Praxistipp:**
>
> (Nicht-)Verantwortlichkeit schafft subjektiv Sicherheit und Orientierung. Das Verlangen nach »klaren Strukturen« kann ein Symptom für Rollenunklarheit (persönlicher Faktor) oder bei der Federführung unter Gleichen (Verantwortlichkeit) sein.
> Eine Mission mit mehreren beteiligten Organisationen muss grundsätzlich unter einheitlicher Führung stehen (eine einzige verantwortliche Instanz).
> - Etabliere zwischen getrennten Führungssystemen verschiedener Organisationen mindestens einen grundlegenden koordinierenden Modus (Harmonisierung des Wissensstands, Synchronisierung des Handelns, Herbeiführung von Entscheidungen im gegenseitigen Einvernehmen)!
> - Das Ressortprinzip (Ministerien) oder rechtliche Anforderungen an Divisionen (Geschäftsbereiche in Konzernen) können eine einheitliche Führung (Kompetenzbündelung) in der Mission verhindern. In diesen Fällen ist eine der Sache dienende Zusammenarbeit unabdingbar (Kollegialitätsprinzip). Achtung – durch Entscheidungsvorbehalte entstehen typischerweise Zeitverzüge. Diese können die Führungsleistung gefährden!
> - Stelle, wo möglich, die Einheit der Führung durch einen Modus mit Richtlinienkompetenz her, in dem vorab geklärte Entscheidungskompetenzen von einer übergeordneten Stelle ausgeübt werden dürfen!
> - Aufgabe, Verantwortung und Kompetenz müssen eine Einheit bilden.
> - Weise Verantwortung strukturell durch Über- und Unterstellung (divisional) zu! Halte dabei Stufen flach und das Führungssystem beweglich!
> - Erzeuge Beweglichkeit, indem du Verantwortung funktional delegierst. Weise Zuständigkeiten für einen Prozess oder ein Aufgaben-/Problemfeld durch Federführung zu!
> - Beschränke deine Kontrollpflicht auf die Wirksamkeit der Mission!

5.6 Abläufe koordinieren

Beim Koordinieren als Führungstätigkeit geht es um die Umsetzung der *Ablauforganisation*, worunter allgemein verstanden wird, die *zeitlichen und räumlichen Arbeitsabläufe lückenlos aufeinander abzustimmen* (Springer Gabler Verlag, 2018 e). Darüber wirkt die Führungsperson realisierend. Man kann sagen, dass dadurch der

Einsatz (Aufbauorganisation) zum Leben erweckt wird. Das Portfolio der Führungstätigkeiten wäre unvollständig, wenn die Führungsperson nur die Strukturen aufbauen würde und die Abläufe sich selbst überlassen würde.

Die *Führungstätigkeit* des Koordinierens ist zwar logischerweise eine Voraussetzung für das gleichlautende *Performanzlevel*, aber es darf mit diesem nicht verwechselt werden: Die Fähigkeit zur Koordination beschreibt ein mittleres Leistungslevel. Vorher kommt die Fähigkeit zur reinen Lageerfassung und danach die Fähigkeit zur gesamtverantwortlichen Leitung des Einsatzes (Gißler, 2019b). Im Folgenden werden Hintergründe zum Koordinieren und die dazugehörigen Einzeltätigkeiten aus dem Blickwinkel der Wirksamkeit betrachtet. Fragen zum Informationsmanagement werden ausgeklammert, weil die damit verbundenen Gesichtspunkte und organisationalen Besonderheiten zu spezifisch sind, um sie allgemein behandeln zu können.

5.6.1 Koordinieren als aktives Regeln innerhalb der Führungsunit

Ziel des Koordinierens ist in Anlehnung an den Wortursprung, *Abläufe im Einsatzführungssystem zu regeln, zu ordnen und in eine bestimmte Folge zu bringen* (Dudenredaktion, o. J.a). Es wird im Kontext der Einsatzführungstheorie vom Organisieren (aufbauen) abgegrenzt und umfasst folgende wesentliche Aspekte (alphabetische Ordnung):

1. Abgleichen von Informationsständen,
2. Abstimmen von Planungsvorhaben,
3. Aufstellen und Vereinbaren von Regeln,
4. Ausgleichen zwischen Teilzielen,
5. detailliertes Orientieren von Geführten,
6. Festlegen von Informationsflüssen,
7. Herstellen von Verbindungen zwischen Schnittstellen,
8. Klären von federführender Zuständigkeit,
9. Klären von Rollenklarheit der Geführten,
10. Ordnen von Zeitabläufen,
11. Synchronisieren von Zeitpunkten,
12. Überprüfen von Wissensständen.

Koordination kann zwei Richtungen haben. *Feed-forward* ist die Vorauskoordination, mit der in Zukunft koordinierte Entscheidungen getroffen werden sollen. Klassische Instrumente dazu sind von oben nach unten gesteuerte Planungsprozesse,

5.6 Abläufe koordinieren

was im Bild des Viable System Model über die Befehlsachse läuft. Dahingehen verläuft die *Feed-back*-Koordination eher nicht in standardisierten Verfahren, sondern über das System 2 bzw. im System 3. Dabei werden Meldungen von unten nach oben gegeben, die quasi Erkenntnis oder Rückmeldung zu Störungen und Anordnungen sind.

Es ist die allgemeine Vorstellung und Erwartungshaltung, dass auf Basis von Stabsdienstordnungen oder Krisenmanagementhandbüchern die »Informationen fließen« und die »Stabsmitglieder wissen, was sie zu tun haben«. Im Einsatz kommt es gerade bei diesen drei Punkten (Informationsfluss, Rollen, Zuständigkeiten) immer wieder zu Friktionen. Das zeigt, dass ein Führungsorgan erst zum »Funktionieren gebracht« werden muss – auch wenn es im Voraus Pläne gibt. Die drei Punkte sind allerdings nur ein Viertel der wesentlichen zwölf Aspekte des Koordinierens. Dieser (holzschnittartige) Zahlvergleich bedeutet, dass neun Punkte erst im Einsatz anfallen. Koordinieren ist eine *gegenwärtige Tätigkeit*, die sich zwar auf Vorfestlegungen stützt, unter die aber im Zweifel alle Friktionen und ungeklärten Fragen fallen. Um diese Koordinierungsarbeiten leisten zu können, reichen die Zeiträume zwischen zyklischen Lagebesprechungen nicht aus. Deswegen erstreckt es sich auf sämtliche Phasen der Führungsarbeit. Der Koordinierungsaufwand hängt u. a. von der Arbeitsweise (Präsenz/Konferenz/physisch/virtuell), dem Einsatzcharakter (insb. Dynamik), von der konstitutionellen Eignung des Einsatzführungssystems und von der Routine der Akteure ab. Die Erfahrung zeigt, dass sich eine gute Organisation von innen heraus auch nach außen auswirkt. Gut organisierte Abläufe übertragen sich immer wieder als »Muster« oder »gutes Beispiel« von der Führungsunit auf Ausführungsunits.

Anzeichen für Koordinierungsmängel
Vier einfach zu beobachtende Indikatoren weisen auf mangelnde Koordinierung hin, deren Ursachen es entsprechend zu vermeiden gilt. Erstens Stabsleitungen, die in Lagebesprechungen von kritischen Informationen überrascht werden, zweitens nichtabgestimmte Handlungen (»Selbstläufer«), drittens Mitglieder der Führungsunit, die darauf »warten«, dass der Schnittstellenpartner zu ihnen kommt und viertens vermeintlich »fertige« Einsatzpläne, die mangels Einbeziehung einzelner Stellen grobe Fehler enthalten. Die Arbeitsphasen sind für die Stabsleitung von hoher Wichtigkeit. Hier entscheidet sich einerseits die Qualität der folgenden Lagebesprechung. Bei Präsenzstäben empfiehlt es sich deswegen, dass die Stabsleitung sich in einer festen Reihenfolge bei den Stabsmitgliedern informiert und die Einheitlichkeit des Vorgehens überprüft. Dadurch werden Überraschungen vermieden und die Stabsmitglieder auf das nächste Ziel der Lagebesprechung ausgerichtet. Durch die

koordinierende Abfrage wird ein Informationsaustausch herbeigeführt. Mindestens aber werden die richtigen Stellen miteinander in Verbindung gebracht und Rollen geschärft. Das ist der Tatsache geschuldet, dass sich Aufgaben nur selten ganz klar zuschneiden lassen und daher oft während ihrer Bearbeitung nachgeschärft werden müssen. Dadurch werden Fehler in den Planungen vermieden und Handlungen aufeinander abgestimmt. Wenn mit einer Mehrfachspitze geführt wird, sollten die betreuten Teilgebiete fest zugeordnet werden und die Leitungsfunktionen müssen sich untereinander ebenso koordinieren. Durch das Koordinieren während der Arbeitsphase behält die Stabsleitung zudem den Überblick, der zwischen den Lagebesprechungen sonst zu sehr schwinden könnte.

Bei einer konferierenden und/oder Remote-Arbeitsweise sollte vor Stabsbesprechungen zu kritischen Punkten stets eine Synchronisation per Einzeltelefonat, Chat oder in einer kurzen themenbezogenen Webkonferenz erfolgen. Dabei muss unbedingt der Eindruck von »Vorabfestlegungen im kleinen Kreis« vermieden werden. Vielmehr muss die Erzeugung einer guten Besprechungsqualität im Vordergrund stehen. Für solche Vorbesprechungen bleibt in manchen Einsätzen allerdings keine Zeit.

Führungsintensität
Durch permanentes Koordinieren kann die Stabsleitung u. a. Gefahr laufen, zu tief ins Thema eingebunden zu werden, den Überblick zu verlieren, den Freiraum zum Nachdenken aufzugeben oder sich sogar bis an die Leistungsgrenze zu verausgaben. *Stärke, Umfang und Eindringlichkeit in der eine Führungsperson koordinierend (realisierend, umsetzend, steuernd) gefordert ist, wird als Führungsintensität bezeichnet.* Bei der Dosierung muss das Funktionieren der Führungsunit, der Bedarf der Sache (Problem, Aufgabe) und die Kompetenzen der Geführten austariert werden. Bei der Anleitung von Geführten oder dem Ausgleich sozialer Spannungen trifft die Intensität auch auf Aspekte der Menschenführung zu. Zu intensives Koordinieren kann fälschlicherweise als Bevormundung verstanden werden. Wo die Führungsintensität die Autonomie der Geführten einschränkt, wird leicht auch die Führungsphilosophie der Auftragstaktik konterkariert. Es liegt auf der Hand, dass eine eher »schwache« Führungsunit wahrscheinlich einer hohen Führungsintensität bedarf, um überhaupt einen Einsatzerfolg herbeiführen zu können. Vereinfacht gesagt hat der Verantwortliche dabei die theoretische Wahl zwischen einem potenziellen Einsatzmisserfolg oder einer intensiven Führung seiner Führungsunit – mit allen Folgen. Insgesamt bleibt es einem stückweit dem Können, Talent und Gespür der Führungskraft vorbehalten, das richtige Maß der Führungsintensität zu treffen.

5.6 Abläufe koordinieren

> **Zwischenfazit:**
> Das Koordinieren dient der Steuerung. Es erstreckt sich über die gesamte Führungsarbeit auf sämtliche vorgeplanten und ad hoc notwendigen Abläufe. Systemtheoretisches Ziel ist es, Funktionen zu ordnen und zu regeln, um die Führungsunit und darüber den Einsatz zum Funktionieren zu bringen. Im Koordinieren setzt sich das Strukturieren (Aufbauen) fort.

Anforderungen an die Führungsperson

Zur praktischen Wahrheit gehört, dass Einsätze nur selten Selbstläufer sind. Zwischen dem initialen Erteilen von Aufträgen und der Abschlusskontrolle nach der Erledigung liegt ein großer Zeit- und Handlungsspielraum, in dem sich die Güte der Führungsarbeit mitentscheidet. Dieser Spielraum muss von der Führungsperson ausgefüllt werden. Aufträge müssen konkretisiert und Mitarbeiter orientiert und angeleitet werden, es muss austariert und ein (situatives) Gleichgewicht gefunden werden. Während des lateralen Ausgleichens werden Defizite zwischen beabsichtigter und tatsächlicher Wirkung festgestellt, was einen vertikalen Ausgleich nach sich zieht. Funktionsträger müssen miteinander in Verbindung gebracht werden, Stellschrauben müssen nachjustiert werden und dadurch entstehende neue Ungleichgewichte aufgefangen werden. Besprechungen müssen zeitlich aufeinander abgestimmt werden. Immer wieder tauchen (erfahrungsgemäß oft an denselben Stellen) Informationsdefizite auf, die behandelt werden müssen – und permanent gehen E-Mails ein und in Telefonaten müssen Sachverhalte abgestimmt werden. Dieser Holzschnitt zeigt den zeitlich größten Teil der Führungsarbeit, dessen Tätigkeiten fast nur aus Interaktionen besteht und einen sehr hohen Kommunikationsanteil hat. Daraus ergeben sich Anforderungen an die Führungsperson.

In vielen Beobachtungen wurde deutlich, dass Führen »anstrengt.« Manche Führungspersonen scheinen über umfangreiche persönliche Ressourcen zu verfügen, aus denen sie die Energie für das Koordinieren schöpfen können. Ihre Geduld beim Anleiten, Erklären, Nachfragen und Vernetzen scheint nicht enden zu wollen. Man könnte bei ihnen fast ein »aufrichtiges« Interesse an ihren Teammitgliedern vermuten, das über die reine Einsatzarbeit hinausgeht. Anderen Führungskräften scheint (pro-)aktives Interagieren und das offensive Zugehen auf Geführte eher schwer zu fallen. Dabei scheinen manche nicht zwangsläufig die Exponierung zu scheuen, sondern eher die Auseinandersetzung über einen Sachverhalt mit andern, der ihnen selbst dank ihres kognitiven Vorsprungs glasklar einleuchtend ist. Solche Führungspersonen wirken fachlich exzellent, aber menschlich eher ungeduldig. Energie kostet auch das Tragen von Verantwortung, die kognitive Arbeit und das

5 Realisierungstätigkeiten Orientieren, Organisieren, Koordinieren

Kommunizieren und Interagieren. Kommunikation dient eben nicht nur der Informationsübermittlung, sondern insbesondere der *Kopplung zwischen Absicht und Verwirklichung*. Führungspersonen benötigen aus dieser Perspektive ein hohes Maß an *Kommunikationsfähigkeit und -ressourcen*. Diese persönlichen Fähigkeiten sollten bei der Rollenverteilung (Mehrfachspitze) berücksichtigt werden.

Praxistipp:

Führungsarbeit besteht zu einem großen Teil aus Koordinieren. Darin setzt sich das Strukturieren (Aufbauen) fort.
- Steuere die Abläufe (Funktionen) in der Führungsunit aktiv! Dosiere deine Führungsintensität anhand des Funktionierens der Führungsunit, am Bedarf der Sache und an den Kompetenzen der Geführten. Vorsicht – zu intensives Koordinieren kann der Führung mit Auftrag entgegenwirken!
- Koordinieren erfordert Kommunikation und Interaktion. Lasse dich davon nicht gefangen nehmen! Nutze Mehrfachspitzen, um den Koordinierungsaufwand zu verteilen.

5.6.2 Verbinden von Organisationen und Keyplayern

Das Koordinieren »endet« nicht einfach an der Schwelle zur Führungsunit, sondern bezieht sich auf eine Vielzahl weiterer Stellen. Führungssysteme sind vernetzt und in den Einsatz eingebettet. Damit das Gesamtsystem funktioniert, müssen diese Netzwerkverbindungen hergestellt und bedient werden.

Proaktive Vernetzung von Keyplayern

Übungen und Einsätze zeigen immer wieder wie darauf gewartet wird, dass Schnittstellenpartner den »ersten Schritt« machen mögen – was naturgemäß nicht funktioniert, wenn beide aufeinander warten. Wo Schnittstellen noch unbekannt sind, müssen sie zudem erst identifiziert werden. Mangelnde Responsivität des Schnittstellenpartners hat erfahrungsgemäß folgende Ursachen:
- Überlastung und damit mangelnde Kapazität,
- Rollenunklarheit bei der zuständigen Person,
- eine andere Zuständigkeitsinterpretation der Organisation des Schnittstellenpartners,
- die Notwendigkeit der Zusammenarbeit ist (noch) unbekannt (z. B. wegen neuartigem Ereignis, Zuständigkeitswechsel).

5.6 Abläufe koordinieren

Es obliegt den Führungspersonen, für und mit ihren Geführten die Verbindungen zu Schnittstellen aufzubauen. Durch ihre Stellung haben sie eher den Überblick über potenzielle Zusammenarbeitsstellen und können Brückenkopf zum Gegenüber sein. *In einer bildlichen Vorstellung gilt es das Führungsorgan lateral (seitlich) und vertikal (nach oben und unten) im übergeordneten Organismus zu vernetzen.* Insbesondere die zentralen Führungsfiguren müssen einen funktionierenden Draht zueinander haben (z. B. Polizeiführer und Feuerwehreinsatzleiter oder die Krisenstabsleiter von Konzerntöchtern). Manchmal sind auch natürliche Personen aufgrund besonderer Erfahrungen oder (politischer) Verbindungen (kurzzeitig) zentrale Player. Auch hier obliegt es der Führungsperson, mindestens den Impuls zur Vernetzung zu geben oder den Kontakt selbst herzustellen. Die Akteure werden durch ihre Funktion als Kontaktpunkt (Point of Contact) zu Schlüsselfiguren (Keyplayer). Der Kontakt sollte stets proaktiv gesucht werden. Man kann in der Praxis aus zuvor genannten Gründen nicht davon ausgehen, dass sich der Schnittstellenpartner von sich aus melden wird. Daher bestehen eher *Holschulden statt Bringschulden*. Im Zweifel obliegt es der verantwortlichen Leitungsstelle, die Vernetzung top down zu initiieren. Im Endeffekt vermeidet der proaktive Verbindungsaufbau Informationsvakua und reduziert Zeitnachteile.

Zusammenarbeit von Organisationen
In Einsätzen können mehrere Organisationen zusammenkommen, die sich grob gesagt in ihrer Kultur, in ihren Führungs- und Handlungsgrundsätzen und in technisch-technologischen Aspekten unterscheiden können. Um (möglichst reibungslos) zusammenarbeiten zu können, müssen diese Unterschiede bekannt sein und Umgangsmöglichkeiten damit gefunden werden. Grundlegend ist ein Verständnis für das Gegenüber notwendig, wozu u. a. die fachlichen Anschauungen, die Fachsprache, organisationale Normen und Rituale gehören. Die Basis dafür wird im Alltag gelegt, was die Redewendung »in der Krise Köpfe kennen« veranschaulicht. Etwas weiter gefasst kann man darunter auch verstehen, dass man im Einsatz die Schnittstellen und Protagonisten persönlich kennen sollte, um sie (besser) einschätzen zu können. Man kann das »Köpfe kennen« auch als Mittel zur Herstellung der Führbarkeit verstehen. Ungünstige kulturelle Aspekte können den Einsatz erfolgskritisch überlagern, weswegen dieser informelle und unsichtbare Bereich von der Führungsperson im Blick behalten und ggf. aktiv gestaltet werden muss.

Zur Art und Weise der Führung muss bekannt sein, welche Prinzipen beim Gegenüber gelten und inwiefern diese mit eigenen Leitlinien harmonieren bzw. kollidieren. Diese potenziellen Konfliktlinien können oft vorbereitend durchdacht und gemeinsame Verfahrensweisen festgelegt werden. Am Beispiel von Hinweisen für den Bevölkerungsschutz bei Terror- und Amoklagen in Baden-Württemberg haben Feuerwehr und Rettungsdienst eine Definition für einen umgangssprachlich als »sicher« bezeichneten Bereich gefunden, die zum polizeilichen Verständnis passt. Dabei wird von einem unmittelbaren Gefahrenbereich und von einem weitestgehend geschützten Bereich gesprochen (Ministeriums für Inneres, Digitalisierung und Migration, 2017). Hierdurch konnte ein erkannter Widerspruch zwischen den Handlungsgrundsätzen »absperren« (Polizei) und »Patient vor Ort stabilisieren« (Rettungsdienst) aufgelöst werden (vereinfacht).

Technisch-technologische Aspekte von möglichen Schnittstellenorganisationen sollten vor dem Einsatz unbedingt aufeinander abgestimmt werden. Im Wesentlichen geht es um Ausrüstung und Standards bei der Informationstechnologie. Unzureichende gemeinsame Informationsmanagementsysteme gefährden die Führbarkeit des Einsatzes. Ein klassisches Beispiel ist die zivil-militärische Zusammenarbeit, bei der immer wieder große Herausforderungen bestehen. So gab es beim Moorbrand im Emsland 2018 beim gemeinsamen Einsatz von Bundeswehr und Feuerwehr Probleme mit der Kompatibilität der Kommunikationssysteme, was letztlich durch den Aufbau eines einsatzspezifischen Netzes durch das Technische Hilfswerk gelöst wurde (Bundesministerium der Verteidigung, 2019).

Repräsentanten in Führungsunits
Führungssysteme können durch den Austausch von Repräsentanten miteinander verbunden werden. Es ist insbesondere in Einsätzen im Blaulichtbereich üblich, sog. Verbindungspersonen in Stäbe anderer Organisationen zu entsenden. Das ist in der Praxis nicht selten problembehaftet. Oft tauchen sie zwar in Strukturorganigrammen auf, aber ihre Rollen und Kompetenzen bleiben durch fehlende Ablauf- und Aufgabenbeschreibungen vage. Wo Verbindungspersonen ihre Aufgabe sehr »eng« auslegen, fungieren sie quasi nur als Informationsschaltstelle. Das reicht jedoch nicht aus – denn es geht eigentlich darum, die relevanten Informationen zu erkennen und im Sinne der entsendenden Organisation zu wirken. Um für die repräsentierte Stelle sprechen zu können, muss der Repräsentant das Vertrauen seines Einsatzleiters genießen und in seinem Auftrag mit einem gewissen Handlungsspielraum agieren können. Aus dieser Sicht greift die Bezeichnung als Verbindungsperson deutlich zu kurz, weswegen besser vom Abgeordneten oder *Repräsentanten* gesprochen werden sollte.

Der Austausch von Repräsentanten wird erfahrungsgemäß als eher weniger wichtig gesehen. Das kann mit ungünstigen »Übungserfahrungen« zusammenhängen, weil in Simulationen Notwendigkeit und Aufwand für die interorganisationale Zusammenarbeit nicht immer deutlich hervortritt. Die ausgetauschten Funk-

5.6 Abläufe koordinieren

tionsträger sind meist eher weniger hochrangig, was ihre Mitsprachefähigkeit und Prokura faktisch mindert. Wo dazu persönliche Faktoren kommen (z. B. mangelnde Erfahrung, Unsensibilität für kritische Punkte), da kann dies trüglicher Weise als Beleg für einen vermeintlich geringen Nutzen verstanden werden. Hinzu kommt, dass sich das normative Management faktisch auf Spitzenebene vernetzt. Dabei werden (leider) immer wieder auch strategische Fragestellungen behandelt, die eigentlich dem Einsatzleiter (mittleres Management) obliegen würden. Dadurch wird der Aufgabenbereich des Repräsentanten »von oben« beschnitten, was seine Position schwächt.

Repräsentanten sollten an der Führungsspitze angebunden sein, genauer am Homöostat um das normative, strategische und operative Management. Durch den unmittelbaren Zugang zum Entscheider steigt der Wert des Repräsentanten an der Stelle seiner Abordnung stark an. Weil Führungsarbeit immer auch politische Punkte umfasst, ist durch die Anbindung weit oben sichergestellt, dass die Stoßrichtung übereinstimmt. Die Auswahl sollte unter Berücksichtigung von Akzeptanz und Anerkennung erfolgen – in der eigenen Organisation wie auch bei der Verbindungsstelle. Erfahrungsgemäß haben alle Ebenen eigene Austauschbedarfe, die nicht sinnvoll durch Austausch auf anderen Wegen ersetzt werden können (operative Fragen brauchen kurze Wege; politische Fragestellungen sind an Schlüsselpersonen geknüpft). Deswegen muss es in Einsatzführungssystemen auf jeder Ebene Schnittstellen für die jeweiligen Bedarfe geben können. Weil dadurch mehrere Repräsentanten ausgetauscht werden, muss unbedingt die Zuständigkeit abgegrenzt werden und der Informationsfluss (Richtung und Parallelität) festgelegt werden. Im Zielbild des Einsatzführungssystems ergibt sich eine Mehrebenenverknüpfung.

Insgesamt erzeugt die Vernetzung der Führungsunit Koordinierungsaufwände. Insbesondere die Mehrebenenverknüpfung erzeugt eine hohe effektive Relationenkomplexität. Ein Führungssystem kann aber nur so die notwendigen Funktionen bereitstellen. Die Schnittstellen sollten deswegen nur nach Bedarf besetzt werden. Indem die Führungsperson die Herstellung von Verbindungen aktiv steuert, wirkt sie. Das Verbinden von Organisationen und Keyplayern dient letztlich der Herstellung der Führbarkeit, weil eine Führungsunit abgekoppelt agieren würde, wenn sie nicht über die notwendigen Verbindungen (Relationen) zu den anderen Subsystemen im Einsatz verfügt. Es ist eine wichtige realisierende Führungstätigkeit und taucht daher in der Wirkungsmatrix auf.

5 Realisierungstätigkeiten Orientieren, Organisieren, Koordinieren

Praxistipp:
Die Führungsunit wird über ihre Schnittstellen in den Einsatz eingebettet. Diese Verbindungen mit Organisationen, Keyplayern und Repräsentanten müssen aktiv gesteuert werden. Achtung – nicht ausreichend vernetzte Führungsunits sind vom Einsatzgeschehen abgekoppelt und gefährden die Führbarkeit!
Potenzielle Konfliktlinien bei der Zusammenarbeit von Organisationen (wegen unterschiedlicher Art und Weise der Führung oder gegenläufiger Handlungsgrundsätze) sowie technologische Fragen (Informationsmanagement, Kommunikationssysteme) müssen vor dem Einsatz geklärt sein.

- Vernetze Schlüsselfiguren miteinander! Im Einsatz gilt Proaktion – Holschuld geht vor Bringschuld.
- Repräsentanten (»Verbindungspersonen«) handeln im Auftrag des Einsatzleiters (entsendende Stelle). Wähle sie nach Akzeptanz und Anerkennung aus, statte sie mit Vertrauen und Handlungsspielräumen aus und binde sie an die Führungsspitze an!
- Halte die Zahl der Verbindungsstellen niedrig (Verringerung Komplexität), aber verbinde die notwendigen Stellen und Ebenen miteinander (Komplexitätsabsorption)! Grenze bei Mehrebenenverknüpfungen Zuständigkeiten ab und lege den Informationsfluss (Richtung und Parallelität) fest!

5.6.3 Verfahrensspielräume als Führungsräume nutzen

In Führungsunits sind oft viele Abläufe festgelegt. So gibt es u. a. Regelungen zu Informationsmanagement (Nachrichtenlauf, Verarbeitung, Ablage), Rollenverteilung (Aufgabenzuschnitt, Schnittstellen) und zur Arbeitsweise (Lagebesprechung, Arbeitsphase). Diese Festlegungen können allerdings nicht alle Eventualitäten abdecken und können daher nie abschließend sein. Daraus und weil Festlegungen nicht immer die wünschenswerte Realitätsnähe haben, eröffnen sich Verfahrensspielräume.

Herausforderungen durch Detailabläufe
Abläufe können trotz generischer (»grober«) Festlegung reibungslos funktionieren, wenn die Akteure ihre Intention verstanden haben. Die detaillierten Funktionen ergeben sich situativ anhand des tatsächlichen Bedarfs (Funktion nicht als institutionalisierte Rolle, sondern als Aufgabe, Resultat oder Fähigkeit). Bemerkenswert ist, dass die Vorstellungen über Abläufe von routinierten Teams sich viel näher an der gelebten Realität zu bewegen scheinen und in der Anwendung sehr praktikabel sind.

5.6 Abläufe koordinieren

Ungeschriebene Abläufe oder eingespielte Vorgänge als »how we do the things around here« (sinngemäß: wie wir es hier bei uns machen) fallen in den informellen Bereich der Organisationskultur. Mutmaßlich können routiniertere Teams die Verfahrensspielräume, die durch generische Festlegungen eröffnet werden, besser ausfüllen. *Man könnte auch sagen, dass es in routinierteren Führungsunits eine ausgeprägtere Organisationskultur gibt.*

In Führungsunits mit wenigen Einsätzen ist nicht selten ein theoretisches, manchmal sogar unpraktikables Verständnis über die Abläufe vorzufinden. Detaillierten schriftlichen Festlegungen wird manchmal »bibelgleiche Verbindlichkeit« zugemessen. Die Krux ist, dass man sich mit zwar festgeschriebenen, aber nicht trainierten Abläufen sehr schwertut. Es kommt unweigerlich zu Abweichungen zwischen den Akteuren. Wo die Festlegungen angewendet werden, aber unpraktikabel sind, werden sie entweder schnell verworfen und praktikablere Vorgehensweisen gewählt (also abgewichen) oder stringent eingehalten und die fehlende Praktikabilität beklagt. In letzterem Fall werden erfahrungsgemäß die meisten Ressourcen für das Funktionieren der Führungsunit als solche aufgewendet, worüber die anderen Führungsleistungen leicht aus dem Blick geraten.

Für Erstphasen und insbesondere bei plötzlichen Lagen sollten die Abläufe unbedingt festgelegt sein, um ad-hoc die notwendigen Funktionen erbringen zu können. Erfahrungsgemäß wandeln sich in kürzeren Einsätzen im Bereich von ein bis zwei Tagen die Abläufe eher wenig und haben daher mehr Bestand. Bei mehrtägigen Einsätzen stellen sich dahingegen öfters neue Abläufe ein, weil dabei auf die sich verändernden Anforderungen reagiert wird und die tatsächliche Komplexität abgebildet werden muss. Das kann von kleinen strukturellen Zuschnittsveränderungen bis zum Plattformwechsel von Softwareanwendungen reichen. Hierfür muss es die notwendige Offenheit und Flexibilität geben.

Es ist für ein funktionierendes Führungssystem unumgänglich, dass Abläufe festgelegt sind, um so viele systeminhärente Zeitnachteile wie möglich zu minimieren. Aber für das Funktionieren des Führungssystems als solches sollten so wenig Ressourcen wie möglich verwendet werden müssen, damit man sich auf das Erarbeiten von Zeitvorteilen und die Ereignissteuerung konzentrieren kann. Man kann sagen, dass die Funktionen im Führungssystem umso mehr Zeitressourcen für den Anlauf und den Erhalt benötigen, desto detaillierter festgeschrieben sie sind und desto weniger routiniert die Führungsunit ist. Zudem liegt auf der Hand, dass Abläufe in weniger routinierten Führungsunits durch geringe Einsatzzahlen seltener überprüft werden und die Weiterentwicklung daher deutlich schwieriger ist. Allerdings schließt auch ein adäquat konstituiertes Führungssystem nicht aus, dass ein besonderes Ereignis ad hoc eine neue Struktur (Aufbau) und damit auch neue Funktionen

(Abläufe) erfordert. Umgekehrt ist auch möglich, dass der Einsatz neue Funktionen erfordert, die eine Strukturanpassung nach sich ziehen. Insgesamt müssen die Abläufe im Führungssystem den tatsächlichen Anforderungen entsprechen, was eine große Herausforderung darstellt.

Führungsräume eröffnen durch Verfahrensspielräume
Festgelegte Abläufe sollten gewisse Spielräume lassen. Dazu müssen sie funktionsfähig vorbereitet sein, aber Raum für eine situative Anpassung bieten. Die Vorbereitungen sollten die wesentlichen Funktionen für die Erstphase abdecken und dabei so einfach gehalten sein, dass sie dem jeweiligen Routinegrad der Führungsunit entsprechend ad hoc funktionieren können. In den Folgephasen können sie dann bedarfsorientiert weiterentwickelt werden. Die Festlegungen sollten zudem generisch sein. Aus grob vorgebeben Abläufen sollten sich konkret notwendige Funktionen entwickeln können. Dadurch ergeben sich Verfahrensspielräume, die als Führungsräume bezeichnet werden. Führungsräume können von der Führungsperson aktiv eröffnet werden, indem sie Abläufe flexibilisiert. Bestehende Spielräume, die nicht genutzt werden, können eine Art Führungsvakuum erzeugen, weswegen man sie zumindest besetzen muss. Letztlich kann man über Spielräume beträchtliche Zeitvorteile erschließen, weshalb ihre Nutzung eine wichtige Führungstätigkeit darstellt und dies in der Wirkungsmatrix auftaucht. Dadurch wird die Führungsarbeit durch geschickt ausgenutzte Führungsräume auf die Wirkung ausgerichtet, weil mit der Funktion »vom Ende her« gedacht wird.

In Führungsunits mit wenig Routine tut man sich verständlicherweise mit generischen Abläufen eher schwer. Es fehlt schlicht das Repertoire an Lösungsmöglichkeiten, um rasch einen konkreten Ablauf generieren zu können. Daher ist es sinnvoll, gewisse Abläufe in der Führungsspitze vorzudenken und im Rahmen des Koordinierens und Reorganisierens zu implementieren. Die zuständige, prozesswahrende Rolle gewinnt dadurch an Bedeutung. Umgekehrt werden damit die Mitglieder der Führungsunit entlastet, weil sie sich auf eine kurze Anleitung verlassen können. Festlegungen sollten generell einer regelmäßigen Revision unterzogen werden.

5.6 Abläufe koordinieren

Praxistipp:
- Nutze Verfahrensspielräume als Führungsräume! Dadurch können Zeitvorteile erschlossen werden.
- Halte Abläufe (Funktionen) flexibel, um auf veränderte Strukturen (Aufbau) und situative Erfordernisse aus dem Einsatz reagieren zu können!
- Stärke die prozesswahrende Rolle in der Führungsspitze, um weniger routinierte Mitglieder bezüglich der Abläufe (Funktionieren der Führungsunit als solche) zu unterstützen!

5.6.4 Durch den Führungsrhythmus die Zeit organisieren

Das Erarbeiten von Zeitvorteilen ist wie in Abschnitt 2.4 beschrieben die zentrale Führungsleistung. Wichtige Werkzeuge dafür sind Zeitstrahle & Prognosen sowie Szenariotrichter (Gißler, 2019b). Diese Instrumente dienen der *Ausrichtung auf die Zukunft*. Um Aufgaben, Räume und Ressourcen über den zeitlichen Einsatzverlauf zu organisieren, sind Projektmanagementinstrumente wie Ganttdiagramme gut geeignet. Mit diesen Werkzeuggattungen werden erstens Entwicklungen antizipiert und zweitens Maßnahmen geplant. Als drittes und letztes gilt es der Führungsarbeit nun noch ihren Takt zu verleihen. Dafür wird mit dem Führungsrhythmus eine weitere Werkzeugkategorie benötigt.

Der Führungsrhythmus beschreibt die zeitliche Gliederung der Arbeit einer Führungsunit. Er wird im Wesentlichen durch die Frequenz der Entscheidungszyklen bestimmt. *Diese Taktung ergibt sich aus dem Reaktionsbedarf.* Wenn der Reaktionsbedarf hoch ist, muss der Führungsrhythmus schnell sein. Haupttreiber sind die (hohe) Dynamik des Einsatzgeschehens und der (große) Anteil operativer Aufgaben an der Mission. Im Gegensatz zu diesen Gegebenheiten kann die Weisungsmethode durch die Führungsperson beeinflusst und dadurch Einfluss auf den Führungstakt genommen werden. Die Befehlstaktik bzw. eine enge Führung sorgt für einen schnelleren Takt als die Führung mit Auftrag. Indem durch Auftragstaktik Kompetenzen und damit Handlungsfreiräume dezentralisiert werden, kann die Dynamik im Führungssystem reduziert und dadurch der Führungsrhythmus verlangsamt werden. Die Organisationsphilosophie wirkt sich daher direkt auf die Taktung aus. Die Taktung wiederum wirkt sich vorwärts auf das Einsatzgeschehen (Zeitvorteile) und rückwärts auf die nachgeordneten Führungsebenen aus (Beschleunigung, Arbeitsaufwand).

5 Realisierungstätigkeiten Orientieren, Organisieren, Koordinieren

Im Folgenden werden exemplarische Möglichkeiten aufgezeigt, wie die Führungsarbeit getaktet werden kann. Diese Verfahrensweisen sind idealisiert und müssen an die konkreten Erfordernisse angepasst werden (auch weil sich aus dem jeweiligen Informationsmanagementsystem die konkrete Geschwindigkeitsobergrenze ergibt). Die Taktung der Führungsarbeit muss sich grundsätzlich nach dem Bedarf aus dem Einsatz richten. Der Einsatz darf nicht in »fiktive« Sitzungsrhythmen gezwängt werden.

Präsenzstäbe: Enger Rhythmus für hohe Reaktionsbedarfe
Zur Veranschaulichung einer hohen Taktung wird ein einstündiges Modell eines Präsenzstabes mit einem eher trägen Informationsmanagementsystem herangezogen (Nachrichtenvordrucke mit zentralistischer Verarbeitung durch eine Sichtungsstelle). Der Rhythmus ist sehr eng und der Ablauf deswegen anspruchsvoll. Vernünftigerweise kann davon ausgegangen werden, dass ein schnellerer Takt als vorgestellt nicht zu bewältigen ist.

Zu '60_1 (Minute 60 der ersten Stunde) soll eine Lagebesprechung mit einer Dauer von 15min (Minuten) stattfinden. Zur Vorbereitung der Sachgebiete anhand des letzten Informationsstandes wird der Zeitraum zwischen '45_1 und '60_1 benötigt. Eingang, Sichtung ('15_1 bis '30_1) und Verteilung der Informationen ('30_1 bis '45_1) erfolgen parallel während der Arbeitsphase des Stabes. Zur Sicherstellung der einheitlichen Aktualität der Informationen werden die Einsatzabschnitte angewiesen, zum Stichpunkt '0_1 eine Lagemeldung abzufassen und bis '15_1 an den Stab zu übermitteln. Erfahrungsgemäß haben Freitextmeldungen höchst unterschiedliche Qualitäten. Deswegen sollte für die Abfassung unbedingt ein vom Stab vorgebenes Kategoriesystem verwendet werden, das eine rasche Aggregation ermöglicht (z. B. teilautomatisiert durch dezentrale Eintragung in einem geteilten Präsentationsdokument oder automatisiert durch zentrale Zusammenführung via programmierter Tabellenkalkulation). Nullmeldungen müssen unbedingt (»leer«) abgegeben werden. Die Führungsperson muss sich bewusst sein, dass es aufgrund der Verarbeitungszeiten keinen aktuellen Informationsstand im Wortsinn geben kann. Es ist eigentlich ein unerreichbares Ziel, den »derzeitigen« Zustand des Zielsystems abbilden zu wollen. Es geht es vielmehr darum zu wissen, um welchen Zeitversatz das Modell bereits veraltet ist. In der Einsatzführung sollte deswegen nicht von »aktuellen Informationen« sondern besser von »Informationen mit Stand von …« gesprochen werden. Insgesamt dient dieser Ablauf der Ordnung des Informationsmanagements rückwärts zu den operativen Einheiten und wirkt auf eine hohe Informationsqualität hin (v. a. Relevanz, Datenformat sowie Wissen um die Aktualität).

5.6 Abläufe koordinieren

Die Vorwärtswirkung des Führungsrhythmus entsteht nach der Lagebesprechung. Deren Ergebnisse werden in der folgenden Arbeitsphase von '15_2 bis '45_2 zu Einsatzaufträgen verarbeitet. Die Aufträge werden spätestens zu '45_2 zur Verteilung übergeben. Die Übermittlung an die Einsatzabschnitte erfolgt bis '60_2. Durch den Zeitversatz zwischen Lagemeldungen und Einsatzaufträgen wird die Verarbeitungslast der Fernmeldebetriebsstelle gleichmäßig verteilt. Jedes Organ im Führungssystem kann sich darauf verlassen, dass zu bestimmten Zeitpunkten informiert wird. Das in diesem Beispiel angenommene Informationsmanagement mittels Nachrichtenvordrucken hat eine deutlich erkennbare Latenzzeit: Eine Meldung von der Einsatzstelle benötigt von der Abfassung (Stichpunkt '0_1) bis zum daraus folgenden Einsatzauftrag (Übermittlung zu '60_2) 120min. Eine höhere Geschwindigkeit scheint mit dem zugrunde gelegten Informationsmanagementsystem vernünftigerweise kaum erreichbar zu sein. Das bedeutet, dass für schnellere Reaktionsbedarfe entweder ein anderes Informationsmanagementsystem verwendet werden muss oder die Entscheidungsbefugnisse mittels Auftragstaktik zu den operativen Einheiten verlagert werden müssen.

Konferenzstäbe: Langsamer Takt für eher strategische Aufgabenstellungen
Der vorher geschilderte Rhythmus von 120min ist sehr eng. Er ist eher für die Gefahrenabwehr, aber auch für Missionen mit hohem operativen Aufgabenanteil, für Erstphasen bzw. Phasen mit hohem Koordinations- und Entscheidungsbedarf geeignet. Der Einsatzcharakter in Wirtschaft und Verwaltung sorgt meist für deutlich längere Führungsrhythmen. Wo die Taktung so langsam ist, dass der Stab zwischen den Besprechungen auseinander geht (die Personen an ihre Arbeitsplätze zurückkehren), kann von einem Konferenzstab gesprochen werden.

Bei eher strategischen Aufgaben oder weniger dynamischen Einsätzen sollte bei der Festlegung von Besprechungszeitpunkten generell vom Zeitbedarf bezüglich der anschließenden Bearbeitung her gedacht werden (z. B. in der AAO). Mit einer arbeitstäglichen Besprechung am Vormittag bzw. mit einer längeren Besprechung am Vormittag und einer kürzeren (virtuellen) am späten Nachmittag gibt es gute Erfahrungen. Eine Wochentaktung mit Besprechungen am Montag, Mittwoch und Freitag kann ebenso sinnvoll sein.

Die Erfahrung zeigt, dass Planpunkte nur selten zu Uhrzeiten oder Führungsrhythmen passen. So werden Meilensteine oder allgemein Ziele nicht immer zu Zeitpunkten erreicht, die genau im Takt liegen. Dieser Versatz muss ein stückweit hingenommen werden. Es sollte besser nicht versucht werden, den Führungsrhythmus an Planpunkten festzumachen. So können sich Planzeiträume auch kurzfristig noch verschieben. Außerdem liegen Zwischenziele nicht immer gleich lang auseinander, sodass sich unterschiedlich lange Rhythmen ergeben können. Ausnahmen können operative Führungsunits bzw. sehr reaktive Handlungen sein, in denen von Ziel zu Ziel gedacht und disponiert werden muss. In solchen Fällen kann die kurzfristige Disposition und die längerfristige Planung über die Führungsebenen an gewissen Punkten voneinander abweichen.

Planungshorizont
Im Kleinen wie im Großen muss unbedingt beachtet werden, dass Lagebesprechungen oder Stabssitzungen Vorbereitungs- und Nachbereitungszeit brauchen. *Zudem muss der Rhythmus von anderen Organen mit den Stabsmeetings synchronisierbar sein.* Überschneidungen oder gleichzeitig laufende Planungen erzeugen Nachsteuerungsbedarf bis hin zu Abstimmungschaos. Zudem können Pläne oder gar begonnene Umsetzungen obsolet werden, was Ressourcenverschwendung gleichkommt und damit Ineffizienzen erzeugt.

Im militärischen Bereich wird für die Organisation mehrerer Führungsrhythmen der sog. Planungshorizont verwendet: In diesen Horizont werden drei Punkte eingerechnet, nämlich der Zeitbedarf für den eigenen Führungszyklus, die Reichweite und Zeit bis zum Wirksamwerden der getroffenen Entscheidungen sowie bereits der nächste Zyklus mit den darin zu erwartenden Entscheidungen. Der Planungshorizont sollte so weit in die Zukunft reichen wie diejenige Phase dauert, die aktuell gerade abgedeckt ist. Bei der NATO gelten für die Führungsebenen folgende Zeitanhalte (Meurers, 2004):

- Militärstrategische Führung bis zu 96 h (Stunden),
- Operative Führung (Korps) bis zu 72 h,
- Obere taktische Führung (Division) bis zu 48 h,
- Mittlere taktische Führung (Brigade) bis zu 24 h,
- Untere taktische Führung (Bataillon) bis zu 12 h.

Diese Zeitstruktur kann nicht genau so auf Gefahrenabwehr und Krisenmanagement übertragen werden, u. a. weil sich die Führungsebenen unterscheiden. Das Schema ist jedoch eine gute Orientierung für die individuelle Organisation der Zeit im eigenen Führungssystem.

Auswirkungen des Führungsrhythmus
Das Arbeitstempo hat große Auswirkungen auf die nachgeordneten Stellen. Dem muss sich die Führungsperson bewusst sein, wenn sie die Taktung festlegt. So erzeugen Berichtsanforderungen für Mandatsträger oder Reportings an Vorstände erfahrungsgemäß hohe Dynamiken und Arbeitsaufwände, um die gewünschten

5.6 Abläufe koordinieren

Informationen zu erheben und zu aggregieren. Dem »natürlichen« Informationsbedürfnis des normativen Managements sollte vom Stabs- bzw. Einsatzleiter deswegen nur nachgegeben werden, wenn es zur Wirkung des Einsatzes beiträgt. Idealerweise lassen sich die Reportings auf Basis der Ergebnisse der Lagebesprechungen erstellen oder sind bereits in (fast) reportingfähiger Form ein Teil derselben. Die Berichterstattung vom strategischen zum normativen Management kann dann in regelmäßiger, geplanter Taktung erfolgen, ohne dass ein noch größerer Arbeitsaufwand fällig wäre.

Bei mehrwöchigen Einsätzen spielt sich erfahrungsgemäß ein Rhythmus zwischen allen Führungsunits ein und die Akteure beginnen zu verstehen, was wann wo von Relevanz ist. Es darf allerdings nicht darauf vertraut werden, dass dieses Einpendeln einfach von selbst geschieht. Gerade bei sukzessiv anwachsenden Ereignissen etablieren sich auf Arbeitsebene beispielsweise morgendliche Calls. In Wirtschaftsorganisationen können diese rasch Dutzende Personen umfassen, die bereits in einem früheren Einsatzstadium ihren Rhythmus auf diesen Kalenderfixpunkt ausrichten. Regeltelefonate können sich im Kalender etablieren wie ein »Betonklotz« – und den bekommt man dann auch als Krisenstabsleiter nicht mehr verschoben. Es kann deswegen sinnvoll sein, bereits im frühen (unsicheren) Eskalationsstadium auf eine sinnvolle Tagesgliederung hinzuwirken. Idealerweise gibt es im Rahmen der Einsatzvorbereitung (»kalte Lage«) fest definierte Tage und Zeiträume, in denen der »maximal notwendige« Plan für Arbeitsgruppen, Stabsmeetings und Reportings zur obersten Instanz vorgedacht ist.

Latenzzeiten können nicht beliebig minimiert werden. Dezentrale Informationsmanagementsysteme (Stabssoftware) können zwar Übermittlungszeiten verringern, nicht aber Verarbeitungszeiten. Stabsarbeit grenzt sich als strategische Führung (agieren) vom operativ-taktischen Führen (reagieren) ab. Erfahrungsgemäß liegt der Zeitbedarf zur Bearbeitung strategischer Fragestellungen bei komplexen Führungsaufgaben (optimistisch) selten unterhalb einer Stunde; bei starker Auslenkung des Zielsystems sogar im Bereich von halben Tagen. Stabsarbeit ist deswegen auf den Zyklus aus Arbeits- und Entscheidungsphasen angewiesen, um überhaupt strategisches Arbeiten zu ermöglichen. Für das vorwärts gerichtete Einsatzgeschehen bedeutet dies, dass Entscheidungskompetenzen zwischen den Führungsebenen so organisiert werden müssen, dass für den Zeitbedarf des Führungsorgans angemessen reagiert bzw. agiert werden kann. Hierzu gehört auch die Zuständigkeit für zeitkritische Entscheidungen und deren Kommunikationsweg parallel zu langsamen Kanälen. Innerhalb der Führungsunit müssen die Abläufe gerade bei der zeitgleichen Verarbeitung von neuen, eingehenden Informationen und älteren, ausgehenden Aufträgen so organisiert werden, dass keine Verzögerung entsteht und Veränderungen dennoch berücksichtigt werden können. Dies kann durch eine geschickte Aufgabenverteilung auf Funktionsträger und funktionale Abstimmungsmodi erreicht werden. Insgesamt wirkt der Führungsrhythmus und die Kompetenzverteilung für strategische und taktische Fragen ordnend auf sämtliche Zeitaspekte des Einsatzes (faktische Vorwirkung).

Aus theoretischer Sicht erklärt der Führungsrhythmus auftretende Schwierigkeiten, wenn sich bei anwachsenden Einsätzen das operative Einsatzgeschehen vor der übergeordneten Führung entwickelt. Zwei Punkte sind dabei relevant. Erstens laufen Ausführungsakte ab, deren Wirkungen auf einer (aus späterer Sicht) untergeordneten Ebene intendiert wurden (Einzelaspekte, Mikroebene). Aus übergeordneter Sicht können diese Einzelaspekte jedoch unterschiedlich wichtig erscheinen. Vereinfacht gesagt können sich die Prioritäten verschieben. Die aus der Gesamtschau (Makroebene) zu erzielenden Wirkungen können also von der operativen Perspektive abweichen. Zweitens kann die horizontale und vertikale Anschlussfähigkeit möglicherweise nicht bedacht worden sein. Die Koordination mit zusätzlichen Stellen erfordert Zuständigkeiten und Ressourcen. Zudem kann die Kompatibilität der Handlungen eingeschränkt sein, wenn unterschiedliche Technologien eingesetzt werden. In beiden Punkten finden also Ausführungshandlungen (Ablaufphase) vor den Führungshandlungen statt (Aufbauphase). In einer Idealvorstellung folgen Aufbau- und Ablaufphasen zeitlich nacheinander ab. Das ist in der Praxis allerdings selten der Fall. Meistens werden mehrere Prozesse gleichzeitig bzw. nacheinander aufgesetzt die dann gleichzeitig bzw. mit unterschiedlichen Geschwindigkeiten und daher zeitversetzt ablaufen. Bei anwachsenden Einsätzen sind die Phasen aus Führungssicht sogar vertauscht, weil operative Maßnahmen ablaufen bevor die übergeordnete Führung aufgebaut ist. Für die Führungsperson ist es wichtig, eine Vorstellung über die Phasen zu haben, um die Führungsarbeit über die Taktung zeitlich gliedern zu können. Indem man sich bewusst macht, was gerade aufgebaut (organisiert) wird und welche Ressourcen für den Ablauf gebunden werden, kann man die Leistbarkeit im Auge behalten. Zudem können Wirkungen aufeinander abgestimmt werden, indem konträre oder synergetische Ziele synchronisiert werden.

Abgrenzung von BAO und AAO anhand zeitlicher Zuständigkeit
Zeitpunkte sind eine gute Möglichkeit, um die Zuständigkeit zwischen Mission und Alltag abzugrenzen. Wo ein Stab einen Einsatz steuert und parallel die Alltagsorganisation in ihrer Linienzuständigkeit arbeitet, kommt es unweigerlich zu Überschneidungen. Ein Beispiel sind Unternehmen, die ihre Produktionen oder Dienstleistungen lange im Voraus planen und bei Störungen in diese Planungen eingreifen müssen. In der Passagierluftfahrt folgen diese Pläne quasi den jeweiligen publizierten

5.6 Abläufe koordinieren

Sommer- und Winterflugplänen und stehen grob ein halbes Jahr im Voraus fest. Etwa zwei Monate im Voraus werden die Planungen durch Zuordnungen von Flugzeugen und Crews konkreter. Eine bestimmte Tageszahl vor dem Flug (z. B. 7 Tage) werden die Planungen an die Operationszentrale übergeben, die ab diesem Zeitpunkt zuständig und damit verantwortlich ist. Ihr obliegen dann sämtliche Entscheidungen. Für die Durchführung der Operation ist ab 48 h vor dem Start der Operationsmanager vom Dienst zuständig. Er verfügt über quasi alle Kompetenzen (z. B. zum Flugzeugtausch, Crewwechsel, Warten auf Anschlussflüge, Annullation). Produktionsplanungen der Industrie sind mit diesem Ablauf im Grunde vergleichbar. Es hat sich bewährt, diese zeitlichen Zuständigkeitsgrenzen zwischen Planung/Operation für die Abgrenzung AAO/BAO im Einsatz zu übernehmen. Im vorherigen Beispiel hat der Krisenstab demnach Entscheidungskompetenzen über alle Operationen bis zu sieben Tagen in die Zukunft. Dieser Fall illustriert, wie auf Ebene der Mutterorganisation die Zuständigkeit zwischen Alltag und Einsatz anhand zeitlicher Zuständigkeit abgegrenzt werden kann. Ähnlich verhält es sich bei der Vorplanung eines großen Polizeieinsatzes z. B. bei Versammlungen. Die taktische und ressourcenmäßige Vorbereitung erfolgt zeitlich lange vor dem Einsatz. Je nach deutschem Bundesland kann dafür eine Art Projektgruppe in der Linienorganisation oder ein ständiger Stab zuständig sein. Mit dem Einsatzbeginn obliegt die Operationalisierung des Plans – und damit auch etwaige Planänderungen – dem Polizeiführer mit seinem Stab.

Die zeitliche Abgrenzung funktioniert auch im Kleinen innerhalb einer Führungsunit, was eher für Einsatzorganisationen relevant ist. Als Beispiel dient eine Aufräum- und Sicherungsphase nach einem Großunglück. Bei einem fiktiven Vorlauf von einem Tag kann diese Aufgabe als Planungsaufgabe an eine Planungsgruppe vergeben werden. Zu einem festgelegten Zeitpunkt übernimmt diese Planungsgruppe die Leitung des S3 und operationalisiert ihren zuvor ausgearbeiteten Plan.

Die Abgrenzung der Zuständigkeit anhand von Zeitpunkten fällt nicht in den Führungsrhythmus im engeren Sinne. Allerdings kann es auch nicht gänzlich zum Erarbeiten von Zeitvorteilen gezählt werden. Zwar sind Aufgaben und Zeit Grundkomponenten der Führung, jedoch ist die Zuständigkeitsfrage deutlich konkreter als das abstrakte Organisieren von Elementen. Die Zuständigkeitsabgrenzung anhand von Zeitpunkten wird daher als ein organisatorisches Querschnittsinstrument verstanden.

In der Gesamtbetrachtung ist das Organisieren der Zeit das vielleicht wirkungsvollste Koordinationsmittel bei der Einsatzführung. Die Führungsperson kann darüber unmittelbar die zu erreichenden Zeitvorteile beeinflussen, was sich wiederum mittelbar auf die zu erzielenden Wirkungen auswirkt. Der Führungsrhythmus ist daher ein starkes Instrument, um die Wirksamkeit der Führungsarbeit zu verbessern. Das Organisieren der Zeit taucht deswegen in der Wirkungsmatrix auf.

Praxistipp:
Die Führungsarbeit vollzieht sich in aufeinander folgenden (sich meist überschneidenden) Aufbau- und Ablaufphasen.
Der Führungsrhythmus ist die zeitliche Gliederung der Arbeit einer Führungsunit. Die Taktung (Geschwindigkeit) wirkt sich vorwärts auf das Einsatzgeschehen (Zeitvorteile) und rückwärts auf die nachgeordneten Führungsorgane aus (Beschleunigung, Arbeitsaufwand).

- Lege die Frequenz der Lagebesprechungen anhand des Arbeitsbedarfs und des Reaktionsbedarfs fest! Berücksichtige Vor- und Nachbereitungszeiten sowie Latenzzeiten aus dem Informationsmanagement!
- Schaffe sinnvolle und verlässliche Tagesabläufe (Stichpunkte, Arbeits- und Besprechungsphasen)! Achtung – Änderungen im Tagesablauf haben auf nachgeordnete Stellen große Auswirkungen!
- Gib über mehrere Tage hinweg gesehen einen Planungshorizont vor!

5.6.5 Remote-Einsatzführung in virtuellen Räumen

Führungsunits können sowohl in *physischer Präsenz* wie auch in *virtuellen Räumen* arbeiten, was quasi der *Arbeit in verteilten Teams* entspricht. Der Begriff der »virtuellen Stabsarbeit« scheint sich zu etablieren. Präziser und eingängiger scheint die Abstufung als »Einsatzführung lokal/rückwärtig/remote«. Damit wird das gesamte Spektrum von physischer Präsenz an unterschiedlichen Orten bis zur Arbeit als verteiltes Team sowie Kombinationen daraus abgedeckt. Diese Bezeichnung wird zur Diskussion gestellt. Im Folgenden werden grundlegende Anforderungen an die Einsatzführung in virtuellen Räumen beleuchtet. Danach werden wichtige Punkte für die Transformation der Arbeitsweise vom Physischen ins Digitale erörtert.

Die Arbeit im Virtuellen meint einerseits die Zusammenarbeit in einer nichtphysischen Umgebung und bezeichnet mit der virtuellen Organisation andererseits auch eine projektbezogene, standortübergreifende Kooperation mit dem Ziel einer abgegrenzten Problembewältigung (Vahs, 2019). Im Kontext der Einsatzführung kann beides gleichzeitig zutreffen, nämlich die Konstellation im Cyberraum in einer BAO. In der BWL werden virtuelle Organisationen nach Vahs (2019) oft in Zusammenhang mit dem Managementkonzept der Agilität gesehen: Deren Kennzeichen charakterisieren mehr oder weniger auch Einsatzführungssysteme (u. a. flexible

5.6 Abläufe koordinieren

Organisationsarchitektur, Mehrdimensionalität, Entbürokratisierung, Fokussierung auf die Problemlösung). »Präsent« ist man im Virtuellen wie auch im Physischen.

Die Corona-Pandemie leistete der virtuellen Arbeitsweise einen gewissen Vorschub. In Wirtschaftsorganisationen war diese Besprechungsform bereits vor der ersten Pandemiewelle 2020 im Arbeitsalltag anzutreffen – zwar nicht flächendeckend, aber sie war deutlich weiter verbreitet als in Verwaltungen und Einsatzorganisationen. In Hochrisikobereichen wie der Aviatik wurde in ad-hoc-Einsätzen z. B. zu Nachtzeiten bereits zuvor regelmäßig virtuell, zumindest aber per Telefonkonferenz gearbeitet. Es wäre allerdings zu weit gegriffen, von einem »Digitalisierungsschub der Führungsarbeit« durch die Pandemie zu sprechen. Nach eigenen Beobachtungen ging die Digitalisierung kaum über die *Verlagerung von Besprechungen* in virtuelle Räume hinaus. Informationsverarbeitung, Einsatzmodellierung, Analyse und Beurteilung wurden nur sehr selten, teilweise oder gar gänzlich ins Digitale überführt (Automatisierung). Meistens wurden sie manuell mit Softwareunterstützung erstellt. Noch seltener wurden Prozesse als digitaler Workflow abgebildet, was etwa bei der Infektionskettenverfolgung gut realisierbar gewesen wäre. Fälle digitaler Entscheidungsunterstützung durch intelligente Systeme (weit gefasst) sind dem Autor nicht bekannt. Man kann auf Basis der Beobachtungen sagen: Führungsunits haben während der Corona-Pandemie im Jahr 2020 zwar teilweise in virtuellen Räumen zusammengearbeitet, aber die Arbeitsweise war überwiegend nicht digitalisiert und damit auch nicht automatisiert (wesentliche Arbeitsschritte wurden manuell durchgeführt). Die Arbeit fand in einem einfachen virtuellen Führungsraum statt (remote). Diese Arbeitsweise kann sowohl als Modus vivendi (wie eine praktische Übereinkunft aus der Not heraus), aber auch als Modus operandi (wie ein Zwischenschritt im Transformationsprozess hin zum Digitalen) gesehen werden.

Je nach Auftrag der Mutterorganisation und Einsatzspektrum für die Führungsunit wird es künftig als Notwendigkeit erachtet, dass Führungsunits (verstärkt) remote arbeiten können müssen (Vgl. Online-Zusatzmaterial). Gründe können u. a. eine notwendige hohe Eskalationsgeschwindigkeit, das Gebot physischer Distanz, die Anbindung von spezialisierten Stellen und ganz besonders die Informationslage sein. Aus Sicht einer Einsatzführungstheorie spricht nichts gegen eine Remote-Arbeitsweise von Führungsunits als verteilte Teams. Gegen eine Digitalisierung der Arbeitsweise (echte Teil-Automatisierung) spricht ebenso nichts, wobei dieser Schritt nicht in unmittelbarer Zukunft gesehen wird. Wenn durch virtuelle Zusammenarbeit oder Digitalisierung der Arbeitsweise die Leistungsfähigkeit des Führungssystems verbessert wird, sprechen diese Gründe sogar dafür. *Dazu muss die Erbringung der notwendigen Führungstätigkeiten auf ein Maß verbessert werden, das eine ausreichende oder herausragende Führungsleistung noch besser ermöglicht.*

Im Virtuellen gelten aus Sicht der Wirkung der Führungsarbeit dieselben Anforderungen wie im Physischen:

- Das Führungssystem muss strukturiert sein (Aufbauorganisation) und muss permanent reorganisiert werden.
- Abläufe (Funktionen) in der Führungsunit und im Einsatz müssen organisiert sein und benötigen aktive Steuerung.
- Es muss eine Zusammenarbeitskultur geben, die auf gemeinsamen mentalen Modellen und Routinen basiert.
- Die Ansprüche an die Führungsleistungen bleiben bestehen, insbesondere das Funktionieren der Führungsunit als solche.

Weil die Anforderungen gleich bleiben, aber sich im virtuellen Raum die Bedingungen teilweise verändern, muss die Führungsarbeit an die (Teil-)Verlagerung angepasst werden. Ein schlichter »Plattformwechsel« reicht nicht aus. Genauso wie jede Organisation ihre Strukturen, Abläufe und Kultur im Physischen findet, muss jede Führungsunit für sich die Transformation in ihre konkrete Virtualität vornehmen. Anders ausgedrückt: Für eine Verlagerung in virtuelle Räume bzw. für die Einführung einer Remote-Arbeitsweise gibt es kein Patentrezept. Allerdings können folgende Punkte eine gewisse Hilfestellung geben.

Struktur, Reorganisation, Funktionen zur Komplexitätsabsorption und aktiver Steuerungsaufwand

Die Aufbauorganisation unterscheidet sich zwischen physischer und Remote-Arbeit in den wesentlichen Punkten erfahrungsgemäß kaum. Managementebenen, Verantwortlichkeiten, Ressortzuschnitte aus dem Alltag und die Organisation von Räumen, Ressourcen und der Zeit, die strukturprägend für das Einsatzführungssystem sind, bleiben eigentlich gleich. Allerdings kann es durch die virtuelle Arbeitsweise zu veränderten Funktionen kommen und damit eine Anpassung von Aufgabenzuschnitten erforderlich machen. Das betrifft im Besonderen Aufgaben mit hohem Informationsmanagementanteil. Neuzuschnitte können zudem erforderlich sein, um Koordinationsaufwand zu verringern (Bündelung von Teilaufgaben bei Personen) oder um Entlastung zu schaffen (Segregation und Verteilung). Diese Abläufe sind eher maßnahmenbezogen. Sie gewährleisten, dass das Einsatzführungssystem die Komplexität des Einsatzes absorbieren kann. Ein Raumwechsel sollte immer auch dazu genutzt werden, um Abläufe zu optimieren. Wo Softwareanwendungen an Bedeutung gewinnen, rückt z. B. die Wechselmöglichkeit von zentralen

5.6 Abläufe koordinieren

zu dezentralen Informationsmanagementsystemen näher. Allgemein bieten sich solche Entwicklungsmöglichkeiten immer da an, wo durch kleine Automatisierungsschritte Kapazitätssteigerungen oder Verbesserungen bei der Funktionalität möglich sind. Dadurch stellen sich Vorteile bei der Fähigkeit zur Komplexitätsabsorption ein.

Wo während eines laufenden Einsatzes in einen virtuellen Raum gewechselt wird, fällt sprunghaft ein hoher Reorganisationsaufwand an. Er nimmt langsam ab, wenn sich die Beteiligten im neuen Modus einfinden. Wo sich Personen im virtuellen Raum nicht zurechtfinden, bleibt der aktive Steuerungsaufwand für die Führungsperson hoch. Es ist sinnvoll, während der Wechselphase bzw. bei wenig Erfahrung mit einer Dreifachspitze zu führen damit der Koordinationsaufwand vom Prozesswahrer aufgefangen werden kann. Die Vorteile aus räumlicher Nähe (kurze Wege, Mithören-Können, spontane Erreichbarkeit) entfallen im virtuellen Raum. Gleichzeitig steigt die Hemmschwelle sich kurzzuschließen. Wo die Mitglieder der Führungsunit diesbezüglich eher wenig Proaktion zeigen, wird die Führungsperson stärker koordinierend gefordert.

Zusammenarbeit, Voraussetzungen und Kultur
In verteilten Führungsunits fallen die Abläufe speziell zur Zusammenarbeit erfahrungsgemäß stärker ins Gewicht als bei physischer Zusammenkunft. Man kann sagen: Das Funktionieren der Führungsunit als solche wird anspruchsvoller. Das liegt vor allem an entfallenden Vorteilen und Gewohnheiten aus der physischen Zusammenarbeit. Der Wechsel in einen virtuellen Führungsraum erfordert das aktive Schaffen einer (neuen) Organisationskultur. Der dafür notwendige Aufwand kann am besten durch den Prozesswahrer aufgefangen werden. Dabei geht es um die Durchführung »guter« (Telefon- bzw.) Videokonferenzen und die Bereitstellung funktionaler Zusammenarbeitsplattformen.

In Videokonferenzen gehen nonverbale Aspekte meist gänzlich verloren. Das gesprochene Wort gewinnt dadurch an Bedeutung. Sprache muss deswegen tiefenschärfer und exakter sein, um die gewünschten Bedeutungen dennoch transportieren zu können. Parallele Visualisierungen und textsprachliche Begleitungen (Präsentationen) können dabei eine gute Unterstützung sein. Videokonferenzen haben leider ein hohes Ablenkungspotenzial. Wer sich nicht betroffen oder gar gelangweilt fühlt, schwenkt erfahrungsgemäß rasch zur Mailbearbeitung in sein Postfach oder erledigt gar Telefonate. Zwar betreffen auch in physischen Besprechungen nicht alle Punkte jeden Teilnehmer, allerdings lässt die Distanz und die fehlende Beobachtung durch andere in der Videokonferenz die Verbindlichkeit sinken. Umgekehrt schafft die Parallelität von Besprechung und Arbeitsphase auch Effizienzen (Multitasking vorausgesetzt). Ausschweifende Monologe von Besprechungsteilnehmenden müssen unbedingt vermieden werden. Dafür brauchen »gute« Videokonferenzen eine individuelle Vorbereitung der Teilnehmenden und kurze, prägnante Formulierungen bei Redebeiträgen. Unabdingbar ist eine zielführende und stringente Moderation anhand einer Agenda. Diese dient der Ausrichtung der Besprechung auf das Ziel und muss vor der Besprechung bekannt sein. Einladung, Anwesenheitskontrolle und die Applikationsbedienung in der Videokonferenz sollten dem Prozesswahrer obliegen. Kritisch ist, dass auch Führungspersonen in »Leitungsmonologe« verfallen können. Meist ist dieser Charakterzug auch aus physischen Besprechungen bekannt. Eine Vertrauensperson in der Mehrfachspitze kann dazu ein Gegengewicht bilden. All diese Punkte gelten auch für physische Besprechungen, aber sie fallen remote stärker ins Gewicht. Die »Mute-Taste« ist beinahe schon zum Klassiker mutiert. Sie steht sinnbildlich für die Fähigkeit, die Konferenzanwendung bedienen zu können. Wo Routinen (noch) fehlen, kann der Moderator auf die grundlegenden Verhaltensregeln ggf. zu Beginn hinweisen.

Wenn möglich sollte zumindest die Führungsspitze in physischer Präsenz zusammenarbeiten und die Führungsunit »virtuell« an sich binden. Das erleichtert die Abstimmung im Duo bzw. im Trio. Wo das nicht geht, kann es sinnvoll sein, dass sich die Mehrfachspitze auf einem eigenen Kanal vernetzt, um sich rasch erreichen zu können. Das können Chats oder Standleitungen sein, was allerdings höchste kognitive Anforderungen stellt. Im Zielbild des Einsatzführungssystems entspricht dies einem Homöostaten und sollte im Modell über die Führungsunit grafisch dargestellt sein.

Gerade in angespannten Situationen können im Virtuellen Zwischentöne auf der Strecke bleiben. Auch der ein oder andere Scherz unterbleibt, der sonst die Stimmung lockert. Daher kann es sinnvoll sein, auch außerhalb von Konferenzen den Kontakt zu suchen, um »bilateral« sprechen zu können. Vor Besprechungen sollte es zu kritischen Punkten stets eine Synchronisation per Einzeltelefonat oder in einer kurzen themenbezogenen Webkonferenz geben. Hierbei sollte die Erzeugung einer guten Besprechungsqualität im Vordergrund stehen und der Eindruck von »Vorabfestlegungen im kleinen Kreis« vermieden werden. Redebeiträge können dadurch innerhalb der Agenda zugewiesen werden und – falls notwendig- formale Arbeitsaufträge erteilt werden.

Bei Videokonferenzen ist die Tendenz zu großen Teilnehmerkreisen (noch) stärker als bei physischen Stabsbesprechungen. Was bei physischen Besprechungen die zweite Sitzreihe oder die Stehplätze sind, entspricht in virtuellen Besprechungen einem »Zuhörer.« Einsatzführung im virtuellen Raum braucht erfahrungsgemäß eine aktive Teilnehmersteuerung, die zwischen Verantwortlichen (»in charge«) und Zuhörern unterscheidet.

5.6 Abläufe koordinieren

Die bis hierher aufgezeigten Punkte dienen zur Erzeugung »guter« Besprechungen in denen sich mit dem Orientieren, Entscheiden und Koordinieren ein wichtiger Teil der Führungsarbeit abspielt. Ein weiterer, nicht weniger wichtiger Teil der Arbeit realisiert sich in der Informationssammlung und -verteilung sowie in der Aufgabennachverfolgung. Hierfür wird eine funktionale Plattform zur kollaborativen Zusammenarbeit benötigt. Heutige Produktivitätsclouds (kollaborative Officeanwendungen) bieten dafür ein breites Lösungsspektrum. Arbeitsplattformen müssen ad hoc einzurichten und (externe) Akteure berechtigt werden können, Dokumente müssen von allen Nutzern gleichzeitig bearbeitbar sein und Desktops müssen geteilt werden können. Schlagworte machen Themen auffindbar (passend zu Einsatzabschnitten, Problemfeldern oder Aufgaben). Die @-Funktion adressiert Personen (als Themenrepräsentanten) direkt und lässt Dritte an der geteilten Information teilhaben. (Gruppen-)Chats oder kurze Konferenzen sind (themenbezogene) Koordinationsräume zwischen größeren Besprechungen. Es empfiehlt sich eine prozesswahrende Rolle mit der Administration des virtuellen Arbeitsraums zu betrauen. Diese technologischen Anwendungen sind keine Digitalisierung der Führungsarbeit, sondern ergeben zusammen lediglich den virtuellen Arbeitsraum.

Ein nächtlicher Einsatz, der in einem virtuellen Team geführt wird, ist vom Setting her vergleichbar mit nächtlichen Verhandlungen in der Politik per Videoschalte. Bei solchen Verhandlungen kommt es bei den Akteuren regelmäßig zu Schlafmangel: Aktuell gibt überraschenderweise keine Evidenz dafür, dass die Verhandlungsergebnisse dabei schlechter werden. Klar ist allerdings, dass Schlafentzug für den Menschen ungünstig ist. Unter anderem lässt die kognitive Leistung beim *Kurzzeitgedächtnis* nach, die *Motivation* wird weniger, die *Risikobereitschaft* wird höher und die *Perspektivübernahme* wird schlechter. Zwar wirken sich 24 h Schlafmangel in etwa so aus wie Alkoholkonsum der zur Fahruntüchtigkeit führt. Diese verminderten Leistungen können im Gegensatz zum Autofahren beim Verhandeln durch soziale Aspekte (z. B. Gespräche in Pausen, durch Meinungsausgleich in der Gruppe) ein stückweit ausgeglichen werden. Zudem lässt sich der Umgang mit Schlafmangel trainieren und ältere Menschen brauchen tendenziell weniger Schlaf. Die Befundlage ist dahingehend nicht eindeutig, weil es umgekehrt auch keine Hinweise dafür gibt, dass Verhandlungsergebnisse die unter Schlafmangel erzielt werden, besser sind (Sehn, 2021). Zwar scheint Schlafmangel in gewissem Rahmen also kompensiert werden zu können, aber weil er den Menschen eher einschränkt als dass er ihn leistungsfähiger macht, sollten Entscheider bei der Einsatzführung keinen Schlafentzug haben.

Personen unter Schlafmangel sind empfänglicher für Ratschläge und berücksichtigen die Kompetenz des Ratgebers dabei eher weniger (Häusser, Leder, Ketturat,

Dresler & Faber, 2016). Diese Folgen sind eher ungünstig, weswegen sich Führungspersonen ihre Stabsmitglieder (Berater) vor dem Einsatz zusammenstellen sollten. Zudem sollte man sich Optionen unter möglichst günstigen Bedingungen (ohne Schlafentzug) erarbeiten und erklären lassen.

Für die Stabsarbeit in einem virtuell verteilten Team wird geschlussfolgert, dass *bei Schlafmangel in physischer Präsenz* gearbeitet werden sollte, weil soziale Aspekte die ungünstigen Auswirkungen von Schlagmangel ein stückweit kompensieren können. Erfahrungen zeigen zudem, dass die Kreativität bei der virtuellen Zusammenarbeit geringer ausgeprägt sein kann, die korrekte Wahrnehmung sowie das Verstehen und Interpretieren der Situation anspruchsvoller sind (Lagebewusstsein) und man die persönliche Leistungsfähigkeit der Teammitglieder nicht so gut einschätzen kann. Hinzu kommt, dass Videokonferenzen anstrengender empfunden werden als Präsenzbesprechungen. Es kann zu »Zoom Exhaustion and Fatigue« (Erschöpfung und Müdigkeit durch Videokonferenzen) kommen (Fauville, Luo, Queiroz, Bailenson & Hancock, 2021), wobei ein besonderer Stressor ist, dass man sich dabei permanent selbst sehen kann. Bei Einsatzführung remote sollte daher das Videobild von sich selbst auf der eigenen Benutzeroberfläche ausgeblendet sein.

Kurz zusammengefasst kann man nach aktuellem Wissensstand sagen, dass die Voraussetzungen für das Funktionieren der Führungsunit als solche in einem virtuell verteilten Team im Vergleich zu einer physisch präsenten Führungsunit tendenziell ungünstiger sind. Da es aber Kompensationsmöglichkeiten gibt bzw. die Voraussetzungen nicht zwangsläufig zu schlechteren Führungsleistungen führen müssen, spricht nach aktueller Einschätzung grundsätzlich nichts gegen die Einsatzführung in einem virtuell verteilten Team. Die Arbeitsform sollte von jeder Organisation mit Bedacht eingesetzt werden und die virtuelle Arbeitskultur gezielt entwickelt werden.

Einsatzerfolg bei Remote-Führung

Die vorliegende Einsatzführungstheorie kann in physischer Präsenz wie auch remote in einfachen virtuellen Räumen angewendet werden. Das Instrumentarium in der Wirkungsmatrix in Tabelle 5 ist universal und stellt daher auch bei einer virtuellen Arbeitsweise eine Auswahl passender Tätigkeiten bereit. Für die Digitalisierung und ggf. Automatisierung liefert die Theorie die grundsätzliche Erklärung der Wirkung. Wahrscheinlich bedarf sie bei fortschreitender Entwicklung allerdings der Erweiterung um automatisierte Funktionen. Im Sinne der zweifachen Richtigkeit, die von der Suffizienz zur Wirksamkeit führt, ist es bei jedweder Arbeitsweise eine Frage der praktischen Umsetzung, ob die richtigen Tätigkeiten auch richtig ausgeführt werden.

Abschließend kann gesagt werden, dass sich der Einsatzerfolg bei jeder Arbeitsform – physisch, in virtuellen Räumen oder unterstützt durch Automatisierung – am

5.6 Abläufe koordinieren

theoretischen Gerüst, an den (u. a. technologischen) Voraussetzungen, aber auch an Auswahl, Ausbildung und Training der Führungspersonen entscheidet. Vereinfacht gesagt: Einsatzführung braucht Routine – in physischen wie in virtuellen Umgebungen.

Praxistipp:

Bei der Remote-Führungsarbeit in virtuellen Räumen (Telefon- oder Videokonferenz) gelten bezüglich Aufbau und Ablauf (Struktur und Funktion) sowie hinsichtlich des Einsatzerfolgs grundsätzlich dieselben Anforderungen wie bei der physischen Zusammenarbeit.

- Achtung – Das Funktionieren der Führungsunit als solche ist im Virtuellen anspruchsvoller! Abläufe fallen stärker ins Gewicht. Die Zusammenarbeit (Kultur) muss aktiv gesteuert werden.
- Der Koordinationsaufwand ist bei der Führungsarbeit in virtuellen Räumen meist deutlich höher. Führe deswegen mit einer Mehrfachspitze!
- Einsatzführung in virtuellen Räumen erstreckt sich gleichermaßen auf Besprechungen im Team (Videokonferenz), bilaterale Koordination und die Zusammenarbeit auf Plattformen (Modell vom Ereignis, Nachverfolgung, Dokumente etc.).
- Videokonferenzen sind anstrengend. Achte auf deine Leistungsfähigkeit und die von Teammitgliedern! Betrachte nicht dein eigenes Videobild!

6 Kerntätigkeit Entscheiden

Für den Ereignisfortgang ist das Entscheiden wortwörtlich »entscheidend«. In einer chronologischen Idealvorstellung schafft es die Voraussetzungen für nachfolgende Tätigkeiten. Weil es eine herausragende Stellung unter den vier Führungstätigkeiten hat, wird es in der Einsatzführungstheorie als Kerntätigkeit verstanden.

Einsatzführung ist eine Welt voller Unsicherheiten. In der Theorie gibt es in so einer Welt zwei Möglichkeiten: Entweder man versucht der Situation mit Intuition beizukommen. Dabei schließt man allerdings bewusst Informationen aus. Oder man wählt einen rationalen Ansatz bei dem man davon ausgeht, dass man potenziell alles Wissen beschaffen kann. Beide Möglichkeiten haben ihre Berechtigung. Man muss sie kennen und die dazugehörigen Instrumente verstanden haben, um sich als Führungsperson in der Unsicherheitswelt orientieren zu können. Unsicherheit ist ein prägendes Merkmal von Einsatzführung und damit auch für das Entscheiden. Wer entscheidet bzw. Begründungen formuliert, muss die Unsicherheiten dabei benennen können. Aus theoretischer Sicht können Entscheidungsarten grob unterschieden werden in *intuitiv*, *begrenzt rational* und *rational*. Die Weise, auf die die Entscheidung getroffen wird, kann *implizit* (z. B. beiläufig in einem Satz, zusammen mit anderen Gedanken, nicht wörtlich eindeutig ausgedrückt) oder *explizit* sein (Entscheidung in eigene Gedanken gefasst, in Worten eindeutig ausgedrückt). Die in dieser kurzen Einleitung angesprochenen Punkte umreißen den theoretischen Hintergrund.

Dem Kapitel liegt die Problematik eines geeigneten Entscheidungsmodells zugrunde. In Regelungen zur Stabsarbeit wird bislang davon ausgegangen, dass rationale Entscheidungen überwiegen. Hierfür werden lineare Entscheidungsmodelle wie z. B. der Führungsvorgang nach FwDV 100 vorgegeben. Solche Modelle haben allerdings Anwendungsschwierigkeiten. U. a. sind sie nicht sehr verhaltensökonomisch, wie im Abschnitt 3.6 erläutert wurde.

Beim Entscheiden in der Stabsarbeit gibt es einige offene Punkte, die auch in der folgenden aktuellen Untersuchung zutage traten. In einer Krisenstabsübung wurden drei intensive Sequenzen mit Video aufgezeichnet und diese anschließend mittels Verhaltensmarkern auf die Ausprägung nicht-technischer Fähigkeiten aus dem CRM-Bereich ausgewertet (Task-Management, Teamwork, Situation Awareness, Entscheidungsfindung) (Garbe & Schütte, 2019). Die Einzelfalluntersuchung wird als aussagekräftig beurteilt. Die protokollierten Marker geben plausibel die jeweiligen Situationsanforderungen des Übungsverlaufs wieder (z. B. hohe Situation Awareness nach Schichtwechsel zur Einarbeitung, hohes Task-Management zur Maßnahmenkontrolle). Auffällig ist, dass die *Interaktionen zur Entscheidungsfindung stark unterrepräsentiert* sind (nur kurzzeitige Spitzen zur Entscheidungsfindung). Dies belegt von der Fähigkeitsseite her grundlegend die Befunde aus den Untersuchungen zum Erfolg der Stabsarbeit, wonach Entscheidungs- und Koordinationsaufgaben unterschieden werden können, wobei das Koordinieren das Entscheiden überlagert. Die Autoren schlussfolgern, dass das Entscheiden in Übungen ein Schwerpunkt sein sollte. Zusammen mit der Feststellung, dass vorgegebene Entscheidungsmodelle (zumindest ausdrücklich) nicht angewendet werden, muss vor diesem Hintergrund kritisch gefragt, *ob der aktuelle theoretische Stand in der Praxis eine wirksame Unterstützung bietet*. In Folge ergibt sich die Frage, wie ein für die Einsatzführung taugliches Entscheidungsmodell aussehen kann.

6.1 Schwierigkeiten beim rationalen Entscheiden

Theorien über Führung in Gefahrenabwehr und Krisenmanagement sind zu weiten Teilen für rationale Entscheidungen konstruiert. Diese Vorstellung weicht von der Praxis allerdings ab. Rationale Entscheidungstheorien gehen von der Vernunft des Entscheiders und von der Annahme aus, dass mit genügend Fakten die objektiv beste Lösung gefunden werden kann. Das Beste bzw. die Präferenz des Entscheiders wird als die Option mit dem größtmöglichen Nutzen verstanden (Springer Gabler Verlag, 2018 a). Besonders hervorzuheben sind die Grundannahmen, dass der Entscheider im Moment der Entscheidung über alle verfügbaren Informationen verfügen kann und frei von Emotionen und persönlichen Vorlieben handelt. Rationales Entscheiden kann sich methodisch in simplen Optionsvergleichen bis hin zu umfangreichen computergestützten Berechnungsmethoden realisieren.

Rationalen Theorien liegt das allgemein bekannte Modell des Homo oeconomicus zugrunde. Es stammt aus dem Wirtschaftsbereich und sollte (verkürzt) ursprünglich erklären, wie der Mensch Kaufentscheidungen trifft. Dabei geht man davon aus, dass der Mensch ausschließlich in wirtschaftlichen Kategorien denkt und uneingeschränkt vernünftig handelt. Dieses Schema, das eher weiche Aspekte wie Moral und Emotion ausblendet und von einem Menschen ausgeht, der über lückenlose Informationen über sämtliche Entscheidungsalternativen und deren Konsequenzen verfügen kann, wurde in jüngster Zeit zunehmend kritisiert und ist durch ein realistischeres Modell eines wirtschaftenden Menschen zu ersetzen versucht worden (Springer Gabler Verlag, 2018 d). Ausschlaggebend für die Abkehr war die Erkenntnis, dass die Vorstellung vom Menschen als (rein) rationaler Entscheider gewissermaßen falsch ist. So werden Entscheidungen auch bei relativ hohen finanziellen Beträgen stark von

Emotionen beeinflusst. Menschen haben (unbewusste) Präferenzen, die die Entscheidungen mit beeinflussen. Die Vorstellung, dass zu wichtigen Entscheidungszeitpunkten alle notwendigen Informationen vorliegen und alle Folgen lückenlos überblickt werden können, ist praxisfern. Diese Punkte treffen auch für die Einsatzführung zu.

Aktueller Stand der Einsatzführung: Lineare Problemlösemodelle
Eine bestimmte Art rationalen Entscheidens ist das Verfahren nach linearen Problemlösemodellen. Diese werden auch als Stufenmodelle bezeichnet, weil das Problem in aufeinander aufbauenden Schritten gelöst wird. Stufenmodelle gehen davon aus, dass Probleme strikt und linear zu lösen sind. Im Überblick können solche Modelle zwischen zwei und acht Stufen aufweisen: Ein Beispiel für ein fünfstufiges Modell sind die Schritte 1) Identifikation des Problems, 2) Definition des Problems, 3) Evaluation von Lösungsmöglichkeiten, 4) Umsetzung des gewählten Lösungsansatzes und 5) Beurteilung des Erfolgs (Verweis auf Lipshitz & Bar-Ilan (1996) in Klein, 2003). Malik (2015) schlägt eine Problemlösemethodik in sechs Schritten vor: 1) Problemerfassung, 2) Zielbestimmung, 3) Analyse Ist-Zustand, 4) Analyse Einflussfaktoren und Rahmenbedingungen, 5) Suche von Alternativen, 6) Bewertung und Auswahl von Alternativen. Die Modelle dieser Art ähneln sich mehr oder weniger alle. Der wohl bekannteste Vertreter dieser Modellgattung dürfte der PDCA-Zyklus sein (Plan-Do-Check-Act, auch Deming-Kreis genannt). Der Führungsvorgang nach FwDV 100 (Innenministerium Nordrhein-Westfalen, 1999), das Schema der 5+2 Führungstätigkeiten der schweizerischen FSO 17 (Schweizer Armee, 2014), das Ablaufschema des amerikanischen ICS (U. S. Department of Homeland Security, 2008) sowie das FOR-DEC Modell (Hofinger, Proske & Soll, 2014) werden den linearen Stufenmodellen zugerechnet. Letzteres ist in unterschiedlichen Branchen weit verbreitet. Nach eigenen Recherchen ist es in Vorschriften zur Stabsarbeit nicht genannt. Jedoch wird es neben der Aviatik in CRM-Kursen für Mediziner gelehrt, ist in deutschen Kernkraftwerken für besondere Ereignisse vorgeschrieben und gelegentlich wird auch in der Einsatzführung angewendet (Hofinger et al., 2014). Diese Entscheidungsmodelle können zwar nicht stellvertretend für das Entscheidungswesen in der Einsatzführung stehen, aber ihnen wird eine gewisse Relevanz zugemessen.

Den weiteren Ausführungen wird ein vierstufiges Modell zugrunde gelegt. Es ist generisch, weil daraus mehr oder weniger die meisten Elemente von gängigen Entscheidungsmodellen abgeleitet werden können (Klein, 2003):

1. Definition des Problems,
2. Entwicklung eines Lösungsansatzes,

6.1 Schwierigkeiten beim rationalen Entscheiden

3. Beurteilung des Lösungsansatzes,
4. Umsetzung des Lösungsansatzes.

Intuitives Entscheiden spielt in den Vorschriften zur Stabsarbeit kaum eine Rolle. Es wird in der FwDV 100 ganz kurz allgemein in Form der Erfahrung des Einsatzleiters angesprochen. In der FSO 17 wird das Verhältnis von intuitivem und rationalem Entscheiden des Kommandanten allerdings praxisnah thematisiert: Zwar würden Stäbe ausschließlich rational arbeiten, aber »[…] der intuitive Anteil [kann] sich mit zunehmendem Zeitdruck, auf tiefen Führungsstufen und mit zunehmender Erfahrung des Kommandanten vergrößern […], um die Beurteilungsverfahren zu verkürzen« (Schweizer Armee, 2014). Diese Vorschrift erkennt also eine gewisse Gleichzeitigkeit rationaler und intuitiver Methoden an. Insgesamt überwiegt der rationale Ansatz im Vorschriftenwerk zur Einsatzführung deutlich, was als aktuell gültiger Stand der Verfahrensweisen beurteilt wird.

Schwierigkeiten und positiver Nutzen von linearen Stufenmodelle
Lineare Stufenmodelle sind theoretisch einleuchtend. In der Praxis ergeben sich jedoch Schwierigkeiten bei der konsequenten Anwendung. So ist es bei komplexen Problemstellungen, die man noch nicht verstanden hat, unmöglich zu einer guten Problembeschreibung zu gelangen, weil die Probleme naturgemäß unklar definiert sind (Klein, 2003). Bei einer schwierigen Problemlage kann man mit der ersten Stufe (Problemdefinition) nicht beginnen, weil das Problem zu einem frühen Zeitpunkt schlicht nicht beschrieben werden kann. Würde man nun strikt linear verfahren, könnte man erst sehr spät mit weiteren Schritten fortfahren – was in Einsätzen allerdings nicht möglich ist. Stufenmodelle sind in der Einsatzführung aus einer rein logischen Sicht deswegen nicht anwendbar. Diese Schwierigkeit wird im Folgenden differenziert.

Bei Stufenmodellen sind die Annahmen problematisch, dass die Stufen bzw. Komponenten in linearer Folge und vollständig angewendet werden müssen (Klein, 2003). Nicht selten sind einige Stufen überflüssig und erscheinen eher hinderlich. So kann für erfahrene Entscheider gerade bei typischen Problemen die explizite Entwicklung eines Lösungsansatzes (Stufe 2) überflüssig sein. Von solchen Routiniers wird in der Praxis eine ausdrückliche Diagnose (Stufe 1) deswegen überhaupt nicht in Erwägung gezogen. Ähnliches gilt, wenn die Umsetzung (Stufe 4) nur wenig Aufwand braucht und deswegen aus Effizienzgründen auf eine Kontrolle verzichtet wird.

Die aufgezeigten Anwendungsprobleme können abgeschwächt werden, indem die lineare Stringenz abgeschwächt wird. Dieser Ansatz wird in Form der Wechselseitigkeit im Verlauf des Buches wieder aufgenommen. Ein lineares Stufenmodell, dessen Komponenten nicht in stringenter Abfolge angewendet werden müssen, verliert allerdings ein stückweit seine Logik. Es kann daher eigentlich nicht mehr als lineares Stufenmodell bezeichnet werden. Weil an dieser Stelle kein neuer Begriff geprägt werden soll, wird im weiteren Verlauf lediglich von *rationalen Methoden* gesprochen. Dadurch wird auch die Entnahme einzelner Komponenten aus linearen Stufenmodellen (also: aus einer rationalen Methode) abgedeckt.

Schlussfolgerung: Notwendigkeit eines praktikablen Entscheidungsmodells
Auf der einen Seite ergeben sich große Anwendungsschwierigkeiten, wenn in einem frühen Einsatzstadium versucht wird, das letztendliche Einsatzziel zu definieren. Rein logisch ist dieses Fernziel notwendig, um Unterziele darauf ausrichten zu können. Daraus folgt erstens, dass ein lineares Modell theoretisch nicht in allen Einsatzphasen anwendbar ist. Hierzu kommt zweitens ein ganz praktischer Grund. Die Anwendung rationaler Methoden erfordert relativ viel Zeit. Je nach Einsatz würde man erreichbare Zeitvorteile minimieren und hierdurch den Einsatzerfolg gefährden, wenn man sich für den Entscheidungs(findungs)prozess zu viel Zeit nähme. Zudem ist Zeitdruck ein Stressor der davon abhält, rationale Strategien anzuwenden. Diese Strategien erfordern in Summe so viel kognitive Aufmerksamkeit, dass in Einsatzsituationen möglicherweise nicht genügend kognitive Ressourcen zur Verfügung stehen können. Sie sind daher nur wenig verhaltensökonomisch. Drittens ist die Informationslage in Einsätzen bereits heute schon naturgemäß dünn. Diese dürfte in Zukunft noch ungünstiger werden in der Form, dass sich das Zerrbild aus vergrößertem Informationsumfang bei dünnerer Informationslage verstärkt, wie im Online-Zusatzmaterial hergeleitet wird. Es wird daher also schwieriger bzw. zeitintensiver, ein »vollständiges« Bild zu erlangen. Das bedeutet, dass der in Stufenmodellen theoretisch notwendige Gesamtüberblick erst im Einsatzverlauf erreicht werden kann.

Aus praktischer Sicht entsprechen die Stufenbezeichnungen linearer Modelle (z. B. »Beurteilung« oder »Entschlussfassung«) nicht mehr als dem Inhaltsverzeichnis eines Buches. Ohne Konkretisierung (»Abstrahieren, Bewerten und danach Optionsvergleich in Kreuztabelle« oder »Mustersätze für strategische Entscheidungen«) fehlt solchen Modellen somit die eigentliche Aussage. Man kann sagen, dass Entscheidungsmodelle unvollständig sind, wenn (in Vorschriften oder nachgelagerten Dokumenten) keine anwendbaren Tools oder Prozeduren zur Verfügung gestellt werden. Auch im Kommentar zur FwDV 100 von Plattner (2004) werden weder für das Entscheiden noch für andere Führungstätigkeiten gebrauchsfertige Werkzeuge auf der Anwendungsebene bereitgestellt.

6.1 Schwierigkeiten beim rationalen Entscheiden

Aus diesen Punkten wird geschlussfolgert, dass vorgegebene Modelle wie der Führungsvorgang nach FwDV 100 in der alltäglichen Einsatzpraxis als alleiniges Werkzeug nicht ausreichend sind, weil sie nicht immer anwendbar sind. Hierdurch können Führungsleistungen möglicherweise gemindert werden. Zudem ist der Mensch kein ausschließlich rationales Wesen, was die Anwendung rationaler Vorgehensmodelle grundsätzlich erschwert. Für Situationen, in denen vorgegebene lineare Stufenmodelle nicht angewendet werden können, müssen daher andere Modelle bereitgestellt werden.

Auf der anderen Seite haben Stufenmodelle neben den ungünstigen Aspekten auch wichtige positive Eigenschafen. So sind Stufenmodelle in sich eigentlich schlüssig und manche Komponenten wie z. B. eine Diagnose oder die objektivierende Wirkung eines Optionsvergleichs können bei einigen Problemarten sehr nützlich sein (Klein, 2003). Sie strukturieren den Entscheidungs(findungs)prozess und stellen wörtlich die »Bearbeitung« eines Problems heraus. Dies sorgt für Übersichtlichkeit und Nachvollziehbarkeit. Hierdurch können mehrere Personen beteiligt werden und das Meinungs- und Ideenspektrum vergrößert werden. Gleichzeitig wird der Prozess intersubjektiv eindeutiger. Zudem leiten sie zur Analyse und somit zum Hinterfragen an, wodurch Lösungen gefunden werden können, die sonst möglicherweise verborgen geblieben werden. Emotionale Aspekte können minimiert werden, wie beispielsweise Vorlieben. Tendenzen zu Analyseverzicht bzw. zur Bevorzugung schneller Lösungen können durch lineare Vorgehensmodelle abgeschwächt werden. Ferner kann »planloses« Handeln vermieden werden, indem konkreten Operationen immer eine Zielfindung vorgeschaltet wird. Gerade in unübersichtlichen Situationen mit (vermeintlichem) Zeit- oder Erfolgsdruck kann die Frage »Was wollen wir eigentlich genau erreichen?« ein starkes Korrektiv sein. Aus diesen Punkten wird geschlussfolgert, dass Stufenmodelle die Entscheidungsfindung und somit die Entscheidung durchaus verbessern können. Hierdurch können Führungsleistungen plausibel verbessert werden. Diese Vorteile sollten gewahrt werden.

Ein praktisches Argument für den Status quo könnte sein, dass es sehr wohl zulässig ist, Stufenmodelle mehrfach zu durchlaufen. Hierfür muss man lediglich den Einsatz in Phasen und ggf. Unterphasen teilen und jeden Abschnitt neu beurteilen. Dabei bleibt die Frage der Praktikabilität jedoch immer noch unbeantwortet. Ein solches Vorgehen kann aus Beobachtersicht zudem den Eindruck des Durchwurstelns, des von-der-Lage-getrieben-seins und einer gewissen Orientierungslosigkeit erwecken (was sich mit der subjektiven Sicht der Führungsperson nicht decken muss). Das Argument, wonach es sich beim Führungsvorgang eben »nur um ein Modell handle und man von der Theorie in der Praxis eben abweichen müsse« greift zu kurz. Eigentlich ist dies gar kein Argument, sondern versucht die Ungültigkeit der Theorie in der Praxis zu rechtfertigen. Iteratives Durchlaufen ein und desselben Vorgangs um sich der Lösung anzunähern ist zwar pragmatisch, aber erfüllt nicht den Anspruch an ein stichhaltiges Modell. Der Anspruch von Theorie ist es, Praktiken widerspruchsfrei erklären zu können. Der Anspruch von Vorschriften sollte sein, praktikable Lösungen zu bieten. Eine Einsatzführungstheorie will beiden Ansprüchen genügen.

Das Gesamtbild zu den Entscheidungsmodellen in der Einsatzführung ist ambivalent. Es wird geschlussfolgert, dass die verbreiteten linearen Entscheidungshilfen in Einsatzsituationen nur bedingt praktikabel sind, aber sie positive Effekte auf Entscheidungen haben können. Lineare Entscheidungshilfen können in der Einsatzführung also zu widersprüchlichen Effekten führen, indem sie Führungsleistungen verbessern oder mindern können. Beides ist nicht tolerierbar: Vorhersehbarer Misserfolg ist inakzeptabel – und ein unsicherer Beitrag zum Erfolg ist unzufriedenstellend. *Es wird daher für erforderlich gehalten, ein praktikables und einsatzerfolgssicherndes Entscheidungsmodell für die Einsatzführung bereitzustellen.*

Entwickelte Lösung
Der Mensch neigt zu allgemein bekannten systematischen Denkfehlern (sog. »Bias« wie z. B. Risikoüberschätzung von Handlungen im Vgl. zum Unterlassen, Verlustaversionen, die Blockierung des Verstands durch gefasste Pläne, Bestätigung eigener Erwartungen). Denkeinsatz ist anstrengend, was das »auf Nummer sicher gehen« oft als einfachere Variante erscheinen lässt. Das hat nichts mit Inkompetenz zu tun, sondern mit unserer Natur. Je nach Umständen treffen Menschen über denselben Sachverhalt unterschiedliche Entscheidungen: Solche Streuungen werden von Störgeräuschen (»Noise«) im Denken verursacht. Dieser zufälligen Variabilität kann, ebenso wie systematischen Denkfehlern, entgegengewirkt werden. Umfassende (komplexe) Entscheidungen sollten in überschaubare Teilentscheidungen zerlegt werden, es sollten objektivierende Kriterien angelegt werden, Urteile mehrerer Personen einbezogen werden und vor allem die Individualität zugunsten von Genauigkeit hintenangestellt werden (»Entscheidungshygiene«). Aufgrund unterschiedlicher persönlicher Vorerfahrungen werden sich Störgeräusche allerdings nie ganz eliminieren lassen (Kahneman, Sibony, Sunstein & Schmidt, 2021). Es ist der Anspruch, das natürliche Verhalten von Entscheidern zu unterstützen und dabei systematische Fehler zu vermeiden. Die vorliegende Einsatzführungstheorie stellt eine Lösung in Form eines begrenzt rationalen Modells bereit, in der intuitive und rationale Vorgehensweisen gleichberechtigt zugelassen werden. Für beide Varianten und ihre Verknüpfung werden praktikable Instrumente aufgezeigt. In der Praxis kann dann situativ die geeignete Methode gewählt werden. Speziell im rationalen Bereich werden die Nachteile linearer Modelle möglichst eliminiert bzw. kompensiert. Vor der

Vorstellung des entwickelten Modells wird in die Praxis geblickt und die getroffene Schlussfolgerung mit empirischen Erkenntnissen untermauert.

6.2 Wie Stäbe in der Praxis wirklich entscheiden

In den Forschungen zum Erfolg der Stabsarbeit (Gißler, 2019a) wurde die Anwendung von Problemlösemodellen, die Formulierung von Zielen sowie der eigentliche Inhalt der Entscheidung untersucht. Die Entscheidungsfälle wurden klassifiziert (intuitiv, begrenzt rational oder rational) und die Einsätze nach Entscheidungs- oder Koordinierungsaufgaben kategorisiert. Daraus ergibt sich ein gutes Bild über das Entscheidungswesen in der Praxis auf Basis von im Wesentlichen 18 strukturierten Beobachtungen von Stäben in Einsatz und Übung.

Zielorientierung
In nur drei von 18 Fällen (rund 17 %) wurde bei der Stabsarbeit ein für alle Stabsmitglieder sichtbares, schriftliches oder visuelles Ziel formuliert (z. B. auf Flipchart geschrieben). Als Ziele wurden Befehle (grafisch oder schriftlich), ein Auftrag oder eine orientierende Visualisierung verstanden. Dabei fiel auf, dass die Ziele nur selten eindeutig formuliert waren (z. B. SMART-Regel). In zehn von 18 Fällen (rund 56 %) wurde in den Stäben kein Ziel formuliert. Die Schlussfolgerung ist simpel: Wo kein Ziel formuliert ist, können lineare Problemlösemodelle theoretisch nicht angewendet werden. Für die ausdrückliche Anwendung feststehender Problemlösemodelle (z. B. Führungsvorgang nach FwDV 100) wurden keine Hinweise gefunden. So wurden in Feuerwehrstäben weder Stichworte wie »DV 100« oder »Führungsvorgang« erwähnt, noch waren entsprechende Grafiken im Stabsraum zu sehen. Dieser Befund wird als übertragbar erachtet. Das kann einerseits schlichtweg bedeuten, dass die theoretisch vorgegeben Problemlösemodelle in der Praxis nicht angewendet werden. Andererseits kann es auch bedeuten, dass durch die in der Ausbildung vermittelten Problemlösemodelle eine unbewusste Kompetenz erzeugt wurde. Diese Problemlösefähigkeit hätte durch die Beobachtungen nicht erfasst werden können und der gezogene Schluss wäre falsch. Das wäre zwar wohlwollend, wird aber als unwahrscheinlich erachtet. Insgesamt wird geschlussfolgert, dass in der Stabsarbeit rationale Entscheidungsmethoden wie lineare Stufenmodelle kaum angewendet werden (darunter auch explizit vorgegebene wie der Führungsvorgang nach FwDV 100). Über die Ursachen für die Nichtanwendung kann nur gemutmaßt werden – wobei es plausible Gründe gibt (Praktikabilität, Zeitressourcen, kognitive Ressourcen). Die Nichtanwendung linearer Entscheidungshilfen bedeutet, dass ihre

günstigen Eigenschaften potenziell nicht genutzt werden. Das schließt allerdings nicht aus, dass andere Methoden dieselben positiven Effekte nicht auch erbringen können. Allerdings bedeutet die Nichtanwendung auch, dass mögliche ungünstige Auswirkungen linearer Entscheidungshilfen nicht eintreten.

Vor dem Hintergrund der eigentlich anzuwendenden Problemlöseverfahren stellt sich die Frage, woher die Stabsmitglieder denn eigentlich wissen, was zu tun ist? Schließlich fehlt ihnen ohne Zielvorgabe (theoretisch) die Zielorientierung. Hierfür muss es eine Erklärung geben. Aus Experteninterviews ging hervor, dass übergeordnete Ziele zumindest einzelnen Stabsmitgliedern von Berufs wegen anscheinend sehr gut bekannt sind. Möglicherweise wird von Seiten dieser Personen deswegen auf die ausdrückliche Darstellung des Ziels verzichtet. Das legt nahe, dass die beobachteten Stäbe ihre Zielorientierung über implizite Vorstellungen über das Problem erlangten. Dieser Aspekt wird im weiteren Verlauf beim stabs-natürlichen Problemlösemodell wieder aufgenommen.

Orientierung »nach vorne«
Von 18 Stäben führten sechs einen grafischen, rückblickenden Zeitstrahl. Allerdings führten nur zwei Stäbe einen vorausschauenden Zeitstrahl bzw. es lag ein Ablaufplan des vorgeplanten Einsatzes vor. Alle Protokollelemente zeigten insgesamt wenig Ansatzpunkte für Antizipationen. Beide Punkte zeigen wenig ausdrückliche Orientierung nach vorne an. Das legt die plausible Vermutung nahe, dass das Antizipationsverhalten der beobachteten Stäbe eher gering ausgeprägt war. Das widerspricht jedoch der verbreiteten Annahme, dass Stäbe im Allgemeinen danach streben »vor die Lage zu kommen« worauf im Abschnitt 2.4 genauer eingegangen wurde. Ein naheliegender Grund ist, dass Methoden zur Antizipation nicht vorgegeben sind. Daher könnte sich gerade im Feuerwehrbereich der Usus einer stark taktisch geprägten Lagedarstellung etabliert haben, aus der heraus rückblickend Zeitstrahle als Art Einsatzdokumentation geführt werden. Beim Militär ist das anders, wie die nach vorne gerichtete Synchromatrix der Schweizer Armee zeigt. Insgesamt passt die schwach ausgeprägte Zukunftsorientierung nicht zum Selbstanspruch »vor die Lage« kommen zu wollen.

Anteile intuitiver und rationaler Entscheidungen
In 13 Stabsbeobachtungen wurden 74 Entscheidungsfälle protokolliert. Davon wurden 47 Fälle als eher intuitive Entscheidung beurteilt (rund 63,5 %) und 27 Fälle als eher begrenzt rational oder analytisch beurteilt (rund 36,5 %). Das bedeutet, dass der überwiegende Teil eher intuitiv getroffen wurde. Auf Übungen entfielen 59 Entscheidungsfälle, wobei 38 Fälle als eher intuitive Entscheidung beurteilt

wurden (rund 64 %) und 21 Fälle als eher begrenzt rational oder analytisch beurteilt wurden (rund 36 %). Auf Einsätze entfielen 15 Entscheidungsfälle, wobei neun Fälle als eher intuitive Entscheidung beurteilt (60 %) und sechs Fälle als eher begrenzt rational oder analytisch beurteilt wurden (40 %). Das Entscheidungsverhalten scheint sich also zwischen Übungen und Einsätzen nicht zu unterscheiden. Die geringe Anzahl der Fälle lässt zwar keine allgemeine statistischen Aussage zu. Allerdings deckt sich dieses Bild mit den Erfahrungen von Ausbildern. Vergleicht man die Praxis mit der Theorie kann man einerseits sagen, dass die Theorie die Praxis nicht ausreichend wiederspiegelt. Die Praxis zeigt deutlich auf, dass offenbar mindestens die Hälfte der Entscheidungen auf Erfahrungsbasis getroffen werden kann und zeit- und kapazitätszehrende rationale Modelle überflüssig sind. Für diese Fälle müssen Methoden bereitgestellt werden, die das erfahrungsgeleitete Vorgehen unterstützen. Im Umkehrschluss zeigt die Praxis aber eben auch, dass in etwa 40 % aller Fälle analytisch-strukturiert vorgegangen wird, weil es die Situation mutmaßlich erfordert oder das Erfahrungswissen endlich ist. Für diese Fälle müssen zeit- und ressourceneffiziente sowie einfach und eindeutig anzuwendende rationale Hilfsmittel bereitgestellt werden. Die bloße Vorgabe eines Stufenmodells dürfte aus Anwendersicht unzureichend sein.

Art der Aufgaben
Die Arbeitsanteile in den Stäben wurden auf Koordinierungsaufgaben (Informationen managen und Handlungen umsetzen) und Entscheidungsaufgaben (Problemlösen mit Optionen ausarbeiten und das Entscheiden an sich) hin klassifiziert und die Einsätze in drei Grade eingeordnet (reine Entscheidungs- bis reine Koordinierungsaufgabe). Die zentrale Erkenntnis daraus ist, dass die Einsatzführung in den untersuchten Fällen klar zu einem überwiegenden Teil aus koordinierenden Aufgaben bestand. Diese Tätigkeiten überlagerten den Entscheidungsanteil deutlich. Koordinierungsaufgaben spielten in rund 91 % der Fälle eine Rolle, wohingegen Entscheidungsaufgaben nur in rund 41 % der Fälle ins Gewicht fielen. Das Entscheiden nahm meist weniger Raum ein, was Entscheidungsprozesse für das Gesamtergebnis jedoch nicht weniger wichtigmachte. In 13 von 22 Fällen (rund 59 %) wurde der Anteil an Koordinierungsaufgaben so hoch eingeschätzt, dass diese den Charakter der Aufgabe dominieren (Grad 1). In sieben von 22 Fällen (rund 32 %) wurde der Anteil an wesentlichen Entscheidungsaufgaben als soweit erhöht eingeschätzt, dass er im Vergleich zu den Koordinierungsaufgaben überhaupt erst ins Gewicht fällt (Grad 2). Nur in zwei von 22 Fällen (rund 9 %) wird der Anteil an wesentlichen Entscheidungsaufgaben so hoch eingeschätzt bzw. es handelte sich klar um eine Beratungsaufgabe, dass sie den Charakter der Aufgabe dominieren (Grad 3). Dabei

handelte es sich um zwei Spezialfälle aus der Luftfahrt. Die Stäbe waren mit dem ausdrücklichen Auftrag der Sitationsklärung und Entscheidungsfindung zusammengetreten. Diese beiden Fälle scheinen im untersuchtem Spektrum Ausnahmen zu sein, obwohl in der Literatur der Beratungsauftrag in den Vordergrund gestellt wird. Die Befunde sind klar durch die Stichprobe der Untersuchung geprägt, werden aber von ihrer Kernaussage her als verallgemeinerbar beurteilt. Es wird geschlussfolgert, dass Einsatzführung mit Stäben im Allgemeinen klar zu einem überwiegenden Teil aus koordinierenden Aufgaben besteht, die den Entscheidungsanteil überlagern, wobei in seltenen Fällen das Entscheiden das Aufgabenspektrum dominieren kann. Das bedeutet für die Anwendung von Entscheidungs(findungs)modellen, dass sie verhältnismäßig zum vorhandenen Zeitbudget passen müssen. Sie müssen rasch anzuwenden sein, weil die Ressourcen tendenziell eher für das Koordinieren aufgewendet werden müssen. Zudem bedeutet es für das Training, dass Koordinierungskompetenzen ebenso gefördert werden müssen wie Entscheidungskompetenzen.

Einsatzcharakter
Bei der Untersuchung des Einsatzcharakters wurde erkannt, dass in den Entscheidungsfällen der Stichprobe zahlenmäßig meistens zwei, seltener drei, aber nie mehr als vier sinnvolle Optionen zur Auswahl standen. Diese geringen Optionen bedeuten, dass sich die Möglichkeiten der sinnvollen Einflussnahme des Stabes auf den Fortgang des Ereignisses in engen Grenzen hielten. Dieser Befund wird auch im Allgemeinen als gültig eingeschätzt. So kann gesagt werden, dass in der Einsatzführung das Spektrum der Handlungsmöglichkeiten in Form fachlich sinnvoller Optionen in Entscheidungssituationen offenbar klar begrenzt scheint. Ein beschränkter Optionsraum bedeutet zunächst nur, dass die Vielfalt der Einflussmöglichkeiten auf den Ereignisfortgang klein ist. Für Entscheidungssituationen heißt das allerdings, dass der Suche nach den fachlich sinnvollen Optionen eine erhöhte Aufmerksamkeit gewidmet werden sollte, weil die einzelne Option eine höhere Bedeutung hat. Allerdings dürfte die Suche nach vielen Optionen nur wenig erfolgreich sein, wenn es erfahrungsgemäß sowieso nur wenig gibt. Für die Praxis legen die zahlenmäßig begrenzten Handlungsmöglichkeiten nahe, dass man sich erstens dieser Beschränkung bewusst sein sollte. Zweitens sollte man die wenigen Optionen rasch finden und diese ausdrücklich benennen. Drittens sollte sich die notwendige Offenheit bewahrt werden, ausnahmsweise auch einmal viele Möglichkeiten in Erwägung zu ziehen.

6.2 Wie Stäbe in der Praxis wirklich entscheiden

Das stabs-natürliche Problemlösemodell
Die Befunde zeigen, dass das Entscheiden in der Praxis nicht mit rationalen Theorien erklärt werden kann. Man könnte nun anbringen, die zu lösenden Probleme seien eben oft auch zu klein oder zu einfach, weswegen man rationale Modelle eben schlichtweg nicht braucht. Das mag manchmal zutreffen; aber eine zufriedenstellende Erklärung ist das nicht. Aus den untersuchten Fällen geht deutlich hervor, dass die Stäbe überwiegend auf Basis ihrer Erfahrung (nach intuitiven Theorien) agiert haben. Dieses Vorgehen, was auf kritischen Variablen als sogenannte Controls basiert, wird als stabs-natürliches Problemlösemodell bezeichnet. Es schließt an die Steuerung komplexer Systeme nach Dörner (2015) an, wonach zum Denken in Systemen u. a. folgende Aspekte gehören:

- Kennen des Wirkungsgefüges, Zoom auf die passende Auflösung.
- Prospektives Denken in Funktionen und Zusammenhängen.
- Denken in Zeitabläufen und Zeitgestalten.
- Fernwirkungen beachten und mit Nebenwirkungen umgehen.

Übertragen auf die Einsatzführung ergibt sich, dass Führungssysteme die Zielsysteme mit ihren komplex-adaptiven Eigenschaften über ein erfahrungsbasiertes, für rationale Eingaben offenes Modell steuern müssen. Der »Nachbau« des Zielsystems anhand seiner kritischen Variablen ist bei größeren und größten Einsätzen eine geeignete Möglichkeit, um die Komplexität erfassen zu können.

Kritische Variablen
Bei der Fallanalyse fiel auf, dass gewisse Einsatzgegenstände häufig vorkommen (z. B. betroffene Personen, Tote, Verletzte). Dies deckte sich mit dem Eindruck, dass sich die Einsätze ähnelten. Das ist logisch, weil sich die Abläufe innerhalb einer Einsatzgattung wie z. B. Bombenentschärfungen, Sicherheitseinsätze bei Fußballspielen oder Lebensbedrohliche Einsatzlagen (LEBEL) aus Sicht von Feuerwehr und Rettungsdienst eben nicht groß unterscheiden. Andere Einsätze sind scheinbar Einzelfälle. So waren die Aussagen von Flugzeug- und Triebwerksherstellern zum Verglasen von Vulkanasche im Triebwerk nur beim Einsatz wegen des Ausbruchs des Vulkans Eyjafjallajökull wichtig. Man kann vereinfacht sagen, dass Einsätze dann Spezialfälle sind, wenn die behandelten Gegenstände keine großen Ähnlichkeiten zu sonst üblichen Einsätzen aufweisen. Kennzeichnende Einsatzgegenstände werden als kritische Variablen bezeichnet. Als Hilfsgrößen fassen sie den Inhalt des behandelten Problems prägnant zusammen. Sie sind ereignisbezogene, für das Zielsystem systematisch relevante Aspekte, die die Problemvorstellung des Stabes prägen und für

den Fortgang des Ereignisses entscheidend sein können. Sie beschreiben das Einsatzproblem aus Führungssicht.

Neben den Häufungen von speziellen Einsatzgegenständen waren auch organisationsspezifische Häufungen zu erkennen. So sind beispielsweise Straftaten für Polizeien kritische Variablen, die Auslastung von Rettungsmitteln für Feuerwehren, die Kontinuität des Flugplans für eine Fluggesellschaft oder die Medien- und Energieversorgung für einen Chemiepark. Diese Häufungen sind primär durch ähnliche Ereignisse erklärbar, die eben naturgemäß bei den verschiedenen Organisationen auftreten. Die Häufung kann auch dadurch erklärt werden, dass die gesteuerten Systeme ähnlich sind oder zumindest ähnliche erwünschte Zielzustände haben. Daraus wird geschlussfolgert, dass die Probleme aus Sicht der Einsatzführung ähnlich gelagert oder gar wiederkehrend erscheinen. Entscheidungstheoretisch sind diese Ähnlichkeiten von hoher Bedeutung. Sie ermöglichen nämlich das Wiederkennen typischer Situationen (Muster, Schemen). Zudem sind sie das Reservoir für Erfahrungsschätze aus dem geschöpft werden kann. Die Existenz der kritischen Variablen und ihr wiederkehrendes Auftreten zeigt, dass (bei entsprechend vorhandenen Erfahrungsschatz) intuitives Entscheiden fundiert möglich ist.

Aus allen untersuchten Fällen wurden 277 kritische Variablen abgeleitet und zu acht unterschiedlichen Kategorien geordnet. Tabelle 9 gibt einen detaillierten Überblick. Die Variablen zu Schaden, Betroffenheit und Ausmaß können indizieren, wie groß die Abweichung zwischen gestörtem und nicht gestörtem Systemzustand ist. Variablen zu Wahrnehmung und Meinung zeigen an, wie die Abweichung des Systemzustandes im System oder in relevanten Systemen von außerhalb gedeutet wird. Variablen zu Leistungsfähigkeit und Ressourcen indizieren die Möglichkeit des Stabes, wirksam zu werden. Variablen zu Handlungen und Zeitpunkten zeigen relevante fällige Elemente im Ereignisverlauf. Äußere Einflussfaktoren und Bedrohungen indizieren, dass und ggf. welche Wirkungen mit äußerer Ursache im Zielsystem entstehen können. Variablen zu Recht und Norm zeigen Rahmenbedingungen, Grenzen oder Aufträge für das Wirken des Stabes auf.

Die Variablen stehen miteinander in Beziehungen. Wenn diese Wechselwirkungen zusammen mit den Variablen visualisiert (oder ausführlich sprachlich dargelegt) werden, dann entsteht ein Abbild des Einsatzes (Modell vom Zielsystem mit Steuerungsmaßnahmen). Diese Beschreibung kann gleichgesetzt werden mit der Vorstellung darüber, was zu tun ist. Dieser Punkt ist ein wichtiger Teil der Erklärung, wie Stäbe entscheiden, was im Folgenden klar wird.

6.2 Wie Stäbe in der Praxis wirklich entscheiden

Tabelle 9: *Beispielhafte kritische Variablen als Controls aus den untersuchten Fällen*

Kategorie	Exemplarische Controls
1. Schaden, Betroffenheit und Ausmaß	<ul><li>Auslastung von Akutbetreuungsstellen</li><li>Abweichungen vom Flugplan</li><li>Anzahl offene Einsatzstellen</li><li>Anzahl verletzte Einsatzkräfte</li><li>Anzahl Verletzte, Tote, betroffene, traumatisierte Personen</li><li>Finanzielle Schäden</li><li>Logistik im Chemiepark</li><li>Umwelt</li><li>Verlängerung der Reisedauer für Passagiere</li><li>Versorgung des Chemieparks mit Medien und Energie</li></ul>
2. Wahrnehmung und Meinung	<ul><li>Bedürfnisse von interessierten Parteien</li><li>Deutung in der Fachpresse</li><li>Ehrlichkeit, Verlässlichkeit, Vertrauen sowie Angst im Umgang mit Dritten und der Öffentlichkeit</li><li>Einsatz von Wasserwerfern</li><li>Glaubwürdigkeit</li><li>Kenntnis politisch relevanter Stellen</li><li>Zuverlässigkeit des Flugplans</li></ul>
3. Leistungsfähigkeit und Ressourcen	<ul><li>Anwachsen des Ereignisses mit möglicher Überforderung des Führungssystems</li><li>Auftanken von Kraftstoff</li><li>Auslastung (z. B. Gefangenensammelstelle, Krankenhäuser)</li><li>Einsatzfähigkeit der eigenen Kräfte</li><li>Grundschutz durch Feuerwehr und Rettungsdienst</li><li>Mobilisierte Ressourcen</li><li>Übergang von Linienorganisation in die Krisenorganisation</li><li>Verschiebung von Einsatzkräften</li><li>Versorgung und Fortschreiten des Abtransports von Verletzten</li><li>Zugang des Stabes zu allen Informationen</li></ul>

Tabelle 9: *Beispielhafte kritische Variablen als Controls aus den untersuchten Fällen – Fortsetzung*

Kategorie	Exemplarische Controls
4. Handlungen und Zeitpunkte	- Äußerung CEO in der Öffentlichkeit - Bereitschaft zur Wiederaufnahme des Flugbetriebs - Dauer des Ereignisses - Pressekonferenz - Wiederaufnahme der Destination in den Flugplan - Zeitpunkt der internen/externen Veröffentlichung
5. Äußere Einflussfaktoren	- Abhängigkeit von Dritten (z. B. Handlungen anderer Airlines) - Akzeptanz der Polizei bei bestimmten Personengruppen - Auslastung und Attraktivität der alternativen Flugrouten - Dauer und Schwierigkeit von Bergungen - Informationshoheit - Involvierung der Politik - Parallele Veranstaltungen - Personenströme und Menschenmengen - Publizität der Bedrohung in der Öffentlichkeit - Sichere Bereiche - Stimmung in Personengruppen - Tätertyp, Forderungen, Geiseln - Verkehr (ÖPNV, Zugverkehr, Straßenverkehr, Individualverkehr) - Vernetzung mehrerer Krisenstäbe bzw. Organisationen - Wetter
→ Darunter Bedrohungen für das Zielsystem	- Anstieg des Zustroms von Flüchtlingen - Art und Ausbreitung von Gefahrstoffen - Drohne über Menschenmenge - Engpässe bei der Stellung von Asylanträgen - Fans in gegnerischem Territorium - Messergebnisse bzgl. schädlicher Stoffe - Störungen, Ordnungswidrigkeiten, Straftaten
→ Darunter Recht und Norm	- Abbruch der Veranstaltung durch den Veranstalter - Crew Duty Times - Konformität von alternativen Operationen mit geltendem Regelwerk der Luftfahrt - Vorliegen § 4-Lage (§ 4 KHSt-VO)

6.2 Wie Stäbe in der Praxis wirklich entscheiden

Controls
Die kritischen Variablen sind mehr als »nur« Einsatzgegenstände. Sie beschreiben in einem Bezeichner die Aufgaben (was zu tun ist) und die Probleme (was das Zielsystem stört). So können sich kundige Personen wie Polizisten unter der Verlautbarung »an der Straßenecke stören Gegner die Versammlung« durchaus vorstellen, was einerseits das Problem ist (potenzieller Ausgangspunkt für Straftaten) und was andererseits getan werden muss (nämlich die Störung zu beenden). Die Variablen sind also verlautbarte positiv-negativ-Vorstellungen. Sie enthalten eine Problembeschreibung und eine Zielangabe gleichzeitig. Die kritischen Variablen werden als Controls verstanden, da sie Zustandsanzeige und Steuerungsgröße in einem sind. Insgesamt wird geschlussfolgert, dass Stäbe offenbar eine (unbewusste) Vorstellung der Eigenschaften »ihres« gesteuerten Systems haben, um (unbewusst) die relevanten kritischen Variablen (Hebel) steuern zu können.

Dieser Befund erklärt, wie die untersuchten Stäbe in der Praxis über den Zustand des gesteuerten Zielsystems befunden und daraus implizit ihre Zielvorstellung generiert haben. Diese Erklärung erscheint verallgemeinerbar. Weiterhin wird geschlussfolgert, dass mittels der Controls ein organisationsunabhängiges (grafisches oder schriftliches) Modell vom Zielsystems generiert werden kann. Das Modell kann im gegenwärtigen Einsatz (von der Führungsunit) oder rückblickend (durch Beobachter) erstellt werden.

Theoretische Einordnung
Die Gesamtheit der Controls eines Einsatzes wird als Muster nach dem NDM-Modell interpretiert (Naturalistic Decision Makeing Modell nach Klein, 2003). Diese Muster kann ein intuitiver Entscheider erlernen (cue-learning). Hierdurch kann das typische Erscheinen von Situationen erklärt werden. Zudem wird die Gesamtheit der Controls eines Einsatzes auch als Situationsbeschreibung interpretiert. Diese Situationen können auf Basis von Erfahrung (also: Erlerntes) wiedererkannt werden, was das RPD-Modell erklärt (Recognition Primed Decision Model in Klein, 2003). In diesem Modell beruht das Entscheiden auf dem Wiederkennen typischer Situationen, die bei Abweichungen vom Erwarteten weitergedacht werden. Deswegen kann Intuition auch als Mustererkennung, als die Fähigkeit, das große Bild zu sehen oder als Erlangen von Situationsbewusstsein bezeichnet werden. Die Repräsentation des Problems entsteht dabei zwischen dem Gewollten und dem Gegebenen, wobei das Diagnostizieren durch eine mentale Simulation erfolgt. Die Problemseite der kritischen Variablen wird dabei als das Gegebene verstanden und die Aufgabenseite als das Gewollte. Das RPD-Modell unterscheidet die drei folgenden Situationsvarianten, die im Kontext der erkannten kritischen Variablen alle als zutreffend beurteilt werden.

1. Die Controls können typische Situationen zeichnen, die als Ganzes wiedererkannt werden und bei denen dem Entscheider sofort klar ist, was getan werden muss.
2. Die Controls können einen erhöhten Diagnoseaufwand anzeigen, weil die Sachverhalte inkonsistent erscheinen oder auf Basis der Erfahrung Anomalien aufweisen.
3. Durch das Vorstellen von Handlungsverläufen entlang von Controls können unterschiedliche Handlungsmöglichkeiten beurteilt werden.

Schlussfolgerung: Tendenziell intuitives Entscheiden in der Einsatzführung
Zusammenfassend kann das Problemlöseverhalten von Stäben unter Nutzung von Controls mit intuitiven Entscheidungstheorien schlüssig erklärt werden. Einzelerfahrungen verdichten sich durch Wiederholung zu einer Metaerfahrung, die zu stabilen Handlungsmustern oder -schemen führen. Diese werden als Intuition greifbar und zeigen sich im Entscheiden anhand von Controls. *Ein Modell auf Basis der Controls wird als stabs-natürliches Problemlösemodell bezeichnet.* Es berücksichtigt die natürliche Umgebung bzw. Arbeitsweise und beruht eben nicht auf Laborsituationen. In der Schlussfolgerung kommt dem Problembewusstsein eine hohe Bedeutung für die Problemlösung zu, weil darin Handlungsziele enthalten sind und die Steuerung ihre Richtung bekommt. Das Problembewusstsein der Stäbe wird als systematisch und systemspezifisch befunden, weil es den Systematiken der sieben Kategorien folgt und sich auf das jeweilige gesteuerte Zielsystem bezieht. Weil die Controls Zustandsanzeige und Steuerungsgröße zugleich sind, beschreibt ein Modell daraus ein *Problemlöse- und Steuerungsmodell.* Weil aus den allgemeinen sieben Kategorien spezielle Probleme abgeleitet werden können, sind sie generisch.

Das Fazit der Studie zum Erfolg der Stabsarbeit fällt bezüglich des Entscheidens eindeutig aus: Der überwiegende Teil der protokollierten Entscheidungsfälle wurde eher intuitiv getroffen und nur ein geringer Teil eher analytisch oder begrenzt rational. Zudem haben Erfahrungen und Hilfsmittel gewisse Relevanzen. Insgesamt sind sowohl intuitive als auch rationale Entscheidungsarten relevant, wobei tendenziell eher intuitiv entschieden wird. Die Erkenntnisse werden von ihrer Kernaussage her als übertragbar beurteilt. Stäbe entscheiden also in der Praxis offenbar anders als man es sich theoretisch vorstellt bzw. wie es Vorschriften vorgeben. Die Gründe dafür liegen plausibler Weise im menschlichen Naturell.

Einsatzsatzbeispiel: Nützlichkeit von Stufenmodellen
Die theoretische Nützlichkeit von Stufenmodellen ist klar – genauso wie das Faktum, dass sie in der Praxis kaum angewendet werden. In dieser Konstellation ist es

6.2 Wie Stäbe in der Praxis wirklich entscheiden

schwierig zu sagen, welchen tatsächlichen Nutzen rationale Methoden in der Einsatzführung wohl hätten. Zu dieser Fragestellung sind keine Untersuchungen bekannt, was möglicherweise an der schwierigen Beweisführung über den positiven Beitrag des Entscheidungsmodells zum Einsatzerfolg liegt. Es ist einfacher und aussagekräftiger, in Fällen mangelhafter Führungsleistungen zu analysieren, inwiefern das Entscheidungswesen dafür ausschlaggebend war. So lassen die mangelhaften Führungsleistungen im Feuerwehreinsatz beim Moorbrand auf dem Bundeswehrgelände in Meppen 2018 auf Basis des Untersuchungsberichts Ursachen im Bereich des Entscheidungswesens erkennen, was im Folgenden dargelegt wird.

Durch den Spreng- und Schießbetrieb geriet das Moor und die Vegetation des Waffentestgeländes in Brand: Die Löschmaßnahmen dauerten mehrere Wochen, wobei in Spitzenzeiten rund 1700 Einsatzkräfte gleichzeitig eingesetzt waren und Kosten von rund 7,9 Millionen Euro entstanden. Die Bevölkerung angrenzender Orte war durch den Brandrauch wochenlang stark beeinträchtigt. Neben den Verbrennungsprodukten wurde in der Öffentlichkeit durch vermeintlich uranhaltige Munition eine akute Gesundheitsgefährdung für Bevölkerung und Einsatzkräfte vermutet, was durch Schadstoffmessungen jedoch nicht belegt werden konnte. Für das wahrgenommene und tatsächliche Ausmaß wurden folgende Ursachen identifiziert.

- »Defizite in den Bereichen Material, Organisation, Vorbereitung und Ausbildung mit Blick auf Großschadenereignisse, Vorschriftenlage und Meldewesen sowie Zivil-Militärische Zusammenarbeit,
- Fehleinschätzungen u. a. in Bezug auf Stärke und Richtung der wechselnden Winde und eine daraus resultierende ständig variierende Brandausbreitungsrichtung während des Brandgeschehens sowie der besonderen Charakteristika eines Moorbrandes,
- Ausfall und Beschädigung von Feuerlöschgerät und nicht ausreichend vorhandenes Ersatzmaterial,
- Art, Umfang und Zeitpunkt der Kommunikation innerhalb der Bundeswehr sowie der externen Kommunikation, die dem Informationsbedürfnis der Öffentlichkeit sowie weiterer beteiligter Behörden und Institutionen nicht ausreichend Rechnung getragen hat« (Bundesministerium der Verteidigung, 2019).

Drei Punkte legen nahe, dass die Mängel der Führungsleistung im Bereich des Entscheidungswesens begründet sein dürften. Erstens war Spezialwissen über das Zielsystem erforderlich (Moorbrand bei heißer Witterung gepaart mit hohem öffentlichem Interesse und potenzieller Gesundheitsgefährdung). Diese Kombination war außergewöhnlich, dürfte zu vielschichtigen Zusammenhängen geführt haben und

Kenntnisse erfordert haben, die die vorhandenen Erfahrungen überstiegen. Zielsystem und Situation erforderten daher ein Wechsel vom erfahrungsbasierten zum analysebasierten Entscheiden, um die potenziellen Zusammenhänge durchdringen zu können.

Zweitens dürften die Einsatzmaßnahmen stark auf Antizipationen basiert haben (Angenommene Brandentwicklung auf Basis von Eigenschaften des Moors, Wetterprognose und Leistungsfähigkeit der Brandbekämpfung). Die Steuerung eines derart komplexen Zielsystems stellt höchste Anforderungen an die Prognose des Systemverhaltens. Um die Einsatzmaßnahmen ausrichten zu können, ist eine umfangreiche Wissenssammlung, Modellbildung und Szenarioentwicklung notwendig. Die konstatierten »Fehleinschätzungen« zur Brandausbreitung und das nicht adäquat berücksichtigte »Informationsbedürfnis« dürften ihre Ursache daher im Bereich der Analyse, Modellierung und Beurteilung haben. Allerdings können auch soziologische (Team) bzw. psychologische Ursachen (Präferenzen) oder die fehlende Würdigung von Prognosen bei der Entscheidungsfindung (Beratung, Hierarchie) nicht ausgeschlossen werden. Dass das »Informationsbedürfnis der Öffentlichkeit« verkannt wurde, könnte auch an fehlender Vorbereitung auf die heutige Informationslage und die Auswirkungen der Digitalisierung (zweite, mediale Wahrheit) gelegen haben.

Drittens lagen kritische Variablen des Einsatzes, neben dem Wetter als äußerer Einflussfaktor, unter anderem im Bereich Ressourcen und Leistungsfähigkeit (spezielle moortaugliche Löschfahrzeuge, Kommunikationsmittel). Inwiefern hier frühzeitige Potenzialverstärkungen einen Einsatzerfolg ermöglicht hätten, fällt in den Bereich von Mutmaßungen. Zwar hypothetisch, aber rückblickend einleuchtend ist, dass die ausdrückliche Analyse erfolgskritischer Faktoren (u. a. Ausfall zweier Löschfahrzeuge mit Raupenfahrwerk) oder auch die die grafische Modellierung des Einsatzes die Single-Points of Failure sichtbar hätte machen können. Ob dies geschah oder aber die erkannten Risiken bewusst akzeptiert wurden, ist für die allgemeine Schlussfolgerung nicht ausschlaggebend. Vielmehr ist generell wichtig, die kritischen Variablen des Einsatzes zu kennen und dazu Reserven und Alternativen zu bilden.

Insgesamt kann gesagt werden, dass dieser Einsatz aufgrund der Komplexität des Zielsystems und seiner Außergewöhnlichkeit sicher nicht rein intuitiv zu steuern war. Rückblickend und von außen scheint klar, dass folgende Instrumenten die richtigen Entscheidungsgrundlagen herbeigeführt hätten:

- Modellieren des Einsatzes als System,
- ausdrückliches Analysieren,
- ausdrückliches Antizipieren,
- Abstrahieren und Bewerten.

Diese Methoden zählen zum rationalen Bereich und können auch in Stufenmodellen wiedergefunden werden. Das Fallbeispiel liefert damit einen Beleg, dass Stufenmodelle zur Entscheidungsfindung in Einsätzen höheren Komplexitätsgrades nützlich sind.

Schlussfolgerung: Vereinigung intuitiver und rationaler Methoden
Das Entscheidungsverhalten von Führungsunits wird in zwei Punkten als unterstützungsbedürftig befunden: Erstens sollten Fehlermöglichkeiten mit Ursache im psychologischen Bereich der Human Factors speziell hinsichtlich des Antizipierens und Entscheidens konsequent reduziert werden. Zweitens sollte die Arbeitsweise auf Führungsleistungen ausgerichtet werden (Gißler, 2019a). Für die vorliegende Einsatzführungstheorie heißt das, dass intuitive und rationale Methoden beide ihre Berechtigung haben. *Es gilt, diese zu vereinigen.*

6.3 Begrenzt rationales Entscheiden in der Einsatzführung

Führungspersonen brauchen ein Portfolio aus Erfahrung, gedanklichen Entscheidungsvorlagen und analytischen Methoden. Dazu wird ein *schleifenförmiges Entscheidungsmodell* für die Einsatzführung in Gefahrenabwehr und Krisenmanagement vorgeschlagen, in dem intuitive und rationale Vorgehensweisen kombiniert sind. Es sieht eine situative Auswahl der geeigneten Instrumente vor (Weise der Entscheidungsfindung) wodurch gleichzeitig die passende Art der Entscheidungsfindung gewählt wird (Kontinuum intuitiv bis rational). Dies entspricht dem Ansatz der begrenzten Rationalität. Im Kontext des Managements komplexer Systeme wird dieser Ansatz als evolutionäre Problembearbeitung bezeichnet (Malik, 2015). Im Vordergrund steht die Frage nach dem passenden Instrument zur Lösung des Einsatzproblems. Die (durchaus dogmatische) Frage nach der Entscheidungstheorie wird hintenangestellt, weil sie von der Richtigkeit der Entscheidung her gesehen unrelevant ist.

Im Überblick besteht das Entscheidungsmodell aus wechselseitigen, intuitiven und rationalen Entscheidungsschleifen. Es ist in drei generische Abschnitte gegliedert, aus denen konkrete Entscheidungssequenzen generiert werden können und die gleichzeitig die Verfahrensart beschreiben:
1. Erfahrungsgeleitete Einsatzführung
2. Prüf- und Übergangsphase
3. Analysegeleitete Einsatzführung

6 Kerntätigkeit Entscheiden

Der erste und dritte Schritt wird jeweils als »geleitete Einsatzführung« bezeichnet. Dadurch wird betont, dass Intuition bzw. analytische Erkenntnisse in dem Moment hauptbedeutend sind und die Führungsperson sich in der gegenwärtigen Schleife davon leiten lässt. Das Entscheiden ist nicht isoliert, sondern ist dem Führungsakt zugehörig. Bild 9 zeigt schematisch, wie sich erfahrungsgeleitete (oben) und analysegeleitete Einsatzführung (unten) über die Mesophase (Mitte) abwechseln. Tabelle 10 erklärt die Punkte im Detail.

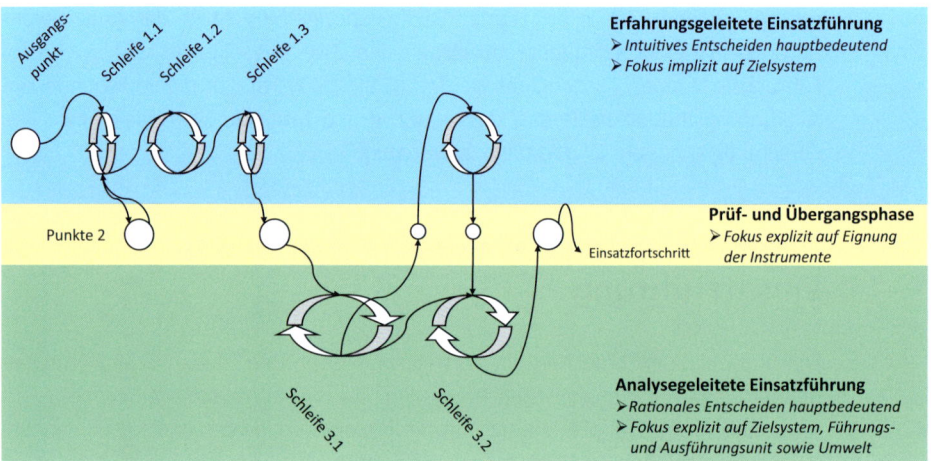

Bild 9: *Schema wechselseitiger intuitiver und rationaler Entscheidungsschleifen*

Wechselseitigkeit als Erscheinungsform begrenzt rationalen Entscheidens

Das schleifenförmige Entscheidungsmodell wird im Spektrum der Entscheidungstheorien nach (Kahneman & Schmidt, 2012) als *begrenzt rational* eingeordnet, was dem realen menschlichen Verhalten relativ gut entspricht. Zu Beginn lässt sich die Führungsperson von ihren Erfahrungen leiten. Sie entscheidet damit approximativ anhand von Heuristiken. Ist der Erfahrungsschatz endlich, wird dies in einer Prüf- und Übergangsphase festgestellt. In Folge werden rationale Methoden angewendet. Die Führungsperson lässt sich so lange von analytischen Erkenntnissen leiten bis das Problem gelöst ist und kehrt danach zu intuitiven Verfahren zurück. Bildlich dargestellt erscheint die begrenzte Rationalität damit als wechselseitig intuitiv und rational.

In Bild 9 entspricht jeder Arbeitsgang aus dem intuitiven (oben) oder rationalen (unten) Theoriebereich einer Bearbeitungsschleife. Übergangsprüfungen (Mitte) können negativ ausfallen (links), länger dauern (2. v. l.) oder sofort klar sein und damit eher einem schnellen Wechselspiel zwischen den Methoden gleichen (3.u 4. v. l.). Bei der Übergangsprüfung ist die Frage nach dem passenden Instrument (zum Erfahrungsschatz, zum Einsatzproblem) entscheidend.

Wenn intuitive und analytische Methoden gleichzeitig angewendet werden, liegen die Schleifen entlang des Übergangs parallel zueinander und können je nachdem zusammenhängen (bei Schleife 3.2). Eine neue Schleife geht nicht zwingend mit einem Wechsel zwischen den methodischen Ansätzen einher, sondern kann auch einen neuen Arbeitsgang auf derselben methodischen Seite markieren. Die Schleifen können zwar den optischen Eindruck einer zeitweiligen Rückwärtsrichtung erwecken. Tatsächlich zeigen sie jedoch vorwärts in Richtung Einsatzfortschritt. Jede Mission hat eine eigene chronologische Anordnung der Schleifen, was jedem Führungsakt eine individuelle Logik verleiht.

Das Modell hat keinen prozessualen Beginn bzw. Ende, sondern lediglich einen Ausgangspunkt im Erfahrungsbereich (links). In der Praxis endet das Entscheidungshandeln mit dem Ende der Mission. Das Überblicksmodell dient der Erklärung der Wechselseitigkeit und der begrenzen Rationalität sowie der Generierung konkreter Entscheidungssequenzen. Zudem ist es namensgebend.

Sequenzieller Ablauf

Das Entscheiden läuft sequenziell ab. Eine Bearbeitungsschleife im Überblicksmodell entspricht einer Untersequenz. Jede Untersequenz entspricht einem Arbeitsgang mit einem Instrument. Die Untersequenzen können zahlenmäßig so oft wie erforderlich durchlaufen werden. Sie können unterschiedlich lange dauern, wodurch die Bearbeitungsschleifen im Überblicksmodell länger oder kürzer werden.

Die Gesamtsequenz umfasst alle hinreichenden Schritte zur Lösung eines abgegrenzten Problems in der Mission (ohne Abbildung). Wo verschiedene Probleme Interdependenzen haben, kann die Abgrenzung der Gesamtsequenzen möglicherweise nicht eindeutig erfolgen. In diesem Fall werden die Probleme nicht als ein Gesamtproblem (und der Einsatz somit als eine einzige Sequenz) verstanden, sondern als gegenseitig voneinander abhängige, seriell oder parallel ablaufende Sequenzen. Die Vielzahl aller Gesamtsequenzen bildet gemeinsam einen Sequenzstrang, der das Entscheidungshandeln in einem Einsatz allumfassend beschreibt. Das Modell umklammert und verbindet eigenständige Instrumente miteinander. Tabelle 10 enthält hierfür Empfehlungen, die im Verlauf erläutert werden. Die wichtigsten Instrumente finden sich zudem in der Wirkungsmatrix wieder.

6 Kerntätigkeit Entscheiden

Tabelle 10: *Exemplarische Instrumente und Methoden für begrenzt rationales Entscheiden*

Abschnitt	Bezeichnung	Instrumente und Methoden
1 Erfahrungsgeleitete Einsatzführung *Fokus implizit auf Zielsystem*		
1.1	Entwicklung eines Steuerungsmodells vom Einsatz	• Steuerungsmodell (Einsatz als komplex-adaptives System mit kritischen Variablen und Controls)
1.2	Diagnose des Zustands des Zielsystems mittels kritischer Variablen	• kP-Regel: Du hast keinen Plan? Was sind die kritischen Punkte/kritischen Prozesse/k.O.-Punkte/Kipppunkte? • Diagnosesatz (Störgrößen, Performanz, Auslegung und Auslenkungsgrad des Zielsystems)
1.3	Zustandsbehandlung mittels Controls	• Was muss wozu getan werden? • Welche Probleme müssen behandelt werden? • Wie und wodurch hat sich der Zielsystemzustand verändert?
2 Prüf- und Übergangsphase *Fokus explizit auf Eignung der Instrumente*		
	Prüfen und ggf. Wechseln zwischen intuitiven und rationalen Methoden über die passenden Instrumente	• Reichen unsere Erfahrungen aus und passen sie zum aktuellen Problem? Ist etwas atypisch? • Festlegung von Problembereichen, die erfahrungs- bzw. analysegeleitet bearbeitet werden

6.3 Begrenzt rationales Entscheiden in der Einsatzführung

Tabelle 10: *Exemplarische Instrumente und Methoden für begrenzt rationales Entscheiden – Fortsetzung*

Abschnitt	Bezeichnung	Instrumente und Methoden
3 Analysegeleitete Einsatzführung *Fokus explizit auf Zielsystem, Führungs- und Ausführungsunit sowie Umwelt*		
3.1	Strukturierte Herleitung des Wirkpfades und Zentrierung der Wirkungen durch Vertiefung der Diagnose des Zielsystemzustandes	• Entscheidungs- oder Koordinationsaufgabe? • Funktioniert der Einsatz (Erzielung von Wirkungen; Berichterstattung, Meinung und Vertrauen; Wissen und Informationslage; Führbarkeit und Funktionieren der Führungsunit; Ausführbarkeit)? • Was ist der Beitrag der Führungsunit zum Einsatz (Funktionieren als solches, Führbarkeit des Einsatzes, Zeitvorteile, Wirkungen)? • Was ist das Einsatzergebnis (Schutzziel stützen, immaterielle Ziele bekräftigen, Wahrnahme organisationale Souveränität)? • Was ist das Wirkziel (Abfedern, Wiedereinlenken oder Weiterentwickeln des Zielsystems)?
3.2	Strukturiertes Herbeiführen von Entscheidungen durch gezielte Verbesserung des Wissensstandes und Schaffung der Entscheidungsgrundlagen	• Explorieren (Ermitteln, Prognostizieren, Bedeutungen ableiten) • Abstrahieren und Bewerten, Gewichten und Optionen vergleichen • Reifenlassen von Entscheidungen • Richtungsentscheidungen

Abschnitt 1 ist der intuitive Methodenteil. Er läuft permanent über den gesamten Führungsakt hinweg (auch wenn zusätzlich rational vorgegangen wird) und funktioniert nur mit ausreichenden Erfahrungsschätzen der Führungsperson. In Teil 1.1 wird der Einsatz in Form eines grafisch-textsprachliches Einsatzmodells visualisiert. Dadurch werden Erfahrungen expliziert und Zusammenhänge und Auswirkungen sichtbar gemacht. Teil 1.2 ist eine intuitive Diagnosemethode. Die Führungsunit fungiert als Sensor, indem gefragt wird, was die kritischen Punkte sind. In Teil 1.3 fungiert die Führungsunit als Steuerung. Der Zustand des Zielsystems wird intuitiv mittels Controls behandelt. Indem gefragt wird, was wozu getan werden muss bzw. welche Probleme behandlungsbedürftig sind, werden Probleme und Aufgaben gleichermaßen beschrieben. Durch das Denken in Controls wird das Handeln implizit auf die Führungsleistungen, Einsatzresultate und Wirkziele ausgerichtet, woran mit dem Einsatzführungsalgorithmus angeknüpft werden kann.

Die Abschnitte 2 und 3 zählen zu den rationalen Methoden. Sie erfordern ausreichend freie kognitive Kapazitäten und brauchen deswegen eine Rollenzuweisung in der Führungsspitze. Abschnitt 2 ist eine Methode zur Prüfung und zum Übergang zu rationalen Verfahren. Es wird reflektiert, ob die vorhandenen Erfahrungen ausreichen. Das passende Instrument wird anhand des (ausreichenden) Erfahrungsschatzes oder anhand des (komplexen) Einsatzproblems ausgewählt. Der Übergang zwischen den Methodenteilen ist in beide Richtungen möglich. Mit dem Wechsel werden gleichzeitig Problembereiche gebildet, die erfahrungs- bzw. analysegeleitet zu bearbeiten sind. Die Prüfung findet regelmäßig oder anlassbezogen statt.

Abschnitt 3 ist die analysegeleitete Einsatzführung. Diese läuft in einem Turnus ab. Teil 3.1 ist eine analysegeleite Diagnosemethode. Sie ergänzt, vertieft und überprüft die Befunde der intuitiven Diagnose aus Teil 1.2. Die Erwartungen an die Führungsunit werden reflektiert, indem ausdrücklich nach Führungsleistungen, Ergebnissen und Wirkzielen gefragt wird und dadurch der Einsatz auf das Einsatzresultat (Sicht Zielsystem) bzw. das Zielergebnis (Sicht Einsatzführung) ausgerichtet wird. In Teil 3.2 werden Wissenslücken auf dem Weg zu den diagnostizierten Erwartungen geschlossen. Die analytischen Instrumente ergänzen die Steuerung mittels Controls aus Teil 1.3, wodurch die in der Wechselphase getrennten rationalen und intuitiven Problembereiche wieder zusammengeführt werden.

Anforderungen und Nutzen

In diesem Buch werden unterschiedlich gelagerte Anforderungen an ein Entscheidungsmodell aufgezeigt. Wichtigster Punkt ist die *Vereinigung intuitiver und rationaler Methoden*, die einander genau da kompensieren können, wo das jeweils andere Verfahren gerade ungeeignet ist (Geschwindigkeit) bzw. der Entscheider Schwächen hat (Erfahrung, Vollständigkeit des Wissens). Das schleifenförmige Entscheidungsmodell erfüllt diese Anforderungen und leistet darüber hinaus folgende Beiträge.

- *Das Modell ist realitätsnah* (Schleifenförmigkeit, Förderung des Denkens in Systemen) → Es berücksichtigt parallele, überlappende und einander

6.3 Begrenzt rationales Entscheiden in der Einsatzführung

beeinflussende Ereignisstränge und komplex-adaptive Eigenschaften des Zielsystems.
- *Das Modell nutzt den Erfahrungsschatz von Entscheidern und damit die Geschwindigkeit intuitiver Entscheidungsarten.* Zudem ist es verhaltensökonomischer als rein lineare Stufenmodelle.
- Durch den Zugriff auf Erfahrungen können Aspekte erschlossen werden, die in rationalen Analysen verborgen bleiben würden. Zudem können Dritte von den explizierten Erfahrungen lernen.
- Für den Wechsel zwischen intuitiven und rationalen Methoden stellt das Modell einen *Prüfmodus und ein Übergangsverfahren* bereit.
- Das Modell erschließt die Vorteile linearer Entscheidungsmodelle *situationsadäquat* (strukturierende Wirkung → Anleitung zu Analyse, Eröffnung von Objektivierungsmöglichkeiten).
- Anleitung zur *Explikation von Erfahrungen* → Weitergabe von Wissen
- Vermeidung von Fehlentscheidungen durch:
    - Informationsmangel und Erfahrungsmangel → *ständige Reflexion* (Erkennen notwendiger Wechsel zwischen den Vorgehensweisen)
    - Förderung der Übereinstimmung des *gemeinsamen gedanklichen Modells* des Teams → Entgegenwirkung von Hinwegerklärungstendenzen einzelner Personen → Ausblenden von Problemen wird individuell erschwert.
- Die gesamte Einsatzführungstheorie wirkt speziell Fehlern im Planungsbereich (Reason & Grabowski, 1994) durch *Organisieren, Orientieren und Koordinieren* entgegen. Sie berücksichtigt durch den kybernetischen Ansatz u. a. in Form des Viable System Models die Paradigmen zum Management komplexer Systeme (Malik, 2015).
- Das Modell schafft zwischen Training und Einsatz *Ankerpunkte*, an die angeknüpft werden kann. Dadurch wird das Vergessen antrainierter Verhaltensweisen unter kognitiver Überlast ein stückweit verringert.
- Die meistens ungünstige Personalsituation erfordert bestmögliche Befähigung bei geringstmöglichem Zeitaufwand. → Die *Stärkung des natürlichen Entscheidungsverhaltens* vermeidet hohen Ausbildungsaufwand.

Es gelang bislang offenkundig nicht, die allgemeinen linearen Entscheidungsmodelle im speziellen Bereich der Einsatzführung in der Praxis zu etablieren. Die Übertragung allgemeiner Entscheidungstheorien auf den konkreten Bereich der Einsatzführung ist somit offensichtlich problematisch. Das Modell ist deswegen umgekehrt ein induktiver Schluss aus der Praxis auf eine Theorie im allgemeinen Bereich der Einsatzführung.

Intention
Vereinfacht sollte in der Einsatzführung »so weit wie nötig und so wie situativ möglich« rational entschieden werden. Dafür ist nicht weniger als die Abkehr von der idealisierten Vorstellung des »rationalen Entscheiders in Gefahrenabwehr und Krisenmanagement« erforderlich. Man sollte den Entscheider als souveränen Akteur verstehen, dem ein Instrumentarium zur Verfügung steht und situationsangemessen das passende Verfahren wählen kann und darf. Das schleifenförmige Entscheidungsmodell hat nicht zum Ziel, den Anteil der Entscheidungsarten in eine der beiden Richtungen (Intuition oder Rationalität) normierend zu verschieben und damit eine Vorgehensweise zu konstruieren. Vielmehr soll durch *Verhaltensförderung* aus den konkreten Entscheidungsfällen das jeweils Bestmögliche herausgeholt werden. *Das Modell will also optimieren und nicht idealisieren.* Es soll keine Konformität des Entscheidungsverhaltens mit schematischen Vorgaben erzeugt werden. Stattdessen sollen förderliche Verhaltensweisen und Methoden aus unterschiedlichen Theoriebereichen in einem gemeinsamen Verfahren gerahmt werden.

Lernen
Mit der Wechselseitigkeit wird betont, dass man Entscheiden erlernen kann. Lineare Entscheidungshilfen sind eine Möglichkeit, um in unbekannten Situationen zu Entscheidungen zu kommen, um Entscheidungen Dritter nachvollziehen zu können oder um sich in Lernsituationen auf Einsätze vorzubereiten. Sie sind also ein Mittel, um Wissen zu strukturieren und dadurch verinnerlichen zu können. Hierdurch kann Erfahrungswissen aufgebaut werden. Weitere praktische Möglichkeiten hierzu sind z. B. das Lesen von gut aufbereiteten Einsatzberichten, Gespräche mit Entscheidern oder auch Plan- und Strategiespiele mit begleiteten Diskursen. *Das rational aufgebaute Erfahrungswissen kann anschließend beim intuitiven Entscheiden als Grundlage dienen.* Entweder ist es umfangreich genug, um auf Basis des Erfahrungsschatzes sofort wissen zu können, was zu tun ist. Oder es zeigt dem Entscheider zumindest die richtige Richtung auf. Man kann man also einerseits erlernen, wie man analytisch Entscheidungen strukturiert treffen kann. Anderseits kann man auch das Wissen als Inhalt erlernen, um Entscheidungen intuitiv treffen zu können.

Praxistransfer
Aus der Einführung einer Entscheidungstheorie (alleinig oder als Teil einer Einsatzführungstheorie) ergeben sich Anforderungen über die reine Implementierung

6.3 Begrenzt rationales Entscheiden in der Einsatzführung

hinaus. Ausbildungsinstitute sollten geeignete Lernsequenzen entwickeln, mit denen die Methodenwahl sowie die Prüf- und Übergangsphase gezielt in einem relevanten Umfeld trainiert werden kann. Angehende Entscheider, deren Ausbildung in eine Parallelepisode verschiedener Lehrmeinungen fällt, sollten zu Multiplikatoren in der Berufspraxis befähigt werden. Praktizierende berufserfahrene Entscheider sollten ihre Methodenkompetenzen erweitern. Generell sollte der Austausch von Erfahrungswissen systematisiert werden, um Erfahrungsschätze als Basis für das intuitive Entscheiden aufzubauen. Erfolgen kann dies über Wissensmanagementsysteme innerhalb von Organisationen und (übergeordnet) Organisationsgattungen. Eine geeignete Methode können taktische Leitlinien für die Gefahrenabwehr und strategische Grundsätze für das Krisenmanagement sein, worauf im Online-Zusatzmaterial eingegangen wird.

Zusammengefasst ist das Modell des schleifenförmigen Entscheidens ein Bestandteil der Einsatzführungstheorie. Das Entscheiden als Kerntätigkeit wirkt systematisierend, weil der gesamte Führungsakt eine erfahrungs- bzw. analysegeleitete Prägung erfährt. In den drei nächsten Abschnitten werden die Bereiche des Modells detailliert beschrieben.

Praxistipp:

Das Entscheiden ist die Kerntätigkeit der Einsatzführung. Es dient der Beeinflussung des Ereignisfortgangs.
Intuition und Rationalität sind gleichberechtigt, aber haben Vor- und Nachteile: Intuitive Methoden sind schneller; rationale Methoden sind gründlicher.

- Achtung – handle nur dann intuitiv, wenn dein Erfahrungsschatz ausreichend ist und deine Erfahrungen die Richtigen sind!
- Einsätze hoher Komplexität erfordern eine überwiegend analysegeleitete Einsatzführung. Wähle anhand deines Erfahrungsschatzes und des Einsatzproblems die passenden Instrumente aus! Lasse dich zu Beginn von deinen Erfahrungen leiten und reflektiere regelmäßig, ob du zusätzlich analytisch vorgehen solltest!
- Stelle dir dein Vorgehen bei der Einsatzführung als nebeneinanderliegende und zusammenhängende Schleifen (Arbeitsgänge) vor, die jeweils aus der Anwendung eines (intuitiven oder rationalen) Instruments bestehen!

6.3.1 Erfahrungsgeleitete Einsatzführung

Die erfahrungsgeleitete Einsatzführung ist der intuitive Methodenteil des begrenzt rationalen Vorgehens und dient dazu, die natürliche Vorgehensweise zu bestärken. Damit soll der Entscheider in die Lage versetzt werden, auf Basis der Erfahrungen der Mitglieder seiner Führungsunit so rasch wie möglich die optimale Entscheidung treffen zu können. Voraussetzung ist ein ausreichender Erfahrungsschatz. Der Methodenteil ist in drei Bereiche gegliedert:
1. Entwicklung eines Einsatzmodells zur Steuerung,
2. Zustandsanzeige und -diagnose mittels kritischer Variablen,
3. Zustandsbehandlung mittels Controls.

Um die natürliche Vorgehensweise zu bestärken, werden gedankliche Vorstellungen über den Einsatz gemeinsam expliziert (kritische Variablen). Entscheidungshandeln und insbesondere Erfahrungen werden dadurch verlautbart und geteilt. Was sich bislang im Kopf einzelner Entscheider abspielte, wird visuell oder sprachlich auch für Dritte nachvollziehbar. Hierdurch wird mittelbar das gemeinsame Gedächtnis des Teams gestärkt. Der Einsatz wird als komplex-adaptives System verstanden und zur Steuerung erschlossen. Über implizit in den Controls benannte Probleme und Aufgaben können Zustände erfasst, Diagnosen gestellt und Handlungen abgeleitet werden. Führungspersonen wird ermöglicht, kritische Punkte zu erkennen und damit Wechselwirkungen einschätzen und Vorhersagen treffen zu können. Die drei Teile erwecken zwar einen linearen Eindruck, tatsächlich aber laufen sie implizit und gleichzeitig bis leicht parallel versetzt ab, weil sie auf Erfahrungen, bekannten Mustern und gespeicherten Schemen basieren. *Insgesamt wird durch die Einsatzführung mittels Controls ein im Wortsinn intuitiv verstehbares Einsatzmodell geschaffen mit dem gesteuert werden kann.*

6.3.1.1 Teil 1: Steuerungsmodell

Der erste Teil ist eine Darstellungsmethode. Bild 10 zeigt ein fiktives Beispiel (Störung des Flugbetriebs durch eine besondere Wetterkonstellation). Durch die Visualisierung kritischer Variablen werden Zusammenhänge und Auswirkungen des Einsatzes sichtbar gemacht. Es entsteht ein Problemcluster das im zweiten Teil zum Aufgabencluster weiterentwickelt wird. Indem bei der Erstellung alle Führungspersonen mitwirken, werden Erfahrungen expliziert, die ansonsten lediglich als Gedanken

6.3 Begrenzt rationales Entscheiden in der Einsatzführung

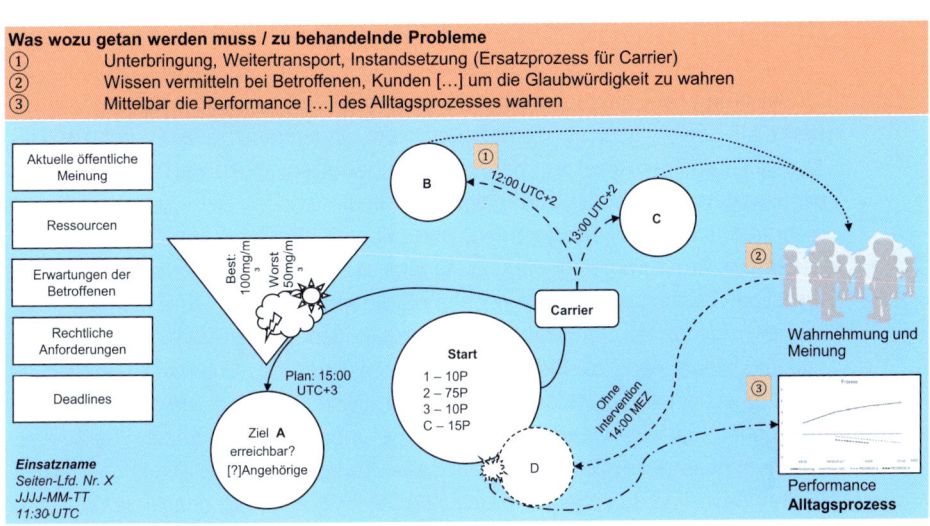

Bild 10: *Einsatzmodell zur Steuerung mittels Controls an einem fiktiven Beispiel aus der Luftfahrt*

vorliegen würden. Dadurch wird Wissen ausgetauscht und das gemeinsame Gedächtnis des Teams gefördert. Probleme, die nicht in Klarform vorliegen, werden extrahiert. Indem die Komplexitätstreiber aus Tabelle 7 mit dargestellt werden, kann die subjektive Komplexität des Einsatzes reduziert werden. Zu Beginn ist das Einsatzmodell eine Situationsdarstellung. Durch die Ableitung von Aufgaben und die Einzeichnung des Wirkpfades aus Bild 4 wird es zum Steuerungsinstrument. Es wird deswegen weiter gefasst als Einsatzmodell bezeichnet. Da sich der Einsatz kontinuierlich weiterentwickelt, muss das Modell permanent fortgeschrieben werden. Weil der Einsatz als System verstanden wird, steht es für ein systemisches Problemlösemodell. Es ist auch ein Mittel, um Vorgänge sichtbar zu machen, die dem Menschen nur schwer zugänglich sind wie beispielsweise exponentielle Entwicklungen und vielschichtige Zusammenhänge bei der Steuerung kerntechnischer Anlagen.

Das Einsatzmodell entsteht zu Beginn überwiegend auf Erfahrungsbasis. Der Anteil des bewussten, ausdrücklichen Analysierens und Abwägens ist untergeordnet. Der Fokus liegt auf dem Zielsystem. Ein Teilproblem, das nicht durch Erfahrung zu erklären ist, kann in der Prüf- und Übergangsphase abgetrennt werden. Es fällt Menschen allgemein leichter, implizite Ziele zu formulieren (»was anders werden soll«) als explizit zu sagen, was erreicht werden soll (z. B. ein »SMARTes Ziel« zu formulieren). Daher ist es einfacher und schneller mit selbsterklärenden Elementen

(Controls, s. u.) statt mit »langatmigen« Strategien zu arbeiten (die im analysegeleiteten Bereich sehr wohl ihre Berechtigung haben). Die Zuständigkeit für die Modellierung liegt hauptsächlich beim strategischen Management und der Intelligence-Sektion. Es handelt sich daher eher um ein Instrument der Führungsspitze.

Das Einsatzmodell zeigt in der Mitte den betroffenen Prozess. Dadurch werden der Einsatzraum und die Zuständigkeit eingegrenzt. Das Zielsystem besteht aus mehreren (stilisierten) Subsystemen. Diese können Problemfeldern gleichen, nach denen (im Strukturorganigramm) Zuständigkeiten organisiert werden können. Die grafischen Zeichen sind gerade noch ohne Hintergrundwissen zu verstehen. Kreise stehen für Flugziele. Darin sind Detailinformationen zu betroffenen Personen enthalten. Unklare Aspekte sind mit [?] gekennzeichnet. Das Dreieck symbolisiert die Störung auf der Flugroute durch das Wetter. Dabei ist ein bester/schlechtester Fall angegeben, der eine Unsicherheit bzw. eine Unbekannte ausdrückt. Pfeile zeigen Zusammenhänge an. Die Linienarten stehen für den Grad der Direktheit: Sichere Beziehungen sind durchgehende Linien (Route zwischen Start und A). Je unsicherer (Routenvarianten zu B und C) oder je indirekter (z. B. zwischen öffentlicher Wahrnehmung und D oder die Auswirkung auf den Alltagsprozess), desto unterbrochener ist die Linie. Die Zeichen bedürfen eines einheitlichen Verständnisses und ggf. einer kurzen Legende.

Der schematische Alltagsprozess unten rechts sagt aus, dass der Einsatz selbst nur ein Subsystem der Mutterorganisation ist. Die Entkopplung von der Regelorganisation (AAO) erfolgt wegen der Vorteile der Einsatzführung in einer BAO. Die Mitbetrachtung des Alltagsprozesses verdeutlicht, dass sich Probleme in BAO und AAO wechselseitig auswirken können. Die Offenheit der Darstellung zeigt, dass auch Umgebungseinflüsse Ein- bzw. Auswirkungen haben können.

Kritische Variablen

Die für den Einsatz relevanten Inhalte werden über die kritischen Variablen ermittelt. Das erfolgt in der Einstiegsphase bzw. bei weniger anspruchsvollen Ansätzen überwiegend intuitiv, weil eine Vielzahl der wichtigen Punkte aus dem Erfahrungsschatz heraus benannt werden kann. Bei anspruchsvolleren Einsätzen bzw. im Einsatzverlauf ergeben sich die kritischen Variablen mit aus der Analysearbeit. Die Kategorien aus Tabelle 9 sind eine Art Rohgerüst, von denen die fünf Kästen auf der linken Seite des Einsatzmodells jeweils einen Punkt enthalten. Zwei davon sind im Beispiel so zentral, dass sie in die Mitte gerückt sind. Auf Fotos und Landkarten sollte verzichtet werden, um die Abstraktionsebene hoch zu halten. Solche Grafiken können das Modell allerdings als nachgelagerte Dokumente ergänzen. Mit Text

6.3 Begrenzt rationales Entscheiden in der Einsatzführung

sollte sparsam umgegangen werden und auf eindeutige Begrifflichkeiten geachtet werden.

Die Beziehungen zwischen den kritischen Variablen müssen unbedingt mit Pfeilen und der Wirkweise bezeichnet werden (wie z. B. Verstärkung/Minderung). Dabei können auch konkrete Angaben ergänzt werden, aus denen sich Ansätze für Gegenmaßnahmen ergeben (z. B. Sperrung zweier Flughäfen; ein dritter kann jedoch [noch?] eingeschränkt angeflogen werden). Manche Informationen können geschickt in andere Dokumente oder an nebenstehende Tafeln ausgelagert werden. Dabei muss unbedingt auf eine einheitliche Bezeichnung geachtet werden. Erfahrungsgemäß funktioniert das insbesondere beim Ereigniskonto gut, in dem zusätzlich eine detaillierte Übersicht gegeben wird. Ein Symbol oder ein Hyperlink kann als Verweis fungieren.

Bei der Modellierung muss der passende Auflösungsgrad gewählt werden. Der Einsatz bezieht sich auf das gesteuerte Zielsystem (z. B. die Fluggesellschaft, die betroffene Stadt, der betroffene Chemiepark, die betroffene Kreuzfahrtlinie, das betroffene Krankenhaus, den Energieversorger, den Feuerwehr- oder Polizeieinsatz). Hierzu können alle relevanten Subsysteme, Lokationen, Elemente usw. gezählt werden. Die »richtige« Auflösung ergibt sich dabei aus dem jeweiligen Problem. So kann stark herangezoomt werden, wenn ein Feuerwehreinsatz auf einen bestimmten Raum begrenzt ist. Die Auflösung muss aber zwangsweise gröber sein, wenn ein ganzes Unternehmen mit mehreren Standorten betroffen ist. Erfahrungsgemäß neigt man dazu, zu viele Details einzubauen. Berechtigterweise können solche Details auf Schlüsselbeziehungen zwischen den Variablen hinweisen, was insbesondere in undurchsichtigen Situationen entscheidend sein kann. Eine zu grobe Auflösung bedeutet auch eine zu starke Vereinfachung. Die Modellierung sollte deswegen unbedingt durch erfahrene Entscheider erfolgen, die über Überblickswissen und Abstraktionsvermögen verfügen. Eine gute Orientierung bietet die Frage nach der Relevanz: *Brauchen wir auf unserer Führungsebene diese Information oder wird das Problem auf einer Instanz nach uns bearbeitet?*

Controls

Aufgaben und Probleme werden in Union durch die Controls beschrieben. Diese sind die behandlungswürdigen unter den kritischen Variablen. Die verbleibenden kritischen Variablen sind dennoch unverzichtbar, weil sie den Einsatz drumherum beschreiben. Zudem können sie im Einsatzverlauf an Bedeutung gewinnen und somit auch behandlungswürdig werden. Die Controls sind nicht so detailliert ausgeführt wie z. B. ein nach der SMART-Regel formuliertes Ziel. Vielmehr verbirgt sich hinter einem Problem (»die Passagiere können erst in 13 h weiter transportiert werden«) implizit auch das, was zu tun ist (»die Passagiere müssen in den 13 h angemessen untergebracht und betreut werden«). Die Problem-Aufgaben-Felder eines Einsatzes müssen aus der Einsatzdarstellung herausgearbeitet werden. Hierzu dient der rote Kasten. Der Aspekt »was, wozu getan werden muss/zu behandelnde Probleme« kann besonders gut für den Einstieg in den Problemaufriss verwendet werden. Er leitet zur Verlautbarung von positiv-negativ-Darstellungen an. Durch mehrmaliges Fragen »Was ist das Problem? Was müssen wir wozu tun?« kann man sich Problemen, Aufgaben und somit einer Diagnose rasch nähern. Die darunter stehenden drei Sätze sind die Aufgabenseite der Controls. Sie beziehen sich auf den jeweiligen Problemursprung, was durch die Nummerierung im Einsatzmodell sichtbar wird. Das ist die Problemseite der Controls.

Es kann sinnvoll sein, systemtheoretische Aspekte mit abzubilden. Kipppunkte bezeichnen Zeitpunkte oder Entwicklungsfortschritte, ab denen ein System in einen neuen Zustand übergeht. Bis Kipppunkte erreicht werden, dauert es durch gewisse Pufferfunktionen meist eine Weile. Wenn sie überschritten wurden, sind sie meist nur schwer umkehrbar. Es lohnt sich, den »neuen« Zustand, in dem sich das System nach dem Kippen stabilisieren kann, bereits mit zu denken. Nach dem Überschreiten solcher Punkte kann sich das Systemverhalten allerdings unvorhersehbar ändern, weswegen Vorhersagen dazu mit großen Unsicherheiten behaftet sind. Wendepunkte werden meist erst rückblickend klar. Um sie im Voraus wenigstens erahnen zu können, müssen sie im Szenariotrichter als Hypothesen mitgedacht werden.

Orientierung fördern
In der Einstiegsphase sollte parallel zum Gespräch (»erste Lagebesprechung«) ein Problemaufriss visualisiert werden. Dadurch wird Wissen über den konkreten Einsatz mit Erfahrung kombiniert und es entsteht in kurzer Zeit ein erstes Steuerungsmodell. Zudem erlangen die Führungsperson und die Geführten dadurch Orientierung. Erfahrungsgemäß können routinierte Stäbe damit ein Problem in zehn bis 15 Minuten durchdringen und für die Bearbeitung erschließen. Größere oder auch problemunerfahrene Teams können in rund einer halben Stunde ein Einsatzmodell entwickeln, das im ersten Wurf die wesentlichen Aspekte abdecken kann. Das Einsatzmodell muss permanent weiterentwickelt werden. Die Geführten können über die (bildliche) Steuerungslandkarte gut orientiert werden. Durch die Erarbeitung von Problemen und Aufgaben sowie insbesondere die Einzeichnung des Wirkpfades orientiert sich die Führungsperson zudem selbst.

Der Problemaufriss kann charakterlich vom Brainstorming bis zum strukturierten Kurzmeeting reichen. Die Herausarbeitung der Controls kann bei einem sehr erfahrenen Team wie ein straffer Dialog wirken, in dem stilles Nicken die Übereinstimmung der Erfahrungen des Teams mit den Gedankengängen der Führungsperson bedeutet. Eine so hohe Übereinstimmung der gedanklichen Vorstellungen der Teammitglieder bzw. eine solche Eindeutigkeit der Situation sind eher selten. Die Strukturierung von Problemen und Aufgaben (s. u.) mutet zumeist eher rational an. Gerade wenn Protagonisten im Alltag an Probleme stark strukturiert herangehen, bekommt der Problemaufriss eine deutlich analysegeleitete Note.

Förderung von Teamarbeit und Objektivierung der eigenen Gedanken
Die Visualisierung des Einsatzmodells ist theoretisch gesehen eine Explikation eines mentalen Modells (Verlautbarung einer gedanklichen Vorstellung). Das bildliche Fassen mit wenig Textanteil hat einige Vorteile. Allgemein unterstützen Visualisierungen die Problembearbeitung. Über die Controls und ihre Verbindungen kann Erfahrungswissen (Bauchgefühl) weitergegeben werden, das außersprachlich sonst nur schwer transportiert werden kann. Hierdurch wird Intuition ein stückweit greifbar. Zudem lassen erfahrene Führungspersonen dadurch unerfahrenere Entscheider an ihren Gedanken teilhaben, wodurch Wissen aufgebaut werden kann. Im Bereich der Teamarbeit kann das gemeinsame gedankliche Modell gefördert werden, indem die Vorstellung aller Stabsmitglieder auf einen kleinsten gemeinsamen Nenner gebracht wird. Durch eine parallele Visualisierung während einer Besprechung kann eine schnelle Fokussierung auf das Problem erfolgen. Durch die Darstellung des »Typischen« an der Situation kann überprüft werden, ob die Situation wirklich typisch ist oder es Anomalien im Vergleich zu »sonst« gibt.

Das Visualisieren von Gedanken ist eine sehr intuitive Methode. Das Analysieren der Visualisierung markiert dahingegen schon den Übergang zu rationalen Methoden. Die Gedanken enthalten unweigerlich Emotionen und Präferenzen des Entscheiders. Beim bildlichen Erfassen werden diese Gefühlsaspekte, die gedanklich durchaus überlagernd sein können, ein stückweit minimiert. Beim anschließenden gemeinsamen Bearbeiten des Einsatzmodells können zusätzliche Sichtweisen die möglicherweise emotional begründeten Einschätzungen ein weiteres Stück Richtung »Wahrheit« rücken. Das unterstützt dabei, die angemessene Gewichtskraft der Argumente zu finden worauf im Abschnitt 6.3.3 eingegangen wird. Das Einsatzmodell wirkt daher insgesamt objektivierend.

Praktische Anwendung
Das Modell kann freihändig auf Flipcharts, auf Whiteboards oder in Zeichensoftware dargestellt werden. Diese Varianten sind eher zum Problemaufriss beim Einstieg geeignet. Erfahrungsgemäß sind solche ersten Darstellungen selten »schön.« Das ist allerdings auch nicht der Anspruch. Man sollte sich davon lösen, Grafiken wie

Zeitstrahle, Karten und auch das Einsatzmodell von Anfang an »richtig« entwickeln zu wollen. Passender ist die Vorstellung einer phasenweisen Evolution aus etwa einem Entwurf (Einstiegsphase), der Aufladung mit Details (Bewältigungsphase) und die Reduzierung auf das Wesentliche (Abschluss, Übergabe in die Linie). Für eine fortlaufende Darstellung kann das Einsatzmodell einer Präsentationssoftware (ausgehend von einer Vorlage) folienweise weiterentwickelt werden. Dadurch entsteht gleichzeitig eine nachvollziehbare Einsatzdokumentation. An einer geeigneten Stelle müssen fortlaufende Uhrzeiten, Seitenzahlen und ein Kurzzeichen des Bearbeiters eingefügt werden. In Bild 10 sind Zeitzonen mit angegeben, weil sich das fiktive Beispiel über mehrere Meridiane erstreckt.

Einsatzmodelle können sehr unterschiedliche Formen annehmen. Beispielsweise waren sie bei der Corona-Pandemie im Gesundheitsdienst sehr zahlenlastig. Es ging viel um aktuelle Auslastungen, verfügbare Ressourcen, aktuelle Fallzahlen und die Vorhersage der künftigen Entwicklung. Es überwogen Diagramme und eingefärbte Karten von Gebietskörperschaften. Weil bis dahin außer Epidemiologen, Virologen und Mathematikern kaum jemand wusste, was Reproduktionsfaktoren, Übertragungsraten und Infektionsketten bedeuten, mussten sich Führungsunits zuerst einarbeiten und herausfinden, welche Aspekte für die eigene Organisation »kritisch« und damit aussagekräftig sind. In einem anderen beobachten Beispiel fiel flächendeckend über längere Zeit die Stromversorgung aus. Der dazugehörige Feuerwehreinsatz fokussierte die Einrichtungen mit besonderem Schutzbedarf. Das Mittel der Wahl war eine digitale Stadtkarte mit Markierungen, ein Tabellenwerk und eine Art Ganttdiagramm zur Vorhersage der Zukunft. Die exemplarischen Einsatzmodelle enthielten jeweils die Controls, über die gesteuert wurde und zeigen, dass die *Einsatzmodelle von der Ereignisart und von Steuerungsbedarfen abhängen*.

In der Regel kennen Führungspersonen die kritischen Variablen ihrer typischen Einsätze recht gut. Es empfiehlt sich, die Controls in jeder Organisation regelmäßig zu sammeln und zu kategorisieren. Hierdurch wird eine Art Katalog geschaffen. Durch die Bearbeitung im Team werden zudem Erfahrungen weitergegeben. Ferner können generische Vorlagen für Einsatzmodelle angelegt werden.

Im Umfeld von Einsatzorganisationen kann bei der Modellierung des Einsatzes wie sie hier vorgestellt wird in den meisten Fällen auf taktische Zeichen weitestgehend verzichtet werden. Gleiches gilt im Industrieumfeld für technische Zeichen wie RUI-Schemata. Erfahrungsgemäß beherrschen bei Weitem nicht alle Beteiligten diese besondere Codesprache. Wichtiger ist, dass die Darstellung intuitiv ohne große Übersetzungsleistungen verständlich ist. Es geht um abstrahierendes Modellieren und nicht um realitätsnahe Darstellung in einer Fachsprache. Die Möglichkeiten der heutigen Informationsverarbeitungstechnologie haben die Intention taktischer Zeichen (viel Bedeutung in wenig Symbolen) durch automatisierte Über- und Unterbegriffshierarchien zudem ein stückweit obsolet gemacht, weil durch Zoomen Informationen ein- und ausgeblendet werden können. Als Faustregel kann gelten, dass die Anzahl taktischer bzw. technischer Zeichen dahingehend begrenzt sein sollte, wie in der jeweiligen Einsatzdarstellung Platz für eine Legende bleibt.

> **Praxistipp:**
> Entwickle aus den erfahrungsgemäß kritischen Variablen (entscheidende Punkte) ein Einsatzmodell (grafisch mit wenig Text). Modellieren ist die Kunst des Weglassens: Beschränke dich auf die wesentlichen Punkte ohne wichtige Zusammenhänge weg-zu-vereinfachen!
> - Achtung – ein Einsatzmodell ist mehr als eine bloße Lagedarstellung! Verstehe den Einsatz als komplex-adaptives System (Umwelt, Zielsystem, Führungs- und Ausführungsunit). Zeichne die relevanten Beziehungen zwischen einzelnen Punkten ein (Richtung, Wirkweise)! Beachte Kipppunkte, Pufferfunktionen und Wendepunkte!
> - Irgendetwas verändert sich immer. Entwickle das Einsatzmodell beständig weiter!
> - Beschreibe Problem und Aufgabe möglichst in einem Punkt (Control)! Bilde dabei Problemfelder, nach denen du die Zuständigkeit organisieren kannst.

6.3.1.2 Teil 2: Diagnose

Der zweite Teil der erfahrungsgeleiteten Einsatzführung ist eine Diagnosemethode als Zwischenschritt bei der Weiterentwicklung des Problemclusters zum Aufgabencluster. Dem Diagnostizieren liegt die Vorstellung eines Regelkreises zugrunde. Die Führungsunit kann darin als Sensor (Messeinrichtung) und als Steuerung (Regler) für das Zielsystem verstanden werden. Stelleinrichtungen (Aktoren) sind die operativen Einheiten. Die kritischen Variablen stellen Reize dar, weil sie ein Handlungsbedürfnis auslösen. Sie erlangen ihre Kritikalität durch ihre Eigenschaft genau so relevant zu sein, dass sie ab einem kritischen Schwellenwert einen Reiz auslösen können. Handlungs- bzw. maßnahmenindizierende Variablen stellen Reaktionen dar. Beurteilungen werden als Regeln zur Ableitung von Reaktionen auf Reize verstanden. Kritische Variablen, die für die Führungsunit Aufgaben, Zeitfortschritt, Wechselwirkungen, Auswirkungen vom eigenen Handeln oder von äußeren Einflussfaktoren anzeigen, stehen für Wirkungen. Solche Variablen sind überwiegend in den Kate-

6 Kerntätigkeit Entscheiden

gorien 1 (Schaden, Betroffenheit und Ausmaß) und 2 (Wahrnehmung und Meinung) zu finden. Weitere Reize können durch das Überschreiten von Schwellenwerten ausgelöst werden. Deren Unterschreiten zeigt umgekehrt erzielte Wirkungen an. Insgesamt stellen die kritischen Variablen in den vorliegenden Fällen also Stellgröße (Zustandsanzeige) und Stellwert (Reiz bei kritischer Größe und gleichzeitig Wirkung in Form der Veränderung über die Zeit) des gesteuerten Systems dar. Im Verständnis von Entscheidungstheorien wird dies als Problementdeckung bezeichnet. Welche kritischen Variablen in die Diagnose eingehen, hängt vom konkreten Fall ab.

Die Diagnose erfolgt praktisch durch Feststellung des Auslenkungsgrades. Aus Störgrößen und Performanz wird durch die fachliche Beurteilung der Zustand des Zielsystems bestimmt. Der Grad der Auslenkung kann anhand der vier ordinalskalierten Kriterien in Tabelle 4 erfasst werden. Umso weiter das Zielsystem von seinem Referenzzustand ausgelenkt ist (niedrig, hoch, sehr hoch, bis zu maximal) und je länger dieser Zustand anhält (kurzfristig, von kritischer Dauer, langfristig), desto eher muss ein weitreichenderes Wirkziel angestrebt werden (Abfedern über Wiedereinlenken bis hin zu Weiterentwickeln). Im erfahrungsgeleiteten Bereich wird diese Diagnose intuitiv getroffen. Sie wird später im rationalen Bereich konkretisiert. Die Einsatzdiagnose ist im nächsten Schritt die Basis zur Ermittlung des Steuerungsbedarfs, wodurch auch die Einsatzschwere angezeigt wird. Am Ende des Diagnostizierens muss ein Diagnosesatz stehen.

kP-Regel

Nicht immer ist der Zustand des Zielsystems auf den ersten Blick gut zu diagnostizieren. Zudem können Entscheider mit unterschiedlichen Erfahrungen die Situation anders einschätzen. Um sich den Controls und damit einer Diagnose zu nähern, wurde die folgende kP-Regel entwickelt.

Die Controls bzw. die kritischen Variablen beschreiben Aspekte, die für den Fortgang des Ereignisses entscheidend sein können. Controls haben zwei Seiten: Sie beschreiben im Zielsystem Probleme und gleichzeitig Aufgaben, die es zu erledigen gilt. Aus den Controls, ihren Beziehungen und weiteren Aspekten kann der Einsatz systematisch als Art »Steuerungslandkarte« dargestellt werden. *Wer also die Controls (Probleme und Aufgaben) seines Einsatzes kennt, kann einen Einsatzplan entwickeln. Wer die Problemstrukturen kennt (u. a. kommunikative oder moralische Dilemmata, Wicked Problem, lineares oder exponentielles Wachstum, Knowledge-Action-Gap, Hemmungen durch z. B. Machteinflüsse), der kann Ansatzpunkte ableiten.* Die folgende Merkregel ist eine gute Hilfe, um ein Problembewusstsein und am Ende einen Einsatzplan zu entwickeln. Durch das beharrliche Fragen können

6.3 Begrenzt rationales Entscheiden in der Einsatzführung

die Controls des Einsatzes sichtbargemacht und in Folge der Zustand des Zielsystems diagnostiziert werden.

> **kP-Regel:**
> - Was sind die kritischen Punkte? Nähere dich den Controls durch beharrliches Fragen nach der kP-Regel: Du hast keinen Plan? Dann frage nach den kritischen Punkten, den kritischen Prozessen, den k.O.-Punkten und den Kipppunkten! Was ist das Problem? Was müssen wir wozu tun?
> - Diagnostiziere den Zustand des Zielsystems (Störgrößen, Performanz, Auslegung und Auslenkungsgrad). Formuliere einen Diagnosesatz!

6.3.1.3 Teil 3: Zustandsbehandlung

Der dritte Teil der erfahrungsgeleiteten Einsatzführung ist eine Steuerungsmethode. Nach dem Zwischenschritt der Diagnostizierung wird dadurch das Problemcluster zum Aufgabencluster. Die Führungsunit wird als Regelungseinheit verstanden wie im Abschnitt 3.2 erläutert wurde. Der steuernde Eingriff realisiert sich, indem festgestellt und veranlasst wird, was zu tun ist. Mit der Diagnose (vorheriger Zwischenschritt) wird ein Soll-Ist-Vergleich vom Zustand des Zielsystems durchgeführt. Dadurch entsteht eine Vorstellung dessen, was getan werden muss. Indem danach gefragt wird, welche Probleme behandelt werden müssen, wird der Steuerungsbedarf sichtbar. Dabei empfiehlt es sich, den typischen Einsatzproblemen zu folgen (Zustand des Zielsystems; organisationale Souveränität; fehlendes Wissen und unsichere Informationslage; führungssystem- und einsatzbedingte Probleme). Die Frage des *Was* (Mittel) wird um das *Wozu* erweitert, wodurch der Zweck ausdrücklich benannt wird. Durch die Beantwortung dieser Frage ergibt sich ein Aussagesatz, der als Aufgabe erteilt werden kann. Bei einer Beratungsaufgabe wird daraus ein Rat formuliert.

Erfassung von Einsatzresultaten

Das Einsatzmodell wird über den Verlauf kontinuierlich fortgeschrieben wodurch der Systemzustand fortwährend (re-)diagnostiziert und (nach-)gesteuert wird. Durch das Vergleichen von Plots verschiedener Zeitpunkte kann das Entstehen der Wirkungen im Zielsystem nachvollzogen werden. Dies ist die Grundlage, um Führungsleistungen und Einsatzresultate erfassen und im Nachgang auswerten zu können. Zur Bewertung nach dem Einsatz wird damit dieselbe Basis genutzt, die die Führungsunit im

Einsatz verwendet hat. Dem Steuerungsmodell kommt daher auch eine dokumentarische Bedeutung zu.

Zusammenfassung: Instrumente für erfahrungsgeleitetes Vorgehen
Einsätze können erfahrungsgeleitet auf Basis von Controls mit den vorgestellten Instrumenten geführt werden. Diese Methoden sind in Tabelle 10 zusammengefasst. Sie dienen dazu, das intuitive Vorgehen zu unterstützen indem sie die in der Praxis etablierten Arbeitsweisen (stabs-natürliches Problemlösemodell) stärken und ihre Schwächen reduzieren.

Praxistipp:
- Ermittle den Steuerungsbedarf, indem du fragst, welche Probleme behandelt werden müssen!
- Mache die Aufgaben sichtbar, indem du danach fragst, was wozu getan werden muss! Erteile damit eindeutige Aufträge!
- Erfasse Führungsleistungen und Wirkungen (Einsatzresultate) durch den Vergleich, wie und wodurch sich der Zustand des Zielsystems verändert hat! Nutze dabei die kontinuierlichen Fortschriebe deines Steuerungsmodells!

6.3.2 Prüf- und Übergangsphase

Der Wechsel zwischen erfahrungs- und analysegeleitetem Vorgehen ist bezeichnend für ein begrenzt rationales Vorgehen. Die Prüf- und Übergangsphase dient dazu, diesen Wechsel bewusst und angemessen vollziehen zu können. Im Kontext der Einsatzführung liegt der Fokus auf der Eignung der Instrumente.

Hintergrund
Begrenzt rational vorzugehen kann man sich nur schwer »vornehmen.« Es ist vielmehr eine erklärende Beschreibung für ein Verhalten, das folgendem Ablauf entspricht. Zu Beginn einer Problemsituation lässt man sich von Erfahrungen leiten (folgt der eigenen Intuition) und entscheidet näherungsweise (anhand von Heuristiken). Wo der Erfahrungsschatz an Grenzen stößt (z. B. wegen neuartigen Situationen oder Anomalien) beginnt man bewusst mit der Suche nach ergänzenden Informationen. Auslöser können u. a. Fehlschläge bei Versuch und Irrtum, ein Trigger von außen oder auch kurzes Nachdenken sein. Dieser Moment (der Beginn analytischer Denkweise) markiert den Wechsel zu rationalen Methoden. Ab hier lässt

6.3 Begrenzt rationales Entscheiden in der Einsatzführung

man sich so lange von analytischen Erkenntnissen leiten (folgt der Vernunft), bis das Problem subjektiv zufriedenstellend gelöst ist bzw. bis der erwünschte Nutzen erbracht ist (Satisficing). Danach verfährt man wieder intuitiv, bis zur erneuten Endlichkeit des Erfahrungsschatzes. In Anlehnung an die Theorie »Schnelles Denken, langsames Denken« (Kahneman & Schmidt, 2012) kann man die Prüf- und Übergangsphase auch als Wechsel zwischen diesen beiden Denkformen (System 1 und System 2) verstehen. Darin liegt die Chance, kognitive Abkürzungen zu vermeiden und das System 2 zu aktivieren.

Auslöser und Anwendung im schleifenförmigen Entscheidungsmodell
Für die Einsatzführung wird der Beginn der ergänzenden Informationssuche herausgestellt. Dadurch wird das »natürliche« begrenzt rationale Vorgehen bestärkt. Indem der Auslöser aus dem Zufallsbereich ins Regelmäßige bzw. aus dem Unbewussten ins Bewusste verschoben sowie der Zeitpunkt nach vorne verlagert werden, wird das Bewusstsein für die Notwendigkeit der Überprüfung des Wechselns geschärft. Dieser Moment dreht sich methodisch gesehen um die Frage, welches Instrument zum Erfahrungsschatz des Entscheiders und zum Einsatzproblem passt. Diese Frage wird als Auslöser verwendet.

Der Turnus der Prüfung kann nicht allgemein festgelegt werden. Einerseits sollte es eine gewisse Regelmäßigkeit geben. Andererseits ist anlassbezogenes Reagieren genauso wichtig. Übergangsprüfungen können unterschiedlich lange dauern. So kann die Wechselnotwendigkeit »sofort klar sein« woraus sich eine Art schnelles Wechselspiel zwischen den Methoden ergibt. Die Evaluation des geeigneten Instruments kann sich aber auch länger hinziehen. Die Anzahl der Übergänge ist nicht begrenzt und der Wechsel ist in beide methodischen Richtungen möglich. Wechselprüfungen können negativ ausfallen. In Bild 9 zeigen dies die unterschiedlichen Pfeilformen. Wo ein Entscheidungsstrang aus mehreren gleichzeitig ablaufenden Gesamtsequenzen besteht, können parallele Prüfungen und Übergänge Interpendenzen haben und zur De- oder Rekomposition von Problemfeldern führen. Insgesamt ist die Wechselseitigkeit situationsabhängig und so individuell wie das Einsatzgeschehen. Die Instrumentenwahl und die Verantwortung dafür obliegen dem Entscheider. Es ist daher elementar, Führungspersonen auf die Wahl vorzubereiten.

Instrumentenwahl
Prüfung und Übergang realisieren sich in der Instrumentenwahl, die sich über folgende Wahlfrage verdichten lässt: *Reichen unsere Erfahrungen aus und passen sie zum aktuellen Problem?* Diese Frage erzeugt (hinterlegt mit einer entsprechenden

Organisationskultur) eine kritisch-konstruktive Grundhaltung. Sie leitet zur Reflexion an. Dahinter verbirgt sich die Anforderung, den »richtigen« Punkt zu erkennen, wann vom intuitiven Vorgehen zu einem rationalen Vorgehen geschwenkt werden »muss« bzw. wann man vom rationalen Vorgehen absehen »kann«. Darin enthalten ist die Abwägung, welche Vor und Nachteile von erfahrungsgeleitetem Vorgehen (Geschwindigkeit vs. Endlichkeit der Erfahrung) gegenüber einem analysegeleiteten Vorgehen (strukturierende Wirkung vs. kognitiver Aufwand) momentan überwiegen. Weil die Endlichkeit der Erfahrungen ein ausschlaggebender Punkt für die Wechselnotwendigkeit ist, muss dieser Punkt regelmäßig reflektiert werden. Dazu dient folgende kurze, aber sehr weitreichende Frage: Ist etwas atypisch? Dadurch wird ein Vergleich zwischen Erfahrung und aktueller Situation, zwischen gespeicherten Mustern bzw. Schemen und Tatsachen angestoßen, der wiederum eine Analyse initiieren kann.

Von der Bedeutung her gesehen führt die beharrliche Verfolgung der kP-Regel zum gleichen Punkt: *Haben wir die kritischen Punkte verstanden? Funktioniert unser Plan unter den aktuellen Umständen? Stimmen unsere Erfahrungen zu den kritischen Punkten mit dem aktuellen Problem überein? Können wir auf Basis unserer Erfahrungen handeln oder müssen wir unsere Entscheidung stärker strukturieren?*

Eine zusätzliche Hilfe in der Übergangsphase kann es sein, sich zu fragen, wie eine Entscheidung aus der Zukunft betrachtet im Rückblick aussieht. Man denkt dabei rückwärts indem man sich an einen fiktiven Punkt in der Zukunft setzt, eine Entscheidungsoption als gegeben annimmt und den zeitlichen Zwischenraum zwischen Zukunft und Gegenwart plausibel füllt. Diese Denkweise ist quasi das Gegenstück zur Prognose und wird in der Zukunftsforschung Regnose genannt: Beim »in die Zukunft schauen« sieht man meistens nur Gefahren auf sich zukommen, die sich zu Barrieren türmen. Prognosen haben deswegen oft apodiktischen Charakter, die zu Hemmungen führen. Regnosen bilden dahingegen Erkenntnis-Schleifen, in denen man sich selbst und den inneren Wandel in die Zukunftsrechnung einbezieht. Dadurch entsteht eine Brücke zwischen Heute und Morgen als eine »Future-Mind«-Zukunfts-Bewusstheit (Horx, 2020). Diese Denkweise dient einerseits der Relativierung psychologischer Denktendenzen. Andererseits kann man dadurch selbst überprüfen, ob die Entscheidung in Zukunft auch bei veränderten moralischen Ansprüchen Bestand haben wird. Dazu kann einer Person in der Führungsspitze die Rolle des *Avocatos diaboli* zugewiesen werden, die dadurch als Korrektiv wirkt. Gewissermaßen ergibt sich durch den vorausschauenden Rückblick ein neuer Blick auf die Zukunft und damit auf das Führungshandeln.

6.3 Begrenzt rationales Entscheiden in der Einsatzführung

Frühe Analysen für passende Risiko- und Entwicklungsvorstellungen

Ein eindeutiges Argument, um sich (auch schon früh) von Analysen leiten zu lassen, ist die Endlichkeit menschlicher Vorstellungskraft. Unser kognitives Vermögen kommt z. B. mit extrem unwahrscheinlichen Ereignissen und exponentiellen Entwicklungen nur schlecht zurecht. Üblicherweise werden Risiken als Produkt aus Häufigkeit und Schwere angegeben. Diese Grundformel findet Anwendung in zahlreichen Branchen vom Maschinenbau (z. B. Bauteil-Zuverlässigkeitsberechnung) über Banken (Kreditwürdigkeitsmodellierung) bis hin zu Notfallplanung und Bevölkerungsschutz (Ermittlung und Priorisierung von Ausfall- oder Bedrohungsszenarien). Diese Berechnungsmethode lässt ein Risiko aus einem sehr hohen (größter anzunehmender Unfall) und einem sehr niedrigen Faktor (tritt sehr selten ein) zahlenmäßig viel niedriger erscheinen als ein Produkt aus zwei mittelgroßen Faktoren. Behandelt werden meist nur die größten Risiken. Dadurch bleiben die Risiken mit besonders schweren Auswirkungen außen vor. Diese sind zwar extrem selten, können aber existenzbedrohend sein. Wo diese methodische Besonderheit nicht kompensiert wird, bleiben Vorbereitungen auf Extremszenarien aus. Zudem wird selten angenommen, dass mehrere sehr schwere Ereignisse gleichzeitig eintreten können. So sahen die Planungen für den Kernkraftwerkspark Fukushima (Japan) nicht vor, dass ein Tsunami die am Wasser gelegenen und gleichzeitig auch die höher gelegenen Einrichtungen der Notstromversorgung beschädigen könnte. Genau diese Kombination führte aber letztlich 2011 zu einer Unfallserie und damit zur Nuklearkatastrophe. Übertragen auf einen Einsatz würde diese Konstellation dazu führen, dass man sich nicht auf den sehr unwahrscheinlichen, aber extrem folgenreichen Worst-Case vorbereitet. Ob die schlechteste anzunehmende Entwicklung zu (Alternativ-)Planungen führt, ist eine separate Frage der Verhältnismäßigkeit.

Aus der Kernenergie und aus der Virologie ist exponentielles Wachstum ein bekannter Begriff. Dabei nimmt ein Wert nicht stetig um die gleiche Größenordnung zu (z. B. stets + 2), sondern die Wachstumsrate steigt (*2). Dies wird als exponentiell bezeichnet, weil man es als Potenz darstellen kann und dabei in den Exponenten einen x-beliebigen Wert einsetzt (2^x). Als Graph aufgetragen ergibt sich eine unbegrenzte Kurve mit immer stärkerem Anstieg. Bekannte Beispiele sind die (un-)gebremste Infektionsrate bei einer Pandemie oder das fiktive Seerosenwachstum auf einem Teich. Diesen Effekt der *zunehmenden Beschleunigung* kann das menschliche Vorstellungsvermögen kaum abbilden. Ähnlich verhält es sich mit mehr als drei Dimensionen. Wir wissen zwar, dass man mit Vektoren Räume mit einer Vielzahl von Dimensionen beschreiben kann, aber wir können es uns nicht vorstellen. Mit der sog. 72er-Regel kann getestet werden, ob einem Problem exponentielles Wachstum zugrunde liegt. Man kann eine Problemkennzahl (z. B. Verdoppelung der Verbreitung einer Falschinformation) ungefähr abschätzen, indem man die Wachstumsrate (500 %, wenn eine Person fünf weitere Personen pro Stunde informiert) durch 72 teilt (ergibt 0,144 Stunden). In diesem Fall würde sich die Verbreitung der Falschinformation grob alle 9 Minuten verdoppeln.

Wo in Einsätzen die menschliche Vorstellungskraft möglicherweise nicht ausreicht, muss unbedingt analysegeleitet vorgegangen werden. Mit rein intuitiven Methoden könnten die Folgen und Auswirkungen »sehr komplexer« Probleme nicht erfasst werden (außer vielleicht von Superhirnen). Das kann dazu führen, dass Vorbereitungen auf absehbare Ereignisse nicht getroffen werden, weil man das Problem rein intuitiv nicht erfassen kann (z. B. vorausschauende Lockdowns in der Corona-Pandemie). Die Frage »*Können wir uns das vor unserem geistigen Auge vorstellen oder müssen wir uns das aufzeichnen?*« kann eine gute Hilfe sein, um den Bedarf rationalen Vorgehens erkennen zu können. Zudem hilft es, das Problem einmal auf seinen Kern zu reduzieren und die daraus resultierenden Probleme wieder abzuleiten. So abstrahiert kann der Kampf gegen den Klimawandel eigentlich als »Problem mit dem zweiten Hauptsatz der Thermodynamik« (alle spontan in eine Richtung ablaufenden Prozesse sind irreversibel) verstanden werden. Dadurch können Ansatzpunkte für Hebelwirkungen ermittelt werden. Das Erkennen der grundlegenden Problemstruktur ist ein elementarer Zweck des Analysierens.

Praxistipp:

Risikomessung ist im Bereich der Einsatzführung problematisch: Der Ausgangsfaktor »Häufigkeit« kann oft nicht sinnvoll beziffert werden. Die »Schwere« mündet in Auswirkungen extremer Folgen, die es als Worst-Case zu berücksichtigen gilt. Der quantitative, (keynesianische) Risikobegriff sollte in der Einsatzführung vermieden werden. Es sollte besser qualitativ von »Unsicherheit« oder »Abweichung vom Referenzszenario« gesprochen werden.

- Die menschliche Vorstellungskraft ist endlich. Blicke deswegen schon früh mit einem analytischen Blick auf den Einsatz!
- Verleihe Dingen, die du dir nur schwer vorstellen kannst, ein grafisches Abbild und leite dir daraus ihre Bedeutung her!
- Suche nach der grundlegenden Struktur des Problems!
- Exponentielles Wachstum ist eine besondere Problemstruktur. Teste das Problem mit der 72er-Regel!

6.3 Begrenzt rationales Entscheiden in der Einsatzführung

Segmentierung der Problemfelder in erfahrungs- und analysegeleitete Bearbeitung
In der Regel ist es nicht notwendig, den »gesamten Einsatz« analytisch zu behandeln. Vielmehr werden Fragestellungen abgetrennt, für die Erfahrungen nicht ausreichen, die einer tieferen Analyse bedürfen oder die der Strategie wegen textsprachlich ausgearbeitet werden müssen. Mit der Festlegung des Problembereichs, der erfahrungs- oder analysegeleitet behandelt werden soll, wird das Gesamtproblem also uno actu segmentiert, was ins Organisieren von Elementen im Abschnitt 5.3 einfließt.

Einsatzmodell als Übergangselement
Das Einsatzmodell ist zentral für die Übergänge zwischen intuitivem und rationalem Vorgehen. Als Erfahrungsexplikation steht es (idealisiert) am Beginn der Problembehandlung. Es dient als Überprüfungsgrundlage, bei welchen Controls Informationsdefizite bestehen und deswegen analytisch behandelt werden müssen. In die andere Richtung erfolgt es ähnlich: Aus Analyse, Optionsentwicklung und Handlungsplanung ergeben sich Ablaufpläne, die gedanklich so plastifiziert, greif- und vorstellbar werden, dass man den Plan bildlich begreifen kann. Die Umsetzung des analysebasierten Plans bekommt daher wieder einen intuitiven Charakter. Zudem beziehen sich die Ergebnisse »ausgeklammerter« analytischer Arbeit auf intuitive Ursprünge. Zusammengenommen aggregieren sich im Einsatzmodell die Problemlöseelemente aus intuitiven und rationalen Methodenbereichen. Es ist daher der zentrale Übergangspunkt.

Aufgabenverteilung in der Führungsspitze
Die menschliche Aufmerksamkeitsspanne wird vor allem durch (individuelle) Stressoren gemindert, was in Folge die Ausübung rationaler Vorgänge einschränken kann. Diese Problematik kann gemindert werden, indem durch Doppel- oder Mehrfachspitzen die kognitiven Ressourcen erhöht werden. Die Zuständigkeit für Prüfung und Übergang sollte der prozesswahrenden Rolle zugewiesen werden. Dieser Methodenverantwortliche steht gleichberechtigt neben dem erfahrenen Entscheider. Er ist dafür zuständig, die Wechselnotwendigkeit zwischen dem erfahrungs- und analysegeleiteten Vorgehen zu überprüfen und bei Notwendigkeit eine entsprechende Schleife einzuleiten. Je nach Geschäftsverteilung kann er die Schleife auch gänzlich durchführen und das Ergebnis übergeben. Es ist naheliegend, dass mehrere Führungspersonen die Instrumentenwahl unterschiedlich beurteilen, weswegen ein gemeinsames Befinden ratsam ist.

Zusammenfassung: Instrumente für die Prüf- und Übergangsphase

Das Prüfen und Wechseln zwischen intuitiven und rationalen Methoden kann mit den vorgestellten Instrumenten zielführend, unkompliziert und realitätsnah durchgeführt werden. Diese Werkzeuge sind in Tabelle 10 zusammengefasst. Sie dienen der Bewusstseinsschärfung für die Wechselnotwendigkeit und bestärken damit die begrenzte Rationalität als natürliche Vorgehensweise. Die Prüfung, der Methodenwechsel und aber auch die Entscheidung zum Verbleib in der jeweiligen Methodenart wird als rationaler, weil der Vernunft folgender, Schritt verstanden. Die Prüf- und Übergangsphase zählt daher strenggenommen bereits zum rationalen Vorgehen.

Mit dem Übergang zu rationalen Methoden verändern sich Kompetenzanforderungen an die Führungsperson. Sie agiert zerteilend, aufgliedernd und nimmt das Ganze auseinander, indem sie nachdenkt und (selbstüber-)prüfend überlegt. Wo vorher eher im konkreten Problem gedacht wurde, werden nun mit allgemeinen Verfahren deduktiv Probleme angegangen. Es wird also ein stückweit mehr vom Allgemeinen und Abstrakten her gedacht. Die Genese von Lösungsansätzen erfordert einen gewissen Überblick (Metaebene) und einen gewissen Abstand in Form von Distanz (gleiche Ebene) bzw. rückwärts vom Ergebnis her gesehen (Zeitverlauf). Oft herrscht allerdings die Nahperspektive vor, in der man bereits aus der Gegenwart auf sich selbst in der Vergangenheit blicken sollte. Insgesamt agiert die Führungsperson im rationalen Bereich reflektierend-analytisch (kurz: Analyst). Wo im intuitiven Bereich die Führungsunit im Ganzen als Sensor fungierte, agiert nun eine einzelne Führungsperson als analytischer Aktor. *Es gibt also eine gewisse Verschiebung von der Gruppe zur Führungsperson, von der Erfahrung zur Genese sowie vom schnellen Entscheiden anhand von Heuristiken, Mustern und Schemen hin zu höheren kognitiven Aufwänden.* Die »Wichtigkeit« der Führungsperson nimmt dabei nicht zwangsläufig zu. Vielmehr ist das Gewicht der Intuition oder Analyse auf beiden Seiten der schleifenförmigen Entscheidungstheorie von Bedeutung – und beides kann an dieselbe oder an eine andere Führungsperson gebunden sein.

Praxistipp:

Die Auswahl des passenden Instruments und damit die Verantwortung für erfahrungs- oder analysegeleitetes Vorgehen obliegt der Führungsperson. Bereite dich deswegen gut auf die Instrumentenwahl vor!
Nutze die Vorteile und kompensiere die Nachteile von erfahrungsgeleitetem Vorgehen (Geschwindigkeit vs. Endlichkeit der Erfahrung) und von analysegeleitetem Vorgehen (strukturierende Wirkung vs. kognitiver Aufwand)!
Das Einsatzmodell ist der zentrale Übergangspunkt (Trennung in Problemfelder, Aggregierung von erarbeiteten Problemlöseelementen).

6.3 Begrenzt rationales Entscheiden in der Einsatzführung

> Weise die Zuständigkeit für die Übergangsprüfung einer Person in der Mehrfachspitze zu (Prozesswahrer, Methodenverantwortlicher)!
> - Reichen unsere Erfahrungen aus und passen sie zum aktuellen Problem?
> - Ist etwas atypisch?
> - Können wir uns das Problem vor unserem geistigen Auge vorstellen oder müssen wir uns das aufzeichnen (extrem unwahrscheinliche Ereignisse, exponentielle Entwicklungen)?
> - Haben wir die kritischen Punkte verstanden? Funktioniert unser Plan unter den aktuellen Umständen? Stimmen unsere Erfahrungen zu den kritischen Punkten mit dem aktuellen Problem überein? Können wir auf Basis unserer Erfahrungen handeln oder müssen wir unsere Entscheidung stärker strukturieren?
>
> Blicke vorausschauend aus der Zukunft auf dein Handeln zurück (Regnose) und beziehe diese Erkenntnis in deine Entscheidungsschleifen mit ein!

6.3.3 Analysegeleitete Einsatzführung

Die analysegeleitete Einsatzführung ist der rationale Methodenteil des begrenzt rationalen Vorgehens und dient dazu, die Vorbereitung von Entscheidungen zu strukturieren. Damit soll ein möglichst umfassender Wissensstand erreicht werden, der dem Entscheider ermöglicht, unter Abwägung der Vor- und Nachteile die bestmögliche Entscheidung zu treffen. Im erfahrungsgeleiteten Bereich ist der Blick implizit auf das Zielsystem gerichtet. Mit dem Übergang zu rationalen Methoden weitet sich der Fokus ausdrücklich auf den gesamten Einsatz (zzgl. Führungs- und Ausführungsunit, Umwelt). Rationale Komponenten werden da ergänzt, wo die erfahrungsgeleitete Vorgehensweise Schwächen hat bzw. ungeeignet ist. Der Methodenteil ist in zwei Bereiche gegliedert:

1. strukturierte Herleitung des Wirkpfades,
2. strukturiertes Herbeiführen von Entscheidungen.

Manche der folgenden exemplarischen Instrumente sind teils aus der Praxis bekannt. Andere wurden im vorderen Buchteil vorgestellt. Sie werden nun in einem gemeinsamen Kontext gerahmt. Aufgrund der konstatierten Schwierigkeiten linearer Entscheidungshilfen wird an dieser Stelle kein solches Stufenmodell empfohlen. Stattdessen wird auf den Stabsablauf verwiesen, dessen Elemente sich *puzzleartig* zusammenfügen und sich das Gesamtbild des Einsatzes sinnbildhaft aus den jeweils passenden Teilen ergibt (Gißler, 2019 b). Es kommt auf die Anwendungsweise an:

Die einzelnen Stufen dürfen nicht als Reihenfolge verstanden werden, sondern bezeichnen den jeweiligen Stand im Prozess (Malik, 2015). Wo in den Organisationen der Leserschaft dennoch Stufenmodelle eingesetzt werden, dürften sie nicht so verstanden werden, dass sie *stringent* durchlaufen werden müssen, sondern dass die einzelnen Elemente *strukturierend wirken* sollen.

6.3.3.1 Teil 1: Herleitung des Wirkpfades

Der erste Teil ist eine Analysemethode zur Zentrierung der Wirkungen. Anhand des Wirkpfades in Bild 7 wird das Handeln suffizient auf das Einsatzergebnis ausgerichtet. Der Wirkpfad der Führungsarbeit in der jeweiligen Mission wird erstmalig bei der intuitiven Einsatzführung thematisiert, wo er ins Einsatzmodell eingezeichnet wird. Dort beschränkt er sich auf erfahrungsgemäße Vorgehensweisen. Zwar wird der Einsatz als in die Umwelt eingebettet verstanden, aber der Fokus ist eher begrenzt und liegt auf dem Zielsystem. Dieser Blick wird durch die strukturierte Herleitung des Wirkpfades erweitert, indem dessen Schritte bewusst reflektiert werden. Dazu zählt die Analyse folgender Punkte.

Analyse der Führungsleistungen
Die Führungsperson sollte sich grundlegend den Aufgabencharakter vergegenwärtigen. *Handelt es sich um eine Entscheidungs- oder Koordinationsaufgabe?* Mit dem Befund können die Stellschrauben im Führungssystem justiert werden. Danach sollten die Erwartungen an die Führungsleistungen analysiert werden, mit denen die Voraussetzungen für die Ausführungsleistungen operativer Akteure geschaffen werden. Der Anteil der Führungsarbeit am Gesamtergebnis des Einsatzes kann sich die Führungsperson mit folgender Frage gewahr machen: *Was ist der Beitrag der Führungsunit zum Einsatz* (Funktionieren als Solches, Führbarkeit des Einsatzes herstellen, Zeitvorteile erarbeiten, Wirkungen herbeiführen)? Durch das Spiegeln der konkreten Mission an den vier allgemeinen Führungsleistungen können aktuelle Bedarfe diagnostiziert und mögliche Erfordernisse antizipiert werden. Durch das Sichtbarmachen der Bedeutung der Führungsarbeit für die Ausführungsarbeit bzw. für den gesamten Einsatz wird die Klarheit der eigenen Aufgabe gefördert. Dies wiederum ist eine Voraussetzung, um in der Führungsarbeit das wirklich Notwendige erkennen zu können und in Folge eher weniger wichtige Tätigkeiten reduzieren zu können (Suffizienz).

Vom intuitiven Bereich her kommend sollte die Führungsperson selbstkritisch reflektieren, ob der Einsatz funktioniert. Der Spiegel ist die Frage, ob die typischen

6.3 Begrenzt rationales Entscheiden in der Einsatzführung

Problemkategorien der Führungsarbeit abgedeckt sind. Durch das Einbeziehen der Operationalisierbarkeit wird eine Gesamtsicht auf den Einsatz eingenommen. *Funktioniert der Einsatz* (Erzielung von Wirkungen; Berichterstattung, Meinung und Vertrauen; Wissen und Informationslage; Führbarkeit und Funktionieren der Führungsunit; Ausführbarkeit)? Diese generische Frage hält indirekt auch dazu an, zu überdenken, ob etwas atypisch ist, sich nicht in die Kategorien einordnen lässt und somit einer besonderen Behandlung bedarf.

Analyse der Einsatzresultate
Insbesondere in subjektiv komplexen, in weitestgehend unbekannten oder in sich erst konkretisierenden Situationen kann unklar sein, worum es »eigentlich geht«. Dazu wird bereits bei der erfahrungsgeleiteten Einsatzführung gefragt, was wozu getan werden muss/was zu behandelnde Probleme sind. Die Anwendbarkeit der Controls endet aber faktisch an der Grenze des Erfahrungsschatzes des Entscheiders. Zudem fokussieren sie das Problem eher aus der Sicht des Zielsystems. Diese Schwäche vermag das Analysieren der erwarteten Einsatzresultate zu kompensieren. Die Führungsperson sollte sich vor Augen führen, worum es im Einsatz aus genereller oder übergeordneter Sicht eigentlich geht. Hierzu dient folgende Frage: Was ist das herbeizuführende Einsatzergebnis (Schutzziel stützen, immaterielle Ziele bekräftigen, Wahrnahme organisationaler Souveränität)?

Analyse der Wirkziele
Beim erfahrungsgeleiteten Diagnostizieren des Zielsystemzustandes wird bereits implizit die Einsatzschwere festgestellt. Diese Diagnose sollte konkretisiert werden, indem der Auslenkungsgrad des Zielsystems anhand der Kriterien in Tabelle 4 bewusst analysiert und eingestuft wird. Dazu kann die Frage anleiten, ob es beim Einsatz um Abfedern, um Wiedereinlenken oder Weiterentwickeln des Zielsystems geht.

Insgesamt wird durch das Analysieren von Führungsleistungen, Einsatzresultaten und Wirkzielen der Wirkpfad strukturiert hergeleitet. Durch den analytischen Blick wird eine Sichtweise eingenommen, die über die Erfahrungsperspektive hinaus reicht. Indem klar wird, was am Ende des Einsatzes (nicht) erreicht werden soll, kann die Arbeit auf das (wirklich) Notwendige konzentriert werden. Durch das Antizipieren des Einsatzergebnisses werden zudem die Erwartungen an die Einsatzführung und damit auch das eigene Handeln reflektiert. Zusammengefasst wird durch die strukturierte Herleitung eine vertiefte Diagnose gestellt, was in der konkreten Situation vernünftigerweise zu tun ist. Diese Diagnose sollte unbedingt ausdrücklich und intersubjektiv eindeutig formuliert werden und grafisch oder textsprachlich festgehalten werden.

Praxistipp:
Vertiefe deine erfahrungsbasierte Diagnose über den Zustand des Zielsystems mit analytischen Methoden!
- Handelt es sich um eine Entscheidungs- oder Koordinationsaufgabe?
- Prüfe selbstkritisch, ob der Einsatz funktioniert (Erzielung von Wirkungen; Berichterstattung, Meinung und Vertrauen; Wissen und Informationslage; Führbarkeit und Funktionieren der Führungsunit; Ausführbarkeit)!
- Vergegenwärtige dir, was der Beitrag der Führungsunit zum Einsatz ist (Funktionieren als solches, Führbarkeit des Einsatzes, Zeitvorteile, Wirkungen) und was als Einsatzergebnis erwartet wird (Schutzziel schützen, immaterielle Ziele bekräftigen, Wahrnahme organisationale Souveränität)!
- Stelle den Auslenkungsgrad des Zielsystems nachvollziehbar fest und leite davon das Wirkziel ab (Abfedern, Wiedereinlenken oder Weiterentwickeln des Zielsystems)!

6.3.3.2 Teil 2: Herbeiführen von Entscheidungen

Der zweite Teil der analysegeleiteten Einsatzführung besteht aus Explorations-, Kollektions-, Bewertungs- und Orientierungsmethoden. Sie dienen der Verbesserung des Wissensstandes zu Fakten und Informationen sowie zu Vor- und Nachteilen. Ziel ist es, Entscheidungsgrundlagen zu schaffen. Im Folgenden werden an Einsatzbeispielen Techniken vorgestellt, wie man unter ungünstigen Bedingungen Entscheidungsgrundlagen schaffen kann. Es wird deutlich, wie stark die Herbeiführung der richtigen Entscheidung zum richtigen Zeitpunkt von der methodischen Sattelfestigkeit der Führungsperson abhängt.

Einsatzbeispiel: Herunterfahren des Flugbetriebs
Der Krisenstab eines Luftfahrtunternehmens war während der Corona-Pandemie von Januar bis Mai 2020 für den Flugbetrieb zuständig. In dieser Einsatzphase war es die Aufgabe, sichere und verlässliche Operationen zu gewährleisten sowie zum Ende hin den Flugbetrieb kontrolliert herunterzufahren. Die Vorbereitung der Wiederaufnahme des Betriebs bei der erhofften zeitnahen Rückkehr der Passagiernachfrage

6.3 Begrenzt rationales Entscheiden in der Einsatzführung

bildete eine eigene Einsatzphase (Ramp-Up). Die Situationen und die Stabsarbeit werden im Folgenden verkürzt wiedergegeben. Die geschilderten Sachverhalte sind zum Informationsschutz und zum besseren Verständnis vereinfacht und auf wesentliche Punkte beschränkt.

Instrument für Abstrahieren und Bewerten

Die im Folgenden geschilderte Besprechung diente der Situationserfassung und Entscheidungsfindung. Die Fragestellung lautete grob, ob die Airline angesichts des neuartigen Virus noch in das vermeintliche Ursprungsland fliegen könne. Das Bekanntwerden der Krankheit lag etwa 20 Tage zurück. Wesentliche Fragen zum Übertragungsweg, Inkubationszeit und Letalität waren unklar, ließen aber unter damaligen Verhältnissen schon eine erste Beurteilung der Auswirkungen auf die Passagierluftfahrt zu (anhand von Erfahrungen mit SARS, MERS, Ebola). Unklar war, ob die Behörden des Ursprungslandes die relevanten Informationen mit der Weltgesundheitsorganisation offen teilten und ob die behördlich kommunizierten, angeblich getroffenen umfangreichen Bekämpfungsmaßnahmen der Wahrheit entsprachen. In Europa waren einzelne Krankheitsfälle zu verzeichnen. Die künftige Entwicklung der Gesundheitslage wurde mittelfristig eher pessimistisch antizipiert. Insgesamt ließen Infektionszahlen und Krankheitsverläufe einen Flugbetrieb mit einem minimalen und deswegen akzeptablen Risiko für die Gesundheit der Crews klar noch zu (*Faktor Gesundheit*).

In den Medien war die Verbreitung der Krankheit mit all ihren Facetten seit Tagen führendes Thema. Die Berichterstattung im DACH-Gebiet war kaum mehr auf Fakten fokussiert. Vielmehr wurde emotional berichtet, Einzelschicksale aufgegriffen und eigentlich unwichtige Fakten zu Eilmeldungen hochgepusht. Als erste Airlines begannen (aus mutmaßlich wirtschaftlichen Gründen) die Flüge in das betroffene Land zu canceln wirkte sich diese Botschaft auch auf die Wahrnehmung der Crews der Airline aus. Es gingen zahlreiche Medienanfragen ein, jedoch entstand in der Öffentlichkeit kein Druck in der Art, dass es unverantwortlich sei weiter in das betroffene Land zu fliegen. Solche Erwartungen können als Pull-Effekt oder als Sogwirkung beschrieben werden (einer geht voraus, andere folgen mit). An dieser Stelle wurde deutlich, wie sehr die medizinische Beurteilung und die mediale Wahrnehmung auseinanderfielen. Im Zielland war in den betroffenen Provinzen das öffentliche Leben quasi zum Erliegen gekommen: Schulferien verlängert, öffentlicher Verkehr eingestellt, Restaurants geschlossen und Veranstaltungen abgesagt. Die Crews konnten sich an den Übernachtungsorten teilweise nur noch sehr schwer verpflegen, weil nahezu alle Gaststätten geschlossen waren. Am frühen Vormittag des geschilderten Tages wurde eine Flugzeugbesatzung von den Behörden des

Ziellandes in einer Fieberkontrolle kurzzeitig festgehalten, weil an Bord ihres Flugzeugs ein Passagier als erkrankt verdächtigt wurde. Die lokalen Behörden drohten zunächst eine zwangsweise 14-tägige Quarantäne an und ließen die Crew erst nach langen Gesprächen mit ihrem Flugzeug zurückreisen. Die Behördenaussagen wurden insgesamt als widersprüchlich, keiner Linie folgend sowie zwischen lokalen und zentralen Stellen als nicht abgestimmt wahrgenommen. Es konnte in diesem frühen Pandemiestadium nicht abgesehen werden, wie die Behörden reagieren würden, wenn ein Crewmitglied auf der Dienstreise »nur« an einer gewöhnlichen Grippe erkranken würde. Es musste angenommen werden, dass das betroffene Crewmitglied gegen seinen Willen festgehalten werden würde und sich unter möglicherweise fragwürdigen Bedingungen in Quarantäne begeben müsste. Insgesamt konnte aus Sicht des Krisenstabes nicht mit ausreichender Sicherheit gesagt werden, dass die Versorgung und Freizügigkeit der entsandten Mitarbeitenden gewährleistet sein würde (*Faktor Fürsorge*).

Bedingt durch die allgemeine Berichterstattung in den Medien und das Bekanntwerden des Vorfalls der festgehaltenen Crew stieg bei den Mitarbeitenden das Unsicherheitsgefühl an. Immer mehr Crewmitglieder meldeten sich für bestimmte Flugverbindungen krank. Wohlgemerkt sprach zu diesem Zeitpunkt aus medizinischen Gründen nichts gegen Flüge in das Zielland. Zum Zeitpunkt der Krisenstabssitzung konnten noch alle Flüge mit ausreichend Personal besetzt werden. Es wurde allerdings erwartet, dass die Bereederung der Flüge in den kommenden Tagen schwieriger werden würde, weil die Crewmitglieder zunehmend verunsichert werden würden und sich in Folge krankmelden oder auf die sog. Angstklausel berufen könnten. Wann die Personalverfügbarkeit einen kritischen Punkt erreichen würde und ob es dafür ausschlaggebende Faktoren geben würde, konnte nicht genau eingegrenzt werden. Es war jedoch klar, dass es irgendeine Art Kipppunkt geben würde, ab dem die Besetzung der Schichten sehr schwer werden würde (*Faktor Bereederung*).

Die Auslastung der Flüge war aus kommerzieller Sicht sowohl in den vergangenen Tagen wie auch in den kommenden Tagen zufriedenstellend. Im Zielland war Hauptreisezeit. An den Buchungszahlen konnte ein Auslastungsrückgang in etwa einer Woche vorhergesehen werden. Insgesamt war die Wirtschaftlichkeit der Flüge mittelfristig gegeben und langfristig fraglich. Die Kunden erwarteten aufgrund ihrer Buchung zurecht eine verlässliche Beförderung (*Faktor Profitabilität und Kunde*).

Die Krisenstabssitzung dauerte bereits etwa 75min an. Die Informationslage war sehr umfangreich, da die Airline eine Vielzahl an Flügen in unterschiedlich stark betroffene Provinzen des Ziellandes sowie angrenzende Länder durchführte. Zudem umfasste die übergeordnete Krisenorganisation weitere Airlines mit Hubs (Dreh-

6.3 Begrenzt rationales Entscheiden in der Einsatzführung

kreuzen). Es war relativ anspruchsvoll, die funktionale und divisionale Strukturkomplexität des Unternehmens in der besonderen Aufbauorganisation abzubilden und diese in der Entscheidung zu berücksichtigen. Die Bedeutung der Situation war klar geworden: Die Stabilität der Operationen konnte in Zukunft nicht mehr mit ausreichender Sicherheit gewährleistet werden, weswegen eine Reduzierung oder Einstellung des Flugbetriebs in die betroffene Weltregion notwendig war. Doch zu welchem Zeitpunkt würde der kritische Punkt erreicht sein? Welche Flüge waren noch vertretbar bzw. wichtig, um Crews, Expats und Dienstreisende sowie Staatsangehörige im Namen der Regierung in die Heimat zu transportieren? Waren Frachtflüge zur Versorgung des betroffenen Landes mit medizinischen Gütern gleichzusetzen mit Passagierflügen? Welche medialen und politischen Auswirkungen würden die Entscheidungen haben? Würde es Folgen für Verkehrsrechte und Slots an Flughäfen geben? Man begann sich ab etwa der 60. Minute im Kreis zu drehen und Argumente zu wiederholen. Man fand schlichtweg keinen Anfangspunkt, um die vielen »weichen« Argumente zu einer logischen Reihe zu ordnen. Wo das eine Argument ein K. o.-Punkt war, eröffnete es aus einer anderen Sichtweise wieder eine Möglichkeit. Mal war eine Begründung gegenüber Kunden und Öffentlichkeit stichhaltig, aber nicht gegenüber den Mitarbeitenden. Für den einen konkreten Flug galt das Argument, für die andere Verbindung nicht. Einzelne Stabsmitglieder wurden bereits unruhig, weil sie merkten, dass man nicht »vorwärts« kam und kein Lösungsansatz sichtbar war. Man könnte auch sagen: Es war kein Ausgang aus der vieldeutigen Situation zu erkennen, was die Führungskunst des Stabsleiters forderte. Er musste die Diskussion so moderieren, um zum Ziel der Situationserfassung zu kommen – nämlich entscheidungsfähig zu werden.

Der Stabsleiter fasste die vier Faktoren in kurzen Worten zusammen. Man könnte diese Punkte auch als Schutzgüter/Kontinuitätsziele, Chancen/Risiken, als Komplexitätstreiber oder im weitesten Sinne als Entscheidungsparameter bezeichnen. Er ordnete die Vielzahl Argumente den Überbegriffen zu – er abstrahierte also. Dabei schnitt er auch einen wesentlichen Teil der Diskussion ab – nämlich die Betrachtung der Einzelprovinzen des Landes und die Besonderheiten der Teil-Airlines. Dadurch wurde die Betrachtungsebene erhöht, die Auflösung gröber und die Fokussierung wurde anders. Anschließend forderte er die Ressortvertreter auf, die Bereiche zu bewerten: Für »Sichergestellt« sollte ein Plus vergeben werden; für »Nicht sichergestellt oder schlecht« sollte ein Minus vergeben werden; für »Lage zu unklar, um zu bewerten« sollte ein Fragezeichen gesetzt werden. Rasch wurde klar, dass zwei Faktoren zu unsicher waren, um sie überhaupt mit ausreichender Sicherheit beurteilen zu können. Zwei andere Faktoren waren eindeutig negativ. Die Bewertung erzeugte Sichtbarkeit. Zudem wurden die Vorstellungen zwischen den Stabsmitgliedern eindeutiger verstehbar, weil sie sich der gleichen Sprache bedienten und den gleichen Bezugspunkt hatten. Der Stabsleiter machte also qualitative Aspekte durch Überführung in eine andere Sprache (plus, minus, fraglich) vergleichbar. In Folge war die opportune und gleichzeitige sinnvollste Option rasch klar: Um nicht von Verschlechterungen einzelner Entwicklungen getrieben zu werden, erforderte die Situation die geplante Einstellung der Verbindungen zu einem gewissen Zeitpunkt. Auf jeder Verbindung war es jedoch notwendig (und ausreichend sicher möglich) einen letzten Flug durchzuführen, um Crews und Mitarbeitende sowie Flugzeuge zur Heimatbasis zurückzubringen. Das Ziel war es also, die Operationen zunächst stabil zu halten, um sie geregelt einzustellen. Der Krisenstab empfahl dem Stabsleiter diese Option und dieser nahm die Empfehlung an.

Der Stabsleiter hat durch den gezielten Einsatz zweier Werkzeuge eine unübersichtliche und vieldeutige Situation aufgeklärt. Allgemein sind Abstrahieren und Bewerten mittels Bewertungsinstrumenten wichtige Führungstätigkeiten zur Herbeiführung von Entscheidungen. Bewertungsinstrumente können neben der Gegenüberstellung und Gewichtung von Faktoren wie im Beispiel auch zum Optionsvergleich eingesetzt werden. Dabei können sie Teil eines Entscheidungsmodells wie FOR-DEC sein. Bewertungsinstrumente führen in der Regel zum kleinsten gemeinsamen Nenner. Das ist keinesfalls eine methodische Schwäche, sondern eine logische Konsequenz des Verfahrens. Eine Antwortmöglichkeit kann ein Minimum sein, das erreicht werden muss – das aber auch übertroffen werden kann. Dabei kann es vorkommen, dass durch das Abschneiden von Sachverhalten gewisse Besonderheiten nicht berücksichtigt werden. Beispielsweise kann es sein, dass auf Basis der Bewertung drei Fluggesellschaften nicht operieren können – aber eine sehr wohl, weil sie andere Voraussetzungen hat (z. B. wie der Flug gedreht wird und wo die Crews übernachten). Ausschlaggebend ist die Logik der Bewertungsmethode – und nicht der objektivierte Grund. Es handelt sich dabei also um eine *Ausnahme vom Grundsatz*. In so einem Fall kann die grundsätzliche Bewertung um eine spezielle Beurteilung ergänzt werden, um dem Einzelfall Rechnung zu tragen. Dabei ist es von höchster Bedeutung, dass die Argumente einander nicht schwächen oder gar gegenseitig aufheben. Die Argumentkette muss in so einem Fall gegen alle Widerlegungsversuche robust sein, um Bestand zu haben. Eine einfache Leitlinie kann sein »complain or explain« was so viel bedeutet wie das Verfahren bzw. die Entscheidung zu übernehmen oder die Abweichung bzw. Interpretation zu begründen.

Entscheidungen können auf Faktoren beruhen, die nicht kumuliert werden oder alternative Voraussetzungen sein können. Wenn es in so einem Fall beispielsweise fünf Kriterien gibt von denen drei dafür und zwei dagegen sprechen, dann müssen diese Aspekte miteinander in Kontext gesetzt werden. Wo Kriterien nicht auf

6.3 Begrenzt rationales Entscheiden in der Einsatzführung

denselben Nenner gebracht werden können, versagt die Methode des Optionsvergleichs ein stückweit. Es ist daher wichtig zu erkennen, ob die Art der Argumente einen direkten Vergleich zulässt oder nicht.

Entscheidungen, die Faktoren zur Sicherheitslage beinhalten sind relativ speziell. Sie müssen neben der Robustheit nämlich auch das Merkmal der Revidierbarkeit erfüllen. Sicherheitsfragen sind meist nicht eindeutig. Gerade bei Risiken mit sehr niedrigen Eintrittswahrscheinlichkeiten und gleichzeitig potenziell sehr hohen Auswirkungen fällt die Bewertung schwer. In sicherheitsorientierten Organisationen wird daher häufiger nach *Protection* statt nach *Production* entschieden. In Fällen, in denen die Sicherheitslage nicht unsicher, aber eben unklar ist, muss die Argumentführung einen Punkt beinhalten, der eine Revision erlaubt, sobald die Lage »klarer« ist (was nicht »sicherer« oder »weniger sicher« bedeutet). Die gegenwärtige Robustheit der Argumentkette darf durch die Möglichkeit der Revidierung jedoch nicht gemindert werden. Eine gute Möglichkeit ist der Aufbau der Begründung nach dem Schema: *Sachlage, Argument, Umstand, Revisionsmöglichkeit und Zeitpunkt*. Das führt zwar zu langen, aber eben robusten Sätzen wie im folgenden Beispiel: »Der Krisenstab hält die Operationen in das Zielland unter den besonderen medizinischen Punkten und den generellen Sicherheitsaspekten nach der derzeitigen Erkenntnislage auf Sicht für vertretbar und sicher durchführbar.«

Bei fehlenden Informationen oder neuartigen Problemen werden nicht selten Analogien bemüht. Das kann sinnvoll sein – weil dadurch Parallelen und Wirkmechanismen sichtbar gemacht werden. Allerdings können Analogien die Tatsachen verzerren. Zudem wird nur der Bereich beleuchtet, der von der Analogie abgedeckt ist. Das kann zu einem sog. Lichtkegelproblem führen, weil man außerhalb des Lichtkegels nichts sieht. Dieses Problematik ist nicht einfach zu beheben, insbesondere wenn es um statistische Dunkelzifferfragen geht. Abwesenheit von Evidenz ist etwas anderes ist als Evidenz für Abwesenheit (Taleb & Held, 2013). Als Entscheider muss man sich den Schwierigkeiten der argumentativen Aussagekräfte bewusst sein, um keine falschen Schlüsse zu ziehen.

Praxistipp:

Entscheidungen auf Basis eines kleinsten gemeinsamen Nenners müssen von allen Beteiligten übernommen werden oder die Abweichung (Ausnahme) bzw. eine andere Interpretation muss begründet werden (complain or explain). Entscheidungen speziell zur Sicherheitslage müssen revidierbar sein. Argumente für Etwas dürfen den Ausstieg aus Demselben nicht verhindern.

- Begründe deine Entscheidungen mit Sachlage, Argument, Umstand, Revisionsmöglichkeit und Zeitpunkt!

> - Abstrahiere und bewerte umfangreiche Sachverhalte in einer einheitlichen Sprache, um unübersichtliche und vieldeutige Situationen aufzuklaren! Stelle Punkte gegenüber, gewichte sie und vergleiche Optionen!
> - Entwickle robuste Argumentketten, die gegen alle Widerlegungsversuche Bestand haben! Achtung – Optionsvergleiche führen häufig zum kleinsten gemeinsamen Nenner aus denen sich (nur) grundsätzliche Minimalanforderung ergeben!

Instrument zum Explorieren und Auslagern von Fragestellungen
Im weiteren Verlauf der Krisenstabssitzung der Airline wurden Spezialflüge thematisiert. Ausgangspunkt waren mögliche Charterfluganfragen, um Staatsangehörige oder Mitarbeitende von anderen Unternehmen zu repatriieren. Nachdem die Frage aufgeworfen wurde, meldeten sich verschiedene Ressorts zu Wort: Slots an den Flughäfen, Überflugberechtigungen, Duty-Times bei gewissen Flugmustern, die Einwilligung von Flughäfen, um die Flüge in einer bestimmten Weise drehen zu können oder die Einreisebestimmungen für Crews waren nur einige der angebrachten Punkte. Im Handumdrehen entstand eine unübersichtliche und vor allem unsichere Wissenslage – denn kaum ein Aspekt konnte mit ausreichender Sicherheit abgesehen werden. Die pauschale Machbarkeit von Spezialflügen war völlig unklar. Die Diskussion wurde von Wenn-dann-Überlegungen dominiert. Richtigerweise wurden auch die zuvor geschilderten, aber eigentlich bereits abschließend diskutieren Faktoren wieder mit beleuchtet – dieses Mal zur Prüfung der Opportunität von Spezialfügen. Die Diskussion fächerte sich weit auf. Der Stabsleiter nahm kurz selbst an der Diskussion teil und hielt sich dann zurück. Nach wenigen Minuten unterbrach er die Diskussion und adressierte an ausgewählte Funktionen einen Arbeitsauftrag: Bis zum nächsten Vormittag solle der Bedarf an Spezialflügen evaluiert und mögliche Flugoperationen dafür ausgearbeitet werden.

Der Stabsleiter ermöglichte in dieser Situation durch das Auslagern und Zurückstellen einer umfangreichen und nicht zeitkritischen Fragestellung, dass sich der Stab wieder auf relevante Punkte fokussieren konnte. Dadurch hat er gleichzeitig (de)priorisiert und – indem er die Frage ausgeklammert hat – auch die Aufklärung einer unklaren Teilsituation veranlasst. Durch Einbindung von Experten außerhalb des Stabes wurde der nutzbare Kompetenzkreis erweitert. Für die Ausklammerung musste die passende Auflösung erkannt werden: Handelt es sich um ein Detailproblem oder um eine Fragestellung von allgemeiner Wichtigkeit? Das Auslagern von Fragestellungen dient der Beschaffung fehlenden Wissens und der Aufklärung

6.3 Begrenzt rationales Entscheiden in der Einsatzführung

unsicherer Informationslagen. Das Instrument ist eine Kollektionsmethode zur Wissenssammlung.

Explorieren

Das Auslagern von Fragestellen ist eine Möglichkeit, mit Unsicherheit umzugehen. Es dient dazu, einen Sachverhalt zu explorieren. Darunter werden sämtliche Tätigkeiten zusammengefasst, mit denen die Informationslage aufgeklärt und Wissen bereitgestellt wird. Diese Informationssuche kann teils einen investigativen Charakter annehmen, wofür jegliche geeignete Methode eingesetzt werden kann. Dazu werden auch Prognosemethoden wie Zeitstrahle und Optionsvergleiche gezählt (Gißler, 2019 b). Zur Überführung der reinen Wissenssammlung in verwertbare Informationen werden anschließend Kollektionsmethoden eingesetzt mit denen Bedeutungen sichtbar gemacht und Aussagen generiert werden. Man sollte sich als Entscheider stets vergegenwärtigen, was man eben nicht weiß und den betreffenden Bereich erkunden (lassen). Dadurch werden Pläne robuster, weil Handlungsmöglichkeiten nur soweit verengt werden, dass sie bei Aufklarung der Wissenslage noch zu den veränderten Gegebenheiten passen. Gerade wenn es um extreme Maßnahmen wie die Einstellung der Produktion, einen Shutdown des öffentlichen Nahverkehrs bei Anschlägen oder um einen Lockdown bei einer Pandemie geht, muss der Ausstieg aus diesen Maßnahmen bereits mitgedacht werden. Das bedeutet, dass die Argumente für die Maßnahme den Ausstieg aus demselben nicht verhindern dürfen. Ein angemessener Umgang mit Unsicherheit hilft deswegen auch, die Revidierbarkeit von Entscheidungen zu gewährleisten. Unsicherheiten müssen bei Entscheidungen und deren Kommunikation deswegen benannt werden.

Praxistipp:
- Mache dir in unsicheren Situationen klar, was du nicht weißt! Verenge deine Handlungsmöglichkeiten nur soweit, dass deine Pläne bei Aufklarung der Wissenslage noch funktionieren!
- Lagere umfangreiche Fragestellungen aus, um fehlendes Wissen zu beschaffen und die Informationslage aufzuklären (Exploration)! Nutze dabei auch Kompetenzen außerhalb der Führungsunit!
- Stelle reine Fakten und Vorhersagen zu klaren Bedeutungen und Prognosen zusammen (Kollektion)!

6 Kerntätigkeit Entscheiden

Instrument zum Reifenlassen von Entscheidungen

Bei der Einsatzführung geht es selten um ja/nein oder richtig/falsch. Es geht öfters um besser oder schlechter. Führungspersonen brauchen einen starken Kompass, um eine Richtung halten zu können. Die Ablenkungspotenziale vom Kurs sind multipolar und können sehr stark sein. Gerade wenn es kein Beispiel, also keine (ähnliche) Erfahrung, für eine Situation gibt, hilft ein entsprechendes Wertegerüst dabei, die bessere Richtung zu finden. Solche beispiellosen Situationen gibt es immer wieder, ohne dass es sich gleich um schwarze Schwäne handeln muss. Vielmehr kann es sich um Fragestellungen handeln, die schlichtweg neu sind – so auch im folgenden Beispiel. Im Verlauf des Krisenstabseinsatzes der Airline war es notwendig, einen Ausgang aus einem moralischen Dilemma zu finden. Das Problem ging von der Frage aus, wie mit (egal an welcher Krankheit) erkrankten dienstreisenden Crewmitgliedern im Ausland umgegangen werden sollte. Die Fragestellung fiel in einem Zeitraum, in dem sich die Einsatzziele im Stab veränderten.

Im Pandemieverlauf trat ein was vernünftigerweise zu erwarten war und gleichzeitig befürchtet wurde: Aus einem Flug in Richtung Heimatflughafen wurde ein Corona-Verdachtsfall gemeldet. Zu bemerken ist, dass es sich um ein Crewmitglied der Fluggesellschaft handelte. Nach der Landung wurden die Passagiere zunächst in einem aufwändigen Verfahren in einen separaten Raum gebracht und die betroffene Person medizinisch untersucht. Als nach mehreren Stunden feststand, dass es sich nicht um das Corona-Virus handelte, konnten die Passagiere ihre Reise fortsetzen, die Crew das Flugzeug verlassen und die Maschine für den Folgeflug vorbereitet werden. Bei diesem Verdachtsfall handelte es sich um einen der ersten im Heimatland des Unternehmens und zudem den ersten überhaupt am Flughafen. Das Medieninteresse war daher sehr hoch. In dieser Situation galt es grundlegend, das betroffene Crewmitglied und die restliche Crew zu schützen. Danach war es das Ziel des Krisenstabes, die Souveränität des Unternehmens unter den Bedingungen der hohen medialen Aufmerksamkeit zu wahren. Der Verdachtsfall und die damit zusammenhängende Medienarbeit führte zu einem sehr hohen Arbeitsanfall über etwa einen halben Tag.

Am selben Tag, aber ohne Zusammenhang mit dem Verdachtsfall, wurden die Aussetzung der Flüge in das vermeintliche Ursprungsland des Virus um weitere zwei Dutzend Tage verlängert. Im langfristigen Ausblick musste sogar befürchtet werden, dass die Destinationen in dem Land über eine gesamte Flugplanperiode (rund ein halbes Jahr) nicht angeflogen werden konnten. Dies bedeutete Kapazitätsüberschüsse bei Flugzeugen und Personal. Durch die fehlenden Flugbewegungen sanken die Flugstunden sowie die Starts und Landungen der Piloten. Weil zeitgleich ein Kapazitätsengpass bei Flugsimulatoren bestand, zeichnete sich ein Lizenzproblem für

6.3 Begrenzt rationales Entscheiden in der Einsatzführung

Piloten ab. Diese Aspekte wurden zu dem Zeitpunkt zwar noch in der Linienorganisation behandelt, dennoch kann gesagt werden, dass sich in diesem Zeitraum das Ziel herauskristallisierte, das gesamte Unternehmen längerfristig an die neue Situation anzupassen. Es musste also ein neuer stabiler Zustand gefunden und angesteuert werden. Dies war die Gesamtsituation an dem Tag, an dem festgelegt werden musste, wie zukünftig generell mit auf Auslandsdienstreise erkrankten Crewmitgliedern umgegangen werden sollte. Es drohten sich ein kurzfristiger und ein langfristiger Entscheidungsfall miteinander zu vermengen.

Zum Umgang mit erkrankten Crewmitgliedern wurde antizipiert, wie sich die Situation künftig weiterentwickeln könnte. Eine gewöhnliche Influenza wäre nicht auf absehbare Zeit mit einem Schnelltest vom Corona-Virus zu unterschieden gewesen. Dies wäre die Voraussetzung, damit ein an Influenza erkranktes Crewmitglied als Passagier im Flugzeug mit ins Heimatland reisen könnte. Ansteckungsgefahr und Letalität des Corona-Virus waren zu diesem Zeitpunkt nicht genau bekannt, sodass eine vergleichende Einordnung nicht möglich war. So wäre zwar die Separierung einer möglicherweise erkrankten Person durch ausreichende Sitzabstände machbar gewesen, jedoch konnte die Wirksamkeit dieser Maßnahme nicht beurteilt werden. Zudem stand zu befürchten, dass manche Behörden oder Passagiere nicht zwischen »begründetem Verdachtsfall« oder »gewöhnlich erkältet« differenzieren würden. Die Akzeptanz der Passagiere gegenüber einem möglicherweise mit COVID-19-infizierten Mitreisenden (Crewmitglied oder Passagier) wurde als gering eingeschätzt. Diese Gesichtspunkte standen für das Wohlergehen der Passagiere. In der Krisenstabssitzung wurde vermieden, eine bereits geführte Diskussion zur generellen Durchführbarkeit der Flüge erneut zu führen, indem auf einem bereits entschiedenen (und temporär gültigen) Stand aufgesetzt wurde.

Die Verheimlichung eines Krankheitsverdachts kam selbstredend nicht in Frage. Die Versorgungsstandards waren nicht in allen Destinationsländern auf einem Niveau, das eine mehrwöchige Quarantäne von Mitarbeitern angemessen erscheinen ließ. Je nach Abflugland konnte auch nicht sicher gesagt werden, ob die Behörden einen Verdachtsfall ausreisen lassen würden. Die Mitarbeitenden erwarteten unausgesprochen und zurecht, dass ihr Arbeitgeber im Falle jeglicher Erkrankung auf einer Dienstreise sich bestmöglich um sie kümmern würde – auch unter den besonderen Umständen. Wäre diese Gewissheit zur Diskussion gestanden, hätte dies das Vertrauen der Arbeitnehmer wahrscheinlich in den Grundfesten erschüttert. Diese Aspekte standen für das Wohlergehen der Mitarbeiter. Das Transportversprechen an die Passagiere und die damit verbundenen kommerziellen Aspekte waren an dieser Stelle untergeordnet.

Die Argumentführung war schwierig. Es standen zwei gleichwertige Güter gegenüber – nämlich die Gesundheit eines einzelnen Menschen (erkrankter Mitarbeiter) versus der potenziellen Gesundheitsgefährdung vieler Menschen (alle Personen an Bord). Abstrakt gesagt ging es darum, was schwerer wiegt – das Leben eines Einzelnen oder Vieler? Bei dieser Frage handelte es sich um ein moralisches Dilemma. Die Antwort darauf hängt von der Perspektive, von der persönlichen Betroffenheit und von den gegenwärtigen Umständen ab. Aus Sicht der Mitarbeitenden und der Gewerkschaft, der Passagiere, aus Arbeitgebersicht und von medizinischer Seite stellten sich die Antworten jeweils unterschiedlich dar. Betroffene würden zudem anders urteilen als unbeteiligte Personen oder (hypothetisch) gar Entscheidungsexperimentteilnehmer im Labor. Die Rahmenbedingungen wie die medizinische Versorgungssituation vor Ort, der Zustand der betroffenen Person, die politischen Gegebenheiten oder auch Flugzeugtyp und Auslastung konnten die Frage zudem nochmals aus einem anderen Licht erscheinen lassen. Die Betriebsart (»Modus«) ließ keine Geltendmachung besonderer Umstände zu. So stand in Anlehnung an Termini der Polizeigesetze keine »konkrete Gefahr« bevor. Es ging um Unsicherheiten, die nur in ungefährer Größenordnung beziffert werden konnten. Man war daher präemptiv unterwegs indem (im Wortsinn) man einer vorhersehbaren Entwicklung zuvorkommen wollte. Das Werteschema des Unternehmens war zwar ein guter Kompass zur Orientierung, aber gab auch keine »fertige« Antwort. Insgesamt war es nicht möglich, vorausschauend eine pauschale Entscheidung zu treffen, wie mit einem erkrankten dienstreisenden Crewmitglied im Ausland umgegangen werden sollte. Es wurde deswegen eine strategische Richtungsentscheidung getroffen, die im konkreten Fall konkretisiert werden musste: Sollte es bei einem Crewmitglied auf Dienstreise einen begründeten Verdacht für eine ansteckende Erkrankung welcher Art auch immer geben, würde man sich im Rahmen der geltenden Reise- und Infektionsschutzbestimmungen zunächst um einen Heimtransport bemühen, wenn es medizinisch für den Betroffenen wie auch für Mitreisende vertretbar ist. Alternativ würde man einen speziellen Heimtransport avisieren oder die bestmögliche Versorgung vor Ort sicherstellen. Bei der Flugleitstelle wurde für solche Fälle zusätzlich zu den bestehenden Prozessen ein spezielles Verfahren festgelegt.

Die Entscheidung durchlief einen Reifungsprozess. Die zusammengetragenen Gesichtspunkte wurden aus unterschiedlichen Perspektiven beleuchtet. Dabei wurde bewusst auch eine kritische Haltung eingenommen. Damit konnte man sich der eigenen Ansicht klarwerden und auch über die Ansichten von Kritikern. Durch die intensive Beleuchtung wurden die Punkte erstens greifbar. Zweitens wurden sie geschärft und von Randaspekten befreit. Drittens wurden die Aspekte gegenseitig eingeordnet. Erst dadurch kristallisierte sich heraus, was ein Punkt jeweils im

6.3 Begrenzt rationales Entscheiden in der Einsatzführung

Vergleich zu einem anderen Punkt überhaupt wog. In dem Reifeprozess wurden die Argumente also buchstäblich gegeneinander abgewogen. Wo es keinen Maßstab gibt, muss das Gewicht der Punkte erst gefunden werden. Wo es keinen Referenzpunkt gibt, um etwas zuordnen zu können, muss man Punkte gegenseitig einordnen. Das war die Voraussetzung, um die Aspekte ins richtige Verhältnis zueinander setzen zu können. Erst durch die Verleihung ihrer Kraft wurden die Punkte zu Argumenten. In die Erwägungen müssen alle Punkte mit ihren relativen, gewichteten Kosten und Nutzen einfließen. Dieser Prozess dauert zwar seine Zeit, jedoch nimmt er Wucht und Emotion aus gewissen Diskussionen, weil er objektiviert. Gerade beispiellose Situationen erfordern Suchprozesse. Das gilt im Kleinen (z. B. für einzelne Führungspersonen) wie im Großen (für Unternehmen oder Regierungen). Durch das Abwägen kann sich die Führungsperson buchstäblich besinnen. Die Reifung der Argumente schafft das notwendige Gerüst, um in einem per se unauflösbaren Dilemma die für sich richtige Position zu finden und diese untermauern zu können. Die Reife der Argumente schafft deswegen auch Verhältnismäßigkeit.

Die Situation erinnert an das allgemein bekannte Trolleyproblem. In diesem moralischen Gedankenexperiment muss man sich entscheiden, ob man einen Zug auf ein Gleis mit einer Person umlenkt, um fünf Personen zu retten. Dafür gibt es unterschiedliche subjektive und objektive Lösungsmöglichkeiten, u. a. dass die schlechte Folge eine unbeabsichtigte Nebenfolge ist (Prinzip der Doppelwirkung) oder, dass eine vorhandene Gefahr umgelenkt und keine neue erzeugt wird. In der (nicht-)polizeilichen Gefahrenabwehr gibt es dafür klassische Beispiele. Führungspersonen müssen mit solchen Fragen in Anbetracht der tatsächlichen Ergebnisse ihres Handelns umgehen können (Verantwortungsethik). Sie müssen solche Situationen trotz ihrer Seltenheit schnell wiedererkennen und Argumente dazu stichhaltig aufbauen können. Dabei muss die jeweilige Rechtslage bezüglich Tun und Unterlassen in der speziellen Situation der Pflichtenkollision berücksichtigt werden.

Kommunikative Dilemmata ergeben sich immer wieder auch bei Sicherheitsthemen, wenn dem Wunsch nach Planbarkeit die Unberechenbarkeit gegenübersteht. In großen Organisationen wird gerade in Ausnahmesituationen oft nach Einheitlichkeit gerufen, obwohl es zwischen den Divisionen durchaus Unterschiede gibt (ähnliches gilt für lokale Besonderheiten bei der Katastrophenbewältigung in einem ganzen Land). Besonders schwierig ist Kommunikation wo es Bedürfnisse nach Verlässlichkeit gibt, obwohl das Ereignis auf längeren oder kürzeren Linien Flexibilität erfordert. Diese *Gegenpole* gilt es beim Herbeiführen von Entscheidungen herauszuarbeiten.

Richtungsentscheidungen
Die beschriebene Entscheidung war eine Richtungsentscheidung. Sie kann als strategisch bezeichnet werden: weit nach vorne gerichtet, agierend, nicht nur auf gegenwärtig verfügbare Ressourcen beschränkt und eine längerfristige Ausrichtung des Handelns. Sie war zudem *präemptiv* was so viel bedeutet, dass einer sich bereits abzeichnenden Entwicklung zuvorgekommen wird (Dudenredaktion, o. J.f). Solche präemptiven Entscheidungen bleiben in gewissen Teilen abstrakt. Sie eröffnen ein Spektrum an Handlungsmöglichkeiten und sind nicht konkret festgelegt. Strategische Entscheidungen bedürfen daher einer Interpretation – auf nachgelagerten Führungsebenen oder in der konkreten Situation. Anders gesagt: Richtungsentscheidungen können da getroffen werden, wo keine endgültige Festlegung möglich oder sinnvoll ist, aber eine Ausrichtung des Handelns schon notwendig ist. Wo noch sondiert und verhandelt werden muss beziehen sie sich auf »Landezonen« und stecken »Korridore« ab. Sie geben »Guidance«, weswegen sie auch der Orientierung von Geführten und im weitesten Sinne der Überführung von Chaos in Ordnung dienen. Innerhalb des Orientierungsrahmens bleibt man beweglich, um Justierungen der Verhältnismäßigkeit vornehmen zu können. Rahmenentscheidungen dienen auch dazu, Organisationen auf veränderte Bedingungen auszurichten und einen (neuen) stabilen Zustand zu erreichen. In systemtheoretischen Sinn geht es bei präemptiven Entscheidungen darum, die Operationen eines aktuell funktionierenden Systems vorbeugend herunterzufahren oder zu verändern, obwohl noch keine Auslenkung erfolgt ist.

Die Akzeptanz von Richtungsentscheidungen hängt von ihrem Zeitpunkt und der Art und Weise ihrer Kommunikation ab. Sie wirken weit in die Zukunft, aber die Auswirkungen, die man abwenden will, sind noch nicht eingetreten. Das kann bei Geführten wie bei Betroffenen die Akzeptanz in Frage stellen. Es ist (noch) kein Problem sinnlich wahrzunehmen – und trotzdem soll man daran arbeiten bzw. Einschränkungen in Kauf nehmen. Die Bereitschaft dafür hängt wahrscheinlich zu großen Teilen von der Natur des jeweiligen Ereignisses und der menschlichen Wahrnehmung ab. So dürfte die Akzeptanz der Bevölkerung für einschneidende Maßnahmen bei Freizügigkeit und Berufsausübung während des ersten Lockdowns wegen der Corona-Pandemie im Frühjahr 2020 auch darin begründet sein, dass die Bedrohung viel greifbarer und näher war als beispielsweise die Folgen der sog. Klimakrise im gleichen Zeitraum. Dieses Phänomen kann ganz allgemein in der Bevölkerung auftreten, aber auch bei Einsatzkräften oder Belegschaften. Gegenwärtige oder direkt (sinnlich) spürbare Sachverhalte können subjektiv bedrohlicher sein als zukünftige Ereignisse oder solche, die man nicht konkret selbst erfährt. Das Denken und Wissen der Führungsperson und der Betroffenen fällt dabei ein stück-

6.3 Begrenzt rationales Entscheiden in der Einsatzführung

weit auseinander. Die Betroffenen schöpfen ihre Erkenntnisse aus den gegenwärtig wahrnehmbaren Auswirkungen auf sich selbst, auf ihr soziales bzw. berufliches Umfeld oder auf öffentliche bzw. unternehmensinterne Informationen. Die Führungsperson allerdings denkt (weit) in die Zukunft, stützt sich auf Prognosen und Experteneinschätzungen. Man kann sagen, dass beide in verschiedenen Zeitkategorien denken. Diese »Lücke« muss durch eine entsprechende Kommunikation geschlossen werden, um bei Geführten und Betroffenen die notwendige Akzeptanz zu schaffen. Es gilt, durch Risikokommunikation die Einsicht in die Notwendigkeit zu erzeugen. Erschwert wird dies, wenn man trotz eines hohen Selbstanspruchs an die Transparenz des eigenen Handelns gewisse Entscheidungsgrundlagen wie beispielsweise Geheimdienstinformationen nicht als Begründung anführen kann. Ein bekanntes Beispiel bei dem rückblickend möglicherweise mehr Transparenz angebracht gewesen wäre (mehr Information zugemutet hätte werden können) ist ein Satz aus der Begründung des deutschen Innenministers zur Absage eines Fußballländerspiels am 17.11.2015: »Ein Teil dieser Antwort könnte die Bevölkerung verunsichern« (Munzinger, 2015). Die Erfahrung zeigt, dass sich Strategie und strategische Kommunikation gegenseitig entwickeln können. Wo »auf Sicht« gefahren wird, sind die Lücken zwischen den Zeitkategorien klein und rasch zu überbrücken. Wo allerdings einige Tagen oder gar Wochen vorausgedacht wird, kann es sinnvoll sein, den Zeitpunkt der Entscheidungsverkündung etwas zu verzögern und die Geführten und Betroffenen kommunikativ darauf vorzubereiten oder sie mit hinleitenden, kleineren Entscheidungen sukzessive darauf auszurichten. Dieses Vorgehen erfordert keinen fertigen Plan (den es umständehalber nicht geben kann), aber es wird bedingt durch den Weitblick und Offenheit der Entscheider für Veränderungen zum Besseren und Schlechteren.

Auf Sicht fahren
Die Redewendung »auf Sicht fahren« meint im weitesten Sinne, dass nur Entscheidungen getroffen werden, deren Folgen absehbar sind. Es wird eine Richtung eingeschlagen, deren Kurs korrigiert werden kann. Im Umkehrschluss werden keine Entscheidungen getroffen, deren Auswirkungen zu langfristig sind, als dass sie zu ermessen wären. »Auf Sicht fahren« ist nicht immer positiv behaftet. Dabei steht es eigentlich für ein verantwortungsbewusstes Handeln in höchst anspruchsvollen Führungssituationen. Indem man einen Weg einschlägt, dessen Kurs justiert (nicht korrigiert!) werden kann, bleibt man flexibel. Diese Flexibilität muss man beim »auf Sicht fahren« dann allerdings auch wirklich mit dem ganzen »Unternehmenstanker« oder »Behördenapparat« erbringen können. Man lässt die Dinge kommen, entscheidet pragmatisch und bleibt bereit, das Vorgehen anzupassen. Es ist kein

»planloses« Agieren, sondern das Zugeständnis, dass die Situation aufgrund ihrer Intransparenz oder Dynamik noch keinen Plan zulässt. Man ist noch »ohne fertigen Plan«, weil man nicht (fertig) planen kann. Das »auf Sicht fahren« bezeichnet keine Strategie an sich, sondern einen *pragmatischen Führungsmodus, um sich einer Strategie zu nähern*. Wo auf Sicht gefahren wird, darf erwartet werden, dass eine Strategie entwickelt und die Sichtfahrt nach einem gewissen Zeitraum ausdrücklich beendet wird. Auf Sicht zu fahren heißt nicht einfach abwarten, sondern es wird erwartet, dass verbleibende Zeiträume für Vorbereitungen auf mögliche Maßnahmen genutzt werden. Es ist nicht gleichzusetzen mit Augenmaß als Verfahren, mit dem im Vertrauen in spontane, situationsangemessene Entscheidungen basierend auf Systemkenntnis geurteilt wird.

Ein stückweit wird eine Führungsperson transparent, wenn sie mit Richtungsentscheidungen agiert, aber trotzdem ein klares Ziel vor Augen hat. Indem sie Geführte, Betroffene und Beteiligte an ihren Überlegungen und Kurseinstellungen teilhaben lässt, werden diese mitgenommen. Transparenz bei der Suche nach der passenden Strategie kann über Rückflüsse die Entscheidungsgrundlagen besser machen. Das gilt für Führungsarbeit mit nationalem Ausmaß wie auch für die Krisenbewältigung in Unternehmen.

Das »auf Sicht fahren« macht eine permanente Schärfung der Vorgehensweise notwendig. Sprachlich gesehen kann beim »auf Sicht fahren« die Vorgehensweise nie in passgenaue (geschweige denn exakte) Bereiche kommen. Gerade in unbekannten Situationen ist wahrscheinlich, dass Maßnahmen überdosiert werden, weil man (richtigerweise) eher ein pessimistisches Szenario als Handlungsgrundlage nimmt. Ein gutes Beispiel sind die Lockdowns und Kontaktbeschränkungen in Deutschland in der Corona-Pandemie von März bis Mai 2020. Es kam zu Ungleichbehandlungen, die austariert werden mussten (sinnbildlich mussten Restaurants schließen; Friseure nicht). Von vorneherein war klar, dass Über- wie auch Unterdosierungen passieren würden und dass die Intensität der Maßnahmen laufender Anpassung bedurfte. Das Bundesverfassungsgericht hat dies in seinen ersten Corona-Entscheidungen betont: »Zu Beginn der Krise, in der akuten Notlage darf der Staat vieles, aber mit jedem Tag werden die Anforderungen höher« (Wefing, 2020). An die Exekutive wird also sinngemäß die Anforderung gestellt, Wissensdefizite zu beheben, Zustände aufzuklären, um damit Grundrechtseingriffe stichhaltiger begründen zu können. Zudem wird durch diesen Richterspruch indirekt zugestanden, dass in unklaren Situationen (zu Beginn der Krise, in Notlagen) »auf Sicht gefahren« werden darf, aber rasch das richtige Maß gefunden werden muss. Im übertragenen Sinne gilt diese Anforderung für jede unklare Entscheidungssituation.

6.3 Begrenzt rationales Entscheiden in der Einsatzführung

Wann es angemessen ist »auf Sicht zu fahren«, kann nicht pauschal gesagt werden. Ein starker Indikator ist das Neuartige. Es gibt Hinweise darauf, dass Gesellschaften nach gewissen Pfadabhängigkeiten handeln: Historische Punkte markieren Änderungen dieser Pfade. Routinen und Institutionen brechen auf. Es kann zu Paradigmenwechseln kommen. An solchen Punkten hat man kein fertiges Programm und man weiß nicht, was zu tun ist (Rosa, 2020). Diese Konstellation trifft in kleinerem Maßstab auch auf Organisationen zu. Wo sich (echte) Wendepunkte abzeichnen, kann Fahren auf Sicht angemessen sein. Solche Konstellationen dürften allerdings eher Ausnahme als Regel sein.

> **Praxistipp:**
>
> »Auf Sicht fahren« ist keine Strategie, sondern ein Modus, um sich einer Strategie zu nähern.
> - Lasse Entscheidungen reifen, um die Gewichtskraft von Argumenten zu finden und um Verhältnismäßigkeit zu schaffen!
> - Bereite dich auf die typischen moralischen Dilemmata deiner Führungsaufgabe vor (Doppelwirkungen, Trolleyproblem), damit du mit dieser Situation umgehen kannst (Verantwortungsethik)!

Auftragstaktik

Die Weisungsmethode der Auftragstaktik (Führung mit Auftrag) hat bei der analysegeleiteten Einsatzführung eine zentrale Bedeutung. Sie hat ihren Ursprung im Militär: Dabei erteilt die Führungsperson dem Unterstellten den Auftrag und gibt Ressourcen und den Zeitansatz vor (Einheit, Auftrag, Mittel, Ziel). Die Art und Weise der Durchführung bleibt allerdings dem Ausführenden überlassen (Weg). Damit Auftragstaktik funktioniert, müssen Aufgaben, Kompetenz und Verantwortung im jeweils richtigen Maß zueinander delegiert werden. Aufträge unterscheiden sich von Befehlen durch größere Freiheiten für den Ausführenden, wobei die Grenzen fließend sind. Entscheidend für die Auftragstaktik ist das »Was« erreicht werden soll. Wenn zusätzlich das »Wie« festgelegt wird, ist es tendenziell eher ein Befehl. Daher ist der sinngemäße Gegenentwurf zur Auftragstaktik die Befehlstaktik (Meurers, 2004). In diesem Buch wird für Befehls- und Auftragstaktik der Überbegriff der *Weisungsmethode* verwendet, weil sie das »Wie« der Handlungsanweisung beschreiben. Alternative Begriffe sind Führungskonzeption (Innenministerium Nordrhein-Westfalen, 1999) oder (unschärfer) Führungsmethode und Führungsprinzip.

Bei der Befehlsausübung geht es (vereinfacht) darum, eine Handlung genau so auszuführen wie angegeben. Das übergeordnete Ziel mag dem Ausführenden eventuell bekannt sein, aber er muss bei exakter Ausführung die Absicht des

Befehlsgebers nicht unbedingt verstanden haben. Dahingehend erfordert die Erteilung von Aufträgen, dass das übergeordnete, intendierte Ziel verstanden ist, damit das eigene Handeln darauf ausgerichtet werden kann. Das entspricht einem systemischen Ansatz, weil Betroffene (Ausführende) zu Beteiligten (Mitdenkenden) gemacht werden. Die Beteiligung macht Geführte zum Organ im Organismus. Der eigene Beitrag zur Mission wird unmittelbar sichtbar, wodurch das Ergebnis in den Vordergrund rückt. Systemtheoretisch geht es bei der Auftragstaktik also um Resultate. Die knappe Zusammenfassung bringt es auf den Punkt: »Auftragstaktik ist Führen durch Zielvorgabe« (Schweizer Armee, 2014). Im Kontext der Einsatzführung zielt Auftragstaktik also auf die Erreichung von Wirkungen im Zielsystem ab.

Durch Auftragstaktik werden Kompetenzen dezentralisiert. Dadurch entsteht ein hoher Freiheitsgrad bei der Ausführung. Der Einsatz läuft dabei bis auf gewisse Entscheidungsvorbehalte (vorgegebene Stoppunkte) quasi »ohne Zutun« der Führungsperson. Das führt zu einer starken Entlastung der übergeordneten Führungsebene. Durch die Erteilung eines Auftrags muss sinnbildlich nicht »eng«, »kurz« oder »schrittweise« geführt werden. Die Zusammenarbeit kann sich bestenfalls auf kurze Konsultationen (Vergewisserung, Zwischenberichterstattung) und die Erledigungsmeldung reduzieren. Dadurch werden Dynamiken abgepuffert. Die geschaffenen Freiräume sind erfahrungsgemäß sehr wertvoll, weil sie die Voraussetzung zum Reifenlassen von Entscheidungen schaffen. Reporte über Lageveränderungen dringen wegen »Kleinigkeiten« nicht mehr nach oben durch, da sie im Rahmen der eigenen Kompetenzen selbst bearbeitet werden können. Ein gutes Mittel um den Geführten die Absicht zu vermitteln (zu erzeugende Wirkung aufzuzeigen), ist die Orientierung mittels des visualisierten Einsatzmodells. Auftragstaktik ist aus dieser Sicht eine Stufenreaktion zur Komplexitätsreduktion. Die (zeitliche) Entlastung der Führungsperson ist ein reduzierter Führungsaufwand. Dadurch kann die Führungsspanne eher breit gehalten werden, weil eine Person mehr nachgeordnete Stellen führen kann als wenn sie »eng« mit Befehlen führen würde. Insgesamt erleichtert die Auftragstaktik als Organisationsphilosophie die Abbildung der Einsatzkomplexität, weil den Subsystemen im Einsatz Autonomie gewährt wird. Führung mit Auftrag ist daher eine wichtige Methode zur Herstellung der Führbarkeit.

Zentralität bzw. Dezentralität stellt man zumeist als einen eindimensionalen Regler vor, den man bezüglich einer bestimmten Division oder Fragestellung »einstellt.« Diese Vorstellung greift im Bild des Viable System Models allerdings zu kurz: Darin besteht die relative Autonomie immer aus mindestens zwei Dimensionen, nämlich die einzelnen Subsysteme (horizontal) und die Autorität der Systemganzheit (vertikal). In diesen Dimensionen verändert sich die Autonomie der Subsysteme fortlaufend – je nach der Kohäsion des Gesamtsystems (Malik, 2015). Daher muss

6.3 Begrenzt rationales Entscheiden in der Einsatzführung

man strenggenommen stets zwei Gesichtspunkte justieren, nämlich die *Verhaltensfreiheit* und die *Zustandsmöglichkeiten* des jeweiligen Subsystems. Will man die Divisionen einer großen Organisation in unterschiedlicher Intensität (de-)zenralisieren, kommt dies einem nie endenden Balanceakt gleich. Die Vor- und Nachteile von Dezentralität und Zentralität gilt es entsprechend dem zu lösenden Problem und den Anforderungen aus der Alltagsorganisation auszutarieren (u. a. Geschwindigkeit, lokale Problembearbeitung, Einheitlichkeit des Handelns, Kommunikative Vermittelbarkeit, Qualität von Entscheidungen mit vielen/wenigen Akteuren). Dazu gehört im informellen Bereich eine lösungsorientierte Zusammenarbeitskultur in der Pattsituationen konstruktiv aufgelöst werden können (ohne einfach nur den kleinsten Nenner zu finden) und in der eine Verbindlichkeit aus selbstverständlicher Übereinkunft herrscht (weil man der Sache dient). Es kann als gelungene »Einsatzvorbereitung« bezeichnet werden, wenn es in Einsätzen nicht zur Manifestierung unauflösbarer Gegensätze kommt. Das Gelingen der Auftragstaktik wird daher ein stückweit auch durch die alltägliche Zusammenarbeit bedingt.

Die Problemstrukturen heutiger Einsätze lassen vernünftigerweise keine andere Möglichkeit als konsequent mit Auftragstaktik zu führen. Bezogen auf den *Raum* erfordern der Anspruch an das bestmögliche Einsatzergebnis und die Erwartungen der Betroffenen die Berücksichtigung lokaler Besonderheiten. Die inhaltliche Breite und fachliche Tiefe von *Aufgaben* und die damit verbundene Vielfalt an *Ressourcen* und Akteuren lassen eine zentralistische Steuerung kaum zu, was auch mit dem Umfang der *Informationslage* zu tun hat. Das generelle Fortschreiten der *Zeit*, die Dynamik und Volatilität der Ereignisse erfordern Stufenreaktionen und lose Kopplungen um das strategische und normative Management arbeitsfähig zu halten, was ohne umfassende dezentrale Entscheidungskompetenzen kaum möglich ist. Zudem findet in Einsätzen *Lernen* z. B. von der Bevölkerung und von Tätern statt oder geschehen *Umweltanpassungen* wie Virenmutationen oder Schadcodeveränderungen, worauf man sich rasch einstellen muss. Diese Punkte umreißen die Schwierigkeit der Steuerung komplex-adaptiver Systeme, die durch die Komplexitätstreiber entstehen (vgl. Tabelle 7). Bei der Einsatzführung geht es darum, solche Systeme zu stabilisieren. Dazu braucht es eine zentrale Vorstellung von Stabilität (strategisches Einsatzziel) die nach kybernetischen Grundsätzen (Selbstregulation) durch lokale Akteure für ihren Bereich interpretiert und umgesetzt wird. Dies kann erreicht werden, indem der Einsatz als kybernetisches System verstanden, die Einsatzführung nach dem Viable System Model (vgl. Bild 6) konstituiert und mit Auftragstaktik geführt wird.

Die Auftragstaktik ist die methodische Grundlage für Rahmenbefehle im polizeilichen Bereich. Befugnisse werden vom Polizeiführer an Einheitsführer vor Ort delegiert. Dadurch werden dem Delegaten Handlungsspielräume eröffnet, um im vorgegebenen taktischen Rahmen selbst entscheiden zu können. Rahmenbefehle sind z. B. für Geiselnahmen in Form von Polizeidienstvorschriften und taktischen Leitlinien vorformuliert und durch die Ausbildung dem Polizeiapparat bekannt. Zur Beauftragung gibt es bei solchen vorbereiteten Fällen zwei Möglichkeiten: Erstens kann der Auftrag verteilt, aber inaktiv sein und der Beginn muss ausdrücklich befohlen werden. Dadurch können sich unterstellte Einheiten vorbereiten und rasch mit ihrer Arbeit beginnen. Dabei ist es durchaus gelebte Praxis und im Rahmen selbstständigen Handelns auch erwünscht, dass ein Einheitsführer vor Ort dem Polizeiführer im Führungsstab den Beginn der Einsatzmaßnahme empfiehlt und nicht einfach wartet, bis der Befehl dazu kommt. Zweitens kann der Auftrag pauschal von Beginn an erteilt sein und in bestimmten Fällen durch den Polizeiführer zurückgenommen werden. Diese quasi »umgekehrte Form« eines Rahmenauftrags ist der Entscheidungsvorbehalt: Indem spezielle Fälle unter den Vorbehalt der Zustimmung der Führungsperson gestellt werden, wird die Verantwortung für bestimmte Fälle der obersten Instanz zugeordnet. Ein Beispiel ist die Notintervention. Die Erlaubnis, in bestimmten Fällen auf eigene Entscheidung vor Ort zu intervenieren, kann unter den Vorbehalt den Polizeiführers gestellt werden. Damit wird in den Einsatz quasi ein Stopppunkt eingebaut. Über diesen Punkt hinaus kann sich der Einsatz dann nicht weiter entwickeln.

»Wie viel« Führung es vor Ort braucht kann nicht pauschal gesagt werden und ist in Gefahrenabwehr und Krisenmanagement nicht genau untersucht. Zur militärischen vernetzten Operationsführung gibt es dazu eine Art Denkschrift aus der deutlich wird, dass im Informationszeitalter für schnelles und lokal-zielgerichtetes Handeln mit Auftrag geführt werden sollte damit vor Ort entschieden werden kann (Alberts & Hayes, 2009). Allgemein gilt es, das beschriebene Spannungsfeld zwischen Zentralität und Dezentralität auszutarieren und ein Führungssystem zu konstituieren, das der zu bearbeitenden Problemstruktur, den Komplexitätstreibern und den Anforderungen aus der Alltagsorganisation angemessen ist. Wichtige Abgrenzungskriterien sind die Reaktionsgeschwindigkeit und die Transportierbarkeit von Bedeutungen. Über Entscheidungen die zeitkritisch bzw. über Fragen und lokale Besonderheiten die nur schwer vermittelbar sind, sollten eher vor Ort befunden werden. Ein naher Sitz der Führungsunit am Einsatzort kann kritisch werden, wenn sich die Gefahr ausbreitet. Indirekt ist Auftragstaktik mit dem Sitz der Einsatzleitung verbunden, denn je näher diese am Geschehen sitzt, desto weniger muss wegen der räumlich möglichen Zusammenarbeit überhaupt delegiert werden. Räumliche Mobilität der Einsatzleitung (also eine stete Präsenz vor Ort) dürfte daher ein stückweit ein Hinderungsgrund für die Anwendung das Führen mit Auftrag sein. Darin wird

6.3 Begrenzt rationales Entscheiden in der Einsatzführung

der Hauptgrund gesehen, warum in Polizeien und im Militär (Führung von »hinten« – nicht vor Ort) die Auftragstaktik erfahrungsgemäß »besser« funktioniert als in Übungen des Katastrophenschutzes dessen Einheiten es gewohnt sind, dass die Führungsunit eher in großen Einsatzleitwägen vor Ort sitzt. Zwar gibt die FwDV 100 die Auftragstaktik vor, die gelebte Praxis zeigt aber, dass Feuerwehrführungskräfte (vielleicht intuitiv, vielleicht weil die Einsätze nicht groß genug sind) in Übungen und Einsätzen Anweisungen geben, die von Aufbau und Spielraum her eher Befehlen entsprechen. Würde man die Auftragstaktik stärken wollen, wäre es eine plausible Möglichkeit, speziell Stäbe standardmäßig immobil zu platzieren (Vorteile: Minimierung von Zeitnachteilen, geringere Unterhaltskosten von Fahrzeugen, größere Gebietsabdeckung, besserer Schutz, höhere technologische Zuverlässigkeit) und Abschnitte (je nach Bedarf zugeschnitten nach Aufgabe, Raum, Ressource, Zeit) mit lokalen Führungsunits zu stärken. Anhand dieser Überlegung wird deutlich, dass die Führungsphilosophie sich in der Kompetenzverteilung über die Ausbildung bis zum Fuhrpark spiegelt. Umgekehrt muss die Führungsmittelausstattung von der Führungsphilosophie her gedacht werden. Vom Führenden wird die Kompetenz verlangt, *so zu führen* und vom Geführten wird die Führigkeit gefordert, *so geführt werden zu können*. Wo mangelndes Interpretationsvermögen beklagt wird (»Aufträge werden nicht verstanden«), kann es Ausbildungsdefizite auf beiden Seiten geben.

Verteilte Rahmenaufträge, gleichwohl ob aktiviert oder inaktiv, bedeuten Zeitersparnisse. Sie reduzieren die Reaktionszeit um diejenige Spanne, die zur Ausarbeitung des Auftrags benötigt würde. Zusätzlich reduzieren abgestimmte Rahmenaufträge auch Zusammenarbeitszeiten an externen Schnittstellen, weil Abstimmungen vorweggenommen werden. Das schafft die Voraussetzungen für Reaktionen binnen kürzest möglicher Fristen. Aus Idealsicht können sich Reaktionen dadurch instantan den Ursachen (z. B. Täteraktivitäten) annähern. Rahmenaufträge reduzieren damit auch Latenzzeiten im Führungssystem, weil Zeiträume »ohne Wirkung« verringert werden. Auftragstaktik leistet daher einen wichtigen Beitrag zur Erarbeitung von Zeitvorteilen.

Methodisch gesehen werden Rahmenaufträge den Richtungsentscheidungen zugeordnet. Sie ermöglichen, die Einsatzmaßnahmen mehr oder weniger stark in eine vorgedachte, aber noch nicht letztlich sichere Richtung zu lenken. Sie sind einerseits eine Organisationsmethode, um das Führungssystem aufzubauen. Andererseits dienen sie der Ausrichtung des Einsatzgeschehens und schaffen Freiräume, um Entscheidungen reifen zu lassen. Die Auftragstaktik bildet darum eine Klammer und geht noch etwas weiter, indem sie Grundsätze für das Organisieren bereitstellt. Insgesamt ist Führung mit Auftrag für das Entscheiden und die Ablauforganisation methodisch zentral und daher ein wichtiges Instrument in der analysegeleiteten Einsatzführung.

Praxistipp:

Auftragstaktik macht Betroffene zu Beteiligten, indem sie den Beitrag des Einzelnen zum Einsatzresultat sichtbar macht.
- Vermittle deinen Geführten deine Absicht und räume ihnen Handlungsspielräume ein!
- Generiere Zeitvorteile, indem du Einsatz Rahmenaufträge erstellt und verteilst!
- Setze Stoppunkte durch Entscheidungsvorbehalte!

Instrumente für Richtungsentscheidungen

Sich von Analysen leiten zu lassen bedeutet auch, Entscheidungen reifen zu lassen. Indem Wissen geschaffen, das Gewicht von Argumenten herausgearbeitet und die Verhältnismäßigkeit hergestellt wird, entsteht die Basis, um die eigentliche Entscheidung treffen zu können. Methodisch kann dies in folgenden Fragen zusammengefasst werden: Welche Punkte wiegen aus Sicht welcher interessierten Parteien wie schwer? Wie stehen sie im Verhältnis zueinander? Welchen Handlungsspielraum muss eine Richtungsentscheidung lassen? Speziell bei der Prüfung der Opportunität des Handelns kann das BELL-Modell (Schieweck, 2014) oder die zuvor angesprochene Re-Gnose eine gute Hilfe sein. Zum Reifeprozess kann gehören, Argumente mit Vertrauenspersonen zu diskutieren oder ergänzende Beratung einzuholen. Richtungsentscheidungen sind eine wichtige Führungsmethode. Sie werden da eingesetzt, wo keine endgültige Festlegung möglich oder sinnvoll ist, aber eine Ausrichtung des Handelns schon notwendig ist. Sie erfolgen, indem die mögliche Entwicklung antizipiert wird, der Entscheidungsbedarf abgeleitet wird und dann die Richtung, der Rahmen, Kompetenzen, Vorbehalte sowie ggf. dazugehörige Vorgehensweisen für die konkrete Entscheidung festgelegt werden.

Null-Risiko-Entscheidungen

Bei der Einsatzführung können in regelmäßiger Wiederkehr zwei Arten von Null-Risiko-Entscheidungen beobachtet werden: Erstens werden Entscheidungen »jetzt noch nicht« getroffen, weil man noch nicht genügend wisse oder man die Dringlichkeit noch nicht sehe. Das wird als Zaudern bezeichnet. Zweitens werden Entscheidungen mit Folgen getroffen, die sich rückblickend als unverhältnismäßig weit bzw. stark, nicht notwendig oder gar der Problemlösung nur peripher zuträglich erweisen. Das wird als Überziehen bezeichnet. Beide Fälle sind Null-Risiko-Ent-

6.3 Begrenzt rationales Entscheiden in der Einsatzführung

scheidungen, die vor allem dem Entscheider selbst dienen. Beim Zaudern will er vermeiden, falsch zu handeln und beim Überziehen will er sich nicht anlasten müssen, zu wenig getan zu haben. Landläufig kann man das auch als »Absicherungsdenken« verstehen. Dieser Begriff ist eher negativ belegt, sagt in diesem Kontext allerdings das Richtige aus. Die Entscheidung wird vor allem (nicht) getroffen, um den Entscheider abzusichern und eben nicht mit der Intention, die bestmögliche angemessene Wirkung im Einsatz zu erzielen. Psychologisch liegt der Unterlassungseffekt zugrunde, bei dem Nicht-Handlungen als risikoarmer eingeschätzt zu werden. Der Entscheider riskiert damit weit mehr »daneben« zu liegen als wenn er angemessene Entscheidungen trifft. Beim Zaudern werden Zeitvorteile vergeben. Beim Überziehen werden Kollateralschäden und Folgeschäden produziert. Beide Fälle sind leicht als mangelhafte Führungsleistungen zu erkennen, für die sich Führungspersonen plausibler Weise rechtfertigen müssen. Doch warum treffen Führungspersonen in der Praxis immer wieder Null-Risiko-Entscheidungen – egal ob Zaudern oder Überziehen?

Drei Punkte können das Sicherheitsdenken von Entscheidern gut erklären. Null-Risiko-Entscheidungen können aus einem eigentlich positiven Antrieb heraus entstehen. Das Bestreben, sich selbst oder seine Organisation vor Schaden zu bewahren, kann das Vernunftdenken emotional überlagern. In diesem Fall wird der Entscheider ohne eine rationale Methode und ohne eine gewisse Objektivierung durch Dritte nicht zu einer anderen Entscheidung kommen, weil sein Denken wie »gefangen« oder »eingefärbt« ist. Die Tendenz zum sicherheitsorientierten Entscheiden kann zweitens auch im Charakter begründet sein. Wer offener für Erfahrungen, gewissenhafter, extraversierter und weniger neurotizistisch ist (Big-Five-Modell) bzw. landläufig »mutiger« ist und Bereitschaft zeigt sich zu »exponieren«, wird plausibler Weise tendenziell weniger zaudern oder aus Befürchtungen heraus überziehen.

Eine dritte Erklärung kann Selbstsicherheit sein. Das zeigt die intensive Beobachtung von drei wahrlich »echten« Führungspersönlichkeiten in kritischen Entscheidungsmomenten (Zugriff in einer Geisellage, Fortführung von Betrieben mit rund 10.000 bzw. mehr als 100.000 Beschäftigten). Sie zeichneten sich durch einen Erfahrungsschatz aus, der ihresgleichen suchte und bestachen durch ihr besonderes Standing. Ihrer Verantwortung waren sie sich völlig bewusst. In den Situationen hätte man sehr einfach auf die »Sicherheitsseite« kippen können. Die Tragweite der Entscheidungen war so groß, dass eine Überprüfung quasi absehbar war. Die drei Führungspersonen bewegten sich zielstrebig mit einer Agilität durch den Entscheidungsfindungsprozess, die einerseits die Stabsmitglieder mitnahm und andererseits genau die relevanten Punkte erzeugte, um eine Entscheidung treffen zu können. Rückblickend erwiesen sich die getroffenen Entscheidungen als genau richtig. Das

6 Kerntätigkeit Entscheiden

Beherrschen des Herbeiführungsprozesses wird in diesen drei Fällen als hauptausschlaggebend für die Entscheidungsqualität befunden. Dabei muss klar gesagt werden, dass Fachwissen und Erfahrung mit hoher Wahrscheinlichkeit ebenso mit zur Qualität beitrugen. »Routine« greift als Beschreibung an dieser Stelle zu kurz – denn man kann auch routiniert darin sein, schlecht beherrschte Abläufe durchzuführen. Vereinfacht kann man sagen, dass Selbstsicherheit entsteht, wenn man das Handwerkzeug beherrscht.

Auf Basis dieser drei Beispiele kann nicht gesagt werden, welche Anteile die Persönlichkeit, Fachwissen und Prozesswissen über das Entscheiden daran haben, wenn Entscheider Null-Risiko-Entscheidungen treffen. Dennoch kann vorsichtig geschlussfolgert werden, dass Führungspersonen, die den Entscheidungsfindungsprozess souverän beherrschen, wahrscheinlich seltener zaudern und überziehen, weil sie sich selbst sicherer fühlen und gewiss sein können, dass sie den Argumenten das richtige Gewicht verliehen haben. Für Ausbildung und Training wird abgeleitet, dass sämtlichen Tätigkeiten zum Entscheidungsfindungsprozess eine hohe Aufmerksamkeit gebührt. Fehler im menschlichen Denken (Bias und Noise) sollten thematisiert und Entscheidern die Auswirkungen bewusst gemacht werden. Führungspersonen können dadurch Selbstsicherheit erlangen, die der Entscheidungsqualität und damit dem Einsatzerfolg stark zuträglich sein kann.

Praxistipp:
Nutze Richtungsentscheidungen in unsicheren Situationen, in denen strategische Orientierung benötigt wird, aber noch keine endgültige Festlegung möglich oder sinnvoll ist!

Zusammenfassung: Instrumente für analysegeleitetes Vorgehen
Einsätze können analysegeleitet mit den vorgestellten Instrumenten geführt werden. Diese Methoden sind in Tabelle 10 zusammengefasst. Sie dienen dazu, die Vorbereitung von Entscheidungen zu strukturieren und einen möglichst umfassenden Wissensstand zu generieren, um der Führungsperson zu ermöglichen, unter Abwägung der Vor- und Nachteile die bestmögliche Entscheidung treffen zu können. Intuitive Vorgehensweisen werden dabei nicht ersetzt, sondern durch Nebenanstellung analytischer Verfahren ergänzt.

Zum Kapitelabschluss wird festgestellt, dass Entscheiden (Wahl, Urteilen) etwas anderes als das Herbeiführen von Entscheidungen (Vorbereiten, Grundlagen-Schaffen, Findungsprozess) ist. Die Problembearbeitung ist ein Überbegriff dafür. Die Güte der Wahl hängt letztlich von der Güte der Herbeiführung ab. »Sattelfest« sind

6.3 Begrenzt rationales Entscheiden in der Einsatzführung

Führungspersonen, wenn sie unter ungünstigen Rahmenbedingungen Entscheidungen effizient herbeiführen können. Dafür wurde als Teil der Einsatzführungstheorie das wechselseitige Entscheidungsmodell vorgestellt, bei dem die Frage nach dem passenden Instrument im Vordergrund steht und der Entscheider in seiner natürlichen, begrenzt rationalen Vorgehensweisen bestmöglich unterstützt wird. Als Fazit kommt es beim Herbeiführen von Entscheidungen auf die (erlernbare) Methodik an.

7 Schlussbetrachtung

In diesem Buch wurde eine Theorie entwickelt, die Führung in Einsätzen von Gefahrenabwehr und Krisenmanagement universal und widerspruchsfrei erklären kann. Sie ist anschlussfähig an verschiedene führungs- und fachspezifische Theorien und deswegen für jegliche Organisationen geeignet. Die Theorie ist nutzerorientiert und soweit wie möglich verhaltensökonomisch. Zum Entscheiden in der Einsatzführung wurde ein begrenzt rationales Modell entwickelt, das den Anforderungen aus der Praxis gerecht wird und relativ nah am menschlichen Verhalten ist. Der Einsatzführungsalgorithmus dient der praktischen Anwendung.

7.1 Gesamtbeleg

Während der Corona-Pandemie kam es am Freitag, den 13. März 2020 im österreichischen Skiort Ischgl (Paznauntal, Bundesland Tirol) durch mangelhaftes Krisenmanagement zur panikartigen Abreise von 7.000 bis 8.000 Gästen. Ursächlich war ein Kommunikationsfehler des Bundeskanzlers, der in Zusammenhang mit systematischen Schwierigkeiten beim Krisenmanagement in den vorhergehenden Tagen eine panikartige Kettenreaktion auslöste. Der Fall ist ein umfassender falsifizierender Beleg für Nutzen und Notwendigkeit der Einsatzführungstheorie. Im Folgenden wird gezeigt, wie sich Mängel beim Einsatzführungssystem (Struktur und Funktion) und bei den Führungstätigkeiten (Entscheiden, Orientieren, Organisieren, Koordinieren) auf das Einsatzresultat auswirken können. Nach der Schilderung der Ausgangsbedingungen und Schlüsselstellen des Einsatzes werden diese analysiert und eingeordnet. Zugrunde liegt der Untersuchungsbericht einer unabhängigen Expertenkommission (Hersche et al., 2020) (kurz: Kommissionsbericht).

Das Infektionsgeschehen mit dem Covid-19-Virus nahm in Ischgl Anfang März deutlich zu, wobei typischen Après-Ski-Lokalen eine große Rolle zugeschrieben wird. In den ersten Märztagen wurden schrittweise Hygienevorschriften verschärft, der Après-Ski-Betrieb auf reine Gastronomie beschränkt sowie die maximale Personenzahl in Seilbahnen und Skibussen reduziert. Rückblickend hätte nach dem Kommissionsbericht mit dem am 09. März vorhandenen Wissen zur allgemeinen Virusverbreitung und zum örtlichen Infektionsgeschehen die Gesamtkonstellation im Skigebiet als Risikosituation definiert werden können. So wurde der Skibetrieb im benachbarten Italien bereits am 10. März eingestellt. In Tirol war geplant und vom für

7.1 Gesamtbeleg

Quarantäneanordnungen zuständigen Landeshauptmann angekündigt, den Skibetrieb am Sonntag, 15. März einzustellen und am Montag per Verordnung die Beherbergungsbetriebe zu schließen. Begründet wurde dies einerseits logistisch, weil den am Wochenende abreisenden Gästen einfach keine neuen Gäste mehr folgen sollten. Ein spezieller Abreiseplan wurde daher nicht erarbeitet. Andererseits wird im Kommissionsbericht deutlich, dass auch monetäre Aspekte eine Rolle spielten, wenngleich sie nicht ausschlaggebend waren (tägliche Umsatzausfälle von rechnerisch 2,7 Mio Euro bei Ischgls Kapazität von max. 13.500 Gästen und 200 Euro Umsatz je Gast). Eine Alternative für eine eventuelle frühere Schließung als am 15. März wurde nicht geplant. Einen Evakuierungsplan für katastrophenartige (Natur-)Ereignisse für das Paznauntal, auf den man hätte zurückgreifen können, gab es nicht.

Am 13. März wurde um 11:00 Uhr in einer Sitzung der Landeseinsatzleitung Tirol (quasi Krisenstab des Bundeslandes) bekannt, dass in Abstimmung mit dem Bundeskanzler durch diesen um 14:00 Uhr in einer Pressekonferenz die Verhängung einer Quarantäne über das Panznauntal und St. Anton am Arlberg verkündet werde, wobei die österreichischen Gäste und die Tourismusmitarbeiter bleiben und ausländische Gäste so rasch wie möglich ausreisen müssten. Vom Bekanntwerden bis zur geplanten Verkündigung waren es noch etwa drei Stunden. In dieser Zeit hätten die zuständigen Beamten theoretisch eine entsprechende rechtssichere Verordnung erarbeiten und erlassen, Ausreiseformulare für die Erfassung und Meldung der Ausreisenden in ihren Heimatländern erstellen und verteilen sowie die gesamten Abläufe dazu entwickeln und bei der Polizei und den Hotels implementieren müssen. Zwar wurden die betroffenen Bürgermeister telefonisch verständigt, aber weitere wichtige Akteure wie der Obmann des Tourismusverbandes erfuhren von der Quarantäneverhängung erst aus dem Fernsehen. Dadurch und wegen der knappen Zeit konnte sich kaum jemand vorbereiten. Unmittelbar nach der Pressekonferenz begannen die Seilbahnverantwortlichen wie bei Schlechtwetter das Skigebiet leerzufahren. Die letzten Gäste und Mitarbeiter kamen zwischen 16:00 und 18:05 Uhr ins Tal. Ein Stromausfall sorgte zwischen 14:45 und 15:48 Uhr für einen Ausfall der Zubringerseilbahnen. Dieser Stillstand wurde teils falsch interpretiert. Ab etwa 14:30 Uhr sei die Abreise »massiv losgegangen,« die Gäste seien teils »noch mit Skischuhen zum Auto gelaufen und weggefahren« und hätten gesagt »jetzt müssen wir raus, sonst sperren sie das Tal.« Teils haben auch Tourismusunternehmer ihre ausländischen Beschäftigten aufgefordert schnellstmöglich abzureisen. Die Polizei richtete ab 14:00 Uhr Checkpoints an der Ausfallstraße ein. Da die Ausreiseformulare erst zwischen 16:00 und 16:30 Uhr eintrafen, wurden bis dahin Verkehrskontrollen durchgeführt und die Ausreise aus dem Tal war problemlos möglich. Ab Vorlage der

7 Schlussbetrachtung

Formulare wurde Tourismusmitarbeitern und Einheimischen die Ausreise verwehrt. Ausländische Gäste ohne Formular wurden zurückgeschickt, um diese in ihren Hotels zu holen. Es entstand ein Verkehrsstau von bis zu 15 km Länge. Während der stundenlangen Wartezeiten mussten die Reisenden vom Rettungsdienst und der Feuerwehr versorgt werden. In Bussen dürfte es während der teils sechs Stunden langen Wartezeit vor den Checkpoints zu einigen Infektionen gekommen sein. Urlauber umgingen auf Langlaufloipen wie »Flüchtende« die Polizeisperren und riefen sich Taxen, sofern es noch welche gab. Im Bereich von St. Anton am Arlberg hielten gemäß einer Entscheidung der Österreichischen Bundesbahnen ab 14:55 Uhr keine Züge mehr, weswegen zahlreiche Urlauber am Bahnhof strandeten – und aber auch nicht mehr zu ihren Hotels zurückkamen. Die eigentliche Verordnung lag schließlich um 19:20 Uhr vor. Einige wenige besonnene Urlauber reisten erst am Samstag oder Sonntag ab, was erlaubt war – aber in der panikartigen Situation die meisten nicht interessierte.

Das Abreisechaos als Einsatzresultat ist führungstheoretisch gesehen eine mangelhafte Führungsleistung. Als Einsatzergebnis bezogen auf das Schutzziel der körperlichen Unversehrtheit können die Infektionszahlen gelten. Über 6.000 Personen haben sich gemeldet, die glauben, sich im Zusammenhang mit dem Abreisechaos angesteckt zu haben (Verenkotte, 2020). Diese Zahl spricht für sich auch wenn es schwierig ist, sie zeitlich und zur Gesamtgästezahl ins Verhältnis zu setzen. Zum Zeitpunkt der Drucklegung dieses Buches standen die Prozesse zur Verhandlung der Klagen von Geschädigten bzw. von Angehörigen von mehr als 30 Verstorbenen noch aus (Leonhard, 2021). Wie es zu dieser Wirkung in den Skigebieten als Zielsystem kam, wird im Kommissionsbericht deutlich.

- Im Strukturorganigramm der Landeseinsatzleitung fehlen die Funktionen Gesundheit/Medizin und Tourismus. → Die Aufbauorganisation gibt die Komplexitätstreiber des Einsatzes in Form der Schlüsselressorts aus der Alltagsorganisation nicht ausreichend wieder. Das Themenfeld Gesundheit kann aufgrund seiner Zentralität nicht in ein Sonderstab ausgegliedert sein, zumal dessen Leitung im eigentlichen Führungsstab keinen Sitz hat und daher unterrepräsentiert ist.
- Es gab Mängel bei relativ einfachen, grundlegenden Organisationsfragen:
    - Unlogische Unterstellung des Stabes unter die Landeswarnzentrale.
    - Mangelhafte Dokumentation u. a. bezüglich der Anwesenheit bei Besprechungen.

7.1 Gesamtbeleg

- Fehlende Festlegungen zum Informationsfluss → Struktur vorgegeben (Aufbauorganisation), aber Abläufe fehlen (Funktionen, Prozesse) oder sind nicht bis zum Ende durchdacht.
- Aus Sicht der Einsatzführung wurden mögliche kapazitive Ressourcen (bspw. ca. 55 Personen aus den Abteilungen Gesundheitsrecht, Krankenanstalten und Tourismus) nicht genutzt und potenziell nützliches Fachwissen nicht erschlossen (Abteilung Zivil- und Katastrophenschutz war lediglich organisatorisch für die Arbeit der Landeseinsatzleitung zuständig, obwohl Fragen wie Evakuierungen in ihre Zuständigkeit fielen).
- Die Führungsstruktur (bspw. bei föderalen/subsidiären Systemen wie die Gemeinden, die bei der Pandemiebekämpfung eigentlich keine Kompetenzen haben) zu den untersten Ebenen bzw. zu den ausführenden Organen (Systeme 1 im Modell lebensfähiger Systeme) ist nicht durchgehend und ausgleichende, selbststeuernde Mechanismen für den Einsatz als Gesamtsystem können nur bedingt greifen. → Die Anbindung über Kooperation ohne Direktive erfordert eine gute Zusammenarbeit im Alltag, die den Belastungen von Ausnahmesituationen standhalten kann und die Kenntnis von Spielräumen, die als Führungsräume genutzt werden können.
- Im Untersuchungsbericht wird konstatiert, dass es bereits am 09. März aus epidemiologischer Sicht möglich gewesen wäre, die Gesamtkonstellation als Risikosituation zu definieren; zudem wäre es in Relation zur wirtschaftlichen Auswirkung (Umsatzeinbußen in den Tagen bis zur sowieso geplanten Schließung) verhältnismäßig gewesen, an diesem Tag bereits den Skibetrieb einzustellen.
    - Ab diesem Tag wurden von der Landeseinsatzleitung die Fakten anders interpretiert, als sie sich rückblickend objektiviert darstellen. → Das deutet auf Beurteilungsfehler im Bereich Situation Awareness, auf blinde Flecken, psychologische Vorlieben, auf fehlendes Wissen, unklare Informationslage oder ungeeignete Analysemethoden hin. Zudem ist angezeigt, dass Führungspersonen Methoden zur Herleitung von Entscheidungen und zur Prüfung der Verhältnismäßigkeit (Kosten-Nutzen bzw. Nebenwirkungs-Nutzen-Verhältnis) beherrschen können müssen.
    - Ab hier wurden Zeitvorteile vergeben (bezüglich Vorbereitung mittels Alternativ- oder Reserveplan anstelle der natürlichen Abreise am Wochenende; sowie generell verlorene Tage bei der

Pandemiebekämpfung). Im Untersuchungsbericht wird das Ausbleiben dieser Planung darauf zurückgeführt, dass es offensichtlich keine Gesamtleitung für diese Aufgabe gab. → Das würde bedeuten, dass die oberste(n) Führungsperson(en) die Geführten zeitlich nicht orientierten. Es wurde offenkundig nicht in Szenarien bzw. in Systemen gedacht. Ein Skigebiet ist ein offenes System mit Wechselwirkungen (z. B. Ausweichtourismus aus geschlossenen italienischen Skigebieten) und unvorhergesehenen Dynamiken (die Entscheidung auf Bundesebene brachte den bis dahin stabilen Ski- und Beherbergungsbetrieb aus dem Gleichgewicht).

- Das Handeln des Bundeskanzlers steht im Untersuchungsbericht nicht im Fokus und wurde von der Kommission auch ausdrücklich nicht bewertet. Rechtlich gesehen lässt sich seine Vorgehensweise zur Information der Öffentlichkeit über die Quarantäneanordnung in der Pressekonferenz am 13. März zwar nachvollziehbar begründen, aber als Berichtleser gewinnt man den Eindruck, er hätte im »Alleingang« gehandelt. → Äußerungen durch Verantwortliche/Politiker (hier: Bundeskanzler) haben faktische Wirkungen (egal ob sie der Person zustehen oder nicht). Ähnlich wie beim Schmetterlingseffekt können sie zu starken Dynamiken führen (vgl. auch die Formulierung auf der Pressekonferenz zum Inkrafttreten neuer Reisebestimmungen [»sofort, unverzüglich«], die zur Öffnung der DDR-Grenzen 1989 führte (Veleff, 2020)).
- Die für die Verordnung zuständigen Beamten wurden erst unmittelbar vor der Pressekonferenz um 14:00 Uhr informiert. Obwohl die Information um 11:00 Uhr bereits kursierte, gab es aus dem Umfeld der Verantwortlichen des Landeshauptmanns scheinbar keinen Versuch, mit dem Bundeskanzler oder dessen Umfeld Kontakt aufzunehmen, um auf die Art der Ankündigung Einfluss zu nehmen. Bei der Ankündigung der stärkstmöglichen Verkehrsbeschränkung waren Fluchtreaktionen geradezu zu erwarten. Sinnvollerweise wäre die öffentliche Verkündung erst erfolgt, wenn die Vorbereitungen abgeschlossen gewesen wären. → Die Folgewirkungen bzw. Nebenwirkungen des zeitlich überstürzten Vorgehens wurden wohl nicht bedacht, was auf mangelndes Denken in Systemen hindeutet. Falls diese Nebenwirkungen vorhergesehen und akzeptiert waren, hätte dies bereits vorher unverhältnismäßig erscheinen müssen und wäre daher nicht mehr als Kollateralschaden einzustufen gewesen. Zudem scheint es, als ob im Führungssystem kein Speaking-Up möglich

7.1 Gesamtbeleg

- war, oder als ob top-down-Vorhaben nicht in Frage gestellt wurden. Dadurch war eine ausgleichende Selbstkorrektur wie im Modell des lebensfähigen Systems nicht möglich.
- In der Pressekonferenz gab es einen Kommunikationsfehler (Unklarheit, ob vom Rechtsbegriff »Bewohner« nur im Paznauntal wohnende Personen oder auch ausländische Gäste in Hotels betroffen sind), der relativ einfach hätte korrigiert werden können – was allerdings ausblieb. → Es geht in Einsätzen nicht nur um Bevölkerungsinformation, sondern um Bevölkerungssteuerung. Die Einsatzkommunikation muss über alle Instanzen hinweg strategisch stimmig sein.

Insgesamt ergibt sich aus einsatzführungstheoretischer Sicht die Diagnose, dass in den betrachteten Tagen die Struktur der Krisenmanagementorganisation (Aufbauorganisation) große Schwächen hatte. Diese führten dazu, dass die hervorgebrachten Abläufe (Funktionen) interne und externe Komplexitätstreiber nicht ausreichend absorbieren konnten. Deswegen konnte speziell der Kommunikationsfehler des Bundeskanzlers (destabilisierender Auslöser) nicht ausgeglichen werden. Der Untersuchungsbericht lässt keinen Schluss auf Arbeitskultur, Human Factors, Training und eingesetzte Methoden zu. Es ist nicht ersichtlich, ob die in diesem Buch behandelten Führungstätigkeiten (richtig) durchgeführt wurden. Mit folgenden Werkzeugen und Tätigkeiten hätte die mangelhafte Führungsleistung plausibel vermieden werden können:

- Befolgung des Grundsatzes Einheit der Führung für einen ganzheitlichen Ansatz und eine einheitliche zeitliche und aufgabenmäßige Orientierung aller Akteure.
- Organisieren nach dem Zielbild eines wirksamen, beweglichen und selbstorganisierenden Einsatzführungssystems, das über alle Ebenen (Bund bis Kommune) und allen Akteuren (u. a. Gesundheitsdienst, Bevölkerungsschutz, Polizei, Tourismusverbände, Beherbergungsbetriebe, Seilbahnbetreiber) funktionierende, zeitgemäße Kommunikationsbeziehungen für eine funktionierende Koordination unterhält, die Komplexität des Einsatzes absorbieren kann und Auswirkungen von disziplinarischen Unterstellungen bzw. Machtaspekten aus dem Alltag sowie Zuständigkeitsdenken minimiert.
- Nutzung aller Ressourcen u. a. durch die Heranziehung von Fähigkeiten aus der Alltagsorganisation auch bei möglicher Unbeweglichkeit.
- Zentrierung der Wirkung mittels problem-, system- und szenarioorientierten Methoden wie Zeitstrahlen, Szenariotrichtern und visualisierten

7 Schlussbetrachtung

Modellen vom Zielsystem, um einen ganzheitlichen Fokus auf die Pandemie, deren Bekämpfung und die Folgeauswirkungen der Bekämpfung einzunehmen.
- Konsequentes Minimieren von Zeitnachteilen durch Vorbereitung auf mögliche oder gar vorhersehbare Aufgaben oder erforderliche Fähigkeiten auch in der kalten Lage.
- Anwendung von Methoden zur Wissensermittlung und -kollektion, zur Herbeiführung von vielschichtigen Entscheidungen mit mehreren Stakeholdern einschließlich der Verhältnismäßigkeitsprüfung.

Zusammengefasst hätte durch einen suffizienten Führungsakt, wie er in diesem Buch beschrieben wird, sehr wahrscheinlich ein ausreichendes Einsatzresultat in Form einer geordneten Gästeabreise mit einer geringen Anzahl zusätzlicher Infektionen herbeigeführt werden können. Daher ist dieser Fall in seiner Gesamtheit ein umgekehrter Beleg dafür, dass die Einsatzführungstheorie einen Nutzen hat. In sämtlichen im Buchverlauf herangezogenen Beispielen mangelhafter Führungsleistungen hätte die Einsatzführungstheorie sehr wahrscheinlich geholfen, die Einsatzresultate zum Positiven zu verschieben. Der Nutzen der Theorie wird daher als belegt angesehen.

Bei Untersuchung des Begriffs der Einsatzführung wurde konstatiert, dass die Einzelaspekte zu den Oberbegriffen Realisierung und Wirkung zusammengefasst werden können, ohne ihre Bedeutung einzubüßen (vgl. Abschnitt 1.2). Aus dieser theoretischen Sicht findet sich der spezielle Fall also im Allgemeinen wieder (induktiver Schluss). Über den Buchverlauf hinweg wurde mit den Fallbeispielen belegt, dass dieser Schluss auch andersherum funktioniert (deduktiv), indem vom entwickelten allgemeinen Einsatzführungsalgorithmus mit ausreichender Aussagekraft wieder auf Spezialfälle geschlossen werden kann. Der abstrakte Begriff kann also tatsächlich wieder den konkreten Einzelfall erklären. Damit wurde aus einer zweiten, praktischen Sicht gezeigt, dass die Generalisierung der Einsatzführung auf Realisierung und Wirkung möglich ist. Damit wird die Gültigkeit der Theorie und speziell des Einsatzführungsalgorithmus als belegt angesehen.

7.2 Sicherstellung der künftigen Führungsfähigkeit

Der Einsatzführungstheorie wurde ein Zukunftsszenario Führungsfähigkeit zugrunde gelegt um ihr eine gewisse Zukunftsfestigkeit zu verleihen. Im Folgenden werden die erkannten Anforderungen und Bedingungen zusammengefasst dargelegt und Handlungsempfehlungen gegeben (vgl. Gißler, 2021; Gißler & Fiedrich, 2021).

7.2 Sicherstellung der künftigen Führungsfähigkeit

Die gesamte Exploration aus dem Zusammenhang mit diesem Buch kann unter folgendem Link als digitales Zusatzmaterial heruntergeladen werden:
https://dl.kohlhammer.de/978-3-17-039068-3

Die Einsatzführung muss sich auf zu erwartende Ereignisse vorbereiten. In der aktuellen Konzeption Zivile Verteidigung (KZV) wird ein Schwerpunkt auf der hybriden Bedrohung durch staatliche und nichtstaatliche Akteure gesehen (Bundesministerium des Innern, 2016). Das Grünbuch 2020 misst den drei Szenarien Klimawandel und Wetterextreme, eskalierende Infektionskrankheiten sowie digitaler Raum und Organisierte Kriminalität aufgrund ihrer Aktualität und Komplexität eine hohe Bedeutung zu (Hahn, Kuffer, Mihalic, Mittag & Strasser, 2020). Hieraus ergibt sich der Horizont möglicher Einsätze für den Bevölkerungsschutz. Dieser dürfte neben Folgen der (Re-)Globalisierung in ähnlicher Form auch für den Wirtschaftsbereich gelten. Einsatzführungssysteme müssen in der Lage sein, Inhalt und Umfang künftiger Einsätze abbilden zu können.

In der Zukunft ist zu erwarten, dass gerade größere Einsätze mutmaßlich zunehmend anspruchsvoller werden. Das Ereignisportfolio dürfte sich verändern und den Einsatzcharakter wahrscheinlich diffuser und weniger klar erscheinen lassen. In Folge dürfte sich das Leistungsportfolio von Gefahrenabwehr und Krisenmanagement verändern. Der Charakter des veränderten Ereignisportfolios ruft in der Führungsarbeit plausibler Weise tendenziell ein Zerrbild aus vergrößertem Informationsumfang bei dünnerer Informationslage hervor. Zudem dürften sich Organisationen vermutlich einem allgemein steigenden Zuverlässigkeitsanspruch gegenüberstehen. Das könnte zu einem Rechtfertigungsdruck führen. Die Digitalisierung lässt Auswirkungen u. a. auf die Arbeitsweise und die persönlichen Kompetenzen von Führungspersonal erwarten. Zusammengenommen lassen diese Veränderungstreiber plausibel erwarten, dass die Anforderungen an die Führungsleistung zukünftig steigen. Es wird wohl schwieriger werden, Einsätze hinsichtlich des Informationsmanagements in eine führbare Form zu bringen, Zeitvorteile gegenüber des natürlichen Zeitverlaufs zu erarbeiten und den steigenden Erwartungen an das Einsatzergebnis genügen zu können. *Es ist daher mit steigenden Anforderungen an die Einsatzführung zu rechnen.*

Die einzelnen Organisationen und die Domäne (Wissensbereich der Einsatzführung) unterliegen gewissen Bedingungen. Im Bereich des Bevölkerungsschutzes bleibt der Entwicklungsstand in den Bereichen Führungswerkzeuge, Technologie, Informationsmanagement sowie Ausbildung und Training hinter den derzeitigen Möglichkeiten zurück. Ein Entwicklungsschub bezüglich Medialisierung, Digitalisierung und dem Ereignisportfolio ist zu erwarten, kann aber zeitlich nicht abgesehen werden. Einsatzführungssysteme mit höheren Einsatzzahlen bzw. Stäbe von Polizeien stechen aus diesem Bild positiv hervor. *Die inneren Rahmenbedingungen wie Personal und Wissensmanagement, für Forschung und die Expertencommunity in der Domäne sind eher ungünstig und können Weiterentwicklungen hemmen.*

Für die Zukunft wird ein Szenario angenommen, in dem steigende Anforderungen an die Führungsleistungen eher ungünstigen Rahmenbedingungen für die Mutterorganisationen gegenüberstehen. *Es wird befunden, dass die Führungsfähigkeit künftig sukzessive abnehmen kann.* In diesem Kontext wird Führungsfähigkeit so verstanden, dass vom Dienstgeber bzw. von der Domäne als Wissensbereich Verfahrensweisen bereitgestellt sind, mit denen Führungsunits den Anforderungen aus Einsätzen hinreichend wahrscheinlich genügen können. Gegenwärtig ist die Führungsfähigkeit bei schwierigen Einsatzlagen grundsätzlich gegeben. Fälle mangelhafter Führungsleistungen gibt es allerdings bereits wie die Beispiele in diesem Buch belegen. Diese können durchaus als Hinweise auf eine systematische Problemlage gesehen werden. Es gilt daher im Wissensbereich von Gefahrenabwehr und Krisenmanagement die Führungsfähigkeit systematisch zu fördern, um dadurch den Rahmen für individuell leistungsfähige Führungsunits zu schaffen. Dazu gehört, dass Informationsmanagementsysteme die Komplexität des Einsatzes abbilden können müssen. Aufbau- und Ablauforganisation müssen an digitalisierte Funktionen adäquat angepasst werden. Als wichtigste Hebel für die Sicherstellung der Führungsfähigkeit werden gesehen:

- Konkretisierung und Implementierung der vorgestellten Einsatzführungstheorie in den Organisationsgattungen (Verfahren, Werkzeuge, Standards)
- Etablierung von Managementsystemen für einen kontinuierlichen Weiterentwicklungsprozess auf Organisationsebene
- Verbesserung des Wissensmanagements im nichtpolizeilichen Bereich durch Einführung und permanenter Revision taktischer Leitlinien und strategischer Grundsätze
- Etablierung einer interdisziplinären, organisationsübergreifenden Plattform zur Bündelung von Wissen und Aktivitäten (Wissenschaft, Praxis, Polizei, Hilfsorganisationen, Militär)

7.3 Praktischer Nutzen

Aufs Ganze gesehen stellt sich Führung am Ende dieses Buches institutionell als *Satz aus Mechanismen, Strukturen und Funktionen* dar. Als Tätigkeit erscheint sie als Querschnittskompetenz. Sie geht mit gewissen persönlichen Voraussetzungen zwar

7.3 Praktischer Nutzen

leichter von der Hand, aber sie muss personenunabhängig verstanden werden. Die Führungstätigkeiten sind erlernbar (operationalisierbar) und können damit ein stückweit jeden führungskompetent machen. Die Erlernbarkeit des Führens ist gewissermaßen ein Auftrag an Ausbildungsinstitute, Trainer und Personalabteilungen. Gleichzeitig ist die Operationalisierbarkeit eine Möglichkeit für jeden, um Führungskompetenz zu erlangen.

Anhand der Einsatzführungstheorie kann die Leistungsfähigkeit von Führungsunits im Einsatz innerhalb gewisser systemimmanenter Grenzen angepasst werden, indem die aufgezeigten Stellschrauben justiert werden. Führungspersonen können ihre Fähigkeiten verbessern und damit die Wirksamkeit ihrer Arbeit erhöhen. Insbesondere leistungsschwächere Führungsunits können durch die Anwendung der Einsatzführungstheorie große Entwicklungsschritte machen. Auf die Fläche bezogen wird dies als großer Mehrwert beurteilt. Organisationen können sich auf die Anforderungen der Zukunft ausrichten. Letztlich können die Organisationsgattungen und die Domäne anhand der aufgezeigten Entwicklungsbedarfe die Führungsfähigkeit erhalten und für die Zukunft sicherstellen.

Die Einsatzführungstheorie kann durch die Ausrichtung der Führungsarbeit auf die Wirkung einen Beitrag leisten, um »strukturelle Flexibilität zu erreichen und um hochdynamische ad-hoc – Lagen erfolgreich bewältigen zu können« sowie ein »situationsangemessenes Denken und Handeln in flexiblen Lagen entwickeln, ausbilden und trainieren zu können«, was Kern, Richter, Müller und Voß (2020 b) als künftige Handlungsbedarfe für Einsatzorganisationen ausgemacht haben. Das vorliegende Buch ist daher von aktueller Relevanz und bewegt sich in einem übergeordneten Kontext.

Die Einsatzführungstheorie unterstützt den Anwender in seiner natürlichen Handlungstendenz und stellt alternative Verfahren bereit, wo intuitives Handeln an Grenzen stößt. Ob die Theorie den versprochenen Nutzen erbringen kann, hängt zuallererst vom Transfer ab. Dabei kommt Ausbildungsinstituten, Organisationsleitungen und Führungspersonen eine wichtige Rolle zu. Für die meisten Führungspersonen wird der Transfer mit Lernen verbunden sein, was eine Bereitschaft zur Verhaltensänderung erfordert. Die Theorie ist generell auf die Bereitstellung der richtigen Tätigkeiten beschränkt. Ob diese (richtig) ausgeführt werden, ist eine Frage der praktischen Umsetzung. Bei Kritik an der praktischen Anwendung muss deswegen zwischen Theorie, Transfer und Anwendung differenziert werden.

Die Fallbeispiele und das Zukunftsszenario zur Führungsfähigkeit haben das Profil der Führungsperson im Einsatz geschärft. Einsatzführung hat Systemstabilität zum Ziel. Das Streben nach gewissen Inzidenzwerten und das Vermeiden der Überlastung des Gesundheitswesens (Pandemie), die Aufrechterhaltung von Produktion und

Lieferketten (Wirtschaft) oder die Gewährleistung der Unversehrtheit der Menschen bei Anschlägen oder Unglücken (Polizei, Feuerwehr) sind exemplarische Stabilitätsindikatoren. Einsatzleiter sind heute deswegen auch *Kontinuitätsmanager* sind. Wo es um echte Krisen geht und wirklich Resilienz angestrebt wird, sind sie gleichzeitig auch *Weiterentwickler*.

7.4 Kritik der Genese

Der Gestehungsprozess und das entwickelte Theorem bedürfen der kritischen Reflexion. Ausgangspunkt war die Theorie zum Erfolg der Stabsarbeit. Dieses Wissen basiert auf einer umfassenden empirischen Studie, ist objektiviert und genügt wissenschaftlichen Gütekriterien. Untersuchungsgegenstand waren Stäbe. Die Argumente der Einsatzführungstheorie wurden entlang der obersten Instanz von Führungssystemen (also Stäben) geführt. Da Führung über alle Instanzen bzw. zwischen allen Führungsorganen das gleiche Ziel hat (Wirkung erzeugen), wird die Führungstheorie auch für andere Organe als Stäbe bzw. über alle Ebenen hinweg als gültig erachtet.

Das Wissen zu Systemtheorie, Kybernetik und Komplexität sowie zum Entscheiden, zu Führung und Einsatzarbeit wurde der Literatur entnommen. Die Exploration zum Zukunftsszenario Führungsfähigkeit basiert auf peripheren Erkenntnissen aus den Forschungen zum Erfolg der Stabsarbeit sowie auf einer umfangreichen Informationssammlung. Die Präzisierung aller Argumente erfolgte schrittweise u. a. in Lehrveranstaltungen und Vorträgen, bei Seminaren, Workshops und in Diskussionen mit Fachkolleginnen und Fachkollegen. Die belegenden Fallbeispiele entstammen dem Zeitgeschehen. Manche Fälle sind der beruflichen Praxis des Autors entnommen. Diese wurden jeweils zeitnah zur jeweiligen Situation schriftlich gesichert. Hinsichtlich der Objektivität des Sachverhalts wurden sie einer Redaktion beteiligter Kollegen unterzogen. Die Maßgabe des Informationsschutzes erforderten manchmal allgemeine Formulierungen.

Die Argumente für einen systemorientierten Ansatz und eine Abkehr vom eigenschafts- und personenzentrierten Personalführungsansatz basieren auf eigenen Erkenntnissen und auf der Literatur. Die Methoden und Instrumente der Führungstätigkeiten wurden größtenteils selbst (weiter-)entwickelt. Die Führungstheorie will eine Klammer bilden, vereinen und integrieren und anschlussfähig sein. Deswegen wurden zu gewissen Teilen auch lang bewährte Verfahren aus der Praxis aufgenommen wie z. B. die Auftragstaktik. Die Expertise aus langjährigen Stabstrainings und der Organisationsentwicklung floss ebenso ein. Die entwickelten Methoden und

7.4 Kritik der Genese

Instrumente wurden jeweils für sich oder zu wenigen Teilen zusammengenommen praktisch in der Wirtschaft und im Bevölkerungsschutz im Feld erprobt und verbessert. Dabei standen Akzeptanz, Praktikabilität und der Mehrwert für die Führungspersonen im Vordergrund.

Die Leitfragen dienten in der Entwicklungsphase als Forschungsfragen. Die generelle Aussagekraft wurde durch die Abstrahierung und Zusammenfassung von Inhalten erreicht. Dadurch wurden allgemeine Strukturen und Mechanismen sichtbar gemacht. Der Begriff der Einsatzführung wurde deduktiv (von der allgemeinen Bedeutung der Führung) und induktiv (aus anderen Perspektiven mit Schwerpunkt auf dem Erfolg von Führungsarbeit) entwickelt. Die Einzelpunkte sind durch Fallbeispiele belegt. Es wurde ein kohärentes Begriffsgefüge und ein schlüssiges Modell zur Einsatzführung aufgebaut, das in einem Theoriegebäude zusammengeführt und zur praktischen Anwendung algorithmisch dargestellt wurde. Dem Modell wurde eine gewisse Zukunftsfestigkeit verliehen, indem es auf zu erwartende Herausforderungen ausgerichtet wurde.

Zusammengefasst erfolgte die Entwicklung der Einsatzführungstheorie, indem überprüftes Wissen, in der Praxis lang bewährte Verfahren sowie praktisch erprobte Methoden zusammengeführt wurden. Aus wissenschaftlicher Sicht handelt es sich um eine theoretische Arbeit auf Basis der Literatur mit dem Ziel einer Theorieentwicklung. Die wesentlichen Bestandteile wie die Definition des Führungsaktes und der Führungsfähigkeit, der Algorithmus, das Entscheidungsmodell sind Neuentwicklungen. Bei den Führungstätigkeiten handelt es sich überwiegend um Weiterentwicklungen und Integrationen bestehender Modelle. Es wurde weniger zurückgeblickt, sondern eher eine um die Prospektive erweiterte Gegenwart betrachtet. Die Theorie ist daher zeitgenössisch.

Das Buch bewegt sich im Spektrum der Sicherheits-, Sozial- und Organisationswissenschaften. Im Gegensatz zu den Naturwissenschaften, die nach eindeutigen und letztlich widerspruchsfreien Beweisen suchen, streben diese Bereiche eher nach an Sicherheit grenzenden Wahrscheinlichkeiten. Die Theorie hat daher Eventualitäten, die als üblich angesehen werden.

Eine Überprüfung der gesamten Theorie auf ihre letztendliche Wirkung ist nicht erfolgt (Simulation, Feldversuch). Im Labor wäre dies mit hohen Aufwänden grundsätzlich möglich. Simulationen unterliegen allerdings großen Restriktionen. Das hängt hauptsächlich von den Laborbedingungen für die Teilnehmenden und der erforderlichen Modellkomplexität des zu simulierenden Einsatzes ab. Die Aussagekraft einer Überprüfung im Labor wird daher als gering und wahrscheinlich sogar irreführend beurteilt. Eine Überprüfung im Feld scheidet aus, weil die Untersuchungsbedingungen bei Einsätzen kaum zu kontrollieren sind. Zudem birgt eine Einsatz-

7 Schlussbetrachtung

führung nach einer neuen Verfahrensweise zumindest theoretisch das Risiko einer mangelhaften Führungsleistung, was nicht verantwortet werden könnte. Generell ist bei der vorliegenden Fragestellung eine Randomisierung und ein Vergleich zwischen Führungsunits und Einsätzen nur in engen Grenzen möglich. Insgesamt ist die Überprüfung mit empirischen Verfahren schwierig.

Die Schwierigkeiten bei der Überprüfung erfordern für die Anwendung einen besonderen Modus. Die einzelnen Bestandteile müssen schrittweise eine praktische Überprüfung erfahren. Dies kann durch Implementierung über Aus- und Fortbildung mit einem Wissensrückfluss zu Nützlichkeit, Suffizienz und Wirksamkeit in Einsätzen erfolgen. Der Transferstelle (Ausbildungsinstitut, Trainer) kommt dabei gewissermaßen die Aufgabe der Überprüfung zu. Eine Diskussion und Verabschiedung durch Experten und Normgebern wird ebenso als geeignetes Mittel beurteilt. Solche Plausibilitätsprüfungen und Nutzenabwägungen sollten wiederum in der Ausbildung münden. Eine wissenschaftliche Begleitung scheint ebenso möglich. Auch hier sollte ein Rückfluss zur ausbildenden Stelle erfolgen. Die Einsatzführungstheorie muss sich also sukzessive praktisch bewähren.

Zwar wäre es aus wissenschaftlicher Sicht klar wünschenswert, die Theorie zeitnah und gesamthaft zu überprüfen. Weil jedoch alle Teile der Einsatzführungstheorie auf überprüftem Wissen und auf mehr oder weniger lang bewährten Methoden basieren sowie auf Plausibilität und Stichhaltigkeit überprüft sind, wird das nicht allzu kritisch gesehen. Dazu kommt, dass vernünftigerweise kein plötzlicher Paradigmenwechsel hin zur vorgestellten Theorie zu erwarten ist. Das heißt, dass die sukzessive praktische Bewährung damit quasi automatisch erfolgt. Im Umkehrschluss werden sich Teile, die sich nicht bewähren auch nicht durchsetzen. Aus einer Metaperspektive trägt die Theorie dadurch zu einer Wissensevolution bei.

Unter Abwägung der Kritikpunkte wird geschlussfolgert, dass die Einsatzführungstheorie unter der Maßgabe sukzessiver praktischer Bewährung von angemessener Aussagekraft ist. Es spricht nichts dagegen, sie in der Praxis schrittweise anzuwenden. Summa summarum ist dieses Fachbuch eine konkrete Anregung zur Weiterentwicklung des aktuellen Verfahrensstandards. Es ist notwendig und gute wissenschaftliche Praxis, die aufgestellten Theoreme weiter zu untersuchen.

7.5 Das Maß für gute Einsatzführung

Die Frage nach »guter« Führung kreist schon lange durch den Wissenschaftsorbit und die Praxiswelt. Bei der Antwort kommt zuallererst auf die Perspektive und dann auf das Maß für die Güte an. Je universaler und beständiger die Antwort ausfallen soll, desto unschärfer wird sie für den Einzelfall. Jeder Blickwinkel hat dabei seine Berechtigung (vgl. Bild 1). Es wird resümiert, dass *Einsatzführung gut ist, wenn sie wirksam ist*. Diese Antwort mag einfach erscheinen, aber sie ist komplex.

Führung ist so komplex wie der Einsatz aus Zielsystem, Führungsunit, Ausführungsunit und Umwelt. Einsatzführung ist die Steuerung von Einsätzen zur Erzeugung von Wirkungen, wobei in komplex-adaptiven Systemen operiert wird. Führung ist deswegen kein linearer Vorgang, sondern ein Sample über- und nachgeordneter, sich überlagernder und miteinander in Wechselwirkung stehender Führungsakte. Eine Linearisierung der Führung in einem schrittweisen Operationsplan wäre eine unzulässige Vereinfachung. Der Einsatzführungsalgorithmus als komprimierte Zusammenfassung der vorgestellten Theorie ist zwar absichtlich einfach und übersichtlich gehalten. Er ist aber kein »Schema-F«, sondern eigentlich ein Modell über die Funktionsweise von Einsätzen als komplex-adaptive Systeme. Er leitet dazu an, bei der Führungsarbeit das Einsatzresultat aus Sicht der Mutterorganisation bzw. die Wirkung aus Sicht des Zielsystems zu fokussieren und in die Mitte des Arbeitens zu stellen. Er stellt diejenigen Tätigkeiten bereit, die hinreichend sind, um den gewünschten Impact im Zielsystem erzeugen. Der Einsatzführungsalgorithmus ist daher ein Mittel, um die Wirkung zu zentrieren. Dabei wird der Blickwinkel der Führungsperson auf die Mission eingenommen.

Das Maß für die Wirksamkeit ergibt sich aus dem Anspruch. Vom Führungsakt wird die Herbeiführung des bestmöglichen Einsatzergebnisses erwartet. Wirksamkeit hat mit Effizienz und Effektivität zwei Anschauungen. Effektive Führungsarbeit heißt, den richtigen Effekt als Abmilderung bzw. Begrenzung schädlicher Auswirkungen (Wirkung, Genauigkeit) herbeizuführen. Effiziente Führungsarbeit ist es, die richtigen Wirkungen in einem angemessenen Kosten-Nutzen-Verhältnis bzw. Nebenwirkungs-Nutzen-Verhältnis (Wirtschaftlichkeit) herbeizuführen. Effizienz und Effektivität müssen zwar differenziert, aber stets zusammen als Wirksamkeit betrachtet werden. Dabei müssen die Beeinflussbarkeit der grundlegenden Ursache mit insb. der Ereignisdauer, die Kontextbedingungen und Umstände der Führungsarbeit sowie die Angemessenheit des Handelns im Gesamtkontext mitbetrachtet werden. Das Maß der Güte ist also relativ.

7 Schlussbetrachtung

Es kann also ausführlicher gesagt werden: *Einsatzführung ist aus dem Blickwinkel der Führungsperson auf ihre Mission »gut«, wenn das bestmögliche Einsatzergebnis effizient und effektiv herbeigeführt wurde.*

Jeder Versuch die Frage nach »guter Führung« eindeutiger zu beantworten würde an der Komplexität des Einsatzes selbst scheitern. Einsatzführung darf sich nicht mit einfachen Antworten in falsche Sicherheit wiegen. Die Güte ist so individuell wie jeder Einsatz.

Epilog

Erkenntnis für tiefes Verständnis

Keine (künftige) Version einer Einsatzführungstheorie kann als letztgültig erachtet werden – sondern nur als aktuell gültig. Trotz dem erhobenen Anspruch an die Zukunftsfestigkeit kann bereits abgesehen werden, dass die Theorie mit Entwicklungen beim Informationsmanagement Schritt halten müssen wird. Je nach Optimismus kann man am Horizont schemenhaft Entscheidungsunterstützungssysteme heraufziehen sehen. Diese Technologie kann (vorsichtig gedacht) die Erweiterung um wahrscheinlichkeitstheoretische Ansätze zur »Theorie über präventive und reaktive Einsatzführung in Gefahrenabwehr und Krisenmanagement« notwendig machen. Es wird sehr kritisch gesehen, angesichts der zu erwartenden, schwieriger werdenden Einsätze auf die nächste Generation Informationsmanagementsysteme oder gar Entscheidungsunterstützungssysteme zu »warten.« Diese Technologien werden die aufgezeigten systematischen Probleme nicht lösen. Bis sie verfügbar sind, wird es viele Einsätze geben, die erfolgreich geführt werden müssen. Die Weiterentwicklung der Praxis muss deswegen jetzt beginnen.

Bei Einsätzen im Bevölkerungsschutz geht es immer wieder um die Frage nach dem »Wert« eines Lebens. Nach der deontologischen Ethik von Kant hat das Leben keinen »Preis,« sondern eine »Würde« und kann deswegen nicht verrechnet werden. Diese Sichtweise ist mit einem utilitaristisch-ökonomischem Verständnis, nach dem man den »statistischen Wert« eines Lebens bestimmen kann, nicht vereinbar. Wo mit der Würde des Menschen argumentiert wird (z. B. im Geltungsbereich des Grundgesetzes bzw. von Verfassungen), ist deswegen kein monetärer Preis zur Rettung eines Lebens zu hoch. In Einsatzphasen, in denen mit zu wenigen Ressourcen zu viele Menschenleben gerettet werden müssen, führt diese Anschauung unmittelbar ins Dilemma. Man beginnt Argumente für und wider der Rettung der einen, der anderen, von einzelnen oder mehreren Personen zu suchen, wodurch die Abwägungen unmittelbar eine ökonomische Anschauung bekommen. Nur wenige Führungspersonen müssen solche Entscheidungen wirklich einmal treffen. Dabei sind sie in der Situation und oft auch lange Zeit danach allein mit sich und den Folgen ihrer Entscheidung. Entscheiden ist die anspruchsvollste der vier Führungstätigkeiten. Das Buch möge Entscheidern dabei helfen, zu erkennen, wie sie robuste Urteile fällen können.

Wer befürchtet, dass ein Einsatz mit einem selbstorganisierenden Führungssystem »zu komplex« sei, hat subjektiv recht. Aus objektivierter Sicht ist die Erhöhung

Epilog

von Komplexität im Einsatz bzw. im Führungssystem bei anspruchsvollen Einsätzen allerdings unabdingbar. Starre Einsatzführungssysteme haben vielleicht früher funktioniert. Die heutigen (und künftigen) Einsatzbedingungen zeichnen sich durch eine hohe Dynamik und Varietät aus, denen das Führungssystem begegnen können muss. Um diese (zusätzlichen) Zustände abdecken zu können, muss es beweglich sein können und den Komplexitätstreibern jeweils Absorber gegenüberstellen können. Man kann vereinfacht sagen: Einsatzführungssysteme müssen sich genauso weiterentwickeln wie sich die Welt entwickelt, in der Einsätze ablaufen.

Die Einsatzführungstheorie mutet die Anstrengungen des Begriffs zu. Das kommt daher, weil die zugrundeliegenden Gedanken voraussetzungsvoll sind. Das ist von der einen Seite ein Übel und andererseits notwendig, um eindeutig erklären zu können. Dieses Buch vermag dabei zu helfen, die Lücke zwischen Problem und Lösung, zwischen Alarm und Einsatzende oder zwischen Führungsperson und Einsatzkraft zu schließen. Die Führungstätigkeiten helfen dabei zu verstehen, was zu tun ist. Als Muster sind sie die Grundausstattung des Führungsakts. Die Wirkungszentrierung lässt die Bedeutung des eigenen Handelns für das größere Ganze erkennen. Je tiefer das Verständnis des Zusammenhangs zwischen Tätigkeit und Wirkung, zwischen Muster und Bedeutung geht, desto weiter wird der gedankliche und weltliche Handlungsraum der Führungsperson. Strenggenommen kann man einen Einsatz nicht »im Griff haben«, sondern lediglich das »Zielsystem für den Moment stabilisiert« haben. Man kann nicht »vor der Lage sein«, sondern lediglich Zeitvorteile erarbeiten. Chaosphasen kann man nicht »abarbeiten« sondern lediglich ordnend wirken. Sprachliche Klarheit und führungstheoretische Exaktheit gehen eng miteinander einher. Beides muss man lernen. Die Einsatzführungstheorie ist auch eine Art Lerntheorie. Wie gelernt, gelehrt, transportiert und erkannt wird, hängt von Lernenden und Lehrenden ab. Es empfiehlt sich der Weg der Erkenntnis.

Anleitung zu kluger Führung

Klugheit ist im Verständnis von Aristoteles die Fähigkeit, in einer bestimmten Situation angemessen zu handeln: Sie erfordert die Verknüpfung zwischen der Erfassung der Situation, Regeln oder Prinzipien und eben dem Sinn für die Angemessenheit. Dies realisiert sich in intuitivem »Wissen wie« (und weniger in »Wissen dass«). Klugheit ist von unaufgeregtem Erscheinen und nicht gleichzusetzen mit Intelligenz. Auch Dumme können Kluges tun und kluge Menschen Dummheiten begehen. Wer Kluges rät und selbst nicht danach handelt, ist altklug. Gewonnen wird Klugheit aus Erfahrungen durch Scheitern und Bestätigung in Wiederholung und Reflexion (Fuchs, 2020; Seitz, 2021). Die Einsatzführungstheorie will Führungspersonen zu klugem, weil angemessenem Verhalten verhelfen. Es geht um praktische Weisheit.

Literaturverzeichnis

Alberts, D. S. & Hayes, R. E. (2009). Power to the edge. Militärische Führung im Informationszeitalter (Information age transformation series). Remscheid: Re-Di-Roma-Verlag.

Antonakis, J., d'Adda, G., Weber, R. & Zehnder, C. (2019). Just Words? Just Speeches? On The Economic Value of Charismatic Leadership. Zugriff am 08.01.2021. Verfügbar unter: https://sites.insead.edu/facultyresearch/research/file.cfm?fid=56808.

Assheuer, T. (2020, 16. April). Niemand kann sich abschotten. Die Zeit, S. 42. Zugriff am 22.04.2020. Verfügbar unter: https://epaper.zeit.de/webreader-v3/index.html#/924747/42.

Badische Zeitung (Hrsg.). (2020). Manche Kreise im Südwesten können nicht mehr alle Infektionsketten nachverfolgen. Zugriff am 16.11.2020. Verfügbar unter: https://www.badische-zeitung.de/manche-kreise-im-suedwesten-koennen-nicht-mehr-alle-infektionsketten-nachverfolgen.

Becker, M. M. & Klas, G. (Deutschlandfunk, Hrsg.). (2020). Kampf-Maschinen. Künstliche Intelligenz und die Kriege der Zukunft. Zugriff am 16.01.2021. Verfügbar unter: https://www.swr.de/swr2/doku-und-feature/kampf-maschinen-kuenstliche-intelligenz-und-die-kriege-der-zukunft-swr2-feature-2020-12-16-102.pdf.

Berger, N., Lindemann, A. K. & Böl, G. F. (2019). Wahrnehmung des Klimawandels durch die Bevölkerung und Konsequenzen für die Risikokommunikation. Bundesgesundheitsblatt, Gesundheitsforschung, Gesundheitsschutz [Public perception of climate change and implications for risk communication], 62(5), 612–619. https://doi.org/10.1007/s00103-019-02930-0.

Bonfadelli, H. (2016). Medien und Gesellschaft im Wandel | bpb, Bundeszentrale für politische Bildung. Zugriff am 18.08.2019. Verfügbar unter: http://www.bpb.de/gesellschaft/medien-und-sport/medienpolitik/236435/medien-und-gesellschaft-im-wandel?p=all.

Brost, M. & Pörksen, B. (2020, 16. Dezember). Wenn Worte nicht mehr wirken. Die Zeit. Zugriff am 07.01.2020. Verfügbar unter: https://www.zeit.de/2020/53/coronavirus-deutschland-lockdown-strategie-bundesregierung volk?utm_referrer=https%3A%2F%2Fwww.google.com%2F.

Bundesamt für Bevölkerungsschutz und Katastrophenhilfe. (2018). KUBAS – ein System, das freiwillige Helfer koordiniert. Zugriff am 21.08.2019. Verfügbar unter: https://www.bbk.bund.de/SharedDocs/Kurzmeldungen/BBK/DE/2018/Projekt_KUBAS.html.

Bundesanstalt Technisches Hilfswerk (Hrsg.). (2020). VOST: Virtuell vernetzt. Zugriff am 31.12.2020. Verfügbar unter: https://www.thw.de/SharedDocs/Meldungen/DE/Veranstaltungen/national/2020/02/meldung_001_vost.html.

Bundesministerium der Verteidigung. (2019). BMVg legt Bericht zum Moorbrand vor, Bundesministerium der Verteidigung. Zugriff am 01.04.2020. Verfügbar unter: https://www.bmvg.de/de/aktuelles/bmvg-legt-bericht-zum-moorbrand-vor-30434.

Bundesministerium des Innern. (2016, 24. August). Konzeption Zivile Verteidigung. Zugriff am 08.01.2021. Verfügbar unter: https://www.bmi.bund.de/SharedDocs/downloads/DE/veroeffentlichungen/themen/bevoelkerungsschutz/konzeption-zivile-verteidigung.pdf;jsessionid=5B0844360276D12ABC3EDEDFC407BF0C.1_cid287?__blob=publicationFile&v=1.

Bürgerschaft der Freien und Hansestadt Hamburg. (2018, 20. September). Bericht des Sonderausschusses »Gewalttätige Ausschreitungen rund um den G20-Gipfel in Hamburg«. Drucksache 21/14350. Hamburg. Zugriff am 08.01.2021. Verfügbar unter: https://www.buergerschaft-hh.de/parldok/dokument/63851/sonderausschuss_gewalttaetige_ausschreitungen_rund_um_den_g20_gipfel_in_hamburg_bericht_des_sonderausschusses_gewalttaetige_ausschreitungen_rund_um_de.pdf.

ChemgaPedia (Hrsg.). (2018). ChemgaPedia Online-Enzyklopädie. Definitionen und Begriffe der Regelungstechnik. Zugriff am 18.11.2018. Verfügbar unter: http://www.chemgapedia.de/vsengine/vlu/vsc/de/ch/7/tc/regelung/grundlagen/regelung_grundlagen.vlu.html.

Deutscher Feuerwehrverband. (2019). Feuerwehr-Statistik. Zugriff am 18.08.2019. Verfügbar unter: http://www.feuerwehrverband.de/statistik.html.

Literaturverzeichnis

CEN/TS 17091:2018 (Januar 2019). Krisenmanagement – Strategische Grundsätze. Berlin: Beuth-Verlag.

ISO 22320:2018 (Juli 2019). Sicherheit und Resilienz – Gefahrenabwehr – Leitfaden für die Organisation der Gefahrenabwehr bei Schadensereignissen. Berlin: Beuth-Verlag.

Díaz Nafría, J. M. (2017). Stafford Beer's Viable System Model. Zugriff am 13.05.2020. Verfügbar unter: https://www.researchgate.net/figure/Stafford-Beers-Viable-System-Model-cyber-subsidiarity-for-any-sustainable_fig1_318993399.

Dörner, D. (2015). Die Logik des Misslingens. Strategisches Denken in komplexen Situationen (Rororo, 61578: Science, 13. Auflage, Erweiterte Neuausgabe). Reinbek bei Hamburg: Rowohlt Taschenbuch Verlag.

Dudenredaktion. (o. J.a). »koordinieren« auf Duden online. Zugriff am 04.07.2020. Verfügbar unter: https://www.duden.de/rechtschreibung/koordinieren.

Dudenredaktion. (o. J.b). »Krise« auf Duden online. Zugriff am 24.07.2020. Verfügbar unter: https://www.duden.de/rechtschreibung/Krise.

Dudenredaktion. (o. J.c). »Megatrend« auf Duden online. Zugriff am 26.11.2018. Verfügbar unter: https://www.duden.de/node/802205/revisions/1256179/view.

Dudenredaktion. (o. J.d). »organisieren« auf Duden online. Zugriff am 14.07.2020. Verfügbar unter: https://www.duden.de/node/155028/revision/155064.

Dudenredaktion. (o. J.e). »Organismus« auf Duden online. Zugriff am 25.10.2019. Verfügbar unter: https://www.duden.de/rechtschreibung/Organismus.

Dudenredaktion. (o. J.f). »präemptiv« auf Duden online. Zugriff am 08.08.2020. Verfügbar unter: https://www.duden.de/node/156658/revision/156694.

Dudenredaktion. (o. J.g). »Suffizient« auf Duden online. Zugriff am 08.05.2020. Verfügbar unter: https://www.duden.de/node/177370/revision/177406.

Dudenredaktion. (o. J.h). »Wirksamkeit« auf Duden online. Zugriff am 08.05.2020. Verfügbar unter: https://www.duden.de/node/206273/revision/206309.

Dudenredaktion. (o. J.i). »Wirkung« auf Duden online. Zugriff am 27.02.2020. Verfügbar unter: https://www.duden.de/node/206276/revision/206312.

Erhard, D. (2020). Der Bote als Erreger. philosophie Magazin, (03/2020), 10.

Fauville, G., Luo, M., Queiroz, A. C. M., Bailenson, J. N. & Hancock, J. (2021). Nonverbal Mechanisms Predict Zoom Fatigue and Explain Why Women Experience Higher Levels than Men. SSRN Electronic Journal. https://doi.org/10.2139/ssrn.3820035.

Fuchs, T. (2020). Dummheit ist immer gefährlich. Hohe Luft, (6), 24–26.

Garbe, S. & Schütte, M. (2019). Wie sich mit »Behavioral Markern« das Krisenmanagement von Organisationen verbessern lässt. Teamprozesse in der Stabsarbeit. Brandschutz Magazin, (6), 448–454.

Gißler, D. (2021). Organisationales Lernen: Arbeit, Leistung und Erfolg der Stabsarbeit. Beurteilung von Einsätzen unter Führung von Stäben und Vorschlag einer Wissenssystematisierung zur Einsatzführung. Zeitschrift für Forschung und Technik im Brandschutz vfdb, (2/2021).

Gißler, D. (2019 a). Erfolg der Stabsarbeit. Arbeit, Leistung und Erfolg von Stäben der Gefahrenabwehr und des Krisenmanagements im Gesamtkontext von Einsätzen. Frankfurt am Main: Verlag für Polizeiwissenschaft.

Gißler, D. (2019 b). Führung und Stabsarbeit trainieren. Stuttgart: Kohlhammer.

Gißler, D. & Fiedrich, F. (2021). Stabsarbeit vor neuen Herausforderungen. Zur Einsatzführung im Bevölkerungsschutz. In Bundeszentrale für politische Bildung (Hrsg.), Aus Politik und Zeitgeschichte. Bevölkerungsschutz. Bonn.

Groß, H. (2019). Polizei(en) und innere Sicherheit in Deutschland. In Bundeszentrale für politische Bildung (Hrsg.), Aus Politik und Zeitgeschichte. Polizei (S. 4–10). Bonn.

Hahn, A., Kuffer, M., Mihalic, I., Mittag, S. & Strasser, B. (Hrsg.). (2020). GRÜNBUCH 2020 zur Öffentlichen Sicherheit (1. Auflage). Zugriff am 31.12.2020. Verfügbar unter: https://zoes-bund.de/wp-content/uploads/2020/12/201130_Gruenbuch_2020_digital-BF.pdf#page=6&zoom=auto,-148,700.

Literaturverzeichnis

Hähnig, A., Machowecz, M. & Merker, H. (ZEIT ONLINE GmbH, Hrsg.). (2020). Wieso hielt sie niemand auf? Demonstration in Leipzig. Zugriff am 12.12.2020. Verfügbar unter: https://www.zeit.de/2020/47/leipzig-demonstration-querdenken-corona-leugner-polizei?utm_referrer=https%3A%2F%2Fwww.google.com%2F.

Häusser, J. A., Leder, J., Ketturat, C., Dresler, M. & Faber, N. S. (2016). Sleep Deprivation and Advice Taking. Scientific Reports, 6, 24386. https://doi.org/10.1038/srep24386.

Heimann, R. (2016). Führungsstäbe der Polizei. In G. Hofinger & R. Heimann (Hrsg.), Handbuch Stabsarbeit. Führungs- und Krisenstäbe in Einsatzorganisationen, Behörden und Unternehmen (S. 39–44). Berlin, Germany: Springer.

Herles, B. (2021). Get it! Hohe Luft kompakt, (1), 75–79.

Hersche, B., Kern, W., Stuber-Berries, N., Rohrer, R., Trkola, A. & Weber, K. (2020). Bericht der unabhängigen Expertenkommission. Management Covid-19-Pandemie Tirol. Zugriff am 08.12.2020. Verfügbar unter: https://www.tirol.gv.at/fileadmin/presse/downloads/Presse/Bericht_der_Unabhaengigen_Expertenkommission.pdf.

Höcker, C. (Autor), 07.02.2021. Prinzip Hockeyschläger: Exponentielles Wachstum verstehen. Mathematisches Modell für Wachstumsprozesse, Deutschlandfunk. Verfügbar unter: https://www.deutschlandfunknova.de/beitrag/prinzip-hockeyschlaeger-exponentielles-wachstum-verstehen.

Hofinger, G. & Heimann, R. (Hrsg.). (2016). Handbuch Stabsarbeit. Führungs- und Krisenstäbe in Einsatzorganisationen, Behörden und Unternehmen. Berlin, Germany: Springer.

Hofinger, G., Proske, S. & Soll, H. (2014). FOR-DEC & Co. Hilfen für strukturiertes Entscheiden im Team. In R. Heimann, S. Strohschneider & H. Schaub (Hrsg.), Entscheiden in kritischen Situationen. Neue Perspektiven und Erkenntnisse (S. 119–136). Frankfurt: Verlag für Polizeiwissenschaft.

Hofstetter, Y. (2014). Sie wissen alles. Wie intelligente Maschinen in unser Leben eindringen und warum wir für unsere Freiheit kämpfen müssen (3. Auflage). München: Bertelsmann.

Horx, M. (Telekurier Online Medien GmbH, Hrsg.). (2020). Das ist ein historischer Moment. Zugriff am 23.03.2020. Verfügbar unter: https://kurier.at/wissen/matthias-horx-das-ist-ein-historischer-moment/400785341.

Horx Zukunftsinstitut GmbH (Hrsg.). (2010). Trend-Definitionen. Zugriff am 11.02.2018. Verfügbar unter: http://www.horx.com/zukunftsforschung/Docs/02-M-03-Trend-Definitionen.pdf#page=2&zoom=auto,-88,486.

Hürter, T. (2020). Die große Macht kleiner Stupser. Hohe Luft, (3), 56–61.

Innenministerium Baden-Württemberg. Verwaltungsvorschrift der Landesregierung und der Ministerien zur Bildung von Stäben bei außergewöhnlichen Ereignissen und Katastrophen. VwV Stabsarbeit. Zugriff am 03.10.2017. Verfügbar unter: https://im.baden-wuerttemberg.de/fileadmin/redaktion/m-im/intern/dateien/pdf/20170213_VwV-Stabsarbeit.pdf.

Innenministerium Baden-Württemberg. (2019). Jahresstatistik der Feuerwehren 2018. Zugriff am 21.08.2019. Verfügbar unter: https://im.baden-wuerttemberg.de/de/service/presse-und-oeffentlichkeitsarbeit/pressemitteilung/pid/jahresstatistik-der-feuerwehren-2018/.

Innenministerium Nordrhein-Westfalen. (1999). Feuerwehr-Dienstvorschrift 100 »Führung und Leitung im Einsatz«. FwDV 100, Innenministerium Nordrhein-Westfalen. Zugriff am 26.11.2018. Verfügbar unter: http://www.idf.nrw.de/service/downloads/pdf/fwdv100.pdf.

Innenministerium Nordrhein-Westfalen. Krisenmanagement durch Krisenstäbe im Lande Nordrhein-Westfalen bei Großeinsatzlagen, Krisen und Katastrophen. Zugriff am 03.10.2017. Verfügbar unter: https://recht.nrw.de/lmi/owa/br_vbl_detail_text?print=1&anw_nr=7&val=15889&ver=8&vd_id=15889&keyword=.

Institute for Economics & Peace. (2017). Global Terrorism Index 2017. Measuring and understandingthe impact of terrorism. Zugriff am 18.08.2019. Verfügbar unter: http://visionofhumanity.org/app/uploads/2017/11/Global-Terrorism-Index-2017.pdf.

Jolkver, N. (Deutsche Welle, Hrsg.). (2017). Der »Fall Lisa« ein Jahr danach. War da was? Zugriff am 27.07.2020. Verfügbar unter: https://www.dw.com/de/der-fall-lisa-ein-jahr-danach-war-da-was/a-37079923.

Literaturverzeichnis

Kahneman, D., Sibony, O., Sunstein, C. R. & Schmidt, T. (2021). Noise. Was unsere Entscheidungen verzerrt – und wie wir sie verbessern können (1. Auflage). München: Siedler.

Kahneman, D. & Schmidt, T. (2012). Schnelles Denken, langsames Denken (Dreiundzwanzigste Auflage). München: Siedler.

Karsten, A. (2017, März). Verschiedene Stabsmodelle und die Möglichkeit der Optimierung der Stabsorganisation an den Einsatzaufgaben, Wuppertal.

Karsten, A. & Voßschmidt, S. (2019). Anthropogene Gefahren. In S. Voßschmidt & A. Karsten (Hrsg.), Resilienz und kritische Infrastrukturen. Aufrechterhaltung von Versorgungstrukturen im Krisenfall (1. Auflage, S. 282–320).

Kern, E. M., Richter, G., Müller, J. C. & Voß, F. H. (Hrsg.). (2020 a). Einsatzorganisationen. Erfolgreiches Handeln in Hochrisikosituationen (1. Auflage 2020). Wiesbaden: Springer Fachmedien Wiesbaden GmbH; Springer Gabler.

Kern, E. M., Richter, G., Müller, J. C. & Voß, F. H. (2020 b). Einsatzorganisationen: Handlungsfelder und Herausforderungen für Forschung und Praxis. In E.-M. Kern, G. Richter, J. C. Müller & F.-H. Voß (Hrsg.), Einsatzorganisationen. Erfolgreiches Handeln in Hochrisikosituationen (1. Auflage 2020, S. 431–444). Wiesbaden: Springer Fachmedien Wiesbaden GmbH; Springer Gabler.

Kirchhof, R. (2003). Ganzheitliches Komplexitätsmanagement. Grundlagen und Methodik des Umgangs mit Komplexität im Unternehmen (Beiträge zur Produktionswirtschaft, Gabler Edition Wissenschaft). Wiesbaden, s. l.: Deutscher Universitätsverlag. https://doi.org/10.1007/978-3-663-10129-1

Klein, G. (2003). Natürliche Entscheidungsprozesse. Über die »Quellen der Macht«, die unsere Entscheidungen lenken. Paderborn: Jungermann.

Köstler, T. (2016). Die rückwärtige Führung der Feuerwehr München. Ein durchgängiges System vom Alltag bis zur Katastrophe. Brandschutz Magazin, 70(09/2016), 661–666.

Kretschmann, A. & Legnaro, A. (2019). Abstrakte Gefährdungslagen. Zum Kontext der neuen Polizeigesetze. In Bundeszentrale für politische Bildung (Hrsg.), Aus Politik und Zeitgeschichte. Polizei (S. 11–17). Bonn.

Krisennavigator – Institut für Krisenforschung (Hrsg.). (2020). Was sind Krisen? Zugriff am 24.07.2020. Verfügbar unter: https://www.krisenforschung.de/Krisenforschung.733.0.html.

Lamers, C. (2016). Stabsarbeit im Bevölkerungsschutz. Historie, Analyse und Vorschläge zur Optimierung. Edewecht: S+K Verlagsgesellschaft Stumpf + Kossendey mbH.

Landtag Mecklenburg-Vorpommern (Hrsg.). (1993, 16. Junia). Beschlussempfehlung und Zwischenbericht zu den Ausschreitungen in Rostock-Lichtenhagen. Drucksache 1/3277. Schwerin. Zugriff am 08.01.2021. Verfügbar unter: https://www.landtag-mv.de/fileadmin/media/Dokumente/Par¬lamentsdokumente/Drucksachen/1_Wahlperiode/D01-3000/Drs01-3277.pdf.

Landtag Mecklenburg-Vorpommern. (1993, 4. Novemberb). Beschlussempfehlung und Abschlussbericht zu den Ausschreitungen in Rostock-Lichtenhagen. Drucksache 1/3771. Schwerin. Zugriff am 08.01.2021. Verfügbar unter: http://www.dokumentation.landtag-mv.de/Parldok/doku¬ment/9359/einsetzung-eines-parlamentarischen-untersuchungsausschusses-zur-kl%C3%A4rung-von-sachverhalten-im-zusammenhang-mit-den-rostocker-krawallen.pdf.

Leonhard, R. (2021). Tatort Ischgl. Klage wegen Corona-Ausbruchs in Europa. Zugriff am 07.06.2021. Verfügbar unter: https://taz.de/Klage-wegen-Corona-Ausbruchs-in-Europa/!5759256.

Levin, K., Cashore, B., Bernstein, S. & Auld, G. (2009). Playing it forward: Path dependency, progressive incrementalism, and the »Super Wicked« problem of global climate change. IOP Conference Series: Earth and Environmental Science, 6(50). https://doi.org/10.1088/1755-1307/6/50/502002.

Luhmann, N. (2011). Einführung in die Systemtheorie (Systemische Horizonte, 6. Aufl.). Heidelberg: Carl-Auer-Verl.

Malik, F. (2013). Management. Das A und O des Handwerks (Management, Bd. 1, 2. aktualisierte Auflage). s. l.: Campus Frankfurt/New York.

Literaturverzeichnis

Malik, F. (2014//2018). Führen, leisten, leben//Führen Leisten Leben. Wirksames Management für eine neue Welt (Vollst. überarb. und erw. Fassung//3. erweiterte Auflage, erweiterte Ausgabe). Frankfurt/Main: Campus-Verl.; Campus.

Malik, F. (2015). Strategie des Managements komplexer Systeme. Ein Beitrag zur Management-Kybernetik evolutionärer Systeme (11. Auflage). Bern: Haupt Verlag.

Mayr, S. (Süddeutsche Zeitung GmbH, Hrsg.). (2019). Leser als »Versuchskarnickel«. Zugriff am 03.01.2021. Verfügbar unter: https://www.sueddeutsche.de/medien/journalismus-fake-news-rheinneckarblog-1.4277650.

Meurers, B. (2004). Führungsverfahren auf Ebene Brigade und Bataillon (Truppendienst-Taschenbuch).

Middelhoff, P. & Nejezchleba, M. (2020, 17. Dezember). Spielen und Töten. Die Zeit. Zugriff am 19.12.2020. Verfügbar unter: https://www.zeit.de/2020/53/anschlag-halle-stephan-b-rechtsextremismus-radikalisierung-internet.

Milbradt, F., Edelbacher, L. (Mitarbeiter). (2019). Demonstrationen. Zugriff am 18.08.2019. Verfügbar unter: https://www.zeit.de/zeit-magazin/2019/12/demonstrationen-proteste-streik-deutschlandkarte.

Ministeriums für Inneres, Digitalisierung und Migration (Hrsg.). (2017). Hinweise des Ministeriums für Inneres, Digitalisierung und Migration für die nichtpolizeiliche Gefahrenabwehr bei Einsätzen im Zusammenhang mit Terror- oder Amoklagen/Anlage 2. Zugriff am 11.07.2020. Verfügbar unter: https://www.lfs-bw.de/Fachthemen/Einsatztaktik-fuehrung/Sonstiges/Documents/HinweiseTerrorAmok/Hinweise_npol_TE_Anlage_2.pdf.

Münch, H. (2018). Kriminalitätsbekämpfung weiterdenken. Phänomene – Herausforderungen – Handlungsoptionen im Zeitalter von Big Data, Algorithmen und autonomen Systemen. Kurzfassung. Zugriff am 18.08.2019.

Munzinger, P. (Süddeutsche Zeitung GmbH, Hrsg.). (2015). Warum sagt er das? Zugriff am 29.12.2020. Verfügbar unter: https://www.sueddeutsche.de/politik/thomas-de-maiziere-warum-sagt-er-das-1.2742900.

Nassehi, A. (2019). Muster. Theorie der digitalen Gesellschaft.

Nassehi, A. (Frankfurter Allgemeine Zeitung, Hrsg.). (2020). Fehlt uns der Wille zur Weltveränderung? Zugriff am 20.02.2021. Verfügbar unter: https://www.faz.net/aktuell/feuilleton/neue-corona-massnahmen-fehlt-uns-der-wille-zur-weltveraenderung-17024254.html.

Nemat, A., Priddat, B. & Vasek, T. (2021). Eine Frage der Existenz. Hohe Luft kompakt, (2/2021), 6–11.

Neuberger, O. (2002). Führen und führen lassen. Ansätze, Ergebnisse und Kritik der Führungsforschung (UTB für Wissenschaft Betriebswirtschaftslehre, Psychologie, Bd. 2234, 6., völlig neu bearb. und erw. Aufl.). Stuttgart: Lucius & Lucius.

Nolze, A., Hänsel, M. & Müller, M. (2008). Situationsbewusstsein im Team. In C. Buerschaper & S. Starke (Hrsg.), Führung und Teamarbeit in kritischen Situationen (Schriftenreihe der Plattform Menschen in komplexen Arbeitswelten, S. 71–85). Frankfurt am Main: Verl. für Polizeiwissenschaft.

Plattner, H.-P. (2004). Führen im Einsatz. Kommentar zur FwDV/DV 100. Stuttgart: Kohlhammer.

Prothmann, H. (Rheinneckarblog, Hrsg.). (2018). Massiver Terroranschlag in Mannheim. Zugriff am 03.01.2021. Verfügbar unter: https://rheinneckarblog.de/25/massiver-terroranschlag-in-mannheim/137678.html.

Rall, M. & Oberfrank, S. (2016). Was ist grundsätzlich unter Simulation zu verstehen? In A. Hackstein, V. Hagemann, F. v. Kaufmann & H. Regener (Hrsg.), Handbuch Simulation (S. 18–32). Edewecht: S+K Verlagsgesellschaft Stumpf + Kossendey mbH.

Reason, J. & Grabowski, J. (1994). Menschliches Versagen. Psychologische Risikofaktoren und moderne Technologien (Spektrum Psychologie). Heidelberg: Spektrum Akad. Verl.

Renn, O. & Wiegandt, K. (Hrsg.). (2014). Das Risikoparadox. Warum wir uns vor dem Falschen fürchten (Fischer-Taschenbuch, Bd. 19811, Orig.-Ausg., 3. Aufl.). Frankfurt am Main: Fischer Taschenbuch.

Rittel, H. & Webber, M. (1992). Dilemmas in einer allgemeinen Theorie der Planung. In W. D. Reuter & H. W. J. Rittel (Hrsg.), Planen, Entwerfen, Design. Ausgewählte Schriften zu Theorie und Methodik

Literaturverzeichnis

(Facility management, Bd. 5, S. 13–35). Stuttgart: Kohlhammer. Zugriff am 02.01.2020. Verfügbar unter: https://cowiki.offene-werkstaetten.org/uploads/2017-10-20_12-13-47_Rittel%20und%20Webber%20-%201973%20-%20Dilemmas%20in%20einer%20allgemeinen%20Theorie%20der%20Planung.pdf.

Rosa, H. (ZEIT ONLINE GmbH, Hrsg.). (2020). Es war nicht das Virus, das uns angehalten hat. Zugriff am 04.04.2020. Verfügbar unter: https://www.zeit.de/zeit-magazin/2020-04/hartmut-rosa-coronavirus-gesellschaft-wirtschaftssystem.

Rucht, D. (2019). Faszinosum Fridays for Future. In Bundeszentrale für politische Bildung (Hrsg.), Aus Politik und Zeitgeschichte. Klimadiskurse (S. 4–9). Bonn.

Rüdiger, T. G. (2019). Polizei im digitalen Raum. In Bundeszentrale für politische Bildung (Hrsg.), Aus Politik und Zeitgeschichte. Polizei (S. 18–23). Bonn.

Sächsisches Oberverwaltungsgericht (07.11.2020) 6 B 368/20. Verfügbar unter: https://www.justiz.sachsen.de/ovg/download/Medieninformation_15_2020.pdf.

Schieweck, W. (2014). Ethik in kritischen Entscheidungssituationen. In R. Heimann, S. Strohschneider & H. Schaub (Hrsg.), Entscheiden in kritischen Situationen. Neue Perspektiven und Erkenntnisse. Frankfurt: Verlag für Polizeiwissenschaft.

Schinzel, B. (2020). Anforderungen an einen Krisenstab einer internationalen Luftfahrtgesellschaft auf Basis des Ereignisportfolios. Masterarbeit im Studiengang Risikoingenieurwesen. Furtwangen: Swiss International Air Lines Ltd.

Schmid, U. (Neue Zürcher Zeitung AG, Hrsg.). (2020). Machen wir uns nichts vor: Wir sind im Krieg – wie Israel auf Corona-Jagd geht. Zugriff am 07.08.2020. Verfügbar unter: https://www.nzz.ch/technologie/wie-israel-mit-cyber-tech-auf-corona-jagd-geht-ld.1561196.

Schmidt, J. [Jochen] & Kühnl, R. (2002). Politische Brandstiftung. Warum 1992 in Rostock das Ausländerwohnheim in Flammen aufging. Berlin: Ed. Ost.

Schmidt, J. [Jörg] (2019). Führungswissenschaften – Entdeckungen für die Gefahrenabwehr. Nutzen systematischer Forschung zu gutem Führen. In Vereinigung zur Förderung des Deutschen Brandschutzes e. V. (Hrsg.), Tagungsband der 66. Jahresfachtagung (1. Aufl., S. 530–537). Köln: VdS Schadenverhütung GmbH Verlag.

Schnabel, U. (ZEIT ONLINE GmbH, Hrsg.). (2020). Wir müssen auch anders können. Zugriff am 02.01.2021. Verfügbar unter: https://www.zeit.de/2020/39/unsicherheit-coronavirus-psyche-gesundheit-risiken-gefahren-selbstwirksamkeit.

Schultze, T. (2020). Statement des Polizeipräsidenten. Zugriff am 13.12.2020. Verfügbar unter: https://www.youtube.com/watch?v=d0yIS8XHzqQ.

Schwartz, C. (Neue Zürcher Zeitung AG, Hrsg.). (2018, 2. August). Wir sind auf dem Weg zur Empörungsdemokratie. Zugriff am 18.08.2019. Verfügbar unter: https://www.nzz.ch/feuilleton/bernhard-poerksen-wir-sind-auf-dem-weg-zur-empoerungsdemokratie-ld.1355041.

Schweizerische Eidgenossenschaft (Schweizer Armee, Hrsg.). (2014). Führung und Stabsorganisation der Armee 17. FSO 17. Reglement 50.040 d, Schweizerische Eidgenossenschaft. Zugriff am 26.11.2018. Verfügbar unter: https://docplayer.org/21164936-Fuehrung-und-stabsorganisation-der-armee-17.html.

Sehn, A. (Süddeutsche Zeitung GmbH, Hrsg.). (2021). Wie sich Schlafmangel auf Verhandlungen auswirkt. Zugriff am 27.03.2021. Verfügbar unter: https://www.sueddeutsche.de/wissen/merkel-osterruhe-lockdown-corona-regeln-1.5247168.

Seibel, W., Klamann, K. & Treis, H. (2017). Verwaltungsdesaster. Von der Loveparade bis zu den NSU-Ermittlungen. Frankfurt, New York: Campus Verlag. Verfügbar unter: http://www.content-select.com/index.php?id=bib_view&ean=9783593437217.

Seitz, E. (2021). Die Meisterschaft der Möglichkeiten. Hohe Luft kompakt, (1), 61–65.

Siemons, M. (Frankfurter Allgemeine Zeitung, Hrsg.). (2020). Schützt uns die Demokratie? Zugriff am 20.02.2021. Verfügbar unter: https://www.faz.net/aktuell/feuilleton/debatten/warum-sich-die-demokratie-in-der-pandemien-neu-finden-muss-17050921.html.

Literaturverzeichnis

Simmank, J. (2021, 13. Mai). Die Pandemie hätte verhindert werden können. WHO-Bericht. Die Zeit. Zugriff am 08.06.2021. Verfügbar unter: https://www.zeit.de/gesundheit/2021-05/who-bericht-corona-pandemie-verhinderung-fehler-coronapolitik-independent-panel/komplettansicht.

Spektrum Akademischer Verlag (Hrsg.). (1998). Lexikon der Physik. Allgemeine Relativitätstheorie. Zugriff am 14.07.2020. Verfügbar unter: https://www.spektrum.de/lexikon/physik/allgemeine-relativitaetstheorie/383.

Springer Gabler Verlag (Hrsg.). (2018 a). Gabler Wirtschaftslexikon. Stichwort: Entscheidungstheorie. Zugriff am 26.11.2018. Verfügbar unter: https://wirtschaftslexikon.gabler.de/definition/entscheidungstheorie-32315/version-190418.

Springer Gabler Verlag (Hrsg.). (2018 b). Gabler Wirtschaftslexikon. Stichwort: Management. Verfügbar unter: https://wirtschaftslexikon.gabler.de/definition/management-37609/version-261043.

Springer Gabler Verlag (Hrsg.). (2018 c). Gabler Wirtschaftslexikon. Stichwort: Stand der Technik. Zugriff am 27.08.2019. Verfügbar unter: https://wirtschaftslexikon.gabler.de/definition/stand-der-technik-45988/version-269274.

Springer Gabler Verlag (Hrsg.). (2018 d). Gabler Wirtschaftslexikon. Stichwort: Homo oeconomicus. Zugriff am 26.11.2018. Verfügbar unter: https://wirtschaftslexikon.gabler.de/definition/homo-oeconomicus-34752/version-181948.

Springer Gabler Verlag (Hrsg.). (2018 e). Gabler Wirtschaftslexikon. Stichwort: Ablauforganisation. Zugriff am 03.07.2020. Verfügbar unter: https://wirtschaftslexikon.gabler.de/definition/ablauforganisation-27126/version-250789.

Springer Gabler Verlag (Hrsg.). (2018 f). Gabler Wirtschaftslexikon. Stichwort: Organisation. Zugriff am 14.07.2020. Verfügbar unter: https://wirtschaftslexikon.gabler.de/definition/organisation-45094/version-268393.

Springer Gabler Verlag (Springer Gabler Verlag, Hrsg.). (2020 a). Gabler Wirtschaftslexikon. Stichwort: Nudging. Zugriff am 24.03.2020. Verfügbar unter: https://wirtschaftslexikon.gabler.de/definition/nudging-99919/version-369156.

Springer Gabler Verlag (Hrsg.). (2020 b). Gabler Wirtschaftslexikon. Stichwort: Arbeit. Zugriff am 29.02.2020. Verfügbar unter: https://wirtschaftslexikon.gabler.de/definition/arbeit-31465/version-255022.

Stadie, T. (2017). Stabsarbeit im Katastrophenschutz in Deutschland. Eine Zwei-Ebenen-Trainingsbedarfsanalyse. Dissertation. Berlin: Mensch und Buch Verlag.

Steul, K. S., Latasch, L., Jung, H. G. & Heudorf, U. (2018). Morbidität durch Hitze – eine Analyse der Krankenhauseinweisungen per Rettungseinsatz während einer Hitzewelle 2015 in Frankfurt/Main. Gesundheitswesen (Bundesverband der Ärzte des Öffentlichen Gesundheitsdienstes) [Health Impact of the Heatwave of 2015: Hospital Admissions in Frankfurt/Main, Germany], 80(8-09), 767. https://doi.org/10.1055/a-0658-2816.

Tagesschau.de (Hrsg.). (2020). 130 Corona-Infizierte in Deutschland. Zugriff am 16.11.2020. Verfügbar unter: https://www.tagesschau.de/inland/coronavirus-fallzahlen-101.html.

Tagesschau.de (Hrsg.). (2021). Mehr Infektionen durch »Querdenken«-Demos. Zugriff am 17.02.2021. Verfügbar unter: https://www.tagesschau.de/inland/coronavirus-ausbreitung-demonstrationen-101.html.

Taleb, N. N. & Held, S. (2013). Antifragilität. Anleitung für eine Welt, die wir nicht verstehen (2. Aufl.). München: Knaus.

Taleb, N. N. & Proß-Gill, I. (2008). Der schwarze Schwan. Die Macht höchst unwahrscheinlicher Ereignisse. München: Hanser. https://doi.org/10.3139/9783446419377.

U. S. Department of Homeland Security (Hrsg.). (2008). National Incident Management System. Zugriff am 12.11.2017. Verfügbar unter: https://www.fema.gov/pdf/emergency/nims/NIMS_core.pdf

Vahs, D. (2019). Organisation. Ein Lehr- und Managementbuch (Lehrbuch, 10., überarbeitete Auflage). Stuttgart: Schäffer-Poeschel Verlag.

Literaturverzeichnis

Van Galen, J. (2019). Dem Zeitdruck begegnen. Mit »Easy Publish« digital kommunizieren. In Vereinigung zur Förderung des Deutschen Brandschutzes e. V. (Hrsg.), Tagungsband der 66. Jahresfachtagung (1. Aufl., S. 461–464). Köln: VdS Schadenverhütung GmbH Verlag.

Varwick, J. (2020). Von Leistungsgrenzen und Trendwenden. Was soll und kann die Bundeswehr? In Bundeszentrale für politische Bildung (Hrsg.), Aus Politik und Zeitgeschichte. Militär (S. 31–37). Bonn.

Veleff, P. (2020). Führen in Krisenlagen. Die Grenzöffnung in Berlin 1989. Teil 2. SIAK-Journal – Zeitschrift für Polizeiwissenschaft und polizeiliche Praxis, (06/2020), 79–89. Zugriff am 07.01.2020. Verfügbar unter: http://dx.doi.org/10.7396/2020_1_G.

Vereinigung zur Förderung des Deutschen Brandschutzes e. V. (Hrsg.). (2020). Digitale Transformation in der zivilen Gefahrenabwehr. Studie zeigt Handlungsbedarf auf. Zugriff am 01.11.2020. Verfügbar unter: https://www.vfdb.de/vfdb-ev/aktuelles/aktuelle-nachricht/article/digitale-transformation-in-der-zivilen-gefahrenabwehr/.

Verenkotte, C. (Bayrischer Rundfunk, Hrsg.). (2020). Corona-Ausbruch in Ischgl: Erste Klagen gegen Österreich. Zugriff am 26.03.2021. Verfügbar unter: https://www.br.de/nachrichten/deutschland-welt/corona-ausbruch-in-ischgl-klage-gegen-oesterreichische-regierung,SBLIAZ8.

Vester, F. (2015). Die Kunst vernetzt zu denken. Ideen und Werkzeuge für einen neuen Umgang mit Komplexität (dtv Wissen, Bd. 33077, 10. Aufl.). München: Dt. Taschenbuch-Verl.

Von Clausewitz, C. (1995). Vom Kriege. Auswahl (Universal-Bibliothek, Nr. 9961, [Nachdr.]. Stuttgart: Reclam.

Walitschek, H. (1975). Praxis der Stabsarbeit. Grundlagen, Organisation, Arbeitsweise, Personalführung (2. erw. Aufl.). Bonn: Verl. Wehr u. Wissen.

Wefing, H. (2020, 23. April). Richtung Freiheit. Die Zeit, 18/2020, S. 1. Zugriff am 25.04.2020. Verfügbar unter: https://epaper.zeit.de/webreader-v3/index.html#/925171/1.

Wienbracke, M. (2013). Einführung in die Grundrechte (FOM-Edition, FOM Hochschule für Oekonomie & Management). Wiesbaden: Springer Fachmedien Wiesbaden. https://doi.org/10.1007/978-3-658-00764-5.

Wolfangel, E. (ZEIT ONLINE GmbH, Hrsg.). (2020). Wer machte dieses Hashtag groß? Zehntausende twitterten während der Black-Lives-Matter-Proteste unter #DCBlackout über eine Netzstörung, die es nie gab. Ein Lehrstück über die Macht der Verunsicherung. Zugriff am 29.06.2020. Verfügbar unter: https://www.zeit.de/digital/2020-06/soziale-medien-internet-social-bots-twitter-verunsicherung-manipulation/komplettansicht.

World Health Organisation (Independent Panel, Hrsg.). (2021). COVID-19: Make it the Last Pandemic. A Summary, World Health Organisation. Zugriff am 08.06.2021. Verfügbar unter: https://theindependentpanel.org/wp-content/uploads/2021/05/Summary_COVID-19-Make-it-the-Last-Pandemic_final.pdf.